U0230409

薄膜晶体管集成电路

张盛东 廖聪维 肖军城 张 鑫 著

科学出版社

北 京

内 容 简 介

本书主要介绍薄膜晶体管(TFT)集成电路技术领域的基础知识和作者在该领域的代表性研究成果。内容涵盖图像显示和图像传感器件所需的 TFT 集成电路技术,如像素 TFT 电路、行驱动(扫描)TFT 电路以及列(数据)驱动 TFT 电路等。全书共 5 章,分别为:薄膜晶体管(TFT)概述,有源矩阵液晶显示(AMLCD)TFT 电路,有源矩阵有机发光二极管(AMOLED)显示 TFT 电路,有源矩阵微型发光二极管(AM-MLED)显示 TFT 电路,以及 X 射线成像探测器 TFT 电路。各章均分别以非晶硅 TFT、低温多晶硅 TFT、氧化物 TFT 以及低温多晶硅与氧化物混合TFT 为集成器件,系统分析和详细讨论相应 TFT 电路的工作原理和设计思路,并给出若干电路实例。

本书可作为高校半导体和微电子学科的高年级本科生和研究生的参考书,同时也可作为在半导体显示和传感器行业从事相关技术研发的工程师的参考书。

图书在版编目(CIP)数据

薄膜晶体管集成电路 / 张盛东等著. -- 北京:科学出版社, 2025. 1.
ISBN 978-7-03-080313-9

Ⅰ. TN321

中国国家版本馆 CIP 数据核字第 2024YZ3436 号

责任编辑:任 静 / 责任校对:胡小洁
责任印制:师艳茹 / 封面设计:蓝正设计

科学出版社 出版
北京东黄城根北街 16 号
邮政编码:100717
http://www.sciencep.com

北京天宇星印刷厂印刷
科学出版社发行 各地新华书店经销

*

2025 年 1 月第 一 版 开本:720×1 000 1/16
2025 年 1 月第一次印刷 印张:20 1/4
字数:408 000

定价:168.00 元
(如有印装质量问题,我社负责调换)

序

进入 21 世纪，信息技术的高速发展推动人类社会全面迈入信息时代，作为人机交互界面的显示屏成为信息终端产品不可或缺的组成部分。在过去的百年中，主流显示技术从早期笨重的阴极射线管(CRT)显示已经发展到如今轻薄的液晶显示(LCD)和有机发光二极管(OLED)显示。新兴的微发光二极管(MicroLED)和量子点发光二极管(QLED)等技术有望成为下一代主流显示技术。目前，以 LCD 和 OLED 为代表的显示产业支撑着年规模达数千亿美元的显示面板市场，并拉动了超过万亿美元的显示消费市场，同时推动着上千亿美元的上游材料和设备市场的蓬勃发展。

我国显示技术经过数十年的发展，从最初的技术引进与模仿，逐步迈向全球创新与引领，走出了一条快速崛起的道路。我国新型显示产业同样也取得了高速的发展，产业规模已位居世界第一，成为全球显示产业的重要力量。当前我国显示技术和产品的创新持续增强，无论是 LCD 和 OLED，还是 MicroLED，在技术上都具备全球竞争力，并在全球显示产业链中占据重要地位，推动着中国制造向中国创造、中国速度向中国质量、中国产品向中国品牌的转变。未来，中国有望在新兴显示技术领域发挥引领作用，为全球显示行业的创新贡献力量。

以 LCD 和 OLED 为代表的新型显示技术能够快速崛起并成为主流，很大程度上归功于有源阵列显示(AMD)技术的发明与进步。AMD 技术的特征是在每个像素点均配备薄膜晶体管(TFT)电路，用以精准控制每个像素点的显示亮度，从而能够实现像素间无串扰的高分辨率和高画质显示。不仅如此，随着 TFT 技术的不断进步，现代显示面板已普遍采用 TFT 集成的行驱动电路来替代传统的行驱动芯片，在实现高分辨率显示的同时，也实现了窄边框甚至无边框(全面屏)显示。因此，TFT 技术，包括其材料、器件和电路，已经成为现代显示领域的核心技术之一。

北京大学张盛东教授长期致力于 TFT 与新型显示技术的研发与人才培养，尤其在面向新型显示和成像传感器所需的 TFT 集成电路技术方面进行了系统而深入的研究，并取得了多项为企业带来显著经济效益的创新成果。该书由他和他的团队在上述领域的主要研究成果汇集而成，在内容上涵盖了主要新型显示技术，如 LCD、OLED 和 MicroLED 等显示的 TFT 像素电路和行列驱动电路技术，以及 X 射线成像探测器的 TFT 驱动电路技术，是一本内容丰富、技术含量颇高的专业著作。该书也对新型显示与成像传感器领域的相关基础知识进行了梳理与总结。因此，该书对在新型显示与传感器领域学习的研究生、高年级本科生以及从事研发工作的工程师来说，也是一本很好的参考书。此外，值得一提的是，目前业界已有多本关于 TFT 材料与器件方面的书籍，但尚未见到 TFT 电路技术方面的著作，该书可弥补这一空白。

相信该书的出版，对我国 TFT 和新型显示技术的发展有很好的促进作用。

中国科学院院士

2024 年 9 月

前　言

　　诞生于 20 世纪中叶的晶体管及其集成电路是人类历史上最伟大的发明之一,其发展推动人类社会从工业化时代进入到信息化时代。

　　晶体管通常由单晶半导体材料制成,但也有一部分是由非单晶(多晶、微晶、非晶等)半导体材料制成的。这类晶体管被称为薄膜晶体管(thin-film-transistor, TFT),其特征是沟道层为非单晶的薄膜半导体材料。TFT 及其集成电路通常可以大面积和低成本制造,虽然其电学性能没有单晶那么出色,但能满足许多应用要求。过去 40 年,TFT 及其集成电路技术的发展推动大尺寸微电子技术的建立,造就了当今规模宏大的以有源阵列显示(AMD)为代表的大尺寸微电子产业。

　　本人从 20 世纪 90 年代初开始从事 TFT 器件与工艺研究,到 90 年代后期开始涉足 TFT 的集成电路技术领域。2007 年起,开始受业界委托从事先进显示产品所需的 TFT 集成电路技术的研发,迄今已有多项专利技术实现了产业化并帮助企业取得了显著经济效益。同时,自 2010 年起,本人在北京大学信息工程学院(深圳)一直开设 "薄膜晶体管与先进显示" 课程,迄今(2024 年)已有 300 多名全日制研究生以及 60 多名在职研究生选修了该课程。本书汇集了这些年本人及研究团队在 TFT 集成电路技术方面的主要研究成果和课程讲义的部分内容。内容主要包括现代有源矩阵显示(active matrix display,AMD),以及 X 射线成像探测器(X-Ray Detector,XRD)中的 TFT 集成电路技术。

　　本书在内容安排上虽然以介绍和总结我们团队自身的研究成果为主,但为使内容具有较强的可读性和系统性,在每章的开头部分均较全面综述了相关方向的基础知识,并在正文部分也介绍了一些国际上具有代表性的成果。因此,本书既可作为大学相关专业的高年级本科生和研究生的参考书,同时也可作为在半导体显示和传感器行业从事相关技术研发的工程师的参考书。当前,我国正努力为成为世界大尺寸微电子技术和产业强国而奋斗,希望本书能在该领域发挥积极作用。

　　在本书出版之际,作者首先要感谢恩师韩汝琦先生和关旭东教授。当年正是他们的引见和安排,我们才得以与企业建立起密切而深入的合作关系。他们甚至还不顾年事已高,亲自带队去企业考察,了解企业需求。如今,两位恩师均已作古,谨以本书表达我们深切的怀念。

　　此外,我们要感谢 TCL 华星光电公司的前研发总裁连水池博士和江苏龙腾光电公司的前研发总裁简庭宪博士。他们当年亲自率队来北京大学访问,确定了校企合作自主研发核心技术的方向,使得我们的校企合作得以长期进行并取得丰硕成果。

　　本书的撰写由我本人与廖聪维、肖军城和张鑫三位博士共同完成。其中，本人制定了本书内容的总体框架，负责撰写了第 2 章和第 3 章，并参与了其他章节的撰写以及对全书进行了统稿。廖聪维博士负责撰写了第 4 章和第 5 章，并参与了第 2 章和第 3 章的撰写。肖军城和张鑫博士负责撰写了第 1 章，并参与了第 2 章到第 4 章的撰写。此外，杨欢博士参与了第 1 章的撰写，罗传宝和梁策等工程师进行了部分内容的资料收集。刘云飞、阚姗、冀洪伟、邵志博、付佳、常路等研究生参与了部分内容的修订工作，在此一并对他们的辛勤付出表示衷心的感谢。

　　在本书撰写过程中，作者力求物理概念阐述清晰明了，工作原理描述简明扼要，公式推导避繁就简。但由于作者学识有限，经验不足，不当之处在所难免，衷心希望能得到同行和读者的批评和指正。

张盛东

于深圳 南燕

2024 年 10 月

目 录

前言

第1章 薄膜晶体管(TFT)概述 ……………………………………………………… 1

1.1 非晶硅(a-Si)TFT …………………………………………………………… 1

1.1.1 材料特性 ……………………………………………………………… 1

1.1.2 器件结构与工艺 ……………………………………………………… 5

1.1.3 器件电学性能 ………………………………………………………… 9

1.2 多晶硅(p-Si)TFT …………………………………………………………… 17

1.2.1 材料特性 ……………………………………………………………… 17

1.2.2 器件结构与工艺 ……………………………………………………… 18

1.2.3 器件电学性能 ………………………………………………………… 23

1.3 非晶氧化物 TFT ……………………………………………………………… 30

1.3.1 材料特性 ……………………………………………………………… 30

1.3.2 器件结构与工艺 ……………………………………………………… 34

1.3.3 器件电学性能 ………………………………………………………… 38

1.4 本章小结 ……………………………………………………………………… 45

参考文献 …………………………………………………………………………… 46

第2章 有源矩阵液晶显示(AMLCD)TFT 电路 ………………………………… 50

2.1 AMLCD 简介 ………………………………………………………………… 50

2.2 AMLCD 像素电路 …………………………………………………………… 52

2.2.1 非晶硅(a-Si)TFT 像素电路设计 ………………………………… 52

2.2.2 多晶硅 TFT 像素电路设计 ………………………………………… 60

2.2.3 氧化物 TFT 像素电路设计 ………………………………………… 62

2.3 TFT 集成的行驱动电路 ……………………………………………………… 64

2.3.1 a-Si TFT 集成行驱动电路 ………………………………………… 65

2.3.2 LTPS TFT 集成行驱动电路 ……………………………………… 85

2.3.3 氧化物 TFT 集成行驱动电路 ……………………………………… 89

2.4 TFT 集成的列驱动电路 ……………………………………………………… 105

2.4.1 非晶硅 TFT 集成列驱动电路 ……………………………………… 106

      2.4.2 多晶硅 TFT 集成列驱动电路 ···109

      2.4.3 氧化物 TFT 集成列驱动电路 ···113

  2.5 本章小结 ···116

  参考文献 ···116

第 3 章 有源矩阵有机发光二极管(AMOLED)显示 TFT 电路 ······················120

  3.1 AMOLED 显示原理 ··120

  3.2 AMOLED 像素电路补偿原理 ··124

      3.2.1 电流编程补偿原理 ···124

      3.2.2 电压编程补偿原理 ···127

      3.2.3 电流电压混合编程型补偿原理 ··131

      3.2.4 外部补偿原理 ··131

      3.2.5 不同类型像素电路的比较 ··132

  3.3 AMOLED 像素电路 ··133

      3.3.1 多晶硅 TFT 像素电路 ···133

      3.3.2 氧化物 TFT 像素电路 ···142

      3.3.3 LTPO TFT 像素电路 ··160

  3.4 集成行驱动电路 ···167

      3.4.1 LTPS TFT 集成的行驱动电路 ···168

      3.4.2 氧化物 TFT 集成行驱动电路 ··172

      3.4.3 LTPO TFT 集成行驱动电路 ··183

  3.5 集成列驱动电路 ···189

      3.5.1 多晶硅 TFT 集成列驱动电路 ··189

      3.5.2 多晶硅 TFT 集成列线选择开关模块 ···193

  3.6 本章小结 ···194

  参考文献 ···195

第 4 章 有源矩阵微型发光二极管(AM-MLED)显示 TFT 电路 ····················198

  4.1 AM-MLED 显示简介 ··198

  4.2 AM-MLED 显示驱动原理 ··201

      4.2.1 PAM 驱动原理 ··202

      4.2.2 PWM 驱动原理 ···204

      4.2.3 数字式 PWM 驱动原理 ···206

      4.2.4 模拟式 PWM 驱动原理 ···207

　　　　4.2.5　数模混合式 PWM 驱动原理 ·· 208

　　　　4.2.6　脉冲混合调制(PHM)驱动原理 ·· 210

　　4.3　AM-MLED 显示像素电路 ··· 211

　　　　4.3.1　LTPS TFT 像素电路 ·· 211

　　　　4.3.2　非晶氧化物(AOS)TFT 像素电路 ···································· 219

　　　　4.3.3　LTPO TFT 像素电路 ··· 240

　　4.4　AM-MLED 显示的 TFT 集成行驱动电路 ··· 244

　　　　4.4.1　多晶硅 TFT 集成行驱动电路 ··· 245

　　　　4.4.2　氧化物 TFT 集成行驱动电路 ··· 248

　　4.5　本章小结 ·· 255

　　参考文献 ·· 255

第 5 章　X 射线成像探测器 TFT 电路 ·· 258

　　5.1　X 射线成像技术概述 ··· 258

　　5.2　X 射线成像原理 ·· 260

　　　　5.2.1　直接与间接探测成像 ··· 260

　　　　5.2.2　无源和有源像素探测 ··· 264

　　　　5.2.3　探测器主要性能参数 ··· 265

　　5.3　无源像素探测(PPS)TFT 电路 ·· 267

　　　　5.3.1　基于光电二极管(PD)的 PPS 电路 ································· 267

　　　　5.3.2　基于光电晶体管(PT)的 PPS 电路 ································· 274

　　5.4　有源像素探测(APS)TFT 电路 ·· 283

　　　　5.4.1　基于光电二极管(PD)的 APS 电路 ································· 286

　　　　5.4.2　基于光电晶体管(PT)的 APS 电路 ································· 297

　　5.5　行驱动电路与外围读出电路 ·· 304

　　　　5.5.1　TFT 集成的行驱动电路 ·· 304

　　　　5.5.2　外围读出电路 ··· 307

　　5.6　本章小结 ·· 310

　　参考文献 ·· 310

第 1 章　薄膜晶体管(TFT)概述

薄膜晶体管(Thin-Film Transistor，TFT)是金属氧化物半导体场效应晶体管(Metal Oxide Semiconductor Field-Effect Transistor，MOSFET)的一种。MOSFET 一般制作于硅片(晶圆)上，其有源(沟道)层为单晶半导体材料，而 TFT 则通常是制作于玻璃或塑料基底上，其有源层为非晶、微晶或多晶的非单晶半导体材料。因此，TFT 的电学特性通常要明显劣于单晶的 MOSFET，难以成为高性能的半导体器件和构建高性能的集成电路。但是，TFT 的低成本和基板可大尺寸化的优势，造就了当今以平板显示为代表的市场规模巨大的大尺寸微电子技术。在大尺寸微电子器件和系统中，TFT 不仅作为开关元件，而且还构建具有各种功能的集成电路。当前，随着基于 TFT 的集成电路技术的不断进步，大尺寸微电子技术得到了快速的发展。

TFT 按其有源层材料来分类，可分为无机半导体 TFT 和有机半导体 TFT 两大类。无机半导体 TFT 主要有非晶硅(Amorphous Silicon，a-Si)、多晶硅(Poly Silicon，p-Si)和非晶金属氧化物半导体(Amorphous Oxide Semiconductor，AOS)TFT 等。这些 TFT 技术经过多年的研究与开发，目前已经实现了产业化。而有机半导体 TFT 仍处于研发阶段，离产业化尚有较长的路要走。因此，本章仅对已经在大尺寸微电子技术和产品中得到广泛采用的非晶硅、多晶硅和非晶金属氧化物 TFT 进行概述。

1.1　非晶硅(a-Si)TFT

a-Si TFT 是指采用非晶硅作为其有源(沟道)层的薄膜晶体管。对非晶硅材料及其器件特性的基础研究始于 20 世纪 60 年代。1969 年，Chittick 等人提出了用辉光放电技术制备非晶硅薄膜[1]。之后，Brodsky[2]和 Spear[3] 等人分别对非晶硅薄膜的光电特性和掺杂工艺进行了研究。1979 年，Comber 等人采用等离子体增强化学气相沉积(Plasma Enhanced Chemical Vapor Deposition，PECVD)技术制备出世界上第一个非晶硅薄膜晶体管[4]。这些早期的材料和器件及其相关的研究，特别是薄膜的 PECVD 制备和掺杂技术，以及对器件应用的探索，为后来 a-Si TFT 广泛应用于平板显示和 X 射线医用成像探测器行业奠定了重要的基础。本节将介绍成为实用器件的氢化非晶硅(a-Si:H)TFT 的材料特性、器件结构与工艺，以及器件的电学特性与稳定性等。

1.1.1　材料特性

a-Si 薄膜的材料特性很大程度决定了 a-Si TFT 的电学特性。因此，将首先介绍

a-Si 薄膜的材料特性,包括晶体结构、能带结构与态密度,以及材料中载流子的输运等。

1.1.1.1　晶体结构

硅(Si)的晶体形态一般分为三类:单晶态、多晶态和非晶态。其中单晶硅和多晶硅通常也被统称为晶体硅。单晶硅主要用于半导体器件与集成电路等领域,而其他形态的硅材料则主要用于平板显示和太阳能电池等大尺寸微电子领域。

单晶硅的结构为立方金刚石结构,晶胞的边长为 0.543nm(温度为 300K 时),每个硅原子与周围 4 个硅原子形成共价键,键长为 0.235nm,键角为 109°28′。单晶硅的原子呈现有规律的周期性排列,表现出较高的载流子迁移率,其中电子迁移率约为 1350cm^{2}V^{-1}s^{-1},而空穴的迁移率约为 480cm^{2}V^{-1}s^{-1}。通过掺入微量ⅢA 或 ⅤA 族元素可在单晶硅中产生大量空穴和电子,从而形成 P 型或 N 型半导体材料。单晶硅热氧化后可形成致密的氧化硅薄膜,用作硅晶体管的栅绝缘层和其他绝缘层,这是硅工艺区别于其他半导体工艺的一个重要特征,也是硅工艺的一个重要优势。此外,单晶硅具有较大的禁带宽度,可在较高温度下工作。因此,单晶硅广泛应用于半导体器件和集成电路的制造。

与单晶硅相比,非晶硅(a-Si)的主要特征是其原子排列总体上是杂乱无章的,如图 1.1 所示。但以某个原子为中心的近邻原子排布又与单晶硅类似,呈现 Si—Si 共价键形成的四面体结构。因此,非晶硅中的原子排列为短程有序但长程无序的无定型结构。非晶硅中 Si—Si 共价键的键长和键角的数值会相对于单晶硅的值发生波动。并且,相对于键长,键角的波动范围更大。键角偏离 109°28′ 的程度越大,成键的结合力越弱,由此形成"Si——Si"弱键。此外,非晶硅中通常存在大量未成键的 Si 原子,并因此形成"Si—"悬挂键。这些悬挂键和弱键在材料中形成很高密度的缺陷态[5],导致 a-Si 的载流子浓度和迁移率均很低。而且,悬挂键在器件工作过程中会俘获电子或空穴,导致器件在光、热与偏压应力下的稳定性较差。

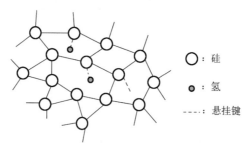

○:硅

●:氢

----:悬挂键

图 1.1　非晶硅的原子结构示意图

在 a-Si 薄膜的制备过程以及后续工艺中引入氢(Hydrogen,H)可大大改善 a-Si 的电学特性。如图 1.1 所示,引入的氢可与非晶硅中的悬挂键结合形成 Si—H 键,从而大幅度降低悬挂键的密度.同时 Si—H 键的形成也使晶格的畸变程度有所降低，弱键的密度也相应减少。实验结果表明，掺氢 a-Si 的载流子迁移率可达到接近 $1cm^2V^{-1}s^{-1}$ 的水平，从而能满足许多实际应用场合，如平板显示器件和太阳能电池的要求。这种掺氢的非晶硅材料通常称为氢化非晶硅(a-Si:H)。考虑到目前实用化的非晶硅均为 a-Si:H，因此本书各章所提到的 a-Si，如果没有特别说明均指 a-Si:H。

a-Si:H 薄膜通常采用 PECVD 法进行制备，如图 1.2 所示。SiH_4 和 H_2 混合气体在射频电源(Radio Frequency，RF)的作用下分解成 SiH_3^-、H^-等，而 SiH_3^-扩散到基板附近，迁移并与表面的 Si— 形成 Si—Si—H$_3$[6]。H 除了起钝化悬挂键而减少缺陷的作用外，在 a-Si:H 中也会以不稳定的"—H—H—"键或"间隙 H_2"等形式存在，从而引入新的缺陷。因此，控制 a-Si:H 薄膜中的 H 含量是极为关键的工艺要素。成膜过程中衬底温度、RF 功率、气体比例与流量等参数均有重要影响。如衬底温度过高会导致成膜过程中 H 原子过热而逸出，氢气比例过高会形成过多不稳定的弱键，过低则会导致悬挂键没有充分填补。a-Si:H 薄膜中的 H 含量通常控制在 10%左右。高质量 a-Si:H 的 PECVD 制备工艺的成膜温度一般高于 300℃，H_2/SiH_4气体流量比约为 5~10，射频电源的频率通常为 13.56MHz。

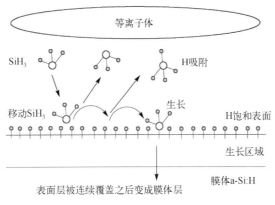

图 1.2　PECVD 沉积 a-Si:H 原理图

1.1.1.2　非晶硅材料能带与态密度

图 1.3(a)为单晶硅的能带结构示意图。硅原子最外层有 4 个电子，平均分布于最外层的 s 轨道和 p 轨道。当硅原子相结合形成晶体硅时，发生 sp^3 轨道杂化，每个硅原子 4 个最外层电子均参与成键。在该过程中，电子占满的成键态扩展形成价带，而空的反成键态扩展形成导带。此外，由于导带底和价带顶不在同一波矢位置，因此单晶硅为间接带隙半导体，其禁带宽度(也称"带隙"，Energy Gap，E_g)约为 1.1eV。

图 1.3(b)为非晶硅的能带结构示意图。非晶硅中的 Si—Si 共价结合过程与单晶

硅中类似，同样会扩展形成导带和价带。不同之处为，非晶硅为直接带隙半导体，其禁带宽度相对较大，约为 1.7eV。此外，相比于单晶中干净的禁带，非晶硅的禁带中分布着大量的局域态(指电子被束缚在某个点附近，无法自由移动)缺陷。这些局域态源于上述非晶硅中存在的弱键和悬挂键。图 1.4 示意了非晶硅的态密度分布。上述禁带中的局域态主要呈现为两种形式。其一是与导带和价带扩展态相连接的部分，称之为带尾态，主要由"Si——Si"弱键引起。其二是位于禁带中部的深能级缺陷态，主要由"Si—"悬挂键所致。

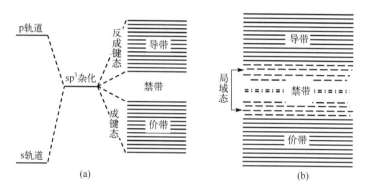

图 1.3　(a)单晶硅和(b)非晶硅的能带结构示意图

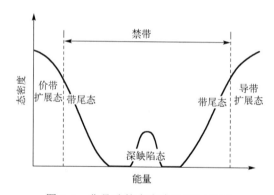

图 1.4　非晶硅的态密度分布示意图

1.1.1.3　非晶硅中载流子输运

上述非晶硅的带隙通常也称为迁移率隙，或迁移率边，即导带底 E_C 和价带顶 E_V 是载流子迁移率突变的分界线。载流子仅在扩展态中输运时具有较高的迁移率，而仅在带尾的深能级局域态输运时迁移率很低，因此将扩展态和带尾态的分界处定义为迁移率边[7]，并由此定义出类似晶体硅中的导带、价带和带隙。非晶硅中，载流子主要沿迁移率边附近输运，呈现跳跃式传输[8,9]。

Comber 等人[10]于 1970 年给出了非晶硅中载流子迁移率随温度的变化的规律

$$\mu_{\mathrm{D}} = \mu_0 \alpha \exp\left[-\frac{(E_{\mathrm{C}} - E)}{kT}\right] \tag{1-1}$$

其中，μ_{D} 为带尾局域态载流子迁移率，μ_0 为扩展态载流子迁移率，α 是导带底态密度 N_{C} 和缺陷态密度 N_{T} 的比值。如图 1.5 所示，a-Si 中载流子迁移率随着温度的降低而下降，290K 时约 $0.08\mathrm{cm}^2\mathrm{V}^{-1}\mathrm{s}^{-1}$，85K 时降低到约 $0.002\mathrm{cm}^2\mathrm{V}^{-1}\mathrm{s}^{-1}$。

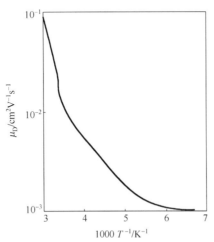

图 1.5 a-Si 中载流子的迁移率与温度关系

1.1.2 器件结构与工艺

1.1.2.1 四种经典 TFT 器件结构

以栅和源漏区域相对于有源层的位置进行划分，可将 TFT 结构分为四类：交错 (Staggered) 结构、反向交错 (Inverted Staggered) 结构、共面 (Coplanar) 结构和反向共面 (Inverted Coplanar) 结构，如图 1.6 所示。交错结构是指栅极与源漏极分布在有源层的两侧，如图 1.6(a) 和 (b) 所示。共面结构是指栅极与源漏极分布在有源层的同一侧，如图 1.6(c) 和 (d) 所示。反向结构是指栅极在器件的底(背)部，一般也称为底(背)栅结构，如图 1.6(b) 和 (d) 所示。

四种结构中，反向交错及共面结构应用最为广泛。有源矩阵液晶显示器 (Active-Matrix Liquid Crystal Display，AMLCD) 背板的 a-Si:H TFT 普遍使用反向交错结构，也就是业界熟知的背沟道刻蚀 (Back-Channel Etch，BCE) 的背栅结构。而有源矩阵有机发光二极管 (Active-Matrix Organic Light Emitting Diode，AMOLED) 显示器的背板 TFT 则采用共面结构，也就是顶栅自对准 (Self-Aligned Top-Gate，SATG) 结构。BCE 结构的 TFT 背板制造只需要 4~5 枚掩模 (Mask)，成本较低，因

此被广泛应用于大尺寸 AMLCD 产品的制造。而 SATG 结构的 TFT 背板制造需要 6
枚以上的掩模，成本较高，而被广泛使用于 AMOLED 以及高分辨率的小尺寸
AMLCD 产品的制造。下面以 BCE a-Si:H TFT 为例简述 TFT 背板的工艺流程。

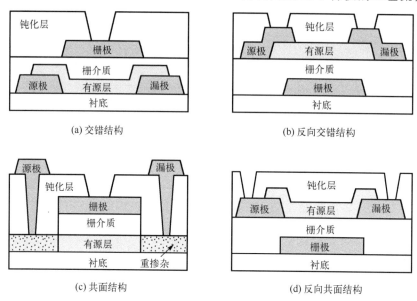

(a) 交错结构　　　　　　　　　　　　　(b) 反向交错结构

(c) 共面结构　　　　　　　　　　　　　(d) 反向共面结构

图 1.6　四种经典 TFT 器件结构

1.1.2.2　五掩模 BCE-TFT 工艺

所谓五掩模(5Mask)TFT 工艺，是指在 BCE-TFT 背板的制造中用五枚掩模进行
五道光刻工艺，分别用于 TFT 各层薄膜的图形化。第一道为栅电极金属薄膜，第二
道为非晶硅有源层/重掺杂非晶硅欧姆接触层，第三道为源漏电极金属薄膜，第四道
为氮化硅钝化层(Passivation，PV)，以及第五道为透明导电膜的氧化铟锡(Indium Tin
Oxide，ITO)像素电极(Pixel Electrode，PE)层。

在大尺寸 AMLCD 中，为了减少寄生电阻引起的栅极扫描电压信号延迟，栅极
金属一般采用电阻率较低的铝(Al)或铜(Cu)。铝金属成本较低，在小、中、大尺寸
显示面板均有应用。然而，Al 与玻璃间膨胀系数差异较大，因此 Al 在成膜过程及
后续热制程中易发生膨胀变形，形成表面突起(hillock)，这会导致栅绝缘层(Gate
Insulator，GI)穿刺或 GI 膜质变差，从而使栅/源间击穿特性恶化，发生静电释放
(Electro-Static discharge，ESD)或金属短路等问题。因此，一般需要在 Al 膜表面沉
积一层薄的 Ti 或 Mo 来阻挡表面突起的产生。对于 55 英寸以及更大尺寸的面板，
Al 线已不能满足驱动速度的要求，需要电阻率更低的铜电极和互连线。但是，铜与玻
璃黏附性较差，在生长前需预先沉积一层 Mo 或 Ti 来增加金属与基板之间的黏附力。

图 1.7 示意了五掩模 BCE TFT 的工艺流程，其中第一道光刻工艺便是栅电极的图形化。栅电极图形化之后，栅介质、有源层 (a-Si:H) 与欧姆接触层 (n+ a-Si:H) 一般进行连续成膜，以避免 GI/有源层界面污染或有源层表面氧化。在 5Mask 工艺中，有源层图形化采用单独一枚掩模 (对应第二道光刻)。然后，进行源漏电极金属的成膜。由于源漏金属走线的寄生电容和电阻会导致数据 (Data) 信号在传输过程中产生延迟，故应设法降低该寄生电容与电阻。与栅极对应，源漏电极与数据线一般采用低电阻的 Al 或 Cu。但 Al 或 Cu 与 Si 直接接触容易出现原子迁移，使器件特性恶化或失效，因此需增加阻挡层金属。考虑到阻挡层金属与 Si 之间的势垒差应尽可能小，故一般选择 Mo 或 Ti 为阻挡层金属。第三道光刻用于上述源漏金属薄膜的图形化，以及之后的沟道层背面的 n+ a-Si:H 层的去除，也就是所谓的背沟道刻蚀 (BCE)。

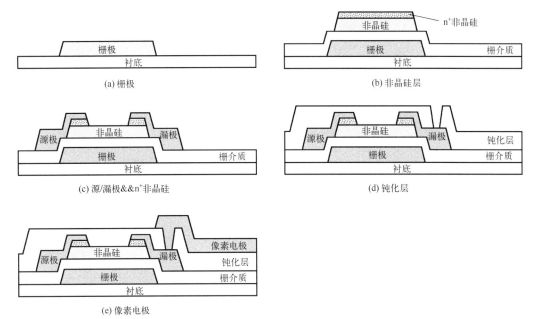

图 1.7　五掩模 BCE TFT 制程示意图：(a)～(e) 分别为第一至第五道光刻图形化工艺的示意图

接着，进行钝化层 (PV) 成膜与图形化。沉积 PV 的主要目的是对器件的背沟道与金属电极进行保护，一方面隔绝外界环境氛围可能带来的不利影响，另一方面用于金属走线层 (如源漏电极与像素电极之间) 之间的电隔离。第四枚掩模用于 PV 的图形化，形成电极之间连接的接触孔。最后，生长氧化铟锡 (ITO) 透明导电薄膜，并采用第五枚掩模版对 ITO 膜进行图形化加工以形成像素电极 (PE)。至此，背板 TFT 工艺完成。

5Mask a-Si:H TFT 制程曾经为大尺寸 AMLCD 背板的主流制造工艺，但目前大部分面板厂家已将 5Mask TFT 工艺升级为 4Mask TFT 工艺，以追求更低的制造成本。

1.1.2.3 四掩模 BCE-TFT 工艺流程

四掩模（4Mask）BCE-TFT 工艺巧妙使用了半色调（Half-Tone，HT）或灰度（Gray-Tone，GT）掩模技术，使 TFT 背板制程所需的掩模数量从原来的五枚减少到了四枚，使得 TFT 背板的制造成本有所降低，因而受到业界的普遍采用。

4Mask 工艺的栅极、PV 与 PE 的制作过程与 5Mask 工艺的基本相同，主要差异在于有源层与源漏电极工艺。图 1.8 示意了 4Mask 工艺的有源层和源漏电极的制作流程。与 5Mask 工艺中有源层和源漏电极分别使用单独的掩模进行光刻不同，4Mask 工艺采用同一枚掩模形成不同图形的有源区和源漏电极。在 4Mask 工艺中，有源层成膜后直接进行源漏电极金属的成膜，然后使用 HT 或 GT Mask 技术进行光刻。如图 1.8(a) 所示，此时所用的 HT 掩模含有三种区域：全透区(用于有源层图形化)、半透区(用于源漏电极图形化)和不透区。光刻显影后，首先使用湿刻工艺去除掉全透区的源漏金属，然后用干刻工艺去除裸露的非晶硅层，形成有源岛，如图 1.8(b) 所示。然后干刻减薄半透区的光刻胶，直到变成全透区，如图 1.8(c) 所示。接着，将露出的源漏金属层和 n⁺ a-Si 层分别去除。这样就用一枚掩模实现了图形不同的有源区和源漏金属电极区，如图 1.8(d) 所示。

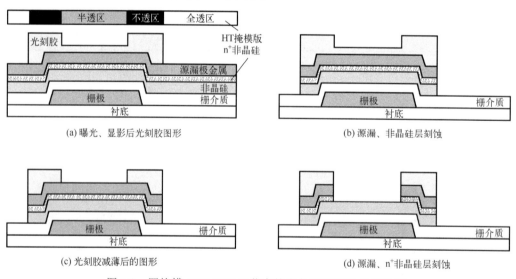

(a) 曝光、显影后光刻胶图形

(b) 源漏、非晶硅层刻蚀

(c) 光刻胶减薄后的图形

(d) 源漏、n⁺非晶硅层刻蚀

图 1.8　四掩模 BCE TFT 工艺中的半色调光刻技术示意图

除降低成本外，4Mask 工艺的优点还包括：有源层与源漏金属为连续成膜，故界面接触更好；有源层与源漏金属为自对准图形，避免了图层之间的偏移。但是，HT 或 GT Mask 的使用会带来第二道光刻的工艺窗口缩小。此外，源漏金属层之下为整面有源层，可能导致寄生电容增加、光照下漏电流上升等问题，这在某些产品设计中会受到限制。

1.1.3　器件电学性能

a-Si:H TFT 基本电学特性主要表现为源漏电流(Drain to Source Current，I_{ds})随栅源电压(Gate to Source Voltage，V_{gs})以及漏源电压(Drain to Source Voltage，V_{ds})的变化规律，分别称为转移特性(I_{ds}-V_{gs})和输出特性(I_{ds}-V_{ds})。通过分析转移特性曲线和输出特性曲线的形貌，可评估 TFT 的电学性能。具体可从电流电压关系曲线中提取载流子迁移率(Mobility，μ)、阈值电压(Threshold Voltage，V_{th})、亚阈值摆幅(Subthreshold Swing，SS)、寄生电阻、输出阻抗等参数来对器件特性进行描述，并用于 TFT 电路的仿真。此外，对 TFT 施加电、光、热等应力，TFT 的阈值电压等参数会发生变化，这反映的是 TFT 的电学稳定性。

1.1.3.1　转移特性

a-Si:H TFT 转移特性曲线大致可分为三个区间，分别为关态区(也称为普尔-弗朗克(Poole-Frenkel 发射区)[11]、亚阈值区和开态区。三个区域内载流子的产生和输运有较大差别。图 1.9 示意了转移特性的三个区域内的电流特性与 TFT 漏源电压、沟道长度等参数之间的关系。

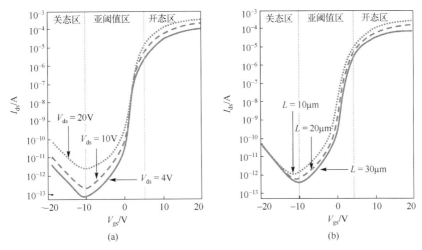

图 1.9　(a)漏源电压和(b)沟道长度对转移特性三个区域特性的影响

(1)开态区：对应栅源电压 V_{gs} 大于阈值电压的情形。在传统单晶硅 MOSFET 中，开态区是以少数载流子反型层形成导电通道。而在无 PN 结的非晶硅 TFT 中，则是以多数载流子(电子)积累层形成导电通道。在大的正栅压下，费米能级开始进入导带，相应地在前沟道形成高浓度的电子积累层。此时施加正的漏源电压后，电子会从源极越过源端势垒进入沟道，并经过沟道源源不断地流向漏极，由此形成可观的导通电流。此时 I_{ds} 随着 V_{ds}、V_{gs}、沟道宽度(Channel Width，W)增大或沟道长度（Channel Length，L）减小而增加。

（2）亚阈值区：为关态到开态的过渡区域，此时栅压小于阈值电压，区间内的电流 I_{ds} 随 V_{gs} 呈指数增加。根据栅压的正负，可将亚阈值区分为前阈值区和后阈值区两个部分。

前阈值区对应 V_{gs} 处于正偏压时的情形，此时前沟道处的费米能级上移，因此感应出电子，并形成电子导通电流。费米能级随着正栅压的增大不断上移，电子浓度迅速增加，故导通电流急剧增大。因此，该过程主要受栅压影响。

后阈值区对应 V_{gs} 处于负偏压的情形，此时费米能级向下弯曲，前沟道（靠近栅介质的部分）处电子几乎耗尽，空穴浓度有可能高于电子浓度。但由于空穴迁移率极低，因此前沟道的空穴电流几乎可以忽略不计。而 a-Si:H 与钝化层间高密度的界面态在负的 V_{gs} 作用下在背沟道（远离栅介质靠近背界面）产生一定的电子传导电流，且该电流随着漏极电压增加而增加。值得指出的是，随着工艺技术水平的提高，a-Si:H 与钝化层间的界面态密度不断降低，以至于 TFT 不再呈现明显的后阈值特性。

（3）关态区：在栅极高负偏压时，沟道中前沟道的电子被耗尽，无法形成大的电流。然而 TFT 的漏极和栅极之间存在强电场，由此引发普尔-弗朗克发射效应，将缺陷态俘获的空穴激发出来，并在栅极电场作用下移动到前沟道。前沟道积累的空穴流向源极，形成泄漏电流。因此该区域也叫作普尔-弗朗克发射区。普尔-弗朗克发射效应强烈依赖于漏端的电场强度，因此栅介质材料/厚度、有源层厚度、栅漏交叠量等均会直接影响关态电流的大小。

1.1.3.2　输出特性

在对准确度要求不高的情况下，a-Si:H TFT 输出特性可采用单晶硅 MOS 管的电流电压方程来描述。在测量（I_{ds}-V_{ds}）曲线时，漏源电压（V_{ds}）取 0V 到 V_x，（$V_x > V_{gs} - V_{th}$），V_{gs} 取大于 V_{th} 的固定电压。如图 1.10 所示，当 V_{ds} 小于 $V_{gs} - V_{th}$ 时，

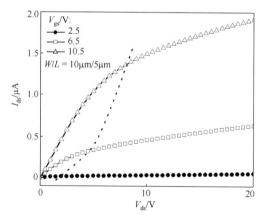

图 1.10　a-Si TFT 的输出特性曲线

整个沟道处于电子积累状态，I_{ds} 随着 V_{ds} 的增加而近乎线性增加，此时称为线性区。当 V_{ds} 大于 $V_{gs}–V_{th}$ 时，漏极附近由于载流子耗尽而形成耗尽区(也称夹断区)，此时，I_{ds} 不再随 V_{ds} 变化而保持相对稳定，故称为饱和区。

其简化的输出特性曲线公式为

$$I_{ds} = C_{ox}\frac{W}{L}\mu\left[(V_{gs} - V_{th})V_{ds} - \frac{1}{2}V_{ds}^2\right] \tag{1-2}$$

通过上述 V_{gs}、V_{th}、V_{ds} 三者的关系，可得到简化且更为直观的 TFT 在线性区、饱和区的电流近似表达式。

(1) 当 $V_{ds} \ll V_{gs} - V_{th}$ 时，$-\dfrac{1}{2}V_{ds}^2$ 项可省略，电流公式可简化为

$$I_{ds} = C_{ox}\frac{W}{L}\mu(V_{gs} - V_{th})V_{ds} \tag{1-3}$$

由式(1-3)可知，I_{ds} 随 V_{ds} 呈现线性变化关系，故该区称为线性区。

(2) 当 $V_{ds} > V_{gs} - V_{th}$ 时，由于漏极附近因电子耗尽而出现夹断区，且 I_{ds} 不再随 V_{ds} 增加而增加，因此取 $V_{ds} = V_{gs} - V_{th}$ 处的电流，由此可得到如下与 V_{ds} 无关的 I_{ds} 表达式

$$I_{ds} = C_{ox}\frac{W}{2L}\mu(V_{gs} - V_{th})^2 \tag{1-4}$$

此时，因输出电流不再随源漏电压增加而变化，故称为饱和区。

上述线性区和饱和区的简化电流表达式，可用于 TFT 电学特性参数的一般评估和提取。在需要精准确定 TFT 电流电压关系时，则需要使用精确的 a-Si:H TFT RPI(伦斯勒理工学院，Rensselaer Polytechnic Institute)模型。

1.1.3.3　电性参数提取

TFT 主要的电学特性参数为迁移率、阈值电压和亚阈值斜率(摆幅)等。一般可通过转移特性曲线计算跨导，获取最大值之后，再根据电流公式反推 TFT 的迁移率和阈值电压。参数提取过程如下：

1. 线性区电性参数

根据上述线性区电流公式对 V_{gs} 求偏导可得跨导 g_m 为

$$g_m = \frac{\partial I_{ds}}{\partial V_{gs}} = \frac{W}{L}\mu C_{ox}V_{ds} \tag{1-5}$$

利用测量的转移特性曲线获得跨导最大值 g_{m-max}，可得阈值电压 V_{th} 为

$$V_{th} = V_{gs} - V_{ds} - \frac{I_{ds}}{g_{m-max}} \tag{1-6}$$

在实际 V_{th} 提取中，也常采用恒定电流法。即对 I_{ds}-V_{gs} 曲线归一化(I_{ds} 乘以系数

L/W），取归一化电流为 10^{-9}A 对应的 V_{gs} 值为 V_{th}。

此外，可通过最大跨导得出线性迁移率 μ 为

$$\mu = \frac{L}{WC_{ox}V_{ds}} g_{m\text{-}max} \tag{1-7}$$

2. 饱和区电性参数

同样地，可根据饱和区电流公式对 V_{gs} 求偏导。此时为二次函数，为方便推导，先对电流开平方，可得如下关系式

$$\sqrt{I_{sat}} = \sqrt{\frac{W}{2L}\mu C_{ox}}\,(V_{gs} - V_{th}) \tag{1-8}$$

进而求导为

$$g_m = \frac{\partial \sqrt{I_{sat}}}{\partial V_{gs}} = \sqrt{\frac{W}{2L}\mu C_{ox}} \tag{1-9}$$

然后，同样根据测量的转移特性曲线获取导数最大值 $g_{m\text{-}max}$，进而得出阈值电压为

$$V_{th} = V_{gs} - \frac{\sqrt{I_{sat}}}{g_{m\text{-}max}} \tag{1-10}$$

同时，饱和迁移率为

$$\mu = \frac{2L}{WC_{ox}} g_{m\text{-}max}^2 \tag{1-11}$$

实际应用中会根据具体情况设置 TFT 工作于线性区或饱和区。以 a-Si:H TFT-LCD 的像素电路为例，为提升像素的充电速率，开关 TFT 一般工作在线性区，此时 $V_{gs} - V_{th} \gg V_{ds}$。而在有些应用场合，如 AMOLED 的像素电路，其驱动 TFT 需要工作于饱和区，即 V_{ds} 在一定范围内变化时 I_{ds} 保持稳定。这部分内容在本书的后续章节将有详细描述。

3. 亚阈值摆幅

如图 1.9 所示，在 TFT 的转移曲线中，从关态到开态的过渡区域为亚阈值区。在该区域，随着 V_{gs} 电压的增加，有源层内载流子分布从耗尽转变到积累状态，电流 I_{ds} 也相应从很小值快速增加到开态值。在该过程中，I_{ds} 变化 1 个数量级对应的栅极电压变化量 ΔV_{gs} 定义为亚阈值摆幅，其符号为 SS（Subthreshold Swing），单位为 $V \cdot dec^{-1}$，其公式为

$$SS = \frac{dV_{gs}}{d(\lg I_{ds})} \tag{1-12}$$

实际提取时，SS 通常取转移特性曲线上斜率最大点对应的值，对应 SS-V_{gs} 曲线

上位于亚阈值区域中的最小点。一般而言，TFT 的 SS 值越小，转移曲线从关断(Off)到开启(On)状态的转换斜率越陡，TFT 开启速度越快，功耗越低。如图 1.11(a)所示，实际制备的 a-Si:H TFT 的 SS 的提取值约为 0.77V·dec^{-1}。

　4. 漏致势垒降低效应

　与常规 MOS 晶体管一样，TFT 器件中，源极与沟道之间总是存在一定的势垒(源端势垒)，该势垒的高度一般是受栅电压 V_{gs} 的控制和调节。当器件的沟道长度缩短到一定程度时，该势垒的高度也会受到 V_{ds} 的影响，通常势垒高度随 V_{ds} 的增加而降低，相应地，TFT 的 V_{th} 会随 V_{ds} 增加而减小，此现象被称为漏致势垒降低(Drain Induced Barrier Lowering，DIBL)效应。一般用以下公式计算 DIBL 的值

$$\text{DIBL} = \frac{|V_{th1} - V_{th2}|}{V_{ds1} - V_{ds2}} \tag{1-13}$$

这里，V_{th1} 和 V_{th2} 为源漏电压分别为 V_{ds1} 和 V_{ds2} 时 TFT 的阈值电压值。如图 1.11(b)所示，实际制备的 a-Si:H TFT 在 V_{ds} 为 5.1V 和 10.1V 时，阈值电压分别为 1.35V 和 1.06V，由此可得 DIBL 的值约为 60mV/V。

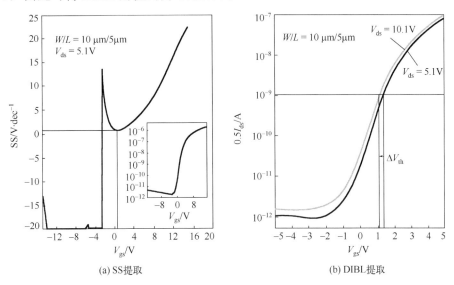

(a) SS 提取　　　　(b) DIBL 提取

图 1.11　(a) SS 提取及(b) DIBL 提取示意图，(a)中的插图为对应的转移特性曲线

1.1.3.4　电光热应力下的不稳定性

在很多应用场合，TFT 会长时间处于某种偏置状态，这通常会引发电学特性的变化。这种电应力前后的电学特性变化程度反映了 TFT 稳定性的优劣。非晶硅 TFT 的稳定性问题主要表现为正栅偏压热应力(Positive Bias Temperature Stress，PBTS)和负偏压光热应力(Negative Bias Temperature Illumination Stress，NBTIS)下电学特性的变化。

图 1.12 为一实际制备的 4Mask a-Si:H TFT 的应力不稳定性表现。V_{th} 在 NBTIS 下负漂–2.04V，PBTS 下正漂+1.37V。测试条件如下：NBTIS 时 $V_{gs}=-30V$，$V_{ds}=0V$，温度为 60℃，光强为 4500nits，时间为 1500s；PBTS 时 $V_{gs}=30V$，$V_{ds}=0V$，温度为 60℃，时间为 1500s。

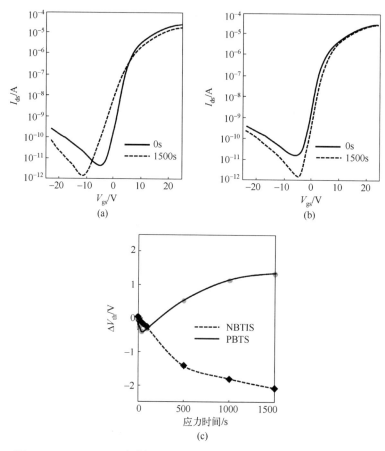

图 1.12　4Mask TFT 在 (a) NBTIS 和 (b) PBTS 前后的转移特性曲线；
(c) NBTIS、PBTS 下 V_{th} 随时间的变化

TFT 在正栅压应力作用下，a-Si:H/GI 界面附近会捕获电子，导致器件 V_{th} 出现正向漂移。高温会加剧电子捕获效应，从而加剧器件的特性漂移。器件在负栅压、光、热等的作用下，a-Si:H 有源层内会产生大量额外的自由电子，导致器件 V_{th} 会出现负向漂移。PBTS 和 NBTIS 一般会带来的 V_{th} 正向和负向漂移，会造成像素电路开关特性变差，集成栅驱动电路 (GOA) 失效等问题。

结合机理分析和经验公式，并辅助 TFT 器件的短时间老化测试结果，可以预测 TFT 在长时间工作下的特性退化情况。常采用的 TFT 器件老化预测公式为

$$\Delta V_{th} = \alpha \times \left[1 - \exp\left(-\left(\frac{t}{A}\right)^{\beta} \right) \right] \tag{1-14}$$

式中，t 为工作时间，α、A、β 参数可通过短时间老化测试的转移特性曲线来提取[12]。

1.1.3.5　电流模型

前文给出了 a-Si TFT 的电流电压公式，但这些公式是简化的和不精确的，要获得电流电压的精确表达，需要精确的模型。美国伦斯勒理工学院(Rensselaer Polytechnic Institute，RPI)于 1997 年提出了 a-Si 和多晶硅(p-Si)TFT 的 SPICE 模型，该模型可描述 a-Si 和 p-Si TFT 的 I-V 特性曲线。以下采用 RPI 模型对 a-Si:H TFT 的开态电流和关态电流进行分析[13]。RPI 模型中，非晶硅电流分为三部分，开态区、亚阈值区和关态区。通过对非晶硅 TFT 的参量进行提取和模型代入，可获取非晶硅 TFT 的 I-V 曲线。RPI 模型已被广泛使用，成为多种模拟软件，如 Silvaco 等的基础模型。

（1）开态区电流模型

$$I_{on} = \mu_{FET} c_i (V_{gs} - V_{th}) \frac{W}{L} V_{dse} (1 + \lambda V_{ds}) \tag{1-15}$$

其中

$$\mu_{FET} = \mu_n \left(\frac{V_{gs} - V_{td}}{V_{AA}} \right)^{\gamma} \tag{1-16}$$

$$V_{dse} = \frac{V_{ds}}{\left[1 + \left(\frac{V_{ds}}{V_{sate}} \right)^{m_{SAT}} \right]^{\left(\frac{1}{m_{SAT}}\right)}} \tag{1-17}$$

其中

$$V_{sate} = \alpha_{SAT} (V_{gs} - V_{th}) \tag{1-18}$$

$$c_i = \frac{\varepsilon_i \varepsilon_o}{d_i} \tag{1-19}$$

（2）亚阈值区电流模型

$$I_{sub} = q \mu_n \frac{W}{L} V_{dse} n_{so} \left[\left(\frac{t_m}{d_i} \right) \left(\frac{V_{gs} - V_{FB}}{V_2} \right) \left(\frac{\varepsilon_i}{\varepsilon_s} \right) \right]^{\left(\frac{2V_2}{V_e}\right)} \tag{1-20}$$

其中

$$n_{so} = N_c t_m \left(\frac{V_e}{V_2} \right) \exp \left(\frac{-\mathrm{d}E_{FO}}{V_{th}} \right) \tag{1-21}$$

其中

$$t_m = \left(\frac{\varepsilon_s \varepsilon_o}{2qg_{min}} \right)^{0.5} \quad V_e = \frac{2V_2 V_{temp0}}{2V_2 - V_{temp}} \tag{1-22}$$

(3) 关态区电流模型

$$I_{off} = I_{01} \left(\exp \left(\frac{V_{ds}}{V_{dsl}} \right) - 1 \right) \exp \left(\frac{V_{gs}}{V_{gsl}} \right) + \sigma_0 V_{ds} \tag{1-23}$$

表 1.1～表 1.3 汇总了上述 TFT 模型中的相关电学参数、对应的材料参数以及参数赋值。对相关参数赋值后，即可得到相应模型下对应的电学特性曲线。

表 1.1　非晶硅 TFT 电学参数

参数	符号	描述	参数	符号	描述
VTH/V	V_{th}	阈值电压	VFB/V	V_{FB}	平带电压
GAMMAO	γ	幂律迁移率参数	V2/V	V_2	深能级特征电压
VAA/V	V_{AA}	HFET 特征电压	IOL/A	I_{01}	零偏压漏电流
ALPHASAT	α_{SAT}	饱和参数	VDSL/V	V_{dsl}	V_{ds} 漏电流相关性
LAMBDA/V^{-1}	λ	CLM 参数	AGSL/V	V_{gsl}	V_{gs} 漏电流相关性
VTEMP/V	V_{temp}	工作温度的热电势	VTEMP0/V	V_{temp0}	常温的热电势
MSAT	m_{SAT}	扭曲形状参数	SIGMAO/A	σ_0	最小电流

表 1.2　非晶硅 TFT 材料参数

参数	符号	描述	参数	符号	描述
MUBAND/cm^{2}V^{-1}s^{-1}	μ_n	迁移率	EPSI	ε_i	GI 介电常数
TOX/m	d_i	GI 厚度	EPS	ε_s	非晶硅介电常数
GMIN/m^{-3}e V^{-1}	g_{min}	最小态 DOS	NC	N_c	导带有效态密度
DEFO/eV	dE$_{FO}$	暗费米能级位置			

表 1.3　非晶硅 TFT 模型参数赋值

参数	平均值	最大值	最小值
VTH/V	1.512	5.5	0.63
GAMMA	0.30	0.35	0.25
VAA/V	3.7×10^5	1×10^6	7×10^4
ALPHASAT	0.58	0.61	0.5
LAMBDA/V^{-1}	5.2×10^{-3}	1.35×10^{-2}	0.0
MSAT	2.4	3.5	2.0

续表

参数	平均值	最大值	最小值
VFB/V	−2.2	3.3	−4.0
V2/V	0.18	0.24	0.1
IOL/A	9.5×10^{-12}	6.8×10^{-11}	0.0
VDSL/V	13	100	3.0
VGSL/V	10	100	1
SIGMAO/A	3.0×10^{-12}	2.8×10^{-11}	1×10^{-14}

1.2　多晶硅(p-Si)TFT

非晶硅 TFT 的优势和劣势都非常明显。其优势为制备成本低，大面积均匀性好，故目前绝大部分大尺寸 AMLCD 的驱动背板均采用非晶硅 TFT 技术；而劣势是迁移率过低，只有 $0.5\mathrm{cm}^2\mathrm{V}^{-1}\mathrm{s}^{-1}$ 左右，且稳定性不佳，导致其无法应用于 AMOLED 显示以及高端 AMLCD。

多晶硅(p-Si)TFT 与非晶硅 TFT 形成了良好的互补。p-Si TFT 具有较高的迁移率(数十至 $100\mathrm{cm}^2\mathrm{V}^{-1}\mathrm{s}^{-1}$ 以上)和较高的稳定性，但制作成本高，母板难以大尺寸化。目前，p-Si TFT 成为 AMOLED 显示和高端 AMLCD 主要采用的背板技术。本节将介绍成为实用器件的低温多晶硅(Low Temperature Poly-Silicon，LTPS)TFT 的材料特性、器件结构与工艺、器件电学性能等。

1.2.1　材料特性

1.2.1.1　晶体结构

图 1.13 示意了多晶硅材料的内部原子排列。相比非晶硅的原子无序排列与单晶硅的原子周期性排列，多晶硅的原子排列状态则介于二者之间。我们可以将多晶硅看成是由无数小单晶单元组成，每个小单元称为晶粒，晶粒之间的区域称为晶界。那么，晶粒内部的晶体结构与单晶硅一样，Si 原子呈周期性排列，因此，多晶硅载流子迁移率比非晶硅高很多。但晶粒之间的晶向不同，导致晶界处的原子周期性排列遭到破坏，引入大量的悬挂键、位错等缺陷态[14]，这导致多晶硅的载流子迁移率比单晶硅要低很多。

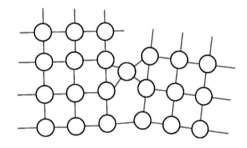

图 1.13　多晶硅的晶体结构示意图

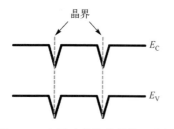

图 1.14　多晶硅的能带结构示意图

1.2.1.2　能带与态密度

晶界处的缺陷态是多晶硅中缺陷态的主要部分，对多晶硅 TFT 的电学性能有着重要影响。晶界缺陷的存在使得晶界处发生电荷聚集现象，进而导致晶界处的能带向下弯曲，形成电子势阱，如图 1.14 所示。载流子经此处传输时会发生散射，导致迁移率降低。另一方面，晶界处的陷阱电荷在高的漏电场作用下会被激发出来，导致关态下 TFT 在高 V_{ds} 时呈现很高的泄漏电流。

图 1.15 示意了多晶硅中的态密度分布，对应公式为

$$N(E) = N_T \exp\left(-\frac{E}{E_T}\right) + N_D \exp\left(-\frac{E}{E_D}\right) \tag{1-24}$$

其中，N_T 和 N_D 分别代表带尾态和深能级态密度，E_T 和 E_D 分别为相应态密度分布的能级宽度。

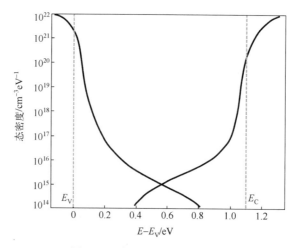

图 1.15　多晶硅的态密度分布

为了降低晶界缺陷态密度，通常采用退火或氢注入等工艺修补悬挂键和减少弱键。此外，缺陷态密度受到晶粒尺寸的影响，增大晶粒尺寸可以减少晶界数，从而提升迁移率与稳定性。但大晶粒的多晶硅薄膜往往会使不同区域 TFT 中包含的晶粒数量存在较大的差异，导致 TFT 电学特性的均匀性不佳。

1.2.2　器件结构与工艺

多晶硅 TFT 采用何种结构与多晶硅薄膜的制备方法有关，故这里先介绍多晶硅的制备方法。

1.2.2.1　多晶硅薄膜制备方法

按照工艺温度划分，可以将多晶硅的制备工艺大致分为高温工艺和低温工艺。其中高温工艺的温度一般高于 600℃，如低压化学气相沉积、快速热退火等，超出了普通玻璃基板的熔融温度，因此难以在平板显示等大尺寸微电子技术中得到采用，一般用于硅基半导体器件和集成电路的制造。而低温工艺一般指低于 600℃的多晶硅制备工艺，通常称为低温多晶硅(LTPS)技术。很显然，LTPS 技术是专为建立在普通玻璃基板上的平板显示等产品的制造而打造的技术。

根据结晶方式的不同，LTPS 主要有以下几种制备工艺：直接成膜的微晶 Si 技术、固相退火的结晶技术、金属诱导结晶技术和激光退火结晶技术等。

直接成膜的微晶 Si 技术是采用 PECVD 工艺在低温下通过 SiH_4/H_2 气相反应直接形成多晶硅薄膜。等离子体中过量的 H 会作为刻蚀剂将 Si——Si 弱键打断，留下 Si—Si 强键，在基板上形成晶核。成膜过程中晶核生长，可形成晶粒尺寸 30nm 以下的微晶硅。这种方式得到的晶粒尺寸很小，且存在大量的晶界缺陷，因此微晶硅 TFT 器件无法获得较高的载流子迁移率(一般<$10cm^2V^{-1}s^{-1}$)。

固相退火结晶是通过加热非晶硅薄膜，使其达到晶体硅的结晶温度，然后在适当的条件下保持一段时间，使硅原子重新排列成为有序的晶体结构。这一过程涉及非晶硅薄膜的晶化和晶体生长，其中晶化是非晶态到微晶态的转变，而晶体生长是微晶态向大尺寸晶体的转变。该方法使用的温度一般为 600℃左右，退火时间需要数十小时。该方法获得的器件的迁移率可达数十 $cm^2V^{-1}s^{-1}$，但工艺周期过长，难以实用。

金属诱导晶化是将镍、铝等金属覆盖在预先生长的 a-Si 薄膜上，在低于 500℃的退火处理后得到多晶硅薄膜[15]。该方法相比于固相结晶技术，工艺温度降低，工艺周期显著缩短，但会引入无法彻底清除的金属残留，往往造成 TFT 呈现高的泄漏电流。虽然后续出现的金属诱导横向结晶工艺可以有效改善金属残留问题，但依然无法很好解决关态高泄漏电流的问题。

激光退火结晶是目前工业界普遍采用的 LTPS 制备技术。Lau 和 Hoonhout 等[16,17]团队对非晶硅的激光退火晶化技术进行了开创性的研究工作，为现行主流的准分子激光退火(Excimer Laser Annealing，ELA)结晶工艺奠定了基础。该技术原理如下：a-Si 吸收激光并只在 a-Si 薄膜上瞬间达到硅熔点以上的高温，然后熔融 Si 快速冷却，便形成多晶硅。在众多激光器中，准分子激光器的退火技术具有晶化均匀、晶粒尺寸大、缺陷少、载流子迁移率高、空间选择性好、掺杂效率高以及工艺成熟等优势，因此，是目前产业界普遍采用的 LTPS 制备技术。但由于受到 ELA 激光系统的限制，ELA 技术目前主要用于 G6 代线及以下，难以用于更高世代的生产线。

1.2.2.2　器件结构

如上所述，业界普遍采用 ELA 晶化技术制造 LTPS 薄膜。该技术制备的 LTPS

薄膜的顶部通常能完全结晶因而含有较少的晶界缺陷，但底部存在未完全晶化的籽晶因而含有较多的缺陷。其缺陷较少的顶部显然更适合作为载流子输运的沟道，所以 ELA-LTPS TFT 多采用顶栅结构。

取决于源漏的形成方法，顶栅结构 LTPS TFT 的制造工艺大致分为非自对准和自对准两种，分别如图 1.16(a)和(b)所示。非自对准工艺的源漏区掺杂是在栅电极制作之前进行，即 ELA 多晶硅膜形成后便进行图形化光刻，暴露出源漏区的 LTPS 并对此进行重掺杂。这样，重掺杂的源漏区与栅电极之间是非自对准的，后续栅电极的图形化不可避免产生套刻误差，在源漏区和栅电极之间产生较大的交叠量，因而引入大的寄生电容。相比之下，顶栅自对准工艺的源漏区在栅电极图形化之后形成，它是以栅电极为原位硬掩膜进行高密度离子注入掺杂形成的，因此理论上存在很小的且均匀的寄生电容。自对准工艺有利于避免寄生效应带来的延迟问题，更适用于实现高速和高集成度的电路。

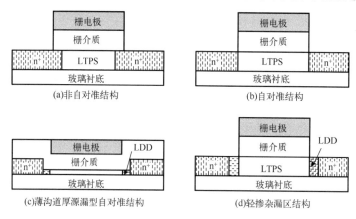

图 1.16　顶栅结构 LTPS TFT 结构示意图

此外，结合化学机械抛光工艺，可以制备薄沟道、厚源漏的自对准 LTPS TFT[15,18]，其结构示于图 1.16(c)。薄沟道可有效降低沟道内陷阱密度，同时提升沟道的栅控能力。而厚的源漏区可以保证小的寄生电阻，避免了传统晶体管中由于沟道减薄导致寄生电阻急剧增大的问题。

值得指出的是，如图 1.16(c)和(d)所示，目前的 LTPS TFT 普遍采用轻掺杂漏(Lightly Doped Drain，LDD)结构。这是由于载流子在漏端强场下往往形成高能热载流子，进而可能造成开态电流下降等特性退化问题。在漏端形成 LDD 区域，可显著降低漏端附近沟道区的电场，避免热载流子效应的发生。

1.2.2.3　AMLCD 用 LTPS TFT 背板工艺流程

接下来以高端 AMLCD 手机屏的背板制造工艺为例，介绍顶栅自对准结构 LTPS TFT 的制备过程。该背板为 N 型 LTPS TFT 架构，像素为边缘场转换(Fringe Field Switching，FFS)结构。其背板制作流程示意图如图 1.17 所示。

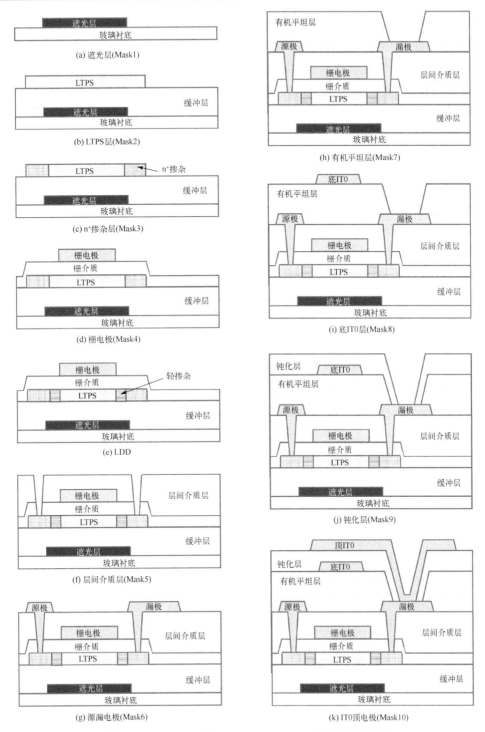

图 1.17　AMLCD 用 10 Mask LTPS TFT 背板工艺流程

首先,在玻璃基板上制作金属遮光层并完成图形化(Mask 1,图 1.17(a)),用于遮挡背光对 TFT 的照射,减少光生漏电流。金属遮光层一般接固定电位,实际应用中通常使之与源极短接。然后用 PECVD 在基板上沉积缓冲层(一般为二氧化硅与氮化硅的叠层)与非晶硅层,接着采用 ELA 工艺将非晶硅转化成多晶硅层。接着对多晶硅薄膜进行图形化(Mask 2,图 1.17(b)),并有选择地对多晶硅有源区两端进行大剂量磷离子注入形成重掺杂源漏区域(Mask 3,图 1.17(c)),待与后续的源漏金属电极形成欧姆接触。

接着生长二氧化硅栅极绝缘层及栅极金属层,并对金属层进行图形化形成栅电极(Mask 4,图 1.17(d))。以金属栅电极作为掩模自对准离子注入低剂量的磷离子,形成 LDD 结构(图 1.17(e))。LDD 结构可以降低器件热载流子效应,提升器件的可靠性。

然后沉积层间介电层,为二氧化硅与氮化硅叠层结构,同时起到掺氢钝化多晶硅缺陷的作用。接着是介电层开孔(Mask 5,图 1.17(f))和金属电极的沉积与图形化(Mask 6,图 1.17(g)),以及有机平坦层涂布和为接触电极开孔(Mask 7,图 1.17(h))。平坦层对表面形貌进行平坦化的同时降低像素电极与底部的栅极、源漏电极之间的寄生电容。接下来是制备 FFS 结构中的底部 ITO 透明公共电极(Mask 8,图 1.17(i))。然后是制作器件钝化保护层和为像素电极接触开孔(Mask 9,图 1.17(j))。最后是 ITO 透明像素电极的制作(Mask 10, 图 1.17(k))。

1.2.2.4 AMOLED 用 LTPS TFT 背板工艺流程

LTPS TFT 除了应用于高端 LCD,还应用于主流的小尺寸 AMOLED 显示。小尺寸 OLED 显示面板通常采用 PMOS 架构,因为 P 型 LTPS TFT 无需 LDD 结构,有利于微缩 TFT 尺寸和减少 Mask 数量,同时在驱动架构上也有一定的优势。图 1.18 为 AMOLED 的 LTPS PMOS TFT 背板制作流程示意图。首先,在基板上沉积缓冲层(一般为二氧化硅与氮化硅的叠层)与非晶硅层,并采用 ELA 工艺将非晶硅转化成多晶硅层,再进行第一道光刻对多晶硅进行图形化(Mask 1,图 1.18(a))。接着制作 TFT 的栅介质和栅金属层,并进行第二道光刻形成栅极(Mask 2,图 1.18(b)),再以栅极作为原位硬掩模在源漏区域注入大剂量的硼离子,形成重掺杂的 P 型源漏区域(p^+),待与后续的源漏金属电极形成欧姆接触。

然后沉积层间介电层并进行光刻形成接触孔(Mask 3,图 1.18(c))。该介电层为二氧化硅与氮化硅叠层,同时起到对多晶硅掺氢和缺陷钝化作用。源漏金属层沉积后进行光刻以形成源漏电极(Mask 4,图 1.18(d))。接着涂布有机平坦层并进行光刻制作接触孔(Mask 5,图 1.18(e))。该平坦层对表面进行平坦化并减少像素电极与底部的栅极、源漏电极之间的寄生电容。阳极金属成膜后进行光刻形成阳极图形(Mask 6, 图 1.18(f))。接着进行第七道光刻定义 OLED 显示器件的像素层(Mask 7,图 1.18(g))和第八道光刻制作和定义 OLED 的间隔层(Mask 8,图 1.18(h))。

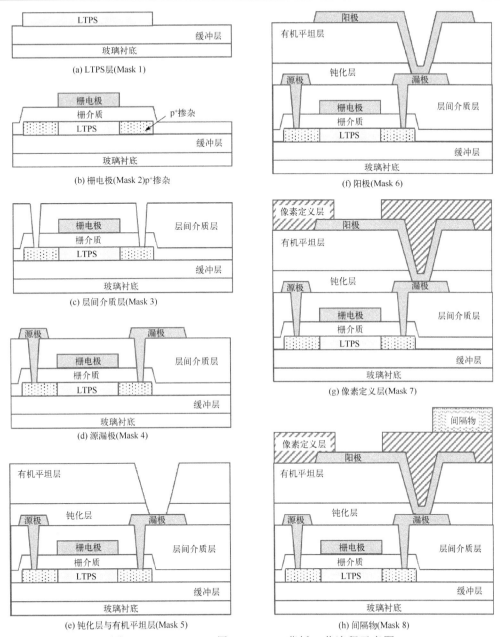

图 1.18　AMOLED 用 LTPS TFT 背板工艺流程示意图

1.2.3　器件电学性能

本节将描述多晶硅 TFT 的主要电学特性以及应力稳定性,包括热载流子效应(Hot-Carrier Effect)、驼峰(Hump)效应等。与非晶硅 TFT 类似,多晶硅 TFT 的基本电学性能主要通过迁移率、阈值电压、亚阈值摆幅等参数进行描述，而这些参数的提取方法与非晶硅 TFT 基本相同，故本节不再赘述。

1.2.3.1 LTPS TFT 电流电压特性

LTPS TFT 的迁移率为非晶硅 TFT 的数百倍，甚至可达到 $200\text{cm}^2\text{V}^{-1}\text{s}^{-1}$ 及以上，且 SS 也明显优于非晶硅 TFT。考虑到器件迁移率均匀性、漏电流等因素，实际应用中的 TFT 的迁移率一般在 $50\sim100\text{cm}^2\text{V}^{-1}\text{s}^{-1}$。

图 1.19(a) 为 LTPS NMOS TFT 的转移特性曲线。与 a-Si TFT 中类似，LTPS TFT 的转移特性曲线也可以分为关态区、亚阈值区和开态区。不过与 a-Si TFT 不同的是，LTPS TFT 的工作模式与单晶硅 MOSFET 类似，这里不再做过多介绍。

然而，值得注意的是，LTPS TFT 的关态泄漏电流通常相当大，比 a-Si TFT 高出 $1\sim3$ 个数量级，这是其应用的主要问题。该关态泄漏电流展现出与源漏电压很强的依赖关系。该依赖关系具有两个特征，其一是电流值本身随源漏电压增大而增大；其二是电流曲线上翘(即随着栅压绝对值增大而增大)趋势随源漏电压增大而加剧。

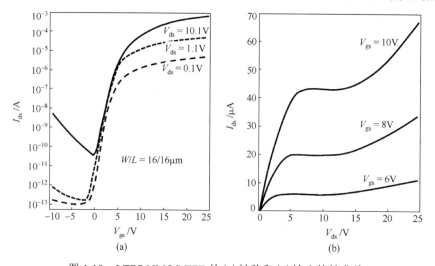

图 1.19　LTPS NMOS TFT 的 (a) 转移和 (b) 输出特性曲线

上述现象与 LTPS 的晶界缺陷态密切相关。晶界缺陷态大多位于靠近禁带中部的位置，因此大大增加了陷阱辅助隧穿的概率[19]。关态时，负偏置的栅极和正偏置的漏极之间形成耗尽区，同时在上述缺陷态的辅助下，该区域内的价带电子会直接隧穿到导带，即发生带间隧穿。生成的自由电子会流向漏极形成电流。而栅极电压越负、漏极电压越正，隧穿越易发生，也即关态泄漏电流越大。而且，在这种情况下，与 a-Si TFT 类似，普尔-弗朗克效应的存在也会使得部分缺陷中的电子激发出来形成电流。

通常情况下，引入 LDD 结构可以形成漏端分压，减小栅、漏之间的电势差，从而有效降低关态泄漏电流。

1.2.3.2　多晶硅 TFT 的 Kink 效应

图 1.19(b) 为 LTPS NMOS TFT 的输出特性曲线。从中可以看出明显的饱和区电流翘曲现象，这通常称作 Kink 效应。Kink 效应的发生一般被认为起源于漏端强场下的碰撞电离效应，以及多晶硅 TFT 的浮体效应。

工作于饱和态的晶体管，其漏端形成夹断区，源漏电压主要落在夹断区并在那里形成强电场。夹断区电子在强场下获得足够的能量并通过碰撞电离产生电子空穴对。产生的电子被扫向漏端，而空穴流向源端。由于 TFT 的有源层处于浮体状态(未接到固定电位)，空穴在流向源端的过程中会在体区聚焦，导致体区电势上升，源-体结正偏，进而有大量的电子从源端注入到体区，形成寄生晶体管效应。源端注入的电子加剧碰撞电离，形成正反馈，引起输出电流激增。这就是输出饱和电流 Kink(翘曲)效应的产生机理。

Kink 效应受到沟道长度的调控，沟道越短，Kink 效应越严重。沟道长度减小，直接对应上述寄生晶体管的基区宽度减小。这会降低载流子在基区输运过程中复合率，提高基区输运系数，即提高寄生晶体管的电流放大系数，增大寄生电流。换个角度看，载流子复合率下降会导致更多的电子涌入漏端，加剧碰撞电离，带来更严重的 Kink 效应。随着源漏电压的增大，碰撞电离占主导，沟道长度的影响减弱。此外，多晶硅的晶界缺陷浓度、晶界数量和位置也会对 Kink 效应有重要影响。具体表现为晶界缺陷密度越少、晶界数量越少、位置越靠近漏端，Kink 效应越严重。晶界缺陷会俘获电子，其密度减小自然导致更多的电子参与到上述正反馈过程中，加剧 Kink 效应。而晶界数量减少也对应缺陷减少，自然也加剧 Kink 效应。晶界位置靠近漏端，受到漏端强场的作用，晶界处的势垒分布变得不对称。具体表现为靠近漏端的晶界势垒增高，而靠近源端的晶界势垒降低，导致有更多的电子从靠近源端的降低势垒的晶界一侧注入，导致电流增大。该现象被称为漏致晶界势垒降低效应[20]，其随晶界靠近漏端的距离缩短而加剧。由于该效应的存在，晶界越靠近漏端，寄生晶体管的集电极电流越大，即寄生晶体管效应越强，Kink 效应愈发严重。

有研究表明，双栅结构有利于削弱 Kink 效应。图 1.20(a)、(b) 分别为单栅(顶栅)、双栅结构的 LTPS TFT 的输出特性曲线。由图可见，相对于单栅 LTPS TFT，双栅器件的输出特性曲线相对平稳，电流急剧增大的转折点出现得更晚，即 Kink 效应相对较轻[21]。研究认为另一侧栅控产生的电子或空穴(N 或 P 型器件)可以有效复合碰撞电离产生的扫向源端的空穴或电子，从而削弱了 Kink 效应。此外，如前所述，LDD 结构可以实现有效的漏端分压，进而有效缓解强场下的碰撞电离，从而抑制 Kink 效应。

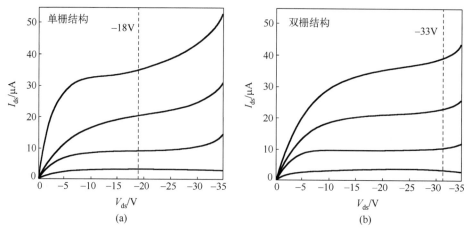

图 1.20 　(a)单栅和(b)双栅 LTPS TFT 的输出特性曲线[21]

1.2.3.3　多晶硅 TFT 的 Hump 效应

如图 1.21(a)所示，多晶硅 TFT 的转移特性曲线可能会在阈值区附近出现 Hump 现象。一般认为 Hump 现象源于侧向沟道寄生效应。边缘效应导致沟道侧壁处栅极电场强度较大，进而导致侧向沟道比主沟道先开启，由此产生侧向沟道寄生效应。TFT 寄生沟道与主沟道的转移特性曲线有差异，叠加之后形成 Hump 现象。

可通过优化 poly-Si 的干刻蚀工艺，降低 poly-Si 侧壁的倾斜度，以减少侧面电场强度，避免寄生沟道的形成。如图 1.21(b)所示，经上述措施进行改善后的器件的转移特性曲线基本观察不到 Hump 现象。

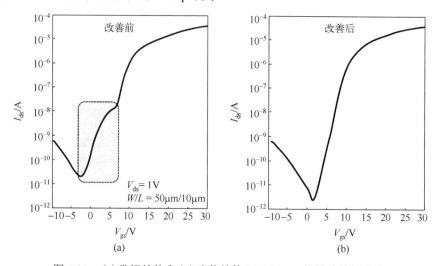

图 1.21 　(a)常规结构和(b)改善结构 LTPS TFT 的转移特性曲线

1.2.3.4　多晶硅 TFT 的不稳定性

1. 栅极电应力稳定性

多晶硅 TFT 的栅极电应力引起的不稳定性问题主要为 N 型 TFT 在正栅压温度应力(PBTS)下或 P 型 TFT 在负栅压温度应力(NBTS)下的电学特性退化。如图 1.22 所示，N 型多晶硅 TFT 在 PBTS 下通常表现为阈值电压正向漂移，同时伴随亚阈值摆幅的退化。如插图所示，上述阈值电压的漂移主要与电子在栅介质和有源层界面处的俘获效应有关。在正的栅应力电场的作用下，有源层中的电子会向栅介质和有源层界面处移动，进而被界面缺陷俘获或甚至注入到 GI 中，引起阈值电压正向漂移[22]。且随着温度增加，缺陷对电荷的俘获以及电荷注入效应加剧，阈值电压偏移量增加。

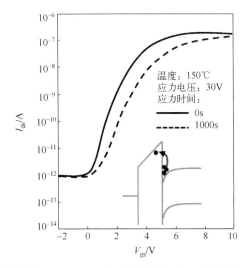

图 1.22　N 型多晶硅 TFT PBTS 前后的特性变化，插图是相关物理机制[22]

此外，如图 1.23 所示，NBTS 通常导致 P 型多晶硅 TFT 出现阈值电压负向移动，同时伴随亚阈值摆幅的恶化，这通常与界面缺陷对空穴的捕获以及界面处钝化悬挂键的 H 离子的解离等效应有关。一方面，负栅压应力下，P 型多晶硅 TFT 的沟道形成空穴，并在电场作用下向栅介质和有源层的界面处迁移。而栅介质与有源层界面处的界面缺陷态、Si-悬挂键等在高温下被激活而俘获空穴，由此造成阈值电压的负向移动[23]。另一方面，解离后的带正电的氢离子和栅介质中的可移动正电荷的在栅应力电场下的迁移同样会导致阈值电压的漂移。此外，温度的增高会激活更多的缺陷态，导致更严重的阈值电压漂移。

2. 栅和漏极电应力稳定性

实际应用中，部分 TFT 会长时间处于栅极和漏极同时正偏置的情形，此时 TFT

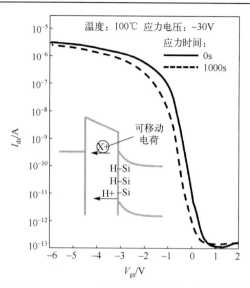

图 1.23　P 型多晶硅 TFT NBTS 前后的特性变化，插图是相关物理机制[22]

处于开启状态。由于多晶硅迁移率较大，其电流相应较大，因此在上述应力条件下会在沟道区产生大量的焦耳热，这通常称之为自加热应力。而玻璃基板的热导系数较低，因此不利于热量散失而导致沟道温度上升。此时器件会出现类似于上述 PBTS下的阈值电压漂移，且漂移量与应力施加的功率和时间呈现正相关。如施加交流应力时，提高非应力时间的占空比可以有效减少热产生，同时有更充足的时间散热，由此抑制自加热效应。此外，自加热应力与器件的几何尺寸有着密切的相关性，通常出现在宽沟道器件中。因此，常通过将宽沟道器件分割成多个窄沟道器件的并联形式来抑制自加热应力带来的不稳定问题。

　　此外，当漏极偏压大于栅极偏压时，除了电流引起的自加热效应外，通常还会由于漏端夹断区强场的存在而引起热载流子效应。热载流子效应通常会带来明显的迁移率退化现象，即开态电流明显降低。但不会对阈值电压和亚阈值摆幅等产生明显影响。在上述电应力条件形成的漏端强电场会导致载流子获得足够的能量，而被加速到足够高的速度从而成为热载流子。热载流子会在漏端强场区域引起碰撞电离，使得该区域沟道/栅介质的界面以及沟道晶界受损，由此引入大量的缺陷态。缺陷态的大量引入，抑制了载流子的输运，从而降低了迁移率。但热载流子带来的损伤通常只发生在漏端附近，因此不会对器件的阈值电压和亚阈值摆幅等带来明显的影响。不同于自加热效应，交流电应力会加剧热载流子效应。研究表明，热载流子效应引起的电学退化会随着脉冲电压的下降沿时间减小而加剧。脉冲下降沿会产生耦合高电场，且电平下降时间越快，耦合电场越强，因此热载流子效应越严重。

1.2.3.5　多晶硅 TFT 的 RPI 模型

与非晶硅 TFT 类似,RPI 模型可以较好地拟合 LTPS TFT 的电流电压特性。LTPS TFT 的 I_{ds} 电流可分为 4 部分:开态区、亚阈值区、关态区、翘曲区。其对应的 RPI 数学模型如下[24]:

1. 开态区电流

$$I_{on} = \mu_{FET} C_{ox} \frac{W}{L} \left[(V_{gs} - V_{th}) V_{ds} - \frac{V_{ds}^2}{2\alpha_{SAT}} \right] @ V_{ds} < \alpha_{SAT}(V_{gs} - V_{th})$$

$$or = \mu_{FET} C_{ox} \frac{W}{L} \left[\frac{(V_{gs} - V_{th})^2 \alpha_{SAT}}{2} \right] @ V_{ds} \geqslant \alpha_{SAT}(V_{gs} - V_{th}) \tag{1-25}$$

其中

$$\frac{1}{\mu_{FET}} = \frac{1}{\mu_0} + \frac{1}{\mu_i \left[\frac{2(V_{gs} - V_{th})}{\eta_i V_{th}} \right]^m} \tag{1-26}$$

2. 亚阈值区电流

$$I_{sub} = \mu_s C_{ox} \frac{W}{L} (\eta_i V_{th})^2 \exp\left(\frac{V_{gs} - V_{th}}{\eta_i V_{th}} \right) \left[1 - \exp\left(\frac{-V_{ds}}{\eta_i V_{th}} \right) \right] \tag{1-27}$$

3. 翘曲区电流

$$\Delta I_{kink} = M \cdot \left(\frac{1}{I_{sub}} + \frac{1}{I_{on}} \right)^{-1} \tag{1-28}$$

其中

$$M = \left(\frac{L_{kink}}{L} \right)^{m_{kink}} \left(\frac{V_{ds} - \alpha_{SAT} V_{GT}}{V_{kink}} \right) \exp\left(\frac{-V_{kink}}{V_{ds} - \alpha_{SAT} V_{GT}} \right) \tag{1-29}$$

4. 关态区电流

$$I_{off} = I_0 W \left[\exp\left(\frac{B_{lk} V_{ds}}{V_{th}} \right) - 1 \right] [X_{TFE}(F) + X_{TE}] + I_{diode} \tag{1-30}$$

$$I_{diode} = I_{00} W \exp\left(\frac{-E_B}{k_B T} \right) \left[1 - \exp\left(-\frac{V_{ds}}{V_{th}} \right) \right] \tag{1-31}$$

式(1-30)中,X_{TEF} 和 X_{TE} 是温度相关的函数和变量,在不同的 SPICE 版本采用了不同的函数和定义,这里不展开讨论。表 1.4 和表 1.5 汇总了上述 TFT 模型中的相关参数,以及对应材料参数的值。对相关参数赋值后,即可得到相应模型下对应的电学特性曲线。

表 1.4　LTPS TFT 的 RPI 模型参数汇总

参数	符号	描述	参数	符号	描述
VTH/V	V_{th}	长沟道阈值电压	DG/m	d_G	漏极电场参数
ETAI	η_i	亚阈值理想因子	DD/m	d_D	栅极电场参数
ALPHASAT	α_{SAT}	饱和参数	BLK	B_{lk}	DIBL 漏电流参数
MUS/cm^{2}V^{-1}s^{-1}	μ_s	亚阈值区迁移率	I0/(A/m)	I_0	TFT 漏电流系数
MUO/cm^{2}V^{-1}s^{-1}	μ_0	高场迁移率	I00/(A/m)	I_{00}	二极管漏电系数
MMU	m	迁移率指数	LKINK	L_{kink}	翘曲长度系数
MUI/cm^{2}V^{-1}s^{-1}	μ_i	低场迁移率系数	MKINK	m_{kink}	反馈指数
VFB/V	V_{FB}	平带电压	VKINK	V_{kink}	电场参数

表 1.5　LTPS TFT 的 RPI 模型参数赋值

参数	平均值	最大值	最小值
DVON/V	1.6	3	0.43
VON/V	4.44	6.99	2.47
ETAI	12.33	18.3	9.97
ALPHASAT	0.91	12	0.77
MUS/cm^{2}V^{-1}s^{-1}	20.6	86	0.26
MUO/cm^{2}V^{-1}s^{-1}	64.4	100	28
MMU	2.31	3.32	1.23
MU1/cm^{2}V^{-1}s^{-1}	0.07	0.234	0.0012

1.3　非晶氧化物 TFT

非晶硅 TFT 面临迁移率低和稳定性不佳的问题，而多晶硅 TFT 则面临制备成本高以及难以大面积化的问题。相较之下，非晶氧化物半导体(Amorphous Oxide Semiconductor，AOS)TFT 具有相对较高的迁移率、低的制备成本和好的大面积均匀性等优势，因此具有良好的应用前景。目前，AOS TFT 成为大尺寸 AMOLED 显示和部分 AMLCD 采用的背板技术。本节将介绍成为实用器件的 AOS TFT 的材料特性、器件结构与工艺、器件电学特性与稳定性等。

1.3.1　材料特性

日本东京工业大学的 Hosono 等提出，含有 $(n-1)$d^{10}s^0 ($n\geq4$)电子结构的重金属阳离子的非晶金属氧化物半导体潜在具有高的电子迁移率[25]。这是由于即使在非晶状态下，这类重金属离子的最外层的半径较大的对方向不敏感的空的球形 s 轨道依然可以形成大范围的交叠，从而使得载流子仍然具有连续的传输路径，从而呈现高的迁移率。In^{3+}、Ga^{2+}等重金属阳离子都符合上述结构，其氧化物与 ZnO 混合形成的 a-IGZO 成为当前代表性的金属氧化物半导体薄膜材料，其载流子迁移率通常为 $10\sim20\mathrm{cm}^2\mathrm{V}^{-1}\mathrm{s}^{-1}$，并具有良好的电学特性和光学特性。

　　一般情况下，重金属离子的 s 轨道形成 AOS 的导带，氧离子的 2p 轨道形成 AOS 的价带。由前文讨论可知，重金属离子的 s 轨道形成有效交叠赋予电子高迁移率输运。而氧离子的 2p 轨道具有方向性，非晶态下无法形成有效交叠，因此难以实现空穴的高迁移率输运，即无法形成高迁移率的 P 型半导体。此外，AOS 价带上方存在态密度超过 21 次方量级的氧空位缺陷，费米能级下移至价带的过程中会被钉扎此处，故无法实现 P 型半导体掺杂。因此，我们这里所讨论的 AOS 均为 N 型半导体，P 型 AOS 不在本书的讨论范围。

1.3.1.1　非晶氧化物材料组分影响

　　下面以 a-IGZO 为例讨论 AOS 材料组分对电学特性的调控规律。图 1.24 所示的为 In、Ga、Zn 三种金属元素的比例与薄膜晶态、霍尔迁移率以及载流子浓度的关系。如图所示，多元素混合形态有利于形成稳定的非晶结构。此外，In 含量的增加可以有效提高迁移率，但载流子浓度也相应大幅度增加，由此带来阈值电压偏负的问题。而 Ga 元素含量提高可以有效抑制载流子浓度，但会导致迁移率降低。

　　增加 In 含量有利于减小相邻 In—(In，Ga，Zn)键之间的距离，同时有利于增加边缘共享的氧化铟多面体结构的比例，从而促进载流子的高速传输，进而提高迁移率。然而，由于 In—O 键的键能较小，不利于氧的成键，容易产生作为电子和缺陷来源的氧空位。与此相反，Ga^{3+}具有较高的离子势，能更有力地吸引氧离子，形成更加牢固的 Ga—O 键。因此，通过提高 Ga 的含量可以抑制氧空位的产生，控制载流子的浓度[26]，同时有利于提高薄膜的稳定性。然而，随着 Ga 成分的增加，必然会影响 In 的相对比例，从而影响其轨道的有效交叠率，降低电子迁移率。Zn 成分的加入可减少导带底的带尾态密度和减少光禁带宽度，具有维持非晶态结构等作用。

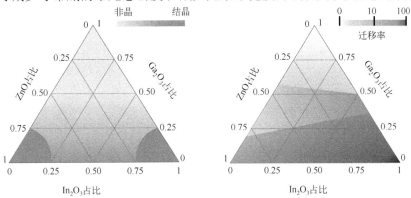

图 1.24　a-IGZO 中 In$_2$O$_3$-Ga$_2$O$_3$-ZnO 组分与薄膜晶态以及载流子浓度、霍尔迁移率的关系[27]

1.3.1.2　非晶氧化物能带及态密度

下面仍以 a-IGZO 材料为例来描述非晶氧化物半导体的能带结构。非晶氧化物半导体薄膜内各原子排列的无序性对迁移率的影响虽然不如硅系半导体大，但与其他非晶态半导体一样，该无序性会使材料结构中存在许多缺陷。这些缺陷态主要分布在禁带中，对载流子的输运和材料的稳定性产生影响。图 1.25 为 a-IGZO 的能带结构与态密度分布示意图。

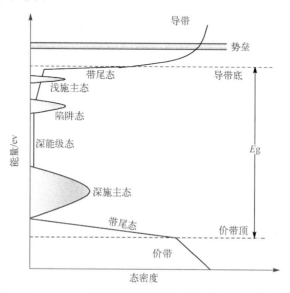

图 1.25　a-IGZO 薄膜的能带结构与态密度分布示意图[28]

由于原子的非周期性排列，导带底会出现大量随机分布的势垒，同时导带底下方会出现带尾局域态。这些局域态与导带中扩展态的边界被称为迁移率边。同时，原子排列的无序性还使 a-IGZO 中存在许多与氧相关的缺陷，包括氧空位（Oxygen Vacancy，Vo）和间隙氧（Oxygen Interstitial，O_i）等，它们会在禁带中某些能级位置引入缺陷态。目前对氧空位的研究较多，一般认为少部分氧空位以浅施主形式存在，可以为导带提供自由电子；而大部分氧空位则集中于价带顶上方 1.5eV 左右的能级处，以深能级态的形式存在，被认为是器件不稳定性的主要诱因。就 a-IGZO TFT 而言，其禁带中的缺陷态会在偏置电压、光照等的作用下与导带电子发生作用或自身性质发生变化，导致一系列器件电学性能的退化。因此，如何减小缺陷态密度是一个学术界和产业界共同关注的课题。

1.3.1.3　载流子输运特性

不同于硅基半导体材料，氧化物半导体材料即使在非晶态下也具有较高的迁移率，这源自其独特的电子结构和载流子输运机理。

　　相比于单晶 Si，非晶 Si 的迁移率要低几个数量级。原因在于 Si 是共价型半导体，且 Si 原子与 Si 原子间由 sp³ 杂化轨道连接，该轨道形状类似于哑铃状，只能在特定方向上形成有效的轨道(或者为电子云)交叠。如图 1.26(a)所示，晶态结构中的 Si 原子的规律性排列可以满足其杂化轨道形成有效交叠的方向需求。而在非晶结构中，如图 1.26(b)所示，杂乱无章的原子排列无法实现在特定方向上形成轨道交叠，阻碍了电子的传输，因此迁移率很低。与 Si 材料不同，氧化物半导体属于离子型材料，其载流子传输轨道主要由相邻重金属阳离子最外层 ns 轨道相互交叠形成。重金属阳离子的 ns 轨道的电子云的形状类似于球形，且具有较大的半径。因此，即使是无序结构的非晶态，其相邻过渡重金属阳离子的 ns 轨道仍能交叠在一起，如图 1.26(d)所示。因此，氧化物半导体在非晶态下仍能保持较高的电子迁移率。

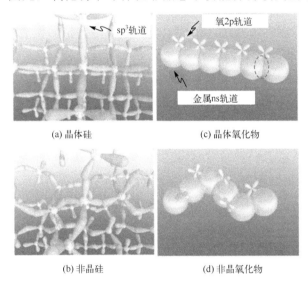

图 1.26　硅系和氧化物系半导体的电子轨道[29]

　　非晶氧化物半导体的载流子输运符合渗流传导(Percolation Conduction)模型，其迁移率随载流子浓度增加而增大。如图 1.27 所示，当浓度较低时，电子只能选择在势垒的能谷之间绕行，因此表现出较低的迁移率；而当浓度较高时，电子可以越过部分势垒直接传输，因此表现出较高的迁移率。但是，当施加的栅极电压较小时，费米能级位于带尾态处的陷阱态能级中，载流子的输运受到陷阱态散射的作用。此时电子输运同时受到陷阱限制传导(Trap-Limited Conduction)机制与渗流导电机制的作用。但此时载流子浓度比较低，激发到扩展态的电子比较少，渗流导电机制较弱，因此其电子输运机制主要为陷阱限制导电，与非晶硅 TFT 中的导电机制类似。

　　随着栅极电压增大，由于 a-IGZO 薄膜的带尾态浓度较低，不存在费米能级钉扎现象，沟道更容易累积自由电子，费米能级可以快速穿过带尾态进入导带，越来

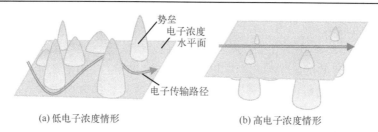

图 1.27　渗流导电机制示意图

越多的电子激发到扩展态,电子在扩展态中的输运主要遵循渗流导电机制,平均场效应迁移率有明显增加。a-IGZO TFT 中带尾态密度远低于 a-Si(约小 2～3 个数量级),因此其费米能级可以轻易超过迁移率边,使得电子在扩展态的输运变成主要的输运机制,这也是非晶氧化物 TFT 比非晶硅 TFT 具有高得多迁移率的重要原因[30]。

如上所述,当费米能级超过迁移率边时,薄膜以扩展态的渗流导电为主。因 a-IGZO 材料导带底上方有一定势垒(如图 1.25 中 a-IGZO 能带结构所示),当载流子浓度升高到某一临界值后,载流子浓度与温度无关,但此时迁移率仍随着温度升高而增大,这也是渗流导电的一个重要的特征。在低温下,电子没有足够高的热激活能越过势垒,只能选择势垒底部较长的路径绕过势垒进行输运,表现出较低的迁移率。而在高温下,电子具有足够高的能量可以直接越过势垒进行输运,因此传输路径较短,表现出高迁移率。换句话说,当载流子具备更高的能量通过更高的势垒时,平均势垒的散射几率降低,平均场效应迁移率增加。

1.3.2　器件结构与工艺

1.3.2.1　AOS TFT 典型器件结构

常见的 AOS TFT 的器件结构有背沟道刻蚀(BCE)、刻蚀阻挡层(Etch Stop Layer,ESL)和顶栅自对准(SATG)三种,其剖面结构如图 1.28 所示。

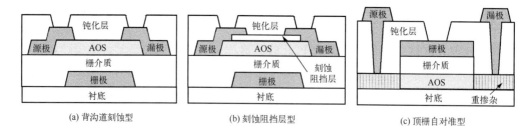

图 1.28　AOS TFT 典型结构示意图

图 1.28(a)为背沟道刻蚀 AOS TFT 结构示意图,其结构及其制作工艺与 BCE 的 a-Si:H TFT 类似,是直接在背沟道上进行源、漏电极的图形化。目前的 AMLCD 和

早期的 AMOLED 显示用的 a-IGZO TFT 均采用了 BCE 结构。不过，源漏极图形化过程中刻蚀液对 AOS 有源层同样有一定的腐蚀作用，这导致器件基本电学特性和稳定性相对较差。BCE 结构最大的优势在于成本低，且与目前现有 a-Si:H TFT 量产线兼容度高。此外，与图 1.28(b) 所示的刻蚀阻挡层结构相比可获得更小的器件尺寸，因此在高分辨率 AMLCD 产品中有较大的应用前景。

图 1.28(b) 为刻蚀阻挡层结构，即在形成源、漏电极图案前先沉积一层刻蚀保护层，在对此进行图形化刻蚀后再进行源、漏金属的成膜和刻蚀。这种结构能避免上述 BCE 型的有源层背沟道刻蚀问题。但是刻蚀阻挡层的图形化需要额外增加一块掩模及相应的图形化工序，因此增加了工艺复杂度和生产成本。而且，这种结构也限制了 TFT 的栅电极长度缩小到 10 微米以内。

图 1.28(c) 为顶栅自对准型结构。目前显示业界将该结构主要用于电流驱动型的 AMOLED 或者 Mini/Micro-LED 显示产品上。顶栅自对准结构中有源层位于栅极绝缘层和栅电极的下方，以及玻璃基底的上方，它们可以很好地保护有源层沟道并起到原位钝化层的作用，从而赋予器件良好的环境稳定性。此外，顶栅自对准结构中源漏区是以栅极为原位掩模自对准形成的，这使得器件的寄生电容非常小，尺寸的微缩能力非常强，非常适用于高速和高密度的 TFT 集成电路应用。不过，顶栅自对准结构的制程相对比较复杂，需要使用较多的掩模，这导致制作成本较高。

综合来看，BCE 结构所用掩模数目最少，约为 4～5 张，相应制作成本也最低，但因源漏极刻蚀过程中背沟道损伤无法避免，器件基本电学特性和稳定性相对较差；ESL 结构可避免 BCE 结构中源漏极刻蚀的沟道损伤问题，有利于改善器件电学特性，但需要额外增加一道掩模，制程成本相对提高；SATG 结构的寄生电容最小，可微缩性最强，稳定性最高，但制程复杂，制作成本最高。

1.3.2.2　其他结构氧化物 TFT

除了前面提到的三种典型的器件结构，近年来其他结构的 AOS TFT 也得到了大量的关注，其中主要包括双栅 AOS TFT、多有源层 AOS TFT 以及 LTPS 和 AOS 混合 TFT 等。

1. 双栅 AOS TFT

双栅结构因其能有效提高器件的电学性能和稳定性而受到了更多的研究和关注[31-33]。在双栅结构中，双栅偏置下的电场耦合作用可促使更多的载流子分布于体内，同时也使有源层内垂直方向的电场有所减小，这些均有助于载流子迁移率的提高和器件稳定性的提升。而且，由于双栅电极和双栅介质的保护，器件也呈现很高的环境稳定性。此外，AOS 材料对光十分敏感，而双栅结构可更有效屏蔽光的进入，有利于提高器件在光应力下的稳定性。在 TFT 电路中，双栅的灵活偏置可提升电路性能和增加电路功能。不过，双栅结构显然增加了器件结构的复杂度，相应也提高了制作成本。

2. 多有源层 AOS TFT

与 LTPSTFT 相比，AOS TFT 的迁移率有待进一步提升。根据前述载流子产生和输运理论，通常可以通过提高 In 等重金属离子的含量来获得高迁移率的 AOS 材料。然而，随着 In 含量的增加，氧空位缺陷量也会增加，这一方面导致器件阈值电压值变得很负，另一方面也会导致器件稳定性变差。为了兼顾高迁移率和其他电学特性，提出了多有源层结构[34]。该结构通常采用高迁移率的薄层 AOS 和低载流子浓度的厚层 AOS 复合而成。低载流子浓度的 AOS 厚层薄膜能够赋予器件适当的阈值电压和良好的稳定性，并在制备 BCE 结构器件时能有效缓解后续工艺对器件背沟道特性的负面影响。而高迁移率的 AOS 薄层可作为载流子的主要输运层，赋予器件高迁移率。研究还表明[35]，多有源层之间形成的异质结量子势阱提供了电子高迁移率输运的通道。为了最大限度地获得高迁移率，可以将势阱设置在高迁移率 AOS 一侧。目前，多有源层结构在材料开发、成膜技术、组分比例调整和工艺参数优化等方面取得了一些进展，但其工艺的可重复性和大面积均一性仍然需要提高。

3. 低温多晶硅和氧化物混合结构(LTPO) TFT

LTPO 中的"LTP"是指 Low Temperature Polysilicon(低温多晶硅)，"O"是指 Oxide(氧化物，目前一般为 a-IGZO)。LTPO TFT 技术是指在电路结构上采用两种 TFT，即既有 LTPS TFT，也有 IGZO TFT。LTPS TFT 具有高迁移率、良好稳定性以及可实现 CMOS 集成的优势，有利于实现小面积、高性能的 GOA 电路，适合应用于高分辨率、窄边框显示。而且，其较高的载流子迁移率可以降低驱动电压，并实现高刷新频率。但 LTPS TFT 的缺点为关态泄漏电流较大，一般为 $10^{-10} \sim 10^{-12}$ A/μm 数量级。另一方面，a-IGZO TFT 具有极低的泄漏电流，可以使显示屏在低刷新率下保持良好的显示质量，大幅度降低屏幕的功耗。换言之，LTPO TFT 技术集合了 LTPS TFT 和 a-IGZO TFT 两者的优点，包括低功耗、窄边框、高分辨率和更好的均匀性等。其缺点也很鲜明：两者的制程兼容性差，两种有源层需单独制作，因此制程复杂，且制程窗口较窄。LTPO 作为新一代的显示背板技术，目前已在可穿戴设备、手机等小尺寸显示产品中得到应用。

1.3.2.3　AMLCD 用背栅 AOS TFT 的制备工艺

与 a-Si TFT-LCD 类似，氧化物 TFT 基的 AMLCD 也常采用背栅结构。图 1.29 所示为用于 AMLCD 的基于背沟道刻蚀工艺的背栅结构 AOS TFT 的背板制备工艺流程。

首先，在基板上沉积金属电极并进行第一道光刻对金属层进行图形化形成栅电极(Mask 1，图 1.29(a))。接着通过 PECVD 工艺生长栅介质(一般为氧化硅/氮化硅叠层)，并紧跟着溅射生长 AOS 薄膜和进行图形化形成有源岛(Mask 2，图 1.29(b))。然后采用干法刻蚀工艺对相应位置的栅介质进行开孔以漏出下面的栅电极(Mask 3，

图 1.29(c))。接下来是源漏金属电极的形成(Mask 4，图 1.29(d))，在该过程中，前述栅介质通孔处的金属层会填满通孔并与下层金属电极相连。然后，沉积氧化硅/氮化硅叠层作为钝化层。

在钝化层形成后，将会在器件表面形成有机光阻层，并进行图形化(Mask 5，图 1.29(e))。接下来是 ITO 公共电极的形成(Mask 6，图 1.29(f))。在 ITO 公共电极形成后，生长第二层钝化层，并制作通孔(Mask 7，图 1.29(g))。在该过程中，也会在第一层钝化层的相应位置形成通孔。最后，沉积并图案化形成 ITO 像素电极(Mask 8，图 1.29(h))。

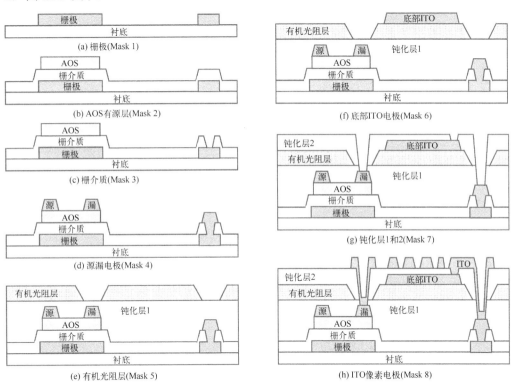

图 1.29　AMLCD 用背栅 AOS TFT 背板工艺流程

此外，顶栅自对准结构的 AOS TFT 由于低寄生效应，也被用于 AMLCD 的背板技术中，但需要预先生成遮光层以避免有源层受到背光源的影响。

1.3.2.4　AMOLED 用顶栅自对准型 AOS TFT 的制备工艺

基于刻蚀阻挡层的背栅 AOS TFT 常用于 AMOLED 显示的背板制造，但自对准顶栅结构 TFT 因低寄生效应有利于高帧频、高密度 AMOLED 显示。图 1.30 所示为用于 AMOLED 显示的顶栅自对准结构 AOS TFT 的背板制备工艺流程。

首先，在基板上溅射生长 AOS 薄膜且图案化形成有源岛(Mask 1，图 1.30(a))。然后生长栅介质和栅电极金属，并采用同一道掩模对栅极和栅介质进行连续图形化，形成栅电极图案(Mask 2，图 1.30(b))。接下来，生长层间介质层(一般为氧化硅)，并图案化形成接触通孔(Mask 3，图 1.30(c))。在层间介质层沉积过程中，源漏区 AOS 区会因为氢的扩散进入而实现 N 型重掺杂，形成高导的自对准源漏区。紧接着是源漏金属电极的形成(Mask 4，图 1.30(d))。然后，沉积钝化层和平坦层，并进行连续图形化以形成通孔(Mask 5，图 1.30(e))。如图 1.30(f)所示，该通孔用于 OLED 阳极与 TFT 漏极之间的互连。

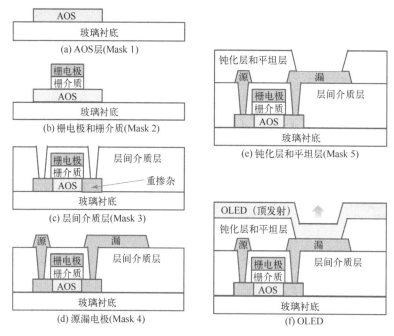

(a) AOS层(Mask 1)

(b) 栅电极和栅介质(Mask 2)

(c) 层间介质层(Mask 3)

(d) 源漏电极(Mask 4)

(e) 钝化层和平坦层(Mask 5)

(f) OLED

图 1.30　AMOLED 用顶栅自对准型 AOS TFT 背板工艺流程

1.3.3　器件电学性能

1.3.3.1　AOS TFT 电学特性

图 1.31(a)所示为一顶栅自对准 a-IGZO(In:Ga:Zn=1:1:1，该比例为相应元素的原子占比，后续出现的元素比例均指原子占比)TFT 的转移特性曲线。与 a-Si 和 LTPS TFT 类似，a-IGZO TFT 的转移特性同样可分为关态区、亚阈值区和开态区。其参数提取方法也与 a-Si TFT 中一样，这里提取的迁移率约为 $20.3 \mathrm{cm}^2 \mathrm{V}^{-1} \mathrm{s}^{-1}$，远大于 a-Si TFT 的迁移率。此外，其关态电流和亚阈值摆幅分别为低于 0.1pA 和约 $0.19 \mathrm{V} \cdot \mathrm{dec}^{-1}$，也均优于 a-Si 和 LTPS TFT 的相应参数值。接下来将分别对各区的物理过程展开讨论。

1. 关态区

不同于 Si 基 TFT，a-IGZO 为代表的 AOS TFT 仅有电子参与导电。前文提到，a-IGZO 价带顶上方存在中性深施主型氧空位形成的呈高斯型分布的高密度缺陷态，从而导致即使在较高的负偏压下费米能级也会因为钉扎而无法进入价带，因而无法形成空穴导电。电子在负偏压下被耗尽，因此 TFT 呈现关断状态。相较于 Si 基 TFT，关态下无空穴参与导电使得 a-IGZO TFT 表现出很低的关态电流。

2. 亚阈值区

随着栅压由负电压向正电压的方向转变，费米能级逐渐上移进入导带，a-IGZO 沟道逐渐由电子耗尽的状态转变为电子积累的状态。相应地，TFT 逐渐从关断转变为开启状态。而由关断到开启的过渡区即为亚阈值区。在费米能级向上移动的过程中，会经过禁带中靠近导带底附近的带尾缺陷态区域。该带尾缺陷态会阻碍费米能级向上移动，由此决定沟道电子由耗尽到积累的状态转变的速度。a-IGZO 的导带底带尾态的态密度远小于 a-Si 中的态密度(小约 2～3 个数量级)，费米能级可以更快速地穿过其带尾态进入导带，因此比 a-Si TFT 表现出更小值的亚阈值摆幅。

3. 开态区

费米能级进入导带，沟道中出现大量的自由电子从而形成大的源漏间导通电流。此时，费米能级会先进入导带中由于非晶结构无序度导致的传输势垒中，载流子输运因此受到该部分势垒的限制，表现出迁移率的温度依赖性。一旦费米能级越过该部分势垒，载流子输运将不再受无序势垒的影响，进而不再表现出温度依赖性。

图 1.31(b)所示为 a-IGZO TFT 的输出特性曲线。由图可知，其输出曲线展现出良好的饱和特性。对 OLED 及 MicroLED 等电流驱动型显示而言，其驱动 TFT 一般工作于饱和区，若其呈现理想的饱和特性，发光二极管的电流可以保持稳定，易实现高质量显示。

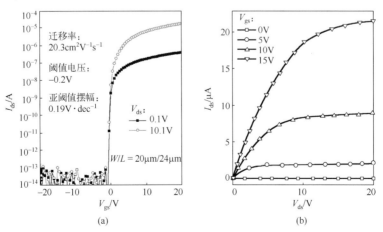

图 1.31　a-IGZO TFT 器件的(a)转移和(b)输出特性曲线[36]

图 1.32(a)～(c)所示为顶栅自对准结构 a-IGZO TFT(沟长为 13μm)在不同栅电压下的输出击穿特性。如图 1.32(a)所示,当栅压为较小的 2V 时,输出特性在较大的漏极偏压下(约 73V)发生电流掉落现象,表现为器件的迁移率下降,阈值电压增大,如图 1.32(d)所示。迁移率下降是由于高压下漏端强场引起电子与 AOS 中金属-氧键(M—O)键之间发生碰撞产生缺陷所致。阈值电压增大是由于电子向栅介质的注入等所导致。值得指出的是,上述特性退化是可恢复的,故称之为软击穿。

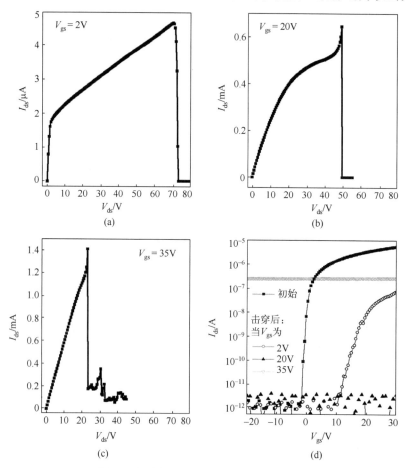

图 1.32　a-IGZO TFT 在栅压分别为 (a) 2V, (b) 20V, 和 (c) 35V 时的输出击穿特性;
(d) 不同栅压下击穿前后的转移特性[37]

随着栅极电压在一定范围内继续增大,击穿电压没有明显的变化(图中未显示)。但当栅极电压进一步增大到某一阈值后,其击穿电压随栅压增大急剧下降。并且,输出电流在击穿点附近先急剧增大,而后才出现掉落。如图 1.32(d)所示,击穿发生后,器件失去开关特性且不可恢复,这里称之为硬击穿。此外,若击穿发生在饱和区,器件为常关,在线性区则为常开且电流变小。硬击穿发生的诱因为大电流下的自加热效应。自加热导致温度升高,进而诱发氧空位释放自由电子导致阈值电压变负,导致器件处于常开状态。此外,即使在线性区,沟道内靠近漏端的电场依然高于靠近源端的部分,因此漏端的自加热功率相对更大。相应地,靠近漏端的那部分沟道的电场和温度均较高,在双重因素的作用下,部分电子获得足够的动能与IGZO 体系发生碰撞,从而导致大量缺陷态的产生,进而引起该部分的沟道电阻显著增加。因此,即使沟道载流子大幅增加导致阈值电压显著变负,但靠近漏端的沟道电阻的大幅增加依然使得导通电流下降。而当器件处于饱和区时,漏端高阻夹断区的出现使得电场和温度的变化几乎聚焦在沟道的夹断区内。相应地,靠近漏端的沟道内的温度和电场非常之高,上述高能电子与 IGZO 体系的碰撞急剧增强,进而导致漏端损坏,器件呈现常关状态。

1.3.3.2 AOS TFT 的电应力稳定性

电应力下的稳定性决定了 TFT 在应用中的使用寿命,这对其量产的实现至关重要。AOS TFT 电应力下稳定性的研究中最典型应力条件为栅电压应力,包括负栅压应力(Negative Bias Stress,NBS)和正栅压应力(Positive Bias Stress,PBS)。总体说来,AOS TFT 在 NBS 下稳定性较好,而在 PBS 下稳定性较差。当加入温度、光照、水汽等环境因素的影响后,其稳定性恶化往往会进一步加剧。

1. 正偏压应力稳定性

如图 1.33(a)所示,当施加 PBS 后,a-IGZO TFT 的转移特性曲线向右平移,即阈值电压发生正向漂移,但不伴随 SS 和迁移率的变化。其物理解释为:电子在 PBS 电场作用下向 GI 方向移动,并被 GI/IGZO 界面陷阱俘获,甚至通过隧穿注入到 GI 中,由此屏蔽栅压,造成阈值电压的正向移动。

如图 1.33(b)所示,当同时给栅极和漏极(15V)施加正偏置电压时,阈值电压的正向漂移量相比于仅在栅极施加正偏压时增大。与多晶硅 TFT 情形类似,大电流应力下 a-IGZO TFT 也会产生自加热效应。自加热效应导致沟道温度升高,沟道电子因此可以获得足够的能量以跨越 a-IGZO 与氧化硅栅介质之间的势垒,并通过隧穿注入到栅介质中,如图 1.33(b)中插图所示的那样。此外,温度的升高同样会加剧电子在界面处的俘获效应。因此,阈值电压的正向漂移量增大。此外,实际应用中面板的温度高于室温,类似于发生自加热效应,a-IGZO TFT 在 PBS 下的阈值电压漂移量也会相应高于室温时的情形。

当在漏极施加更大的正向偏置电压(20V)时,如图 1.33(c)所示,转移特性曲线在正向移动的同时出现 Hump 现象。这里可以明显看出,相同应力时间下,转移特性曲线正向移动量随漏电压的增大而增大。此外,漏极大应力电压时的 Hump 在一段时间的应力后才出现,并随应力时间增加而变得越发严重。漏极应力电压增大,

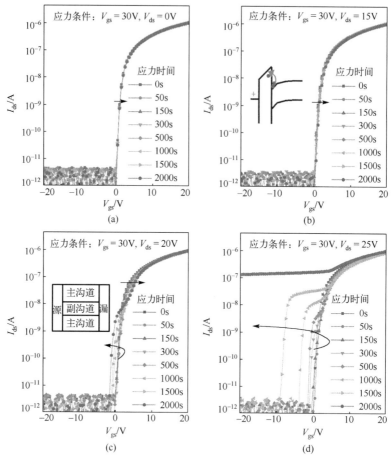

图 1.33　a-IGZO TFT 在不同 PBS 下转移特性曲线的演变。其中，栅极偏置电压固定在 30V，
漏极偏置电压分别为 (a) 0V，(b) 15V，(c) 20V 和 (d) 25V[38]

应力电流值也相应增大，因此焦耳热功率急剧增大，导致了更严重的自加热效应。因此，电子俘获和注入效应会变得更加严重，带来更大的正向漂移。此外，器件边缘相对于中心的散热效率更高，导致沿沟道宽度方向上，沟道中心的温度更高。随着应力时间的增加，沟道中间区域的温度会升至某一阈值，导致深能级氧空位中的电子热激发到导带成为自由电子，深能级氧空位相应地转变成为浅施主型氧空位。大量自由电子的产生使得沟道中心区域的阈值电压变负，与非中心区域阈值电压变正的趋势相反。此中心区域的沟道可以看成阈值电压持续负向移动的副沟道，与非中心区域的主沟道阈值电压变化趋势相反。主副沟道转移特性的叠加呈现出了Hump 现象。此外，随着应力时间增加，中心高温区域展宽，即副沟道的沟道宽度变大，因此导致 Hump 的电流变大。进一步地，如图 1.33 (d) 所示，随着漏极应力电压进一步增大，自加热效应进一步增强，Hump 现象出现得更早且更严重。

除了温度，环境中的氧气分子吸附效应同样会加剧 PBS 的阈值电压正漂现象[39]。如图 1.34(a)所示，与真空相比，氧气氛围中的 PBS 导致的阈值电压正向漂移量明显增大。如图 1.34(b)所示，在无钝化保护层时，氧气分子会侵入到背沟道处，并在栅电场的作用下发生吸附效应。氧气分子吸附过程会从 IGZO 中获得一个电子，造成沟道本征载流子浓度下降，引起额外的阈值电压正向漂移。研究表明，用氮化硅、氧化铝等较为致密的介质薄膜做钝化层可以有效隔绝环境中的氧气分子，从而避免因氧气吸附导致的器件不稳定性问题。

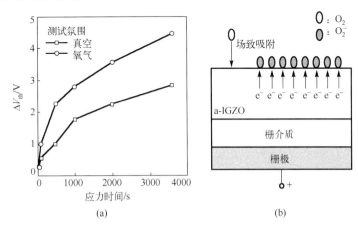

图 1.34　(a)a-IGZO TFT 在不同氛围下的 PBS 诱导阈值电压变化量随应力时间的演变；(b)PBS 下背沟道处氧气分子吸附示意图[40]

2. 负偏压应力稳定性

a-IGZO TFT 在 NBS 下通常表现出良好的稳定性，其阈值电压漂移量很小。温度升高 NBS 下的阈值电压漂移会加剧，但与 PBS 情形相比，其漂移量要小很多。根据前文的能带分析，a-IGZO 薄膜内部大量的氧空位在价带顶附近引入大量的缺陷态(>10^{20}cm^{-3})。即使对 a-IGZO TFT 栅极施加足够大的负电压，费米能级依然会被钉扎在上述缺陷能级处，无法接近和进入价带。因此在 NBS 下，有源层内部电子被耗尽但却无法形成空穴反型层，因而很难产生由 GI 或 GI/IGZO 界面俘获空穴而造成的阈值电压的负向漂移。

然而，上述深能级氧空位缺陷在较短波长光的照射下会发生离化而带来器件特性不稳定问题。如图 1.35(a)所示，在波长为 525nm 的光照下，a-IGZO TFT 的转移曲线在 NBS 下发生了显著的负向移动。这是由于在较短波长光照射下，深能级氧空位上的电子获得足够的能量而激发到导带，也即氧空位发生离化[41]。如插图所示，深能级氧空位的离化同时向导带中释放自由电子。并且，离化的+2 价氧空位会在负栅压电场的作用下向 GI 方向移动，从而聚焦于 GI/IGZO 界面或被 GI 内和 GI/IGZO 界面处的缺陷所捕获。正电荷对栅压的屏蔽作用和光生电子的存在使得 TFT 阈值电压发生显著的负漂。除了光照，环境中的水汽也会严重恶化器件的 NBS 稳定性[42]。如图 1.35(b)所示，类似于氧分子吸附效应，钝化不良的 TFT 在 NBS 下会发生水汽分子吸附效应。如插图所示，水汽分子的吸附往往会向 a-IGZO 提供大量的自由电子，由此造成阈值电压的负漂。此外，也有研究表明，水汽吸附过程也可能引入缺陷态，导致亚阈值摆幅恶化。

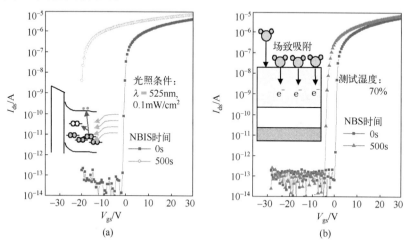

图 1.35　a-IGZO TFT 在(a)光照和(b)水汽环境下的 NBS 前后的转移特性曲线图，其中插图各自对应光致深能级氧空位离化和场致水汽分子吸附示意图

1.3.3.3　其他材料氧化物 TFT

目前，除 a-IGZO TFT 得到广泛和深入的研究之外，其他材料的氧化物 TFT，如氧化铟锡锌(ITZO)、氧化铟铪锌(IHZO)等也得到了大量的关注和研究。特别是传统作为透明导电膜的氧化物半导体材料，如 ITO[43]、IZO[37]和 ZTO[44]等也被用来开发高性能氧化物 TFT。

图 1.36(a)是一个 a-ITO TFT 的电流电压特性，其迁移率高达 $25.9 cm^2 V^{-1} s^{-1}$，阈值电压为 –0.2V，亚阈值摆幅为 $0.33 V\cdot dec^{-1}$。该 a-ITO 薄膜是由氧化铟和氧化锡靶共溅射制得，铟和锡的阳离子的最外层原子轨道均符合高迁移率的要求，因此 a-ITO TFT 相较于 a-IGZO 表现出更高的迁移率。与此同时，锡元素有着较强的金氧键，可以作为有效的载流子抑制剂，以保证合适的阈值电压。图 1.36(b)是一个 a-IZO TFT 的转移特性曲线。由图可见，所制备的 a-IZO TFT 展现出优异的开关特性，其迁移率为 $25 cm^2 V^{-1} s^{-1}$，阈值电压为 –1.1V，亚阈值摆幅为 $0.17 V\cdot dec^{-1}$。制备 a-IZO 薄膜的靶材的成分比例为 In:Zn=1:1。得益于铟含量(占比为 50%)的提高，a-IZO TFT 表现出比 a-IGZO TFT 更高的迁移率。

图 1.36(c)是所制备的 a-ZTO TFT 的转移特性曲线，其迁移率为 $15.7 cm^2 V^{-1} s^{-1}$，

阈值电压约为 0V，亚阈值摆幅为 $0.32V \cdot dec^{-1}$。如前面所述，锡的阳离子的最外层原子轨道有利于非晶状态下电子的高迁移率传输，因此 a-ZTO TFT 同样可以表现出高的迁移率。此外，得益于锡氧键较强的键能，锡元素的引入可以有效地抑制氧空位的产生，由此保证合适的阈值电压和较好的稳定性。

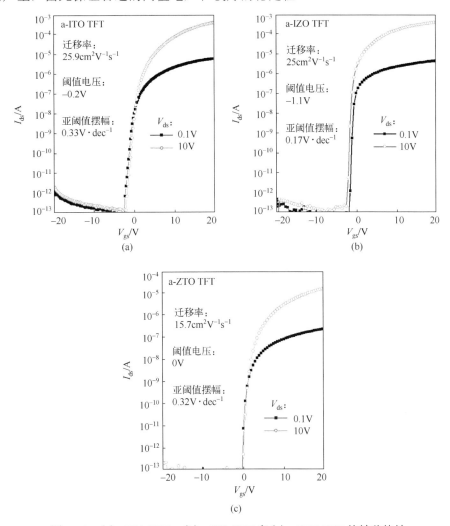

图 1.36　(a) a-ITO TFT、(b) a-IZO TFT 和 (c) a-ZTO TFT 的转移特性

1.4　本章小结

综上，三种主流 TFT 技术各有其优劣，分别适用于不同的场景。a-Si:H TFT 技术具有工艺温度低、大面积均匀性好、制备成本低的优点，因此依然是当前 AMLCD

的主流 TFT 技术。但由于低的载流子迁移率和较强的不稳定性，它无法满足下一代超高清、高帧频 AMLCD 以及电流驱动型的 AMOLED 和 AM-MLED 等显示产品的要求。

相比之下，LTPS TFT 的迁移率高、电应力稳定性好，足以满足下一代超高清、高帧频 AMLCD 和 AMOLED/AM-MLED 等电流驱动型显示对 TFT 驱动能力的需求。此外，由于强的驱动能力，LTPS TFT 能构建高性能的面板内集成电路和外围驱动电路，实现所谓的面板上的系统集成(System on Panel，SOP)。然而，多晶硅的本征特性使其 TFT 的大面积均匀性差，且生产线难以大尺寸化。同时，其面板制造需要激光退火、离子注入等贵昂的工艺设备以及较多的掩模数量，导致多晶硅 TFT 面板制造成本很高，使得多晶硅 TFT 主要应用于小尺寸的高端显示产品。

以 a-IGZO TFT 为代表的 AOS TFT 技术潜在地可弥补上述硅基 TFT 的劣势。它具有相对较高的迁移率，良好的大面积均匀性和低的制造成本，而且与现有 a-Si:H TFT 生产线兼容。因此，氧化物 TFT 几乎可以全部满足新型显示产品对 TFT 面板技术的要求，受到了学术界和产业界的特别关注和广泛研究。然而，目前 AOS TFT 的迁移率还不够高，电应力稳定性也不够理想，因此在全面量产之前，仍有大量的器件物理问题和工艺技术难点亟待解决。

参 考 文 献

[1]　Chittick R, Alexander J, Sterling H. The preparation and properties of amorphous silicon[J]. J. Electrochem. Soc., 1969, 116(1): 2942-2946.

[2]　Brodsky M, Title R, Weiser K, et al. Structural, optical, and electrical properties of amorphous silicon films[J]. Phys. Rev. B, 1970, 1(6): 2632-2641.

[3]　Spear W, Comber P. Substitutional doping of amorphous silicon[J]. Sollide-State Commun., 1975, 17: 1193-1196.

[4]　Comber P, Spear W, Ghaith A. Amorphous-silicon field-effect device and possible application[J]. Electronics Lett., 1978, 15(6): 179-180.

[5]　Knights J, Lucovsky G, Nemanich R. Defects in plasma-deposited a-Si: H. J[J]. Non-Cryst. Solids, 1979, 32(1-3): 393-403.

[6]　Robertson J. Growth processes of hydrogenated amorphous silicon[C]. Mrs Proc., 2000, 609: A1. 4.

[7]　Hack M, Shur M, Shaw J. Physical models for amorphous-silicon thin-film transistors and their implementation in a circuit simulation program[J]. IEEE Trans. Electron Devices, 1989, 36(12): 2764-2769.

[8]　Mott N F. Electrons in disordered structures[J]. Adv. Phys., 1967, 16: 49-144.

[9]　Nagy A. Field enhanced conductivity in a-Si: H thin film transistors[J]. J. Non-Cryst. Solids,

1993, 164-166（P1）：529-532.

[10] Comber P, Spear W. Electronic transport in amorphous silicon films[J]. Phys. Rev. Lett., 1970, 25（8）：509-511.

[11] Servati P. Nathan A. Modeling of the reverse characteristics of a-Si: H TFTs[J]. IEEE Trans. Electron Devices, 2022, 49（5）：812-819.

[12] 王玲. 薄膜晶体管(TFT)关键电学特性退变模型研究[D]. 北京：北京大学, 2015.

[13] Shur M, Theiss S. Modeling and scaling of a-Si: H and Poly-Si thin film transistors[C]. Mrs Proc., 1997, 467: 831.

[14] Seto J. The electrical properties of polycrystalline silicon films[J]. J Appl Phys, 1975, 46（12）：5247-5254.

[15] Zhang S, Zhu C, Sin J, et al. Ultra-thin elevated channel poly-Si TFT technology for fully-integrated AMLCD system on glass[J]. IEEE Trans. Electron Devices, 2000, 47（3）：569-575.

[16] Lau S, Tseng W, Nicolet M, et al. Epitaxial growth of deposited amorphous layer by laser annealing[J]. Appl. Phys. Lett., 1978, 33（2）：130-131.

[17] Hoonhout D, Kerkdijk C, Saris F. Silicon epitaxy by pulsed laser annealing of evaporated amorphous films[J]. Phys. Lett. A, 1978, 66（2）：145-146.

[18] Zhang S, Han R, Sin J, et al. Implementation and characterization of self-aligned double-gate TFT with thin channel and thick source/drain[J]. IEEE Trans. Electron Devices, 2002, 49（5）：718-724.

[19] Brotherton S, Ayres J, Trainor M. Control and analysis of leakage currents in poly-Si TFTs[J]. J. Appl. Phys., 1996, 79（2）：895-904.

[20] Liu T, Kuo J, Zhang S. Floating-body kink-effect-related parasitic bipolar transistor behavior in poly-Si TFT[J]. IEEE Electron Device Lett., 2012, 33（6）：842-844.

[21] Chen H, Tu H, Huang H, et al. Inhibiting the Kink effect and hot-carrier stress degradation using dual-gate low-temperature poly-Si TFTs[J]. IEEE Electron Device Lett., 2020, 41（1）：54-57.

[22] Chen C, Lee J, Ma M, et al. Bias temperature instabilities for low-temperature polycrystalline silicon complementary thin-film transistors[J]. J. Electrochem. Soc., 2007, 154（8）：H704.

[23] Chen C, Lee J, Wang S, et al. Negative bias temperature instability in low-temperature polycrystalline silicon thin-film transistors[J]. IEEE Trans. Electron Devices, 2006, 53（12）：2993-3000.

[24] InIguez B, Xu Z, Fjeldly T, et al. Unified model for short-channel poly-Si TFTs[J]. Solid-State Electron., 1999, 43（10）：1821-1831.

[25] Hosono H, Yasukawa M, Kawazoe H. Novel oxide amorphous semiconductors: Transparent conducting amorphous oxides[J]. J. Non-Cryst. Solids, 1996, 203: 334-344.

[26] Jeong S, Ha Y, Moon J, et al. Role of gallium doping in dramatically lowering amorphous-oxide processing temperatures for solution-derived Indium zinc oxide thin film transistors[J]. Adv. Mater., 2010, 22(12): 1346-1350.

[27] Kamiya T. Nomura K. Hosono H. Origins of high mobility and low operation voltage of amorphous oxide TFTs: Electronic structure, electron transport, defects and doping[J]. J. Disp. Technol., 2009, 5(12): 468-483.

[28] Kamiya T, Nomura K, Hosono H. Present status of amorphous In-Ga-Zn-O thin-film transistors[J]. Sci. Technol. Adv. Mater., 2010, 11(4): 044305.

[29] Hoffman R, Norris B, Wager J. ZnO-based transparent thin-film transistors[J]. Appl. Phys. Lett., 2003, 82(5): 733-735.

[30] Kamiya T, Nomura K, Hosono H. Electronic structures above mobility edges in crystalline and amorphous In-Ga-Zn-O: Percolation conduction examined by analytical model[J]. J. Disp. Technol., 2009, 5(12): 462-467.

[31] He X, Wang L, Xiao X, et al. Implementation of fully self-aligned homojunction double-gate a-IGZO TFTs[J]. IEEE Electron Device Lett., 2014, 35(9): 927-929.

[32] Fu J, Liao C, Qiu H, et al. Two-mode PWM driven micro-LED displays with dual-gate metal-oxide TFTs[J]. SID Symp. Dig. Tech. Papers, 2022, 53(1): 1070-1073.

[33] Liu H, Zhou X, Fan C, et al. Thorough elimination of persistent photoconduction in amorphous InZnO thin-film transistor via dual-gate pulses[J]. IEEE Electron Device Lett., 2022, 43(8): 1247-1250.

[34] Kim S, Kim C, Park J, et al. High performance oxide thin film transistors with dual active layers[J]. IEDM Tech. Dig., 2008: 1-4.

[35] Yang H, Zhou X, Lu L, et al. Investigation to the carrier transport properties in heterojunction-channel amorphous oxides thin-film transistors using dual-gate bias[J]. IEEE Electron Device Lett., 2022, 44(1): 68-71.

[36] Peng H, Chang B, Fu H, et al. Top-gate amorphous indium-gallium-zinc-oxidethin-film transistors with magnesium metallized source/drain regions[J]. IEEE Trans. Electron Devices, 2020, 67(4): 1619-1624.

[37] 杨欢. 源漏金属反应掺杂的自对准顶栅非晶氧化物薄膜晶体管研究[D]. 北京: 北京大学, 2021.

[38] Yang H, Huang T, Zhou X, et al. Self-heating stress-induced severe humps in transfer characteristics of amorphous InGaZnO thin-film transistors[J]. IEEE Trans. Electron Devices, 2022, 68(12): 6197-6201.

[39] Zhou X, Shao Y, Zhang L, et al. Oxygen adsorption effect of amorphous InGaZnO thin-film transistors[J]. IEEE Electron Device Lett., 2017, 38(4): 465-468.

[40] 周晓梁. 非晶铟镓锌氧化物薄膜晶体管的稳定性研究[D]. 北京: 北京大学, 2018.

[41] Ji K, Kim J, Jung H, et al. Comprehensive studies of the degradation mechanism in amorphous InGaZnO transistors by the negative bias illumination stress[J]. Microelectron. Eng., 2011, 88(7): 1412-1416.

[42] Park J, Kyeong J, Chung H, et al. Electronic transport properties of amorphous indium-gallium-zinc oxide semiconductor upon exposure to water[J]. Appl. Phys. Lett., 2008, 92(7): 072104.

[43] Xu X, Zhang L, Shao Y, et al. Amorphous indium tin oxide thin-film transistors fabricated by cosputtering technique[J]. IEEE Trans. Electron Devices, 2016, 63(3): 1072-1077.

[44] Yang H, Li J, Zhou X, et al. Self-aligned top-gate amorphous zinc-tin oxide thin-film transistor with source/drain regions doped by Al reaction[J]. IEEE Trans. Electron Devices, 2021, 9: 653-657.

第2章 有源矩阵液晶显示(AMLCD)TFT 电路

基于薄膜晶体管(TFT)的有源阵列液晶显示(Active Matrix Liquid Crystal Display, 简称 AMLCD, 或 TFT-LCD)技术是继阴极射线管(CRT)显示技术之后的第二代主流显示技术。其应用涵盖小尺寸的手机显示屏,中等尺寸的个人计算机显示屏、车载显示屏,以及大尺寸的电视显示屏等几乎所有的显示领域。目前,一些新的显示技术不断涌现,并向 AMLCD 的统治地位发起挑战,但 AMLCD 凭其难以超越的性能价格比优势在今后相当长时间内仍然会是显示领域的主流技术。AMLCD 的基本原理是液晶分子在 TFT 背板调控的电压信号驱动下发生偏转,对来自背光源的光的透过(穿透)率进行调制,从而实现图像的显示。AMLCD 的驱动背板由 TFT 像素电路阵列和行/列驱动电路构成。传统 AMLCD 的行/列驱动由外置的集成电路(芯片)来实现,而现代 AMLCD 的行驱动直接由背板上 TFT 集成电路来完成,甚至列驱动的一部分也由 TFT 集成电路来实现。

本章从 AMLCD 的基本原理出发,首先对 TFT 像素电路进行介绍,然后对 TFT 集成的行驱动电路以及列驱动电路的原理和设计进行系统的分析和讨论。

2.1 AMLCD 简介

1888 年奥地利植物学家 F. Reinitzers 发现了液晶(液态晶体,Liquid Crystal)的存在。1968 年美国 RCA 公司的 Heilmeier 发现了液晶的动态散射效应并用此效应首次实现了液晶显示(LCD)。1971 年,瑞士 Schadt、德国 Helfrich 和美国 Fagason 共同发明了扭曲向列型液晶显示(TN-LCD),为 LCD 的产业化奠定了基础。同年,Lecher 提出了采用 TFT 的有源矩阵液晶显示(AMLCD)的概念。1973 年,美国 T. P. Brody 等人演示了世界上第一个采用 CdSe TFT 的 AMLCD 样机。1979 年,氢化非晶硅(a-Si: H)TFT 技术开始出现,使得 AMLCD 快速实现了产业化并取得了高速发展。AMLCD 是一种非发光型显示器,其面板(仅显示一个像素)的剖面结构如图 2.1 所示,包括背光源、偏振片、TFT 阵列、液晶层、配向膜(也称取向膜)、滤色膜(Color Filter, CF)、黑矩阵、玻璃基板等。其中,液晶分子层介于 TFT 阵列基板(通常称为背板)与 CF 基板之间,液晶分子的偏转状态取决于 TFT 像素电位和 CF 侧公共电位的差值。

AMLCD 面板的等效电路如图 2.2 所示,主要包括像素单元阵列、行驱动(扫描)电路和列(数据)驱动电路等,而每一条行扫描线和每一条列数据线的交叉处形成一个像素单元。像素单元的 TFT 开关能确保本行的像素在非选通时间内不受其他行选通的串扰,从而可产生极高的显示对比度。因此,像素 TFT 不仅应具有足够高的开态导通电流,而且还应具有足够低的关态泄漏电流,即具有高的电流开关比(导通电流与关态泄漏电流之比)。在行列驱动电路控制下,TFT 有源阵列以逐行扫描、各列并行刷新的方式进行工作,从而使得各个像素的液晶单元分别存入与图像对应的数据电压信号,并由 TFT 像素阵列内的存储电容保持一帧时间。信号保持期内,由于 TFT 关闭,像素间驱动信号的串扰问题得到有效解决。相比于先前的 CRT 或者PDP(Plasm Display Panel),AMLCD 具有高分辨率、高对比度和低功耗等优势,迄今已经被全面应用到各类电子产品,成为当今显示技术和产品的主流。

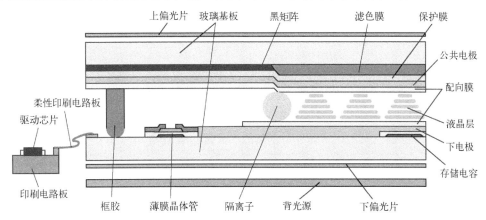

图 2.1　AMLCD 面板(一个像素)的剖面结构示意图

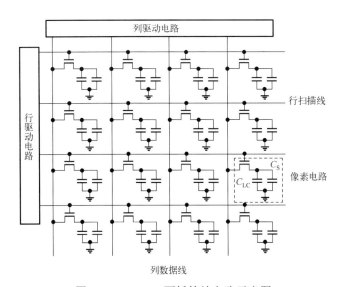

图 2.2　AMLCD 面板等效电路示意图

　　AMLCD 面板的行驱动有两种方式：一种是传统方式，采用外置的行驱动芯片；另一种是采用背板上 TFT 集成的行驱动电路(Gate-driver on Array，GOA)。在外置驱动方式下，背板周边的驱动芯片安装区域往往成为无效的显示区域。随着 AMLCD 的分辨率不断提高，行列驱动电路的连线数量也相应急剧增加，导致外部芯片引脚的物理尺寸须不断缩小、密度不断增加，使得面板与芯片的组装逐渐成为技术瓶颈。而采用 GOA 技术将行列驱动功能集成于显示像素阵列的周边，可以显著减少显示面板外围引线和外围驱动芯片的数量，在实现窄边框/无边框显示的同时简化了显示器模组制备工序。目前，采用 GOA 技术的行集成驱动方式已得到广泛采用。另一方面，迄今的 AMLCD 面板的列驱动主要功能通常仍由外置的芯片来完成，但列驱动的部分功能可以由背板上 TFT 集成电路来实现。相关内容将在本章后续部分进行介绍和讨论。

2.2　AMLCD 像素电路

　　原理上 AMLCD 面板的像素单元由开关 TFT(Switch TFT)、存储电容(C_S)和液晶电容(C_{LC})构成。图 2.3 示意了 AMLCD 像素的等效电路和工作时序。当扫描线为高电平(行选通)时，开关 TFT 开启，数据电压经开关 TFT 对存储电容和液晶电容充电。行选通结束后，扫描线变成低电平，TFT 关断，数据电压储存于液晶电容和存储电容，并在一帧时间内基本保持不变，直到下一帧行选通开始。

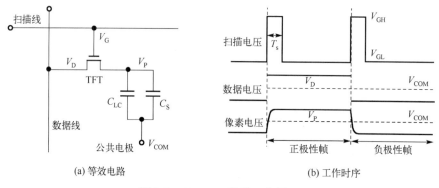

(a) 等效电路　　　　　　　　　　　　(b) 工作时序

图 2.3　AMLCD 像素工作原理

　　AMLCD 背板目前可采用的 TFT 技术有非晶硅(a-Si)TFT、多晶硅(poly-Si)TFT 和氧化物(oxide)TFT。下面分别对上述三种 TFT 的像素电路的设计进行分析与讨论。

2.2.1　非晶硅(a-Si)TFT 像素电路设计

　　以非晶硅为有源层的 TFT 技术自 1979 年一经提出便获得了广泛的关注，并最终取得了产业化的巨大成功。如第 1 章所述，非晶硅 TFT 存在载流子迁移率低、特性不够稳定等缺点，但具有制造成本低、大面积成膜均匀性好的优势。而且，其迁移率虽然偏低但能够满足大部分 AMLCD 产品的需求。因此，非晶硅 TFT 迄今一直是 AMLCD 产品的主流背板技术。AMLCD 面板的像素电路通常为如图 2.3 所示的 1T1C(一个开关 TFT 和一个存储电容 C_S)结构。以下分析和讨论开关 TFT 与电容 C_S 的设计。

　　1. 开关 TFT 设计

　　如图 2.3 所示，在一个行扫描(选通)时间(T_s)内，数据线上信号电压 V_D 通过导通的开关 TFT 对像素电容(存储电容 C_S 和液晶电容 C_{LC})充电，像素电极电压 V_P 随之上升。

　　根据 TFT 的电流-电压特性关系，可以写出充电电流 I_T 表达式为

$$I_T = \frac{W}{L}\mu_{FE}C_I\left[(V_G - V_P - V_T)(V_D - V_P) - \frac{1}{2}(V_D - V_P)^2\right] \tag{2-1}$$

式中，W、L、μ_{FE}、C_I 和 V_T 分别为 TFT 的沟道宽度、长度、有效迁移率、单位面积栅电容和阈值电压。

　　被充电的像素电容 C_P 是液晶电容 C_{LC} 和存储电容 C_S 之和，即 $C_P = C_{LC} + C_S$。该充电过程应该满足如下微分方程

$$I_T = C_P\frac{\mathrm{d}(V_P - V_{COM})}{\mathrm{d}t} \tag{2-2}$$

式中，V_{COM} 为公共电极电位。联立式(2-1)和式(2-2)可以求得像素电压 V_P 的表达式。AMLCD 面板实际工作时，栅电极通常施加较高的电压，使得 TFT 工作于深线性区。此时，式(2-1)中括号内第 2 项的值远小于第 1 项。为了简化方程求解过程，这里忽略该第 2 项。这样由式(2-1)和式(2-2)得到

$$C_P\frac{\mathrm{d}(V_P - V_{COM})}{\mathrm{d}t} = \frac{W}{L}\mu_{FE}C_I(V_G - V_P - V_T)(V_D - V_P) \tag{2-3}$$

　　对式(2-3)做简单的等式变换，将像素电压 V_P 相关的两项均汇于等式的左侧，并且在充电时间 $t = 0$ 到 $t = T_s$ 内积分，可以得到

$$\int_{V_{P0}}^{V_P}\left(\frac{1}{V_D - V_P} - \frac{1}{V_G - V_P - V_T}\right)\mathrm{d}V_P = \int_{t=0}^{t=T_s}\frac{\mathrm{d}t}{C_P\dfrac{L}{W\mu_{FE}C_I(V_G - V_D - V_T)}} \tag{2-4}$$

　　这里，V_{P0} 是指本帧开始时刻(即上一帧结束时刻)液晶像素的电压值。令

$$R_{TFT} = \frac{L}{W\mu_{FE}C_I(V_G - V_D - V_T)} \tag{2-5}$$

则式(2-4)积分的结果为

$$\ln \frac{V_G - V_P - V_T}{V_D - V_P}\bigg|_{V_{P0}}^{V_P} = \frac{T_s}{C_P R_{TFT}} \tag{2-6}$$

通常 TFT 栅电压 V_G 比数据电压 V_D 高很多,故假定 $V_G - V_P - V_T$ 近似等于 $V_G - V_{P0} - V_T$。于是在时间为 T_s 的行扫描之后,像素电压 V_P 可近似表示为

$$V_P = V_D - (V_D - V_{P0}) \exp\left(-\frac{T_s}{C_P R_{TFT}}\right) \tag{2-7}$$

理想情况下我们希望 $V_P = V_D$,但实际上 V_P 只能接近 V_D。通常用充电率 k 来表示像素电容的充电程度。k 的定义为

$$k = \frac{V_P - V_{P0}}{V_D - V_{P0}} \times 100\% \tag{2-8}$$

k 的值受显示灰度级别的约束,一般 k 取值 $\geqslant 90\%$。结合式(2-5)、式(2-7)和式(2-8),可得到

$$\frac{W}{L} > \frac{C_P \times \ln \dfrac{1}{1-k}}{\mu_{FE} C_I (V_{GH} - V_D - V_T)\left(T_s - C_P \times R_D \times \ln \dfrac{1}{1-k}\right)} \tag{2-9}$$

实际设计过程中,还需考虑更多的因素。比如,扫描线和数据线上均有一定的寄生电阻和寄生电容,会造成数据传输的延迟,使得实际充电时间减少。此外,还要考虑到 a-Si TFT 在长时间工作后出现的阈值电压漂移、等效场效应迁移率变化等因素。因此,在确定器件尺寸时通常应从最坏情况考虑,W/L 设计值应该留有足够的裕量。

2. 存储电容 C_S 设计

C_S 的值主要由两个因素来确定,一个是器件的泄漏电流,另一个是像素的电压跳变。

1)泄漏电流因素

像素完成充电到下一个寻址之前,理想情况是像素电极的电压在这一帧的时间内能保持不变。但是,由于 TFT、液晶电容 C_{LC} 和存储电容 C_S 均存在一定的泄漏电流 I_{off},故像素电压 V_P 总是不可避免有一定的降低。这个降低量如果过大,会造成显示灰度的严重损失。通常用像素电荷保持率 H 来表示泄漏电荷造成的像素电压的变化。H 定义为一帧时间后的像素电压与起始的像素电压的比值,即

$$H = \frac{V_P(t = T_f)}{V_P(t = 0)} = 1 - \frac{I_{off} \times T_f}{C_P \times V_P(t = 0)} \tag{2-10}$$

4544

344

333

223

333

333

22232

222

其中，T_f 为一帧的时间。

根据式(2-10)，我们有

$$C_S \geqslant \frac{I_{\text{off}} \times T_f}{(1-H) \times V_P(t=0)} - C_{LC} \quad (2\text{-}11)$$

2) 像素电压跳变因素[1]

如图 2.4 所示，在行选通充电结束后，栅电压由高变低，由于像素电路各电极节点处的电容上电荷的再分配，像素电位 V_P 会产生跳变，即 V_P 在栅脉冲从高电平 V_{GH} 降到低电平 V_{GL} 时，跳变 ΔV_P，如图 2.4(b)所示。很显然，不论 V_P 极性的正负，像素电压跳变总是将像素电极电位下拉一个 ΔV_P。这样看来似乎只要将其公共电位 V_{COM} 相应也降低 ΔV_P，则信号极性正负方向的不对称即可得到补偿。然而液晶的介电常数是 V_P 的函数，导致 ΔV_P 与 V_P 有关。故仅通过调整 V_{COM} 不能消除信号极性正负方向特性的非对称，这样在液晶层上便存在一定的直流偏置，这会导致图像产生闪烁、残像、灰度错乱等，因此应设法减少 ΔV_P。

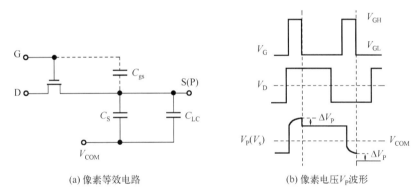

(a) 像素等效电路　　　　　　(b) 像素电压 V_P 波形

图 2.4　像素电压跳变原理

在早期的研究中，ΔV_P 是按照如下公式计算的，即

$$\Delta V_P = V_P - V_P' = \Delta V_G C_{gs} / (C_{gs} + C_{LC} + C_S) \quad (2\text{-}12)$$

式中，V_P 和 V_P' 分别为像素电压跳变前后的值，$\Delta V_G = V_{GH} - V_{GL}$，为栅脉冲的高度，$C_{gs}$ 为栅源电极间交叠电容。

这一公式是从服从电荷守恒原理的以下等式获得的

$$(V_P - V_{COM})(C_{LC} + C_S) + (V_P - V_{GH})C_{gs} = (V_P' - V_{COM})(C_{LC} + C_S) + (V_P' + V_{GL})C_{gs} \quad (2\text{-}13)$$

按照式(2-12)，很显然 ΔV_P 应与 V_P 无关。然而实验结果表明 ΔV_P 与 V_P 有关并呈线性关系。另外，由于 C_{gs} 定义为栅源电极间的交叠电容，所以如果采用自对准 TFT 结构，则 C_{gs} 将趋于零或很小，相应 ΔV_P 也应趋于零或很小。然而实际测量结果表明自对准 TFT 的 ΔV_P 并未明显减少。进一步的研究指出，式(2-13)中像素电压跳变前后 C_{gs} 不变这一假设是错误的，通过严谨的推导可得

$$C_{\text{gs-on}} = \frac{1}{2}C_{\text{g}} + C_{\text{gsp}} \tag{2-14}$$

$$C_{\text{gs-off}} = C_{\text{gsp}} \tag{2-15}$$

其中，C_{g} 为 TFT 的栅电极与沟道间电容值，$C_{\text{gs-on}}$ 为跳变前 C_{gs} 的电容值，$C_{\text{gs-off}}$ 是跳变后 C_{gs} 的电容值，C_{gsp} 为栅源两端电极的交叠电容。考虑到 TFT 关断前后 C_{gs} 的变化，下面将给出像素电压跳变的精确公式。

由于 TFT 关断时间内沟道深局域态电荷总量基本不变，故 a-Si 沟道层上的电压与导通时一样仍为 V_{T}，则源栅电压为 $V'_{\text{P}} - (V_{\text{GL}} - V_{\text{T}})$。同样按 TFT 关断前后源端电荷守恒原理可得

$$(V_{\text{P}} - V_{\text{COM}})(C_{\text{S}} + C_{\text{LC}}) + [V_{\text{P}} - (V_{\text{GH}} - V_{\text{T}})]C_{\text{gs-on}} = (V'_{\text{P}} - V_{\text{com}})(C_{\text{S}} + C_{\text{LC}}) + [V'_{\text{P}} - (V_{\text{GL}} - V_{\text{T}})]C_{\text{gs-off}} \tag{2-16}$$

联合式(2-14)~式(2-16)可得

$$\Delta V_{\text{P}} = [(0.5C_{\text{g}} + C_{\text{gsp}})\Delta V_{\text{G}} - 0.5C_{\text{g}}(V_{\text{P}} + V_{\text{T}})] / (C_{\text{gsp}} + C_{\text{LC}} + C_{\text{S}}) \tag{2-17}$$

从式(2-17)可知：

(1) 即使 C_{LC} 不随 V_{P} 变化，ΔV_{P} 仍与 V_{P} 有关且呈线性关系；

(2) 即使 TFT 是完全自对准的，ΔV_{P} 仍有较大值，这是由 TFT 的本征电容决定的，而非仅仅寄生效应所致。

假定要求 $\Delta V_{\text{P}} \leqslant kV_{\text{P}}$，根据式(2-17)，可以得到 C_{S} 值的计算公式为

$$C_{\text{S}} \geqslant [(0.5C_{\text{g}} + C_{\text{gsp}})\Delta V_{\text{G}} - 0.5C_{\text{g}}(V_{\text{P}} + V_{\text{T}})] / kV_{\text{P}} + C_{\text{gsp}} + C_{\text{LC}} \tag{2-18}$$

因此，C_{S} 的取值通常根据式(2-11)和式(2-18)共同来确定。

如前所述，对基于非晶硅 TFT 的 AMLCD 而言，像素中设置存储电容 C_{S} 是必要的。C_{S} 的一端与 TFT 的源端(像素电极)连接，而另一端有两种接法。一种是常规思路，即接到公共电极(Com)，但公共电极通常是处在与 TFT 背板相对的另一侧 CF 基板上(如图 2.1 所示)，故须在 TFT 背板上设置独立的公共电极，如图 2.5(a)所示，该公共电极与像素电极(ITO)交叠形成 C_{S}。这种结构会造成像素的开口率有一定的损失。另一种是直接接到相邻的扫描线上，如图 2.5(b)所示，即 C_{S} 由像素电极与相邻的扫描线交叠而成。这种结构没有增加设计和制作的复杂度，同时开口率损失较小，像素有效面积较大。在第 $n-1$ 行选通期间，即该行的扫描线变为高电平期间，虽然第 n 行像素的电压被升高，但这对像素电压在一帧期间的方均根值(决定光透光率)影响很小，可以忽略。因此第二种结构得到广泛采用。

对于大尺寸高清 AMLCD 电视产品来说，宽视角是最关注的要素之一。多域(Multi-domain)垂直取向型(Vertical Alignment，VA)液晶显示模式不仅具有高的对比度，而且还具有超宽的视角，成为高清大尺寸液晶电视显示的主流技术。其宽的视角是通过不同域(畴)的 VA 液晶的翻转获得的。传统的图形化垂直取向(PVA)液

晶显示存在图形化的斜角处伽马畸变问题,而具有两个子像素的超级 PVA(S-PVA)
液晶显示可以解决这一问题,但这要求近邻的两个显示子像素应独立施加驱动电压。
因此,超高清大尺寸电视的 TFT-LCD 面板的像素电路通常不再是 1T1C 结构。

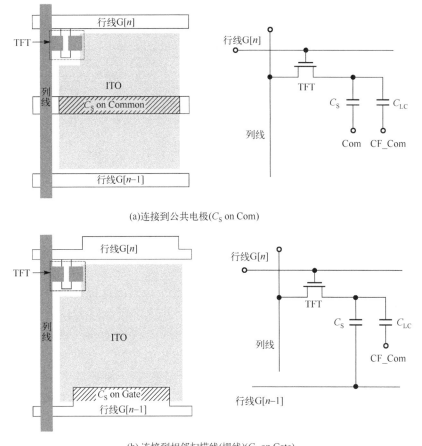

(a)连接到公共电极(C_S on Com)

(b) 连接到相邻扫描线(栅线)(C_S on Gate)

图 2.5　存储电容 C_S 两种连接方式的示意图

多域 VA 型液晶显示的主流像素电路为电荷共享(Charge Sharing,CS)型结构[2],
如图 2.6 所示。这种像素结构既保持了与传统 1T1C 像素相同的行驱动、列驱动架
构,而且仅用一条数据线就可以驱动两列子像素,通过像素内的电荷再分配得到更
多的显示灰阶数,没有增加外围驱动 IC 的复杂度。

电荷共享型像素电路包括三个晶体管 T1、T2 和 T3 以及一个电容 C_S。T1 和 T2
分别用于对子像素 A($C_{LC\text{-}A}$)和子像素 B($C_{LC\text{-}B}$)充电。T3 开启后,电容 $C_{LC\text{-}B}$ 和 C_S
之间共享电荷。这将使得节点 B 的电压变低,子像素 B 的亮度降低,也即,子像素
A 与 B 之间显出亮度的差别。

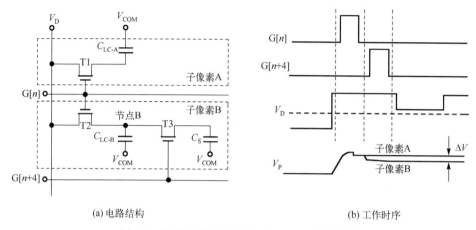

(a) 电路结构   (b) 工作时序

图 2.6   电荷共享型非晶硅 TFT LCD 像素结构

上述电荷共享型像素电路应用于前述的 PVA 显示面板时，在源极驱动及栅极驱动电路几乎保持一致的情况下，可以将显示分辨率提升一倍。在一个实际的像素设计例中，T1、T2 和 T3 宽长比（W/L）的取值分别是：$28\,\mu m/3.5\,\mu m$、$42\,\mu m/3.5\,\mu m$ 和 $20\,\mu m/3.5\,\mu m$。近年来，电荷共享型像素电路已经广泛地被应用于 55 英寸、65 英寸等高分辨率 120Hz 的 TFT-LCD 电视面板。

在常规的 AMLCD 面板阵列中，一列中的各个像素都连接着一根数据线，即面板阵列里像素的列数和数据线的数量是相同的。但是随着 AMLCD 面板分辨率的提高，面板周边与栅极扫描驱动 IC 及源极数据驱动 IC 相关的输入输出端子尺寸变得越来越小。一般来说，AMLCD 面板周边输入输出端子的尺寸小于单个显示像素的尺寸。例如，对于像素密度为 150PPI（每英寸像素数），子像素尺寸压缩到 $169\,\mu m\times 56\,\mu m$（考虑到像素由 RGB 子像素构成）的应用，栅极及源极驱动芯片输出端子的尺寸就相应地减少到约 $50\,\mu m$，这对驱动芯片引脚的键合技术提出了苛刻的要求。像素阵列内的分选功能可以实现高密度显示，又不增加更多的数据线，从而可降低行列驱动芯片输出端子键合的尺寸，节约 AMLCD 面板的制造成本。

图 2.7 示意了一种可明显减少数据线数量的具有像素内分选功能的 AMLCD 像素电路结构[3]。该设计思路是让相邻的两列像素共用一根数据线，右侧的像素通过常规的接法与该数据线相连，而左侧的像素则通过上下相邻的两条栅扫描线之间的"与"逻辑来实现寻址。这种"像素级数据线的多路复用"技术，可以将显示阵列数据线数量降低一半，相应的源极驱动芯片的通道数量也减少一半。

图 2.8 示意了像素内多路复用结构的像素阵列结构和相应的驱动时序。在数据线复用的情况下，栅极驱动行扫描电路的输出信号波形需要改变，如图 2.8(b) 所示，行扫描线需要连续输出 2 个宽窄不同的脉冲[3]。其工作过程描述如下：

在 t1 阶段，行扫描线 G[n+1] 和 G[n+2] 均为高电平，G[n+3] 为低电平，像素 A、

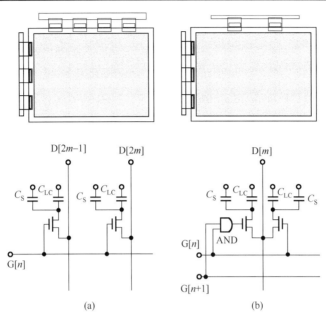

图 2.7　(a)常规 AMLCD 列线排布；(b)具有像素内分选功能的 AMLCD 列线排布[3]

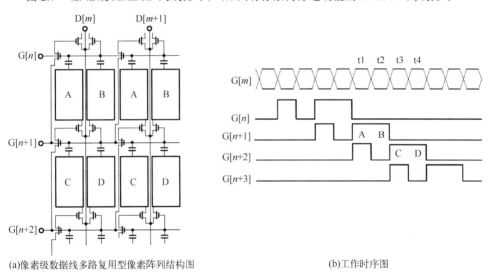

(a)像素级数据线多路复用型像素阵列结构图　　　　　　(b)工作时序图

图 2.8　像素级数据线多路复用型像素阵列结构图及其工作时序图[3]

B 和 D 因其内部的 TFT 均被打开，故都被写入此时数据线上的电压。在接下来的 t2 阶段，行扫描线 G[n+1]仍然为高电平，而行扫描线 G[n+2]变为低电平，于是像素 A 保持着 t1 阶段写入的数据电压，而像素 B 则被刷新为此时数据线上新的数据电压。因此，在 t1 和 t2 阶段之后，像素 A 和 B 分别被写入各自的数据电压。同理，在 t3 和 t4 阶段之后，像素 C 和 D 也被写入各自的数据电压。换言之，该像素内的多路复用结构可正常为各个像素独立地提供数据电压。这种像素电路适合采用栅线上的 C_S(C_S on gate)结构。虽然这种设计会导致 TFT 数量有所增加，但由于串联 TFT 的布局布线相对简单，因此像素的开口率未明显降低。

2.2.2　多晶硅 TFT 像素电路设计

如第 1 章所述，目前显示背板采用的多晶硅 TFT 通常为基于激光退火技术制成的低温多晶硅(LTPS)TFT，基于该技术的 AMLCD 面板的像素电路通常也采用与 a-Si TFT-LCD 类似的 1T1C 结构，故其 TFT 和电容的设计思路也与 a-Si TFT-LCD 类似。值得注意的是，LTPS TFT 与非晶硅 TFT 相比具有高得多的载流子迁移率，因此其像素电路中的 TFT 尺寸要小很多，像素开口率相应较高。同时，LTPS TFT 通常采用顶栅对准的结构和工艺进行制备，因此，器件的本征和寄生的栅源、栅漏电容都很小，即 LTPS TFT 的 C_{gs} 和 C_{gd} 的值比 a-Si TFT 的要小得多。因此，根据前述像素电压跳变的表达式(2-17)和式(2-18)，原理上像素电路中的存储电容可以很小甚至省去。但另一方面，LTPS TFT 的关态泄漏电流通常较高，因此仍然需要一个存储电容来存储足够的信号电荷，以保证像素电压在一帧时间内即使 TFT 有较大的泄漏电流也没有明显的变化[4,5]。

如前所述，LTPS TFT 迁移率高，不仅可以提高 AMLCD 面板的像素密度，而且还可以在像素内集成更多的功能电路。例如，在像素内集成存储器(Memory in Pixel, MIP)，可在显示静态画面时，降低显示屏的刷新频率，减少显示器的功耗。此外，还可在 AMLCD 像素阵列内集成触控传感器和指纹传感器等，以增加显示器的附加功能。

存储器有静态和动态两种类型。相较而言，动态储存器的电路结构简单，所需的控制线也少，更适合显示像素内部的集成实现。因此，像素内基于 TFT 的存储器一般采用动态结构。就 LTPS TFT 而言，由于其泄漏电流较高，需要对像素内动态存储器进行定期刷新。

图 2.9 为内嵌动态存储功能的像素电路结构(MIP)[6]，它由 3 个 N 型 TFT 构成。在读取(像素内状态)操作期间，T1 被选通，T2 作为探测传感器，串联着的 T1 和 T2 究竟是高阻抗还是低阻抗，取决于像素电压与晶体管 T2 的阈值电压比较的结果。列线上预充着高的电压，当 T1、T2 被打开后形成了反相器结构，列线的电压值将与像素内液晶的电压值呈反相关系，从而能够满足液晶显示"极性翻转"的要求。然后再通过 T3 将列线上 "极性翻转"的数据电压写回到像素电路内。

该 3-TFT 动态 MIP 电路可用于手表等可穿戴显示,例如 1.6 英寸 128×RGB×160 分辨率的 AMLCD 显示器[6]。在使用低阈值电压的 LTPS TFT(V_T = 1.2V)和均方根饱和电压为 3V 的低压液晶情况下，这种小尺寸显示器的功耗在帧率 50Hz 时可低至 0.3mW。当然，这类动态 MIP 电路要在低阈值电压情况下才能正常工作，在阈值电压太高时电压逻辑可能出现错误。该电路的刷新操作必须逐行地进行，因此显示器工作于低功耗模式时，帧率不宜太高，而且列线被预充电过程中还存在一定的电量消耗。此外，这类电路可实现的显示灰阶数也不够多，需进一步改进。

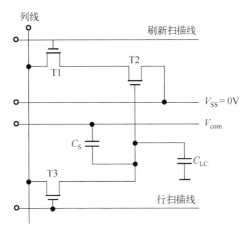

图 2.9　内嵌动态存储功能的 3-TFT 的紧凑型显示像素电路[6]

　　像素内嵌存储功能的 AMLCD 可以在常规显示和低功耗显示这两种模式下工作。在常规显示模式下，数据驱动电路产生脉冲信号，通过调制脉冲信号的宽度，对应地实现一定量的显示灰阶。

　　图 2.10 示意了一种基于 CMOS LTPS TFT 的 MIP 像素[7]。其子像素可分为存储部分和显示驱动部分。存储部分包括了存储 TFT 和一个存储电容，通过切换存储TFT 的通断，存储电容相应地储存着图像数据的数字信号(高或低)。像素驱动单元则包括了选择 TFT(select-TFT)和连接 TFT(connect-TFT)。

　　在低功耗显示模式下，当存储器 TFT 导通时，数据驱动电路输出 3 位串行数字数据(高或低电平)，并将图像数据存储到每个子像素中。若存储电容的电压为高，则 N 型的开关 TFT 为选通态(同时，P 型的开关 TFT 处于关态)。像素内液晶电极刷新控制线的 TFT 连接到参考电压线 V_{ref}。若存储电容的电压为低，则 P 型的开关TFT 为选通态，通过连接 TFT 将像素内液晶电极连接到 V_{com} 线。每个子像素内都有一个 1 位的存储单元，于是 RGB(红绿蓝)3 个子像素就对应地实现 3 位数据灰度。存储 TFT 关断后，存储电容上保持着高或低电平。如图 2.10(b)所示，对于静止图像的显示，可以通过简单地以 60Hz 的速率切换连接 TFT 来重写像素液晶电极的电压，而不再需要刷新内存的数据。换言之，这种工作模式下，数据驱动器可以不再进行数据刷新，而是依赖像素电路内部的存储器进行驱动，从而降低了显示器的功耗。

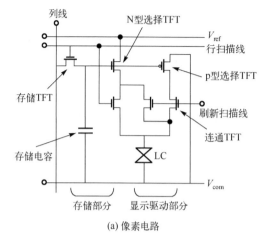

(a) 像素电路

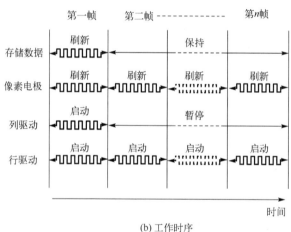

(b) 工作时序

图 2.10 基于 CMOS LTPS TFT 的 MIP，工作帧率可以降低到 4Hz[7]

2.2.3 氧化物 TFT 像素电路设计

除 a-Si TFT 和 LTPS TFT 外,以铟镓锌氧(IGZO)为代表的氧化物 TFT 在显示领域也得到了较为广泛的应用。氧化物 TFT 的优势之一是超低的泄漏电流,因此理论上在 AMLCD 像素电路中可以不使用存储电容。此外,氧化物 TFT 也具有较高的载流子迁移率,目前已达到 $10\sim50\mathrm{cm^2V^{-1}s^{-1}}$,虽然与 LTPS TFT 相比仍有差距,但比 a-Si TFT 高一个数量级以上。而且,氧化物 TFT 大面积制备的均匀性也远远好于多晶硅 TFT。因此,氧化物 TFT 潜在地更适合用于制造中大尺寸的高分辨率 AMLCD 显示产品。

在应用于 AMLCD 时,氧化物 TFT 的器件结构通常为背栅型的背沟道刻蚀(BCE)结构,这导致 TFT 仍具有较大的寄生电容,会引起一定的电压跳变效应。因此氧化物 TFT-LCD 的像素结构通常仍为 1T1C 结构。此时电容的设计主要考虑电压跳变因素，TFT 的泄漏因素可以忽略不计。具体的设计方法可以参考 a-Si TFT-LCD 的设计部分(2.2.1 节)。

对于显示器，特别是用于移动设备的显示器来说，功耗是最重要的性能指标之一，如何降低功耗一直是重要的研究课题。显示器的功耗与显示画面的刷新频率有关，降低刷新频率可有效降低功耗，但动态画面的显示需要最低刷新频率以保证画面显示的连续性。在手机、电脑、智能手表和可穿戴显示等场合，很多时间段显示的是静态或者息屏提示画面。在这种情况下，显示器的刷新频率不需要很高，低频工作即可保证正常的显示。相比于 a-Si 或者 LTPS TFT，氧化物 TFT 的超低泄漏电流特征有助于在像素电路内实现存储功能，支持低帧率显示，从而降低显示器的功耗。

图 2.11 示意了具有存储功能的氧化物 TFT 像素电路[8]，由编程 TFT(T1)、驱动 TFT(T2)和存储电容 C_S 构成。T2 和 C_S 的组合起存储作用，可看成是一个阈值电压可调的复合型晶体管 T_C。V_{con} 和 V_{data} 分别是控制电压和数据电压。V_G 是复合晶体管 T_C 的栅极电压。

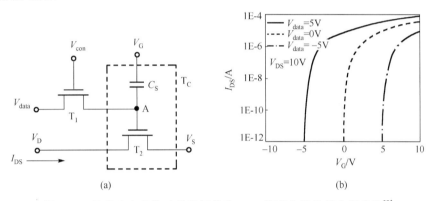

图 2.11　具有动态存储功能的氧化物 TFT 像素电路及其电学特性[8]

图 2.11(b)是复合晶体管 T_C 的传输特性示意图。下面对照该特性示意图简单说明该像素电路的工作原理。对 A 点充电后，关闭 T1，对节点 V_G 进行直流扫描，栅极电压从 -10V 到 +10V。V_D 和 V_S 分别为 10V 和 0V。此时，T1 由于 V_{con} 控制关闭，并且具有极低的泄漏电流。因此，T1 的断开可以防止节点 A 处的编程电压受到其他信号的干扰。例如器件的初始阈值电压为 0V，当 V_{data} 为 -5V 或 +5V 时，T_C 的 V_T 将分别变为 5V 或 -5V。即 V_{data} 取值为正时，正电荷存储在节点 A 上，使得复合晶体管 T_C 的 V_T 的值相应减小。而当 V_{data} 为负时，负电荷存储在节点 A，T_C 的 V_T 的值相应增加。根据以上分析，复合晶体管 T_C 的阈值电压能够很好地将数据电压 V_{data} 存储起来，这样可以在 AMLCD 像素内较容易地实现存储功能。

考虑到液晶的极性翻转问题，实际的 MIP 电路包括两个存储部分，分别对应着两个不同的电极性。如图 2.12(a)所示，实际的电路由 4 个氧化物 TFT 和 2 个电容组成[8]。T_{P1} 和 T_{P2} 是编程 TFT，分别向 T_{D1} 和 T_{D2} 的栅极节点施加编程电压。T_{D1} 和 T_{D2} 是驱动 TFT，分别向液晶单元写入关态电压 V_B 或开态电压 V_W。C_{S1} 和 C_{S2} 用于存储显示期间的图像数据。C_{S1} 和 T_{D1} 的组合形成复合管 T_{C1}，C_{S2} 和 T_{D2} 的组合形成复合管 T_{C2}。

　　具体来说，V_B 可以有 10V 和 0V 两个电平，V_W 有 5.5V 和 4.5V 两个电平。公共电位 V_{com} 设为 5V。如图 2.12(b)所示，在周期(1)，由于 V_G 为高压，T_{P1} 和 T_{P2} 导通，$V_{d,low}$ 和 $V_{d,high}$ 分别施加到 T_{D1} 和 T_{D2} 的栅极上，使得 T_{C1} 和 T_{C2} 的阈值电压分别增大和减小。液晶像素电路只是在周期(1)处于编程状态，其他的阶段不刷新数据，因此可以降低液晶显示的刷新率，从而减小低频工作时动态刷新功耗。

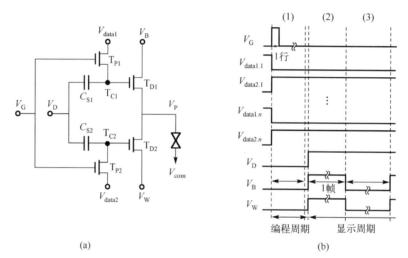

图 2.12　(a)基于氧化物 TFT 的液晶显示 MIP 电路结构及其(b)驱动时序[8]

　　在周期(2)，随着 V_D 变为高电平，T_{D1} 和 T_{D2} 分别处于断开和导通状态。于是，该像素通过 T_{D2} 向像素节点施加开态电压 V_W。在显示周期(2)之后，关态电压 V_B 和白色电压 V_W 的电极性都同步地发生反转。因此，基于该像素结构和驱动方案，驱动芯片及数据线 V_{data} 上并不需要高频率刷新就能够维持像素的极性翻转功能，同时避免了恒定直流偏置带来的液晶分子极化等退化问题。

2.3　TFT 集成的行驱动电路

　　将显示屏周边驱动电路与像素阵列集成在同一 TFT 背板上一直是显示领域追求的一个目标。早在 20 世纪 90 年代，显示领域即出现了面板上系统集成(System on Panel，SoP)的概念。SoP 的实现首先要解决的问题是如何实现行列驱动电路的面板内集成。目前 TFT 集成的行驱动电路(GOA)的面板技术进步很快,已经得到普遍采用,而 TFT 集成的列驱动电路的面板技术仍然处于开发之中。本节主要讨论 GOA 的工作原理和设计思路。

对于现代显示应用来说,GOA 电路技术具有如下的优势:①可大幅度减少行、列驱动芯片与显示面板连接线的数量;②可减少行列驱动芯片的数量;③可实现窄边框甚至无边框显示,显示屏会变得更加简约、美观;④可简化显示器的后道模组制备工序。

GOA 技术的主要挑战来自于 TFT 电学性能不够高、均匀性不佳以及不够稳定等因素。对不同种类的 TFT,其 GOA 技术要解决的问题是不同的。以下分别对 a-Si TFT、LTPS TFT 以及氧化物 TFT 的 GOA 技术进行分析和讨论。

2.3.1　a-Si TFT 集成行驱动电路

如第 1 章所述,非晶硅(a-Si)TFT 迁移率较低($0.3 \sim 0.6 \mathrm{cm}^2 \mathrm{V}^{-1} \mathrm{s}^{-1}$),而且还存在电应力下阈值电压易漂移等不稳定性问题。此外 a-Si TFT 通常为 N 型,其 P 型器件的迁移率非常低,没有实用价值,即无法实现 CMOS 电路。因此,实用 a-Si TFT 集成电路的实现具有很大的挑战性。按照传统电路的设计思路,a-Si TFT 的集成电路不仅性能低而且寿命短,难以达到实用水平。

当今非晶硅 TFT 集成的 GOA 电路的成功主要得益于两个关键的设计思想。一是采用电压自举效应提升 TFT 的驱动能力,这可有效缩短输出脉冲的上拉和下拉时间,使得在 TFT 迁移率不高的情况下,集成的行扫描电路的速度仍可以达到一定的实用水平。另一个是用交流偏置方法抑制 TFT 的阈值电压漂移,这使得 TFT 集成的行驱动电路的寿命得以显著延长,从而达到实用水平。

首先介绍 AMLCD 的行驱动电路的架构。图 2.13(a)和(b)分别示意了传统的外置驱动芯片的电路架构以及现行的 a-Si TFT 集成的驱动电路(GOA)的架构。行驱动电路的主要功能是产生逐行扫描信号,使得每一行像素的开关 TFT 依次打开,将相应的数据信号写入像素电容。传统的外置驱动芯片的电路由多级串联的行扫描电路构成,每一级包含了控制逐行扫描功能的移位寄存器(Shift Register),将低压逻辑信号转换为高压信号(30~40V)的电平转换器(Level Shifter),以及提升驱动能力的输出缓冲器(Buffer)。这种电路一般为 CMOS 结构,无法由 a-Si TFT 来实现。a-Si TFT 集成的行驱动电路则是由级联的移位寄存器群所构成,每一级的单元电路均内嵌了一个缓冲器。其中,CKs 和 STV 分别是时钟信号和起始脉冲信号,在进入行驱动电路前已被转化为高压。每一级电路顺次地输出每一行像素所需的栅极扫描信号。目前,几乎所有的非晶硅 TFT 集成的行驱动电路都是依此架构设计。下面通过一个典型的 GOA 电路[9-14],对 GOA 的工作过程以及关键 TFT 的设计方法进行详细的分析和讨论。

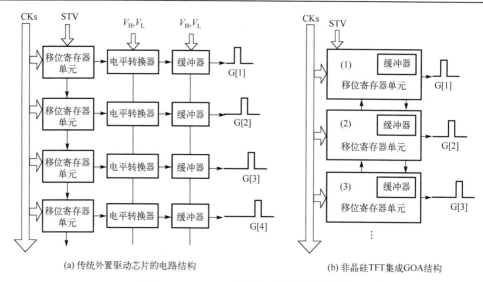

(a) 传统外置驱动芯片的电路结构　　　　　　　(b) 非晶硅TFT集成GOA结构

图 2.13　AMLCD 的行驱动电路系统架构

图 2.14 示意了一个典型的 a-Si TFT 集成的具有 800 级移位寄存器的 GOA 电路，图(a)为单级电路图，图(b)为工作时序，图(c)为整个电路的级联框图。该 GOA 单级电路由 10 个 TFT（T1～T10）和 1 个电容 C_S 所构成。其中，T1、T3 和 T4 为输入管，T2 为驱动管，T5～T10 为低电平维持管。其中，T2 的宽长比很大，形成一个内置的如图 2.13(b)所示的缓冲器，决定电路输出信号的速度（上拉和下拉时间）。R_L 和 C_L 分别是行扫描线上的等效负载电阻和等效负载电容。

控制信号方面，V_{I1} 是第一输入信号，对于第一级电路，其第一输入信号是由 STV 提供，而对于其余级的电路，其第一输入信号为前一级电路的输出信号。V_{I2} 是第二输入信号，来自后一级电路的输出信号。V_O 是电路的输出电压。V_L 是电源的低电平。V_A 和 V_B 是两个时钟信号源。

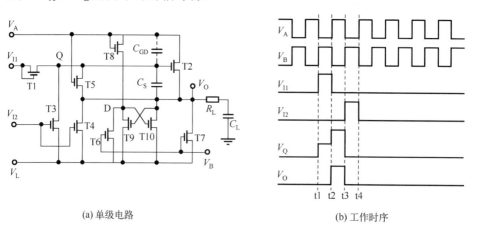

(a) 单级电路　　　　　　　　　　　　　　(b) 工作时序

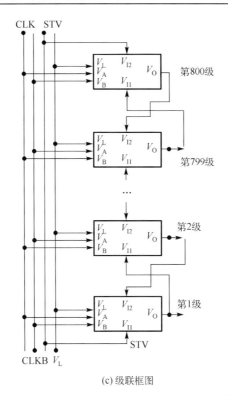

(c) 级联框图

图 2.14　一典型的 800 级非晶硅 TFT GOA 电路[9]

该 GOA 电路有两路时钟信号 CLK 和 CLKB，而每一级电路的时钟信号 V_A 和 V_B 适当地连接到 CLK 和 CLKB。根据 GOA 电路输出信号逐行扫描的特点，V_A、V_B 与 CLK、CLKB 的连接关系呈周期性重复，且周期数是 2。如图 2.14(c) 所示，奇数级电路的时钟信号入口 V_A 和 V_B 分别连接到 CLK 和 CLKB；而偶数级 GOA 电路的时钟信号入口 V_A 和 V_B 分别连接到 CLKB 和 CLK。

如图 2.14(b) 所示，该 GOA 电路的工作过程描述如下。

(1) 预充电阶段。该阶段始于 t1 时刻，结束于 t2 时刻，是对驱动管 T2 的栅极电容的预充电阶段。输入信号 V_{I1}，时钟信号 V_B 在此阶段为高电平，输入晶体管 T1 被打开。驱动晶体管 T2 的栅极电位，也就是 Q 节点电位 V_Q 升高到 $V_{QH} = V_H - V_{T1}$，这里 V_{T1} 是 T1 的阈值电压，V_H 是输入信号 V_{I1} 的高电平。由于 V_A 在这个阶段处于低电平，而 T2 管是开启的，故输出信号 V_O 仍然为低电平，状态未改变。此外，由于 V_B 是高电平，所以 T6 和 T7 也处于开启状态。T7 的开启对稳定 V_O 的低电平有帮助，而 T6 的开启将内部节点 D 预置为低电平。

(2) 上拉阶段。该阶段开始于 t2 时刻，结束于 t3 时刻，是输出端从低电平上升到高电平的阶段。此时，V_A 变成高电平，V_{I1} 和 V_B 切换成低电平，V_{I2} 仍为低电平。

由于 T2 在预充电阶段已被打开，高电平的 V_A 通过 T2 对输出端的负载电容 C_L 进行充电，输出电压 V_O 开始上升。

在上拉阶段，T1 和 T4 关断，故 T2 的栅极(节点 Q)为悬浮状态，其电压将随 V_O 的上升而上升，即在此阶段 T2 的过驱动电压值 V_{GS} ($V_{GS} = V_Q - V_O$)并未因为 V_O 的上升而降低，而是一直保持着一个较高的值。V_Q 随 V_O 升高而自动上升通常被称为 "自举效应"，这使得 T2 的驱动能力显著提升，V_O 能被快速上拉到高电平，且其幅值没有阈值电压损失。

(3)下拉阶段。该阶段始于 t3 时刻，结束于 t4 时刻，是输出端从高电平下降到低电平的阶段。此时，V_A 是低电平，V_{I2} 是高电平，T3 和 T4 处于开启状态。T2 的栅极(节点 Q)和漏级(电路输出端)通过开启的 T3 和 T4 放电，从高电平 V_H 被下拉到低电平 V_L。值得指出的是，T2 具有很强的驱动能力，如果在下拉过程中参与对输出端的放电，将大大加快 V_O 的下拉速度。对此，希望 V_Q 不要立即下降到 V_L，而是保持一定时间的高电平使驱动管处于导通状态。

(4)低电平维持阶段。V_O 一旦被下拉到 V_L，应维持在 V_L 直到下一帧上拉阶段的到来。但是，维持阶段的时间较长，V_A(CLK)会不断在高低电平之间跳变。由于 T2 的栅漏间的寄生电容(C_{GD})的耦合效应，每一次 V_A 的电位从低到高跳转时，V_Q 也会随之升高。如果 V_Q 上升幅度较大，T2 可能会进入亚阈区或甚至开启，这将导致高电平通过 T2 对负载电容充电。即使每一次跳变形成的充电量可能不大，但如果没有及时排放掉，在一帧时间内数百上千次的充电作用下(取决于显示阵列的行数)，输出端电平会明显上升，导致低电平不能维持，电路无法正常工作。很显然，V_Q 的跳变量正比于 C_{GD} 与 C_Q 的比值。这里 C_Q 所指的是节点 Q 上所有相关电容的总和。故理论上，只要电容 C_S 足够大即可抑制 V_Q 的跳变。但实际上电容 C_S 取值受到电路版图面积以及预充时间的限制，难以过大。对此在本电路里，设置了一个 T5，每当 V_A 变为高电平时，T5 导通，使得 Q 点与输出端相连，导致 T2 因栅源电压很低值而难以开启，这大大减少了对输出端的充电量，使输出端的低电平得以很好维持。不过，在上拉阶段的初始，T5 处于开启状态，这会导致预充电的电荷有一定的泄漏。如果该泄漏量过大，将会影响到输出端上拉的速度，因此 T5 的尺寸不宜过大。

在低电平维持阶段，T7 和 T10 在两相时钟信号 V_A 和 V_B 的作用下交替地导通。因此输出节点 V_O 上可能存在的积累电荷均通过 T7 和 T10 被泄放掉。因此，T7 和 T10 对电路的稳定工作非常重要，通常在版图面积许可的情况下，尽可能予以较大的尺寸。这是因为 a-Si TFT 通常存在严重的阈值电压漂移，即在长期的电应力下，特别是在连续的正偏应力下，阈值电压不断升高，导致 TFT 的导通能力下降，最终不能很好完成对输出端的放电任务。因此，就 T7 和 T10 而言，不仅在器件设计上给予大的尺寸，而且在工作时序的设计上要避免连续的直流偏置。此外，该电路还设置了 T6 对节点 D 放电，T8 呈二极管连接方式，且其源极耦合到节点 D 上。因此，该 GOA 电路的低电平维持部分的所有器件,包括 T5 到 T10 都没有持续直流偏置的问题,电路具有高的稳定性。

接下来讨论 T2 管的设计。图 2.15 示意了电路的节点 Q,即驱动 TFT(T2)栅极的电容 C_G 分布。考虑到其他晶体管的尺寸与 T2 相比要小得多,其他晶体管相应的电容可以忽略不计。C_G 可以表示为

$$C_G = C_{GD} + C_{GS} \tag{2-19}$$

这里,C_{GD} 是 C_{GD0} 和 C_{GDI} 之和,C_{GS} 是 C_{GS0} 与 C_{GSI} 之和。

$$C_{GD} = C_{GD0} + C_{GDI} \text{ 以及 } C_{GS} = C_{GS0} + C_{GSI} \tag{2-20}$$

C_{GD0} 是栅电极区域和漏电极区域的交叠电容,C_{GS0} 是栅电极区域和源电极区域的交叠电容,C_{GDI} 是漏电极这一侧的沟道电容,C_{GSI} 是源电极这一侧的沟道电容。

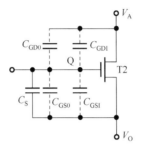

图 2.15　GOA 电路的驱动管(T2)栅极(节点 Q)电容分布图[9]

C_{GSI} 和 C_{GDI} 的值与栅极电压有关,而 C_{GD0} 和 C_{GS0} 可以认为与栅极电压无关。在 V_A 是低电平时,当 V_{QO} 小于 V_{T2} 时,

$$C_{GDI} = C_{GSI} = 0 \tag{2-21}$$

当 V_{QO} 大于 V_{T2} 时,

$$C_{GDI} = C_{GSI} = 0.5 \times C_I \times W_{T2} \times L \tag{2-22}$$

图 2.16 给出了在上拉阶段和下拉阶段,V_Q 和 V_O 的模拟结果。在上拉阶段,即从 t2 到 t3 时刻,V_Q 首先是在 t2 时刻经历了一次急速的跳变,从 V_{QH} 跳变到 V_{QH1}。这是因为当 V_A 电压跳变为高电平时,节点 Q 上立刻发生了一次电荷再分配[11]。

下面对 V_{QH1} 和 V_Q 的关系进行简单的推导。假定在 t2 时刻电压跳变前后节点 Q 上的电荷量分别是 Q_A 和 Q_B,则

$$Q_A = (C_{GD0} + C_{GS0} + W_{T2} \cdot L \cdot C_I + C_S)(V_{QH} - V_L) \tag{2-23}$$

$$Q_B = (C_{GD0} + 0.5W_{T2} \cdot L \cdot C_I)(V_{QH1} - V_H) + (C_{GS0} + 0.5W_{T2} \cdot L \cdot C_I + C_S)(V_{QH1} - V_L) \tag{2-24}$$

根据电荷守恒原理,即 $Q_A = Q_B$,可以得到

$$V_{QH1} = V_{QH} + \frac{C_{GD0} + 0.5W_{T2} \cdot L \cdot C_I}{C_{GD0} + C_{GS0} + W_{T2} \cdot L \cdot C_I + C_S}(V_H - V_L) \tag{2-25}$$

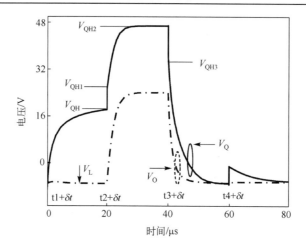

图 2.16　GOA 电路的节点 Q 电位 V_Q 和输出节点电位 V_O 的模拟结果[10]

因此，在发生了 t2 时刻的电压跳变之后，T2 的栅源电压可以表示为

$$V'_{GS2} = V_{QH1} - V_L = (V_H - V_{T1} - V_L) + \frac{C_{GD0} + 0.5W_{T2} \cdot L \cdot C_I}{C_{GD0} + C_{GS0} + W_{T2} \cdot L \cdot C_I + C_S}(V_H - V_L) \qquad (2\text{-}26)$$

在 V_{QH} 跳变到 V_{QH1} 之后，随着 V_O 逐渐上升，Q 点电位也逐渐上升到最高电位 V_{QH2}。V_O 之所以能满幅度地上升到 V_H 正是因为 V_Q 能上升到 $V_{QH2} \gg V_H$。

假定在 V_O 上升到 V_H 之后，节点 Q 的电荷量用 Q_C 来表示，那么有

$$Q_C = (C_{GD0} + W_{T2} \cdot L \cdot C_I + C_{GS0} + C_S)(V_{QH2} - V_H) \qquad (2\text{-}27)$$

再一次根据电荷守恒原理，$Q_B = Q_C$，可以得到

$$V_{QH2} = V_{QH1} + \frac{C_{GS0} + 0.5W_{T2} \cdot L \cdot C_I + C_S}{C_{GD0} + C_{GS0} + W_{T2} \cdot L \cdot C_I + C_S}(V_H - V_L) \qquad (2\text{-}28)$$

因此，在 t3 时刻，T2 的栅源电压可以表示为

$$V''_{GS2} = V_{QH2} - V_H = V_H - V_L - V_{T1} \qquad (2\text{-}29)$$

从上述推导可以看到，严格来讲，驱动管 T2 的栅源电压在自举阶段并不是恒定值。由于电荷的再分配，V_{GS} 的值从 V'_{GS2} 减少到 V''_{GS2}。为简单起见，假定 V_{GS2} 的值为 V'_{GS2} 和 V''_{GS2} 的平均值，即

$$V_{GS2} = (V'_{GS} + V''_{GS})/2 \qquad (2\text{-}30)$$

这样

$$V_{GS2} = V_H - V_L - V_{T1} + \frac{1}{2(2+\lambda)}(V_H - V_L) \qquad (2\text{-}31)$$

这里 $\lambda = 2C_S/(C_{GD0} + C_{GS0} + W_{T2}LC_I)$。

由于 T2 在自举阶段工作于线性区，T2 的驱动电流 I_L 可以表示为

$$I_L = \beta_2 \left[V_{GS2} - V_{T2} - \frac{1}{2}(V_H - V_O) \right] (V_H - V_O) = C_L \frac{d}{dt}(V_O - I_L R_L - V_L) \qquad (2\text{-}32)$$

对方程式(2-32)进行求解，可以得到

$$V_O = V_H - (V_H - V_L) \exp\left[-\frac{t - t_2}{C_L(R_L + R_2)} \right] \qquad (2\text{-}33)$$

其中，

$$R_2 = \frac{1}{\beta_2(V_{GS2} - V_{T2})} \qquad (2\text{-}34)$$

这样，V_O 的上升时间可以表示为

$$t_r = 2.3 C_L (R_L + R_2) \qquad (2\text{-}35)$$

这里行驱动电路输出的上升时间定义为输出电压 V_O 从幅值的 10% 增加到幅值的 90% 所需要的时间。如果 t_{r0} 是显示阵列驱动最大允许的上升时间，则根据式(2-34)和式(2-35)，可以得到 T2 宽长比取值的下界为

$$\left(\frac{W}{L} \right)_{T2} \geqslant \frac{1}{\mu_{FE} C_1 (V_{GS2} - V_{T2}) \left(\dfrac{t_{r0}}{2.3 C_L} - R_L \right)} \qquad (2\text{-}36)$$

以上是 GOA 电路的工作原理和设计的普适性描述。在不同的 TFT-LCD 产品中，其 GOA 电路的具体结构不尽相同，下文给出几个代表性的例子。

1. 应用于中小尺寸 AMLCD 的 a-Si TFT GOA

中小尺寸显示器(手机、平板电脑等)通常要求显示图像上下方向可以随意切换。对此，GOA 电路需要具有双向扫描功能以应对图像方向的自由切换。具体说来，双向扫描模式是指行驱动电路不仅能够依次地从顶端行线依次扫描到底端行线(正向)，而且能够从底端行线扫描到顶端行线(反向)，从而实现在垂直于行扫描线方向显示图像的镜像。

传统上，双向扫描的 GOA 电路的实现一般有两种方式：其一为设置两套扫描电路，分别用于实现正向、反向扫描；其二为增加控制扫描方向的电信号。这两种方法均存在明显不足。第一种方法需采用复杂的电路结构，TFT 数量几乎为单向扫描的行驱动电路的两倍。而且在任意工作时段，几乎总是有一半的器件处于闲置状态。第二种方法没有增加 TFT 的数量，但增加了控制信号的数量，而且新增加的控制信号会增加行驱动电路中 TFT 的电压偏置时间，导致行驱动电路的使用寿命缩短。

图 2.17 给出了一种可很好地解决上述问题的双向扫描 GOA[14-16]，其中，图 2.17(a) 为单级电路图，图 2.17(b) 为 N 个单级电路级联构成的电路框图，以及图 2.17(c) 为正

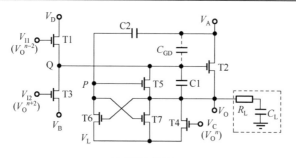

(a) 单级电路图

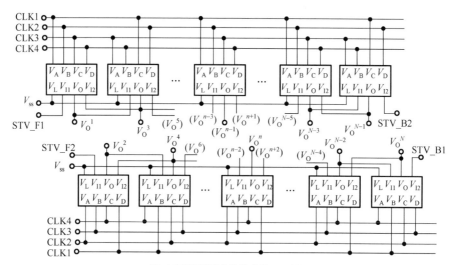

(b) 由N级行驱动电路构成的GOA框图

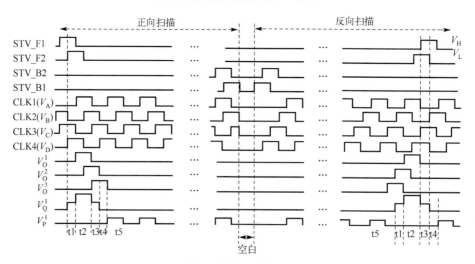

(c) 正向和反向模式下的电路工作时序图

图 2.17　面向中小尺寸 AMLCD 的可双向扫描的 a-Si TFT GOA[14]

向、反向扫描时的电路工作时序图。行驱动电路的奇数级、偶数级对称地分布于 AMLCD 像素阵列的两侧。单级电路由 7 个 TFT 组成,包括 2 个输入管(T1 和 T3)、1 个驱动管(T2)和 4 个低电平维持管(T4、T5、T6、T7)。每一级行驱动电路分别连接到占空比为 50%的四个交叠的时钟信号(V_A, V_B, V_C 和 V_D)。第 n 级行驱动电路的输入端口 V_{11} 和 V_{12} 分别连接到($n-2$)和($n+2$)级行驱动电路的输出。对于第 1、2 级行驱动电路,输入端口 V_{11} 分别连接到 STV_F1 和 STV_F2。对称地,最后两级的 ($N-1$)和 N 级行驱动电路的输入端口 V_{12} 则分别连接到 STV_B1 和 STV_B2。两种工作模式的过程描述如下:

(1)正向扫描模式。在此模式下,STV_F1 和 STV_F2 作为一帧时间开始阶段的起始脉冲信号;STV_B1 和 STV_B2 则是帧时间结束阶段的复位脉冲信号。相应地,电路的四个时钟信号(CLK1 至 CLK4)的相位从先到后依次为:CLK1(V_A)→CLK2(V_B)→CLK3(V_C)→CLK4(V_D)。因此,单级电路中,输入管 T1 都是先于 T3 被打开,节点 Q 的预充电通过 T1 完成,然后依次经历前面讨论过的预充电、上拉、下拉和低电平维持等过程,而自举节点 Q 上的电荷通过 T3 释放。这样,如图 2.17(c) 所示,电路顺次输出 V_O^1, V_O^2, …, V_O^n,从而实现了正向的行扫描功能。

(2)反向扫描模式。对于反向扫描模式,STV_B1 和 STV_B2 成为一帧时间的起始脉冲信号;而 STV_F1 和 STV_F2 变成为帧结束阶段的复位脉冲信号。该模式下 GOA 电路的四个时钟信号(CLK1 至 CLK4)的相位从先到后变为: CLK4(V_D)→CLK3(V_C)→CLK2(V_B)→CLK1(V_A)。于是对于各个 GOA 单元电路,输入管 T3 先于 T1 被打开,自举节点 Q 的预充电通过 T3 完成,而其他的预充电、上拉、下拉和低电平维持等模块是复用的,自举节点 Q 上的电荷再经过 T1 释放。这样, 如图 2.17(c)所示,电路顺次输出 V_O^n, V_O^{n-1}, …, V_O^2, V_O^1,实现了反向的行扫描功能。

该电路的特征是最大限度地实现了低电平维持和驱动部分的电路复用,以及输入电路部分也只使用两个 TFT 来控制和实现正向和反向扫描模式。相比于其他双向扫描电路,该电路不需要增加用于正向或者负向扫描的电压源,也不需要采用两套电路来分别进行正向扫描或者反向扫描,因而具有结构简单的优势。此外,该电路中 TFT 均处于交流偏置状态,没有 DC 偏置的问题。并且,正、反向扫描的控制 TFT 均处于低占空比的工作模式,因此该电路潜在具有长的寿命。

另外,该电路中低电平维持部分的 T5 的栅极连接到节点 P。图 2.17 所示的 GOA 中,T5 的栅极是通过电容 C2 耦合到时钟信号 V_A,而不是直接将 T5 的栅极连接到时钟信号 V_A。这主要是考虑到 T5 在自举阶段造成自举节点 Q 的部分电荷泄漏。在常温或者较高温度时,T5 引起的节点 Q 的电荷泄漏并不明显。而在低温时,例如 $-25℃$,由于延迟时间变长,T5 造成的电荷泄漏加剧,进一步造成延迟时间增加。因此,为了拓宽 GOA 的工作温度范围,T5 的栅极电位应该满足如下要求:当 V_A 为高电平时,T5 的栅极电位也应为高电位;当输出 V_O 为高电平,或者 V_Q 为高电平时，T5 的栅极电位应为低电平。采用电容 C2 与时钟信号 V_A 耦合的方式后，T5 的栅极电位正好能够自适应地调整。因此该 GOA 电路具有延迟时间短、工作温度范围宽的优势。而且，由于 T5 的宽长比可以设置比较大，该电路的低电平维持能力也可很强。

2. 应用于大尺寸 AMLCD 的 a-Si TFT GOA

GOA 技术使行扫描电路集成于 TFT 背板周边，实现了超窄边框显示。同时，由于扫描电路与像素阵列在内部自然互连，因此互连线的密度可以做到很高，这非常有助于超高分辨率显示。因此，在中小尺寸 AMLCD 上取得成功后不久，GOA 技术很快成为大尺寸 AMLCD 追逐的新兴技术。然而，大尺寸 AMLCD 的 GOA 技术面临更大的挑战。对于家庭电视、商业广告等显示屏来说，由于显示面板尺寸大、行列线负载量大、显示分辨率高、刷新帧率高，以及工作时间长等特点，其 GOA 电路需要具备更快的工作速度和更高的稳定性。因此，基于非晶硅 TFT 的大尺寸 AMLCD 用 GOA 技术的产品，关键在于如何解决电路速度和寿命问题。提升电路速度通常可通过采用更多数量的驱动时钟信号来实现，这样可以减少每根时钟线上的负载电阻和电容量，从而减少时钟线引起的信号延迟。相比之下，GOA 电路的长寿命(高稳定性)技术则是更为关键的部分。

在现有的非晶硅 GOA 电路方案中，TFT 的偏置方式普遍使用脉冲电压偏置。所谓脉冲电压偏置就是指电路中的 TFT 交替地处于"正偏"和"零偏"状态。研究表明，在有效应力时间相同时，脉冲电压偏置下非晶硅 TFT 的阈值电压漂移量显著小于连续恒压偏置下的漂移量。这通常被认为是由于"零偏压"时栅介质层中被俘获电子的"脱俘获（De-trapping）"，以及有源层中缺陷态的恢复导致的[17-21]。脉冲电压偏置可以在一定程度上抑制非晶硅 TFT 的阈值电压漂移，但是在高温时非晶硅 TFT 阈值电压漂移仍然很快，因此单纯的脉冲电压偏置是不够的。

我们提出双极性偏置方法以更有效地抑制非晶硅 TFT 的阈值电压漂移[17-21]。其基本思路是：使 TFT 交替处于"正偏"和"负偏"状态，"正偏"状态下 TFT 受到正向的电压应力，阈值电压倾向发生"正向"漂移；"负偏"状态下 TFT 受到负向的电压应力，阈值电压发生"负向"漂移，抵消阈值电压的正向漂移量。如果常规的脉冲电压偏置被称为"单极性"偏置(Unipolar Pulse Bias Stress，UPBS)，那么这种正负交替偏置方式就被称为"双极性"脉冲电压偏置(Bipolar Pulse Bias Stress，BPBS)。实验结果和实际应用已经证明 BPBS 方式能显著抑制阈值电压漂移。

图 2.18 为双极性偏置的示意图和实验测试结果，其中图 2.18(a)为双极性脉冲电压偏置与单极性脉冲电压偏置示意图，图 2.18(b)～图 2.18(d)为在两种偏置条件下非晶硅 TFT 阈值电压随时间漂移的实验测量结果[12]。如图 2.18(a)所示，与单极性脉冲电压偏置不同，双极性脉冲电压偏置是在 TFT 的栅极(G)输入正、负交替变化的脉冲电压信号，而 TFT 的源极(S)和漏极(D)接零电位。双极性脉冲电压的正

压部分表示为 V+，负压部分表示为 V−。在该测试中，选用占空比为 50 % 的周期性脉冲，脉冲宽度表示为 PW，脉冲的频率可以表示为 1/(2×PW)。

图 2.18(b) 和 (d) 为不同温度下所测得的非晶硅 TFT 在单极性脉冲电压偏置(UPBS)与双极性脉冲电压偏置(BPBS)下的阈值电压的漂移曲线，其中的脉冲宽度分别为 15μs 和 1.5s，测试温度分别为 30℃、50℃、65℃ 和 80℃。UPBS 的正压(V+)设置为 25V；BPBS 的正压(V+)和负压(V−)分别设置为 25V 和−10V。

图 2.18(c) 为非晶硅 TFT 在单极性脉冲电压偏置(UPBS)与在不同负脉冲幅度的双极性脉冲电压偏置(BPBS)下的阈值电压漂移曲线。从图中可以看出，随着 BPBS 的 V−的绝对值的增大，非晶硅 TFT 的阈值电压漂移速度明显减小。当 V−的绝对值很大时(例如，−30V)，阈值电压甚至开始负向漂移。在该测试中，双极性脉冲的脉宽为 1.5s，V+为 25V，V− 分别为−5V、−10V、−15V、−25V 和−30V。测试温度为 50℃。作为对比，单极性脉冲偏置(UPBS)下的阈值电压漂移曲线也一并给出，其负压可以等效为 0V。

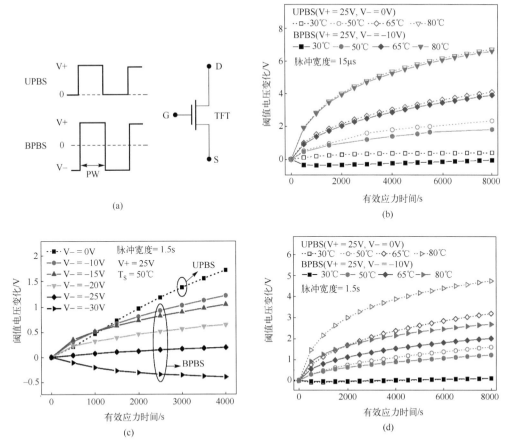

图 2.18　(a)双极性脉冲电压偏置(BPBS)与单极性脉冲电压偏置(UPBS)示意图，
(b)～(d)各种偏置条件下，TFT 阈值电压漂移量与有效电应力时间的关系[17]

　　通过对非晶硅 TFT 在双极性脉冲电压偏置(BPBS)下阈值电压漂移的测试,以及与传统的单极性脉冲电压偏置(UPBS)的测试结果的对比,可以得出结论:双极性偏置可有效抑制非晶硅 TFT 阈值电压的漂移。非晶硅 TFT 在不同脉冲偏置下阈值电压漂移规律及其物理机理也已经得到深入的研究,有兴趣的读者可查阅相关文献[21]~[23]。

　　图 2.19 为一种采用双极性脉冲电压偏置的非晶硅 GOA 的电路框图和工作时序图[19]。外部提供的控制信号及电源包括:行扫描起始信号 ST,低电平电源 V_L,四相交叠的高频时钟信号 CK1~CK4(高低电压分别为 V_{H1} 和 V_{L1}),两相互补的低频时钟信号 LC1~LC2(高低电压分别为 V_{H2} 和 V_{L2})。每一级移位寄存器单元包括 5 个驱动信号,分别是:V_A、V_B、V_C、V_{I1} 和 V_{I2}。其中,V_A 或 V_B 连接到 LC1 或 LC2,V_C

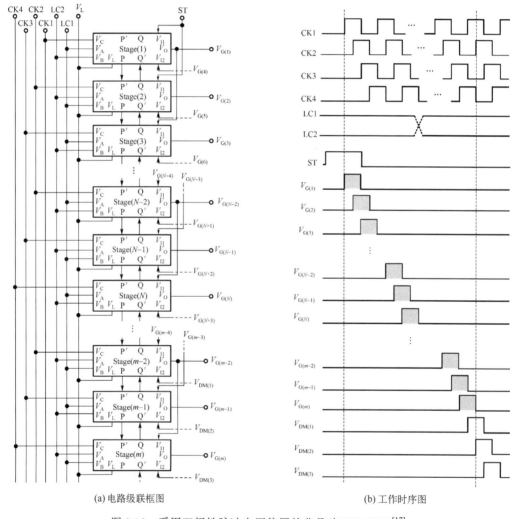

(a) 电路级联框图　　　　　　　　　　　　(b) 工作时序图

图 2.19　采用双极性脉冲电压偏置的非晶硅 TFT GOA[17]

连接到 CK1～CK4 中的其中一个时钟。V_{I1} 为第一输入信号，第一级和第二级的 V_{I1} 由 ST 信号提供，第 N 级的 V_{I1} 由第 N–2 级的输出信号提供。V_{I2} 为第二输入信号，第 N 级的 V_{I2} 由对 N+3 级单元的输出信号提供。此外，最后三级的 V_{I2} 为 $V_{DM(1)}$～$V_{DM(3)}$，由三个附加级单元提供。此外，P，P′，Q 和 Q′为各级的内部节点，其中前一级栅极驱动电路单元的节点 P 和 Q′分别连接到后一级栅极驱动电路单元的 P′和 Q 节点。

图 2.20 为上述双极性脉冲电压偏置 GOA 的第一级电路的示意图和工作时序图[15]。其中 R_L 和 C_L 分别是栅扫描线的等效负载电路与负载电容。如图 2.20(b)所示，该第一级电路的工作过程分为四个阶段：预充阶段(P1)、上拉阶段(P2)、下拉阶段(P3)以及低电平维持阶段(P4)。

1) 预充阶段(P1)

此时，V_{I1}(ST) 为高电平，T1 导通，Q 节点的电压 V_Q 上升至(V_{H1}–V_{T1})，其中 V_{T1} 为 T1 的阈值电压。T2 导通，同时 V_C 为低电平，故输出端电压(V_O)被下拉到 V_{L1}。在 V_A 为高电平、V_B 为低电平时，T6、T19、T9 和 T10 分别由 V_A、V_{I1}、V_Q 和 $V_{Q'}$ 的高电平开启。因此，V_P 下降为接近 V_L 的低电平并将 T7 和 T8 关断。另一方面，由于 T12 导通，$V_{P'}$ 的电压被维持在 V_{L2}。因此 T14 和 T15 都处于截止状态。同理，当 V_A 为低电平、V_B 为高电平时，$V_{P'}$ 下降为接近 V_L 的低电平，而 V_P 被维持在 V_{L2}。因此，T7、T8、T14 和 T15 管在 P1 阶段均处于关断状态。

2) 上拉阶段(P2)

此时，V_C 变为高电平 V_{H1}。随着 V_C 通过 T2 对负载电容 C_L 的充电，V_O 的电压随之升高。与此同时，由于 Q 点处于浮空状态，V_Q 因自举效应也随着 V_O 的升高上升，使得 V_O 能够快速地、满幅度地上升至 V_{H1}。

3) 下拉阶段(P3)

此阶段，V_C 变为低电平 V_{L1}，C_L 通过 T2 放电，V_O 被下拉至 V_{L1}。同时由于 Q 节点电荷量不变，V_Q 下降至 P1 阶段的值。当 V_{I2}($V_{G(4)}$)上升为高电平时 T3 导通，将 V_Q 下拉至 V_L。

4) 低电平维持阶段(P4)

在此阶段，当 V_A 为高电平，V_B 为低电平时，T19、T9 和 T10 依次被 V_{I1}、V_Q 和 $V_{Q'}$ 的低电平关断。随着 T5 被 V_B 的低电平关断，V_P 因 T4 的充电而上升为(V_{H2}–V_{T4})。T7 和 T8 导通并将 V_Q 和 V_O 分别维持在低电平。T7 和 T8 的正向偏压(V+)可以表示为 V+ =V_{H2}–V_{T4}–V_L。与此同时，另外两个低电平维持管 T14 和 T15 被关断，且处于负偏状态。其栅源电压(V–)可以表示为 V_{L2} – V_L（V_{L2}<V_L）。另一方面，当 V_A 为低电平、V_B 为高电平时，V_P 被保持在 V_{L2}，而 $V_{P'}$ 被充电至 V_{H2}–V_{T11}，其中 V_{T11} 为 T11 的阈值电压。因此，T14 和 T15 导通并处于正偏置状态，而 T7 和 T8 截止且处于负偏置状态。

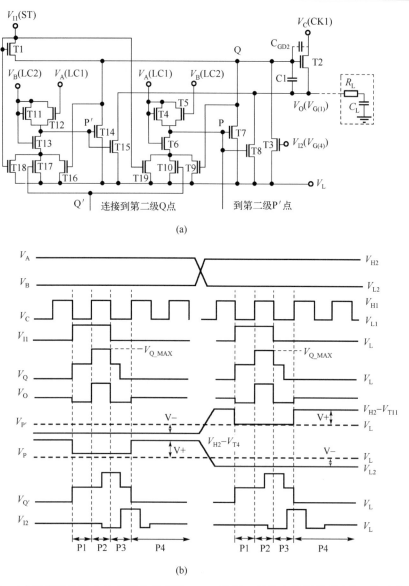

图 2.20　(a) 双极性脉冲电压偏置的非晶硅 GOA 的第一级的电路图及其 (b) 工作时序图[17]

由以上工作过程可以看出，低电平维持晶体管 (T7/T8 和 T14/T15)，均处于双极性脉冲电压偏置之下 (V_P 和 $V_{P'}$)，而非传统的单极性脉冲偏置。该双极性脉冲的频率与时钟 V_A 和 V_B 相同。需要说明的是，当 T7 和 T8 (或 T14 和 T15) 处于负偏时，T6 (T13) 处于关断状态，防止在低电压源 V_L 与 P (P') 之间产生直流通路，使得 P (P') 的电平能够被稳定地保持在 V_{L2}。

在第一级单元电路，T11～T13 以及 T16～T18 用于为 T14 和 T15 产生双极性的脉冲电压偏置($V_{P'}$)。而后续单元电路则不需要 T11~T13 以及 T16~T18，各级单元中的 P′端连接到上一级单元的 P 端即可，换言之，各级的 T14 和 T15 由上一级单元中的 V_P 所偏置。

图 2.21 所示的是第二级及其之后的 GOA 单元电路和控制时序。从第二级开始的各级 GOA 单元的工作过程也分为四个阶段：预充阶段(P1)、上拉阶段(P2)、下拉阶段(P3)以及低电平维持阶段(P4)，其过程简述如下：

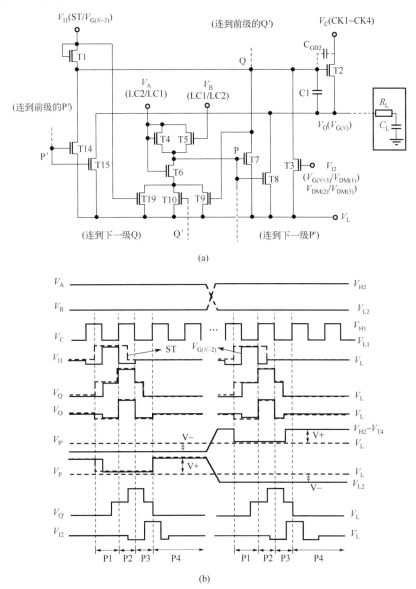

(a)

(b)

图 2.21　(a) 双极性脉冲电压偏置的非晶硅 GOA 第一级之后的单元电路图和(b) 工作时序图[17]

在预充阶段，V_{I1}(ST/$V_{G(N-2)}$)为高电平，V_Q被 T1 预充至($V_{H1}-V_{T1}$)，V_O保持在
V_{L1}。在上拉阶段，V_C由低电平 V_{L1}变为高电平 V_{H1}，通过导通的 T2 管对负载电容
C_L充电，将 V_O上拉至 V_{H1}。同时，V_Q也被自举到更高的电压(V_{Q_MAX})。在下拉阶
段，V_C变为低电平，C_L通过 T2 快速放电，V_O下降至 V_{L1}。同时 V_Q也下降至 P1 阶
段的值，并在 V_{I2}($V_{G(N+3)}$/$V_{DM(1)}$/$V_{DM(2)}$/$V_{DM(3)}$)的高电平到来时，被下拉至 V_L。

在低电平维持阶段，当 V_A 和 V_B 分别为高和低电平时，T19，T9 和 T10 依次被
V_{I1}，V_Q 和 $V_{Q'}$的低电平关断。V_P上升至 $V_{H2}-V_{T4}$，而 $V_{P'}$(前一级单元中的 V_P)被保持
在 V_{L2}。于是，T7 和 T8 处于正向偏置而进入导通态，而 T14 和 T15 处于负向偏置
而被关断。另一方面，当 V_A 和 V_B 分别为低和高电平时，T7 和 T8 处于负向偏置，
而 T14 和 T15 处于正向偏置。V_P 和 $V_{P'}$在 P4 阶段，其电压极性是相反的，这是因
为第 $N-1$ 级单元的 V_A 和 V_B 连接到 LC1(LC2)和 LC2(LC1)时，第 N 级单元的 V_A 和
V_B 连接到 LC2(LC1)和 LC1(LC2)。因此，T7/T8 和 T14/T15 会交替导通，并且各
级 GOA 的这四个晶体管都会处于双极性脉冲电压偏置之下。而双极性脉冲电压的
正向和负向电压分别可以表示为：V+ = $V_{H2} - V_{T4} - V_L$ 以及 V-=$V_{L2} - V_L$。

需要注意的是，GOA 的最后三级单元的第二输入信号(V_{I2})是 $V_{DM(1)}$~$V_{DM(3)}$，
它们是由三个附加级单元提供的。这些附加级单元的电路结构与其他级基本相同，
但不同的是，它们的输出不需要连接到面板上的栅级扫描线，因此在附加级中，上
拉晶体管(T2)的宽长比会小于正常级。

表 2.1 和表 2.2 给出了一个用于 32 英寸 HDAMLCD 电视面板的采用上述双极性
脉冲电压偏置的 GOA 电路的主要设计参数，供研发人员实际设计和应用时参考。

表 2.1　采用双极性脉冲电压偏置的非晶硅 GOA 单元电路的元件取值

TFTs	W/L/μm	TFTs	W/L/μm
T1	1000/3.7	T7，T14	350/3.7
T3	500/3.7	T8，T15	700/3.7
T4，T11	30/3.7	T9，T10	360/3.7
T5，T12	200/3.7	T16，T17	360/3.7
T6，T13	1000/3.7	T18，T19	400/3.7
T2	6500/3.7 (Dummy 级为 3000/3.7)		
电容/pF			
C1	8		

表 2.2　采用上述 GOA 技术的 32 英寸 HD AMLCD 面板的部分参数

显示面板参数	取值
面板尺寸/mm × mm	714.8 × 392.26
分辨率	1366 × RGB × 768

续表

显示面板参数	取值
帧频/Hz	60
像素类型	三栅像素结构
GOA 的级数	2304+3
GOA 单元的尺寸/μm×μm	140 × 2940

非晶硅 TFT 的阈值电压漂移通常可以用如下的延展指数方程(stretched exponential equation)来拟合

$$\Delta V_{TH} = (V_{GS} - V_{T0})\left\{1 - \exp\left[-\left(\frac{t_{eff}}{\tau}\right)^{\beta}\right]\right\} \tag{2-37}$$

其中，V_{GS} 为非晶硅 TFT 的栅源应力电压，V_{T0} 为初始的阈值电压，τ 和 β 为与测试环境相关的拟合参数。图 2.22 为拟合得到的不同温度下非晶硅 TFT 在单极性脉冲偏置(UPBS)和双极性脉冲偏置(BPBS)下的阈值电压漂移曲线[17]。其中，横坐标为有效应力时间(Effective Stress Time)，纵坐标为拟合得到的阈值电压漂移量。为了研究 GOA 在不同温度下的寿命，我们对 50℃、65℃和 80℃这三个温度下的测试数据都进行了拟合。对于占空比为 50%脉冲偏置的 GOA 电路来说，实际测试时间是有效应力时间的 2 倍，故实际电路寿命至少是有效应力时间的 2 倍。

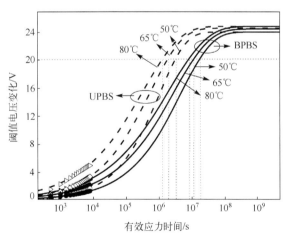

图 2.22　拟合得到的不同温度下非晶硅 TFT 在单极性脉冲偏置(UPBS)
和双极性脉冲偏置(BPBS)下的阈值电压漂移曲线[17]

表 2.3 列出了拟合得到的非晶硅 TFT 参数值以及估算出的 GOA 电路寿命。可见，在 50℃时，采用 BPBS 的 GOA 寿命可以达到 10780 个小时，是采用传统的 UPBS GOA 寿命的近 5 倍。此外，随着温度的升高，BPBS 对电路寿命的改善将进一步增

大。这与高温下 BPBS 对非晶硅 TFT 的阈值电压漂移的抑制作用更为显著的结论是一致的。

表 2.3　拟合得到的非晶硅 TFT 参数值以及估算得到的 GOA 电路寿命

温度/℃	偏置方式	β	τ	寿命/小时
50	UPBS	0.538	1.05E+06	1990
	BPBS	0.456	4.61E+06	10780
65	UPBS	0.455	5.38E+05	1372
	BPBS	0.404	2.91E+06	8368
80	UPBS	0.389	3.44E+05	1060
	BPBS	0.372	2.05E+06	6972

3. 应用于车载 AMLCD 的 a-Si TFT GOA

车载显示是现代显示技术的重要应用之一，它为人们提供了更加丰富的驾驶和搭乘体验，具有附加值高、技术挑战大的特点。目前，车载显示的应用场景已经从早期的导航、仪表显示逐渐拓展到了多功能中控屏、虚拟后视镜、后座娱乐屏等，显示屏一般为中等尺寸。在设计车载显示时，除了考虑成本和边框的窄化外，还需要考虑异形屏的需求。因此，车载显示也要求采用 GOA 电路技术。

与电视显示和手机显示不同，车载显示屏对工作温度范围、长时间工作的稳定性等方面有更为严苛的要求。因此，车载显示的 GOA 电路性能要求更高。为了实现非晶硅车载显示器的 GOA 技术，主要需要解决的问题包括低温（-40℃）下的 GOA 电路启动问题和高温下的电路稳定性问题等。

根据实际测量结果，a-Si TFT 的导通电流与工作温度之间存在较强的依赖关系[24]。在-40℃时，其饱和电流约为 20℃时的三分之一，为 80℃时电流的五分之一。低温下，a-Si TFT GOA 电路通常会出现以下问题：①在预充电阶段，输入管的驱动能力下降，导致 Q 点不能被快速充电，同时充电后的电位存在较大的阈值电压损失。②驱动管的导通电流减少，导致输出的行扫描信号延迟量明显增加，且输出行扫描的电压幅度存在损失。③下拉管的驱动能力下降，导致行扫描信号的下拉沿显著增加，甚至可能导致 GOA 电路级传失效。

针对 a-Si TFT 在车载显示应用的这些问题，需要对 a-Si TFT GOA 电路进行新的设计[24]。设计思路是在不增加 GOA 电路版图面积和不增大 CK 信号的幅值的前提下，通过改进 GOA 电路的结构、提升电路驱动能力，来解决低温下电路的启动问题以及高温工作时电路的稳定性问题。以下是一个具体的电路设计实例。

图 2.23 为面向车载 AMLCD 的 a-Si TFT GOA 电路及其时序图。该电路的特征是两个同相输出端 C_N 和 G_N，分别作为级传信号端和输出驱动端。输入管的栅极控制信号为上一级电路产生的级传信号 C_{N-1}，由于级联传输端的负载小，其上升下降

时间短。相比于由上一级输出信号 G_{N-1} 偏置的二极管接法，输入管在预充电阶段能对 Q 点进行更快的充电。此外，该电路采用 G_{N+2} 信号控制 Q 点下拉晶体管(T8)的栅极电位，这可以避免 C_{N+2} 上电压波动对 Q 点电位的干扰。该电路的工作过程描述如下：

(1) 预充电阶段(P1)。此时，C_{N-1} 和 G_{N-1} 变为高电平，T1 被打开，Q 点被充电至高电位；T5 和 T7 被打开，QB 节点被放电至低电位，T3、T9a 和 T9b 关闭；T2a 和 T2b 打开，此时由于 CK1 为低电平，C_N 和 G_N 都为低电平。

(2) 上拉阶段(P2)。C_{N-1} 和 G_{N-1} 变为低电平，T1 管关断；时钟信号 CK1 变为高电平，Q 点电位因电压自举被抬升超过 CK1 的高压值 V_H，T2a 和 T2b 被充分地打开，C_N 和 G_N 被充电至高电位。由于 T5 和 T7 保持开启，Q_B 点可以维持低电压，T3、T9a 和 T9b 保持关闭，Q、C_N 和 G_N 各节点都没有放电路径。在理想状态下，此阶段 Q 点应该完全悬浮，从而达到较高的电压自举率。但是 Q 点关联的 T8 仍然可能存在泄漏电流，这使得 Q 点不能保持悬浮状态。而且由于 T8 管栅漏寄生电容的耦合作用，C_{N+2} 的电位也会受到 Q 点跳变的影响而不稳定，可能导致 T2a 和 T2b 误开启。为了避免这些电压耦合效应，本电路设计采用较稳定的 G_{N+2}(G_{N+2} 连接着较大负载电容具有低通滤波作用)来控制 T8 的栅电极，避免采用波动量较大的 C_{N+2}(C_{N+2} 端的负载电容非常小，滤波效果不足)。

(3) 下拉阶段(P3)。CK1 变为低电平，Q 点电位变为预充电阶段的值，此时 T2a 和 T2b 仍然打开，C_N 和 G_N 分别通过 T2a 和 T2b 被下拉到低电位。通过调整 GOA 电路的输入时序关系，可以使得内部 Q 节点在下拉阶段出现"右肩"。这也就意味着，尺寸较大的驱动管也可以较充分地参与对 G_N 的下拉，从而有效地减小电路的下降时间。此外，由于 T5 和 T7 仍然开启，其他开关管 T3、T9a、T9b、T8 和 T1 都处于关闭状态。

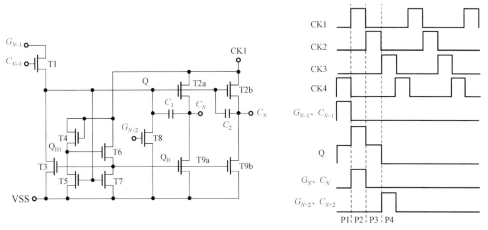

(a)单级电路及其工作时序

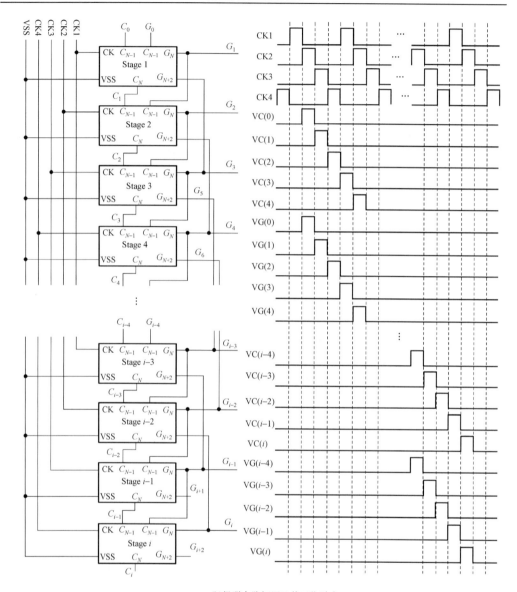

(b)级联电路框图及其工作时序

图 2.23　车载 AMLCD 用 a-Si TFT GOA 电路[24]

(4)低电平维持阶段(P4)。随着输入信号 G_{N+2} 变为高电平(即显示阵列进入第 $N+2$ 行寻址),负责放电的 T8 被打开,于是内部节点 Q 通过 T8 被下拉至低电位,Q 点控制着的 T2a、T2b、T5 和 T7 都被关闭。之后,每当 CK1 每次变为高电平时,Q_B 都会通过 T6 被充电至高电平,T3、T9a 和 T9b 被打开,分别为节点 Q、C_N 和 G_N 放电,以稳定 GOA 电路的内部节点及输出节点,防止时钟 CK1 跳变带来的输出错误。

图 2.23(b)为栅极驱动电路的级联框图及驱动时序。每一级 GOA 电路要用到 5 个控制信号：C_{N-1}、G_{N-1}、CK、VSS 和 G_{N+2}，输出为两个同相信号 C_N 和 G_N。C_N 用于级联传输，负载量小；而 G_N 用于行扫描驱动，负载量大。其中，输入信号 C_{N-1}，G_{N-1} 均来自于上一级 GOA 电路的输出，而第一级电路的这两个输入信号由外部时序电路来提供。电路采用 4 个非交叠的时钟信号 CK1~CK4，占空比均为 25%；全局共用的低电平信号为 VSS。第 i 级的 G_{N+2} 由第 $i+2$ 级的输出信号 G_N 提供。因此，最后两级 GOA 的连接比较特殊，它们是由级联着的两级 dummy 电路提供。dummy 级电路驱动输出行扫描线，仅为 GOA 最后的两级提供下拉信号，具体的电路结构可以参考正常级。

2.3.2　LTPS TFT 集成行驱动电路

如前文所述，低温多晶硅(LTPS)TFT 技术主要应用于手机等中小尺寸显示屏。LTPS TFT 集成的行驱动电路(GOA)也主要面向窄边框/无边框的手机等中小显示屏。与非晶硅 TFT GOA 相比，LTPS TFT 因具有高的迁移率和稳定性，其集成的 GOA 电路在速度和寿命方面没有大的问题。此外，由于其高的迁移率，所集成的 GOA 电路的版图面积明显减少，这就更有利于制造窄边框和高分辨率的显示器。

LTPS TFT 另一潜在的优势是其同时具有高性能的 P 型和 N 型器件，可以构建高性能的 CMOS 电路。然而，现今基于 LTPS TFT 的 AMLCD 面板通常都采用单一的 PMOS 技术而不是 CMOS 技术来制造。原因是 CMOS 技术成本太高，PMOS 背板已经能够很好地完成显示像素和 GOA 电路。与此同时，PMOS TFT 相较于 NMOS 具有更低的泄漏电流和更稳定的电学性能，以及更低的制造成本。故 P 型 LTPS TFT 是目前主流的 GOA 背板技术。

LTPS TFT 的迁移率虽然较高，但是 GOA 电路架构的主体仍然是电压自举模块("预充电-求值"的动态电路)，而不是基于反相器链的移位寄存器(静态电路)。这主要是为了减少电压幅度损失，从而提升电路的驱动能力。由于 GOA 电路不仅是要产生逐行扫描的逻辑，还应该具有较强的驱动能力，电压自举 GOA 架构驱动能力更强，可以更好地克服显示像素阵列上较大的负载电阻和电容的影响，较快速地达到稳定的状态。

LTPS TFT 的 GOA 技术也面临两个主要挑战。一方面，LTPS TFT 的泄漏电流通常较大，这会引起电路性能退化、功耗增加等问题；另一方面，LTPS TFT 因其高迁移率优势而具有多样化应用的能力，如 LTPS TFT 像素电路可以集成存储、触控探测等多种功能，这就要求 GOA 能够输出多种类型的扫描信号，以支持"逐行扫描""分段扫描、多点触控"等多种工作模式，这给 GOA 电路的设计带来了挑战。

图 2.24 是一基本的单级多晶硅 TFT 移位寄存器电路[25]，该电路采用动态逻辑设计，由 6 个 TFT 构成，并由 4 相时钟信号控制[13]。当启动脉冲 STV(负脉冲，低

电平有效)输入时，它会导致节点 Q 放电并被拉低，从而使得 T1 进入导通态。此时，移位寄存器的输出将由连接到 T1 漏极的时钟 CLK1 决定。由于每一级移位寄存器的 T1 漏极时钟信号的相位不同，因此能够实现移位寄存器电路的逐行传递功能。当本级输出 G[n]恢复到高电平，而下一级移位寄存器输出 G[n+1]为低电平时，第 n 级移位寄存器进入到高电平维持阶段。在这个阶段，随着时钟信号 CLK3 变为低电平，T4 进入导通态，导致内部节点 Qb 的电平被拉低。这进一步导致 T2 和 T3 导通，而 T1 则维持关断态。这就实现了启动脉冲 G[n−1]之后，移位寄存器在一帧时间内只输出单个扫描脉冲。

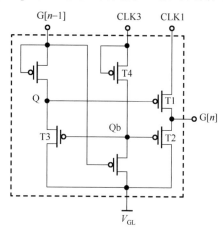

图 2.24　多晶硅 TFT 集成的移位寄存器电路[25]

1. 小尺寸 AMLCD 的 LTPS TFT GOA

在常见的多晶硅 TFT 栅驱动电路设计中，时钟和电源的电压值约为 10V。考虑到显示面板的行列驱动线上 RC 延迟的影响，栅极驱动电路较常用的工作频率约为 25KHz。若适当提高驱动电压，并且优化电路中关键晶体管的尺寸，则栅驱动电路的工作频率可能提高到 10M 以上。

由于多晶硅 TFT 的迁移率较高，栅驱动电路对电压自举效率的要求可以适当降低，因此输出级不一定要像非晶硅 TFT 集成电路中采用较高频率的时钟信号。相应地，驱动 TFT 的漏电极可以采用直流(DC)电压驱动即可。DC 输出级的栅驱动电路具有更小的动态功耗，外围驱动时序也更加精简。这里以一种 N 型 LTPS TFT 的栅驱动电路为例，说明 DC 型 TFT 集成栅驱动电路的设计思路。

图 2.25 示意了一种 DC 型的 LTPS TFT 的栅驱动电路[26]，它需要使用 4 个时钟信号：CLK1、CLK1b、CLK2、CLK2b，其中 CLK1b 和 CLK2b 分别是 CLK1 和 CLK2 的反相时钟信号，而 CLK2 比 CLK1 延迟 Td 的时间[14]。时钟信号的脉冲宽度都设置为显示器的一行扫描脉冲的宽度。

Q 点充电：如图 2.25(b)所示，由于前一级内部节点 Q[n−1]为高，CLK1 为高，本级电路的内部节点 Q[n]通过 T1 被充电到 V_{GH}。此时，由于 A[n]为低电平，T3 被关闭。T4 和 T5 构成了反相器结构，Qb[n]和 Q[n]的相位反相。因此，在 T8 的上拉作用下，V_G[n]被上拉到 $V_{GH}-V_T$。在该阶段，时钟信号 CLK2 为低电平，从而节点 B[n]保持在低电平，C1 上存储的电压值为 V_{GH}。

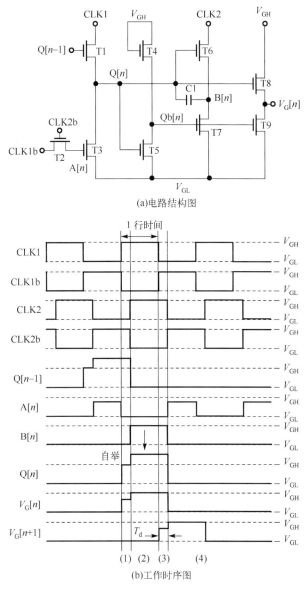

(a)电路结构图

(b)工作时序图

图 2.25　DC 型 LTPS TFT 的栅驱动电路[26]

自举阶段：由于 C1 的自举作用，随着 CLK2 变为高电平，B[n]的电位升高时，

Q[n]节点的电压增加超过 V_{GH}，于是输出端 $V_G[n]$ 满幅度地增加到 V_{GH}。在该阶段，T1 和 T3 处于关闭状态，从而 Q[n] 才能够保持着悬浮状态，驱动管 T8 维持着较强驱动能力且工作于线性区。

保持阶段：节点 Q[n] 仍然保持在高压悬浮状态，并且 CLK2 为高压，所以 $V_G[n]$ 保持着高电平 V_{GH}。与此同时，下一级栅驱动电路的节点 Q[n+1] 被充电到 V_{GH}，因此 $V_G[n]$ 和 $V_G[n$+1] 之间具有一定的重叠间隔时段。

Q 点放电阶段：随着 CLK2 的电位降低，Q[n] 被放电到 V_{GL}。时钟信号 CLK1b 和 CLK2b 的"与"操作使得节点 A 为高电平，从而晶体管 T3 导通，给 Q[n] 点放电。这使得 Qb[n] 变为高电平，从而节点 B[n] 和 $V_G[n]$ 分别通过 T7 和 T9 被拉低至 V_{GL}。

2. 触控内嵌式 AMLCD 的 LTPS TFT GOA

随着移动设备的普及和市场需求的增加，触控内嵌式显示(in-cell touch)目前已经成为当前一种重要的显示交互技术，成为人们日常生活中不可或缺的一部分，极大地提升了操作效率、改进了人机交互友好性。对于触控内嵌式显示器，电容触控阵列被集成到 AMLCD 显示模组之中，从而总的显示触控模组变得集成度更高、更轻薄。

对于内嵌式触控屏，为了避免显示和触控的相互串扰，显示驱动和触控探测动作是分时进行的。即在触摸探测阶段需要暂停显示驱动，而在触控阶段结束后，需要从暂停的位置重新进行显示扫描。这种断续式的驱动方式给 TFT 集成栅驱动电路设计提出了新的挑战。在暂停阶段，栅驱动电路可能会出现存储电荷泄漏现象，这会导致电路重启扫描时输出波形的衰减。特别是 LTPS TFT 的泄漏电流较大，这将使得不同级的栅驱动波形不一致问题更为严重[27-30]。

在栅驱动级 GD(n+2)中，在节点 Q 被充电后，随着 CLK1 的电压升高，Q 节点被自举充电到更高电压，也就是说 Q 点充电到 Q 点自举之间的间隔时间是很短的。但是，对于栅驱动级 GD(n+3)而言，其内部节点 Q 被充电，等待触摸检测过程结束后再被自举上拉到高电平，这期间的时间间隔相比较而言要长得多。由于栅驱动级 GD(n+3)的时间间隔较长，晶体管漏电导致会导致不同级之间的充电率、自举电压、驱动管的驱动能力等存在着分散性。于是不同栅驱动电路的上升下降时间等也存在着差异性，这将导致显示效果的不理想，例如显示亮度分散性等。

图 2.26 示意了一种内嵌触控显示屏的栅极驱动电路[31]，可减少节点 Q 上泄漏电流，从而有效抑制 LTPS TFT 触控阶段漏电导致的扫描信号畸变及相关的显示不均匀问题。该电路只需要对每个分段显示区域的第一级栅驱动进行调整，将触控使能信号(TE)连接到 T2 和 T5 的源端，而不需要添加其他晶体管。在触控操作时段内，由于 T2 和 T5 的源端连接到触控使能信号，而触控使能信号在这个阶段为高电平，因此可以有效地减小 T2 和 T5 的泄漏电流，抑制漏电带来的显示非均匀现象。在触控操作时段之外，该电路与传统 GOA 电路的工作过程相同。可见该栅极驱动电路具有结构简洁的优点，而且显示均匀性较高。

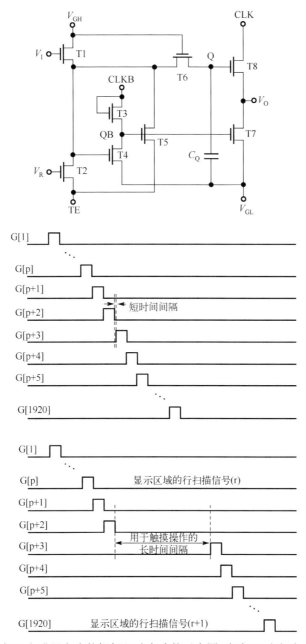

图 2.26 可减少节点 Q 上泄漏电流的栅极驱动电路的示意图，栅极驱动电路 GD[p+2]和 GD[p+3]
相关的输入信号和输出电压波形[31]

2.3.3 氧化物 TFT 集成行驱动电路

如前文所述，与 a-Si TFT 相比，a-IGZO（非晶铟镓锌氧）等氧化物 TFT 的载流子迁移率高出十倍以上，从而有利于较高速度的电路集成。与 poly-Si TFT 相比，氧化物 TFT 又具有更好的大面积均匀性、可比拟的载流子迁移率以及更强的器件尺寸微缩化能力，适合于较大规模的电路集成。因此，氧化物 TFT 更适合用于制造大尺寸、高分辨率和高帧率的 AMLCD 产品，也更适合在显示面板上制造集成的驱动电路。但是，氧化物 TFT 仍然存在一些不足之处。首先，氧化物半导体一般只能形成电子传导的 N 型器件，其集成电路也只能由 N 型器件构成，无法实现 CMOS 电路架构。其次，氧化物 TFT 的稳定性仍然不够理想，虽然优于 a-Si TFT，但明显劣于 LTPS TFT，故其集成电路仍然需要解决不稳定性补偿问题。再者，氧化物 TFT 的阈值电压往往呈现负值(即属于耗尽模式器件)，即使初始为正值，也可能受到光照温度影响等漂移到负值，故其集成电路须具有负阈值容错能力。

氧化物 GOA 电路的设计思路与非晶硅是类似的，不少非晶硅 GOA 的电路结构可以应用到氧化物 GOA 的设计。然而，氧化物 TFT 往往存在阈值电压为负值的情况，因此本节首先讨论阈值电压为负值时的氧化物 TFT GOA 电路的设计。负阈值电压最直接的影响是会导致 GOA 内部存在漏电的直流通路。图 2.27 示意了 GOA 单元电路在耗尽型 TFT 情况下可能的泄漏电流通路[32,33]。图中①为输入模块漏电，②为上拉模块漏电，③和④为下拉模块漏电，⑤~⑦为低电平维持模块漏电。基于 GOA 单元的工作过程，上述漏电通路可以归纳为如下几种类型：

(1)预充阶段的 Q 端漏电，漏电通路有：③，⑤；

(2)上拉阶段的 Q 端漏电，漏电通路有：①，⑤，③；

(3)上拉阶段的输出端漏电，漏电通路有：④，⑥；

(4)低电平维持阶段的漏电，漏电通路有：②，⑦。

在以上的这四种泄漏电流路径中，(1)预充阶段的 Q 端漏电和(2)上拉阶段的 Q 端漏电会严重影响到 GOA 的逻辑功能。如果 Q 端的电压在预充阶段和上拉阶段因为严重的漏电而低于预期值，则驱动管 T2 的驱动能力会严重不足，甚至可能无法开启，这将导致电路输出脉冲出现逻辑错误。对(3)上拉阶段的输出端漏电来说，当 T4 管或 T_B 管尺寸较大时，漏电也会影响到负载电容 C_L 的充电。图 2.27 示意了 TFT 阈值电压为负时 GOA 电路单元的可能漏电通路。由于 Q 点电压无法通过自举效应上升到设定值，导致输出信号发生错误。对 GOA 单元的低电平维持阶段来说，由于持续时间较长，漏电通路②和⑦会显著地增大电路的功耗。

为了避免氧化物 TFT 阈值电压为负造成的电路功耗增加甚至失效等问题，GOA 电路中一般需要引入多个低电压源、多组不同低电平的时钟信号，同时，电路结构方面也需要有一些新的设计。本节将面向中小尺寸、大尺寸和超高清(8K)以及车载用 AMLCD 面板，分析和讨论氧化物 TFT 的 GOA 电路的设计和实现。

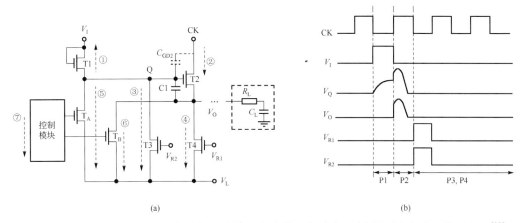

图 2.27　(a)TFT 阈值电压为负时栅驱动单元电路的漏电通路示意图和(b)电路工作时序图[32]

1. 应用于小尺寸 AMLCD 的氧化物 TFT GOA

如 2.3.1 节所述，TFT 集成行驱动电路技术是提升小尺寸 AMLCD 模组紧凑性、简化工艺制程、降低制备成本的关键技术。由于小尺寸 AMLCD 朝着更高显示分辨率、窄/无边框方向发展，行驱动电路版图的高度和宽度都应该更小。由于氧化物 TFT 优越的电学性能，基于氧化物 TFT 背板的 AMLCD 的像素尺寸可以大幅减少，显示分辨率可以提升到 400ppi 以上，GOA 电路的高度可减少到 63.5μm 以下。与此同时，小尺寸 AMLCD 面板边框也可以显著减小，以达到超窄边框/无边框的显示效果。因此，如何充分地简化行驱动电路结构，减少所要使用的 TFT 器件及其连接线数量，是高分辨率小尺寸 AMLCD GOA 电路设计的主要挑战。与此同时，在保持结构简洁的基础上，GOA 电路还应该具备强的抑制电压馈通效应的能力和能够容忍较宽的 TFT 阈值电压变化范围。

图 2.28 示意了一种结构极精简的氧化物 TFT 集成行驱动电路(GOA)方案[34]。该 GOA 电路结构简单，只需要用到四个晶体管 T1~T4 和两个电容 C1 和 C2。该电路需要占空比为 40%的三相交叠时钟信号，工作过程如图 2.28(b)所示，可分为以下五个阶段：

1) 预充电阶段(P1)

CLK1 和 G[n−1]为高电平 V_H，Q[n]节点通过 T1 充电到 V_H-V_{T1}(其中 V_{T1} 为 T1 的阈值电压)，于是 T2 被开启。同时，CLK2 处于低电平 V_L，G[n]通过预先开启的 T2 被连接到低电平 V_L。此外，T3 开启，P[n]节点也处于 V_L，故 T4 关闭。

2) 自举阶段(P2)

CLK2 变为 V_H，但 T3 仍导通，故 P[n]节点保持在 V_L，T4 仍然关断，CLK2 通过 T2 对 G[n]充电。此外，由于 T2 的栅源电容以及电容 C1 的电压自举效应，Q[n]节点的电压最终上升到 $V_H-V_{T1}+\Delta V$(ΔV 为自举电压变化量)。于是 T2 工作于线性区，

G[n]满幅度地上升到 V_H。

3）下拉阶段（P3）

CLK2 变为 V_L，T2 保持开启，将 G[n]放电到 V_L。由于 C1 的电容耦合，Q[n]节点电位返回到 $V_H - V_{T1}$。

4）复位阶段（P4）

CLK1 再次变为 V_H，G[n-1]维持在 V_L，Q[n]节点电位因 T1 导通，降至 V_L，使得 T2 关断。

5）低电平维持阶段（P5）

由于时钟信号 CLK1 和 CLK2 存在交叠，且 CLK1 的相位早于 CLK2，故 T1 总是在 CLK2 为高电平脉冲之前被开启，这有利于 Q[n]节点维持于低电平。同时，通过电容 C2 的耦合效应，节点 P[n]从 V_L 上升到 V_P，使 T4 开启帮助 G[n]维持在 V_L。通过 T1 和 T4 可以周期性地释放节点 Q[n]和输出端可能残存的电荷，很好地维持 GOA 的低电平状态，确保电路工作的稳定性。

从上述工作过程的分析可知，由于氧化物 TFT 的迁移率较高和稳定性较好等优势，该电路可以最大程度地实现器件的分时复用，从而较显著地精简电路的结构。首先，晶体管 T1 分别在第一和第四阶段对 Q[n]节点进行充放电，并在第五阶段将 Q[n]节点周期性地放电到低电平。然后，驱动管 T2 既用于 P2 阶段 G[n]的上拉，又用于 P3 阶段 G[n]的下拉，这样就省去了大尺寸下拉管，从而显著地减小了版图面积。

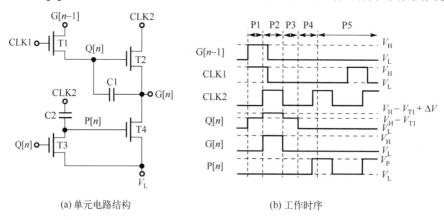

(a) 单元电路结构　　　　　　　　(b) 工作时序

图 2.28　氧化物 TFT 集成行驱动电路示意图[34]

但是，上述氧化物 TFT GOA 电路对时钟信号的相位及电压幅度有较高的要求。为了使该 GOA 电路具有更强的稳健性，当 TFT 阈值电压范围较大变化时也能正常地工作，时钟信号的低电平要相应地调低，这将会导致更多的时钟功耗、外部时序和电源电路开销。为了降低外围驱动的时序和电压，研究者们提出带有自举 STT（Series-connected Two-Transistor）结构的氧化物 TFT 行驱动电路[17]，可很好地提升电路稳健性，在外部控制时钟较简单情况下，即使 TFT 阈值电压有较大的变化，GOA 电路仍然能够正常工作。

图 2.29 示意了一种 STT 结构氧化物 TFT 集成行驱动电路的框图和工作时序图[17]。为了解决输入部分的电压幅度损失问题，STT 结构里还增加了自举功能，所以是一种自举式 STT。ST 为起始脉冲信号。V_{SS1} 和 V_{SS2} 为两个公共的低电平，由各级 GOA 电路共享，其值分别为 V_{L1} 和 V_{L2}，且 $V_{L2}<V_{L1}$。V_{DD} 为公共的高电平，其值为 V_H。CK1～CK4 为四相时钟信号，它们的高电平和低电平分别为 V_H 和 V_{L1}。每一级行驱动单元电路中包括 4 个控制信号，分别是：V_A、V_B、V_C 和 V_I。如图 2.29(a)所示，V_A、V_B 和 V_C 连接到 CK1～CK4。V_I 为输入信号，第一级行驱动单元的 V_I 由 ST 提供，其他级的 V_I 由前一级单元的传递信号(V_{O2})提供。每一级行驱动单元有一个输出信号(V_{O1})和一个传递信号(V_{O2})。V_{O1} 用于给像素阵列提供行扫描信号，V_{O2} 是级传信号，即给下一级行驱动单元提供的输入信号。在 ST 信号的高电平到来后，各级行驱动单元响应 CK1～CK4 而顺次输出行扫描信号。四相时钟 CK1～CK4 可能是交叠或者不交叠的波形，对应地输出的行扫描信号为交叠或者不交叠。不过，这里仅以时钟交叠的情况为例，具体描述这种自举 STT 结构行驱动电路单元的工作过程。

图 2.29(c)～(d)为行驱动单元的电路结构图和工作时序图，行驱动单元电路包括带自举功能的 STT 结构，即串联着的 T1、T2 以及反馈管 T3。该电路的工作过程包括四个阶段：预充阶段(P1)、上拉阶段(P2)、下拉阶段(P3)以及低电平维持阶段(P4)，下面分阶段解释该电路是如何拓宽可工作的阈值电压范围。

1)预充阶段(P1)

在 t1 时刻，V_X 为高电平，T4 和 T5 关断，而 T1 和 T2 处于导通状态。V_I 为高电平 V_H，并通过 T1 和 T2 对 Q 节点处的电容充电。由于 X 端处于浮空状态而形成自举效应，V_X 会随着 V_Q 的上升而上升，使 Q 点电位快速并满幅度升至 V_H。此阶段，T6 和 T7 导通，时钟信号 V_C 为低电平，因此，V_{O1} 和 V_{O2} 保持为低电平 V_{L1}。

2)上拉阶段(P2)

在 t2 时刻，V_C 的电位由低变高，并通过 T5、T6 分别对负载电容充电，V_{O1} 和 V_{O2} 的电压开始上升。与此同时，T5 导通并将 X 端的电位 V_X 快速地下拉至低电平。V_{O2} 通过 T3 对 T2 的漏极进行充电，因此，T2 处于负偏状态而被完全关断。此时，Q 处于完全悬浮状态，通过自举效应，V_Q 会升高到比 V_H+V_{T1} 更高的电位，从而使 V_{O1} 和 V_{O2} 可以快速地上升至高电平 V_H。

在上拉阶段，随着 V_{O2} 的升高，T9 导通并对 P 端放电，V_P 被下拉至低电平 V_{L1}，T10 和 T11 被关断或处于弱导通状态。由于 T6 和 T7 的导电能力远大于 T10 和 T11 管，因此 T10 和 T11 的漏电对 V_{O1} 和 V_{O2} 的上拉影响不大。

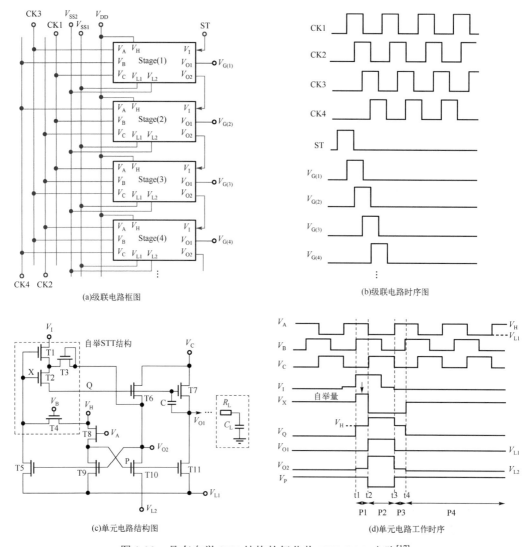

图 2.29　具有自举 STT 结构的氧化物 TFT GOA 电路[17]

3）下拉阶段（P3）

在 t3 时刻，V_C 的电压由高变低电，V_A 由 V_L 上升为 V_H。此时，由于 T6 和 T7 处于导通状态，V_{O2} 和 V_{O1} 被快速地下拉至低电平 V_L。通过电容自举效应，V_Q 下降为 V_H。另外，由于 T8 导通，V_P 上升至高电平并将晶体管 T10 和 T11 打开，进一步加快 V_{O1} 和 V_{O2} 的下拉速度。t4 时刻，当 V_B 电平由低变高时，T4 管导通，V_X 上升为高电平并将 T1 和 T2 打开。Q 节点处电容上的电荷通过 T1 和 T2 放电，V_Q 最终被下拉至 V_I 信号的低电平 V_{L2}。

4) 低电平维持阶段(P4)

$t4$ 时刻之后，T10 和 T11 处于导通状态，分别将 V_{O2} 和 V_{O1} 的电位维持在 V_{L2} 和 V_{L1}。此外，T2 和 T3 也处于导通状态，并将 V_Q 的低电平维持在 V_{L2}，有效地抑制了 Q 节点的时钟馈通效应。

该氧化物 TFT 行驱动电路具有较宽的阈值电压工作范围。当晶体管的阈值电压为正时，电路的工作速度较快，而当晶体管的阈值电压为负时电路仍可以正常工作，且具有较低的功耗。对于传统 STT 结构的栅驱动电路，在预充阶段 V_Q 最多只能充电到 V_H-V_{T1} 和 V_H-V_{T2} 中的最大值。当 T1 和 T2 的阈值电压为正且较大时，T6 和 T7 的驱动能力会严重减弱，导致 V_{O1} 的上升时间较长。而在上述栅驱动电路中，输入模块采用带有自举的 STT 结构，故在预充阶段，通过 X 节点的自举效应，V_X 可以上升到比 $(V_H+V_{T1})/(V_H+V_{T2})$ 更高的电压，从而将 V_Q 满幅度地充电至 V_H。因此，T6 和 T7 会具有大的驱动能力，使 V_{O1} 具有短的上升时间。

在上拉阶段，T2 能够被完全关断。这意味着即使阈值电压为负值，Q 节点的电荷在自举过程中不会通过 T1 和 T2 泄漏。此外，Q 端的电荷也没有其他的泄漏通道，这使得 V_Q 能够被抬高到较高的电压，从而保证了 T6 和 T7 具有较大的驱动能力。虽然晶体管 T10 和 T11 存在一定的漏电，但由于这两个晶体管的尺寸较小，不会影响电路的正常工作状态。

在低电平维持阶段，T5 和 T9 管的栅极电位 (V_{L2}) 低于其源极电位 (V_{L1})。当 V_{L2} 足够低时，T8 和 T9 能够被完全关断。因此，流经 T8 和 T9 的直流电流可以得到抑制，从而有效降低电路功耗。另一方面，T7 的栅极电位 (V_{L2}) 也小于其源极电位 (V_{L1})，当 V_{L2} 足够低时，T6 的漏电可以得到有效抑制，电路功耗得以降低。

2. 应用于大尺寸 AMLCD 的氧化物 TFT GOA

超高清 8K 显示是大尺寸 AMLCD 的重要发展方向，其具有画质高、临场感强等优势，给人以沉浸式的接近真实世界的视觉感受。近年来，影视娱乐、游戏竞技、医疗健康、安防监控等领域对 8K 超高清分辨率的显示面板的需求越来越强烈。8K AMLCD 的分辨率高达 7680 列×4320 行，约 3320 万个像素数，是 4K 显示的 4 倍，是全高清(Full High Definition，FHD，1920 列×1080 行)显示的 16 倍。对于大尺寸 8K AMLCD 显示，由于屏幕尺寸大、像素数量多，其 GOA 电路实现的主要挑战为驱动能力和稳定性提升以及功耗降低等。

对于大尺寸 8K 显示来说，面板上行扫描上的负载会变得很大，因为此时列数据线和行扫描线的交叠电容以及像素 TFT 电容都很大。与此同时，8K 显示的行扫描时间却大幅减少。如 FHD 显示的行扫描时间为 7.71μs，而 120Hz 8K 显示的行扫描时间减少到 1.93μs。换言之，8K 显示的行驱动负载大为增加，但行驱动时间却大为减小，这成为其 GOA 技术实现的主要挑战。

GOA 电路的速度主要由扫描信号的上升时间和下降时间来衡量。扫描信号的上升时间与像素的充电率相关、决定了数据电压的建立时间；扫描信号的下降时间决定了数据电压的保持时间。下面分析 8K AMLCD 显示对 GOA 电路输出（行扫描）信号的上升时间和下降时间的要求。

图 2.30 为 8K AMLCD 的像素电路示意图和工作时序示意图。当前一行的扫描脉冲经过下降时间 a 之后，列驱动芯片开始输出本行的数据电压，开关 TFT 的源极接收列驱动芯片的输出信号，经过上升时间 b 之后，数据电压被写入像素的液晶电容。为了满足逐行扫描模式，数据电压的时序要求可以表示为

$$T_{\text{SF}} + T_{\text{DR}} \leqslant H \tag{2-38}$$

其中，T_{SF}、T_{DR} 和 H 分别指扫描信号的下降时间、数据信号的上升时间以及行扫描时间。扫描信号的上升时间 T_{SR} 影响像素的充电率。如果 T_{SR} 大于数据信号的写入时间 c，则像素中写入的数据电压便不会达到理想值，所以必须满足 $T_{\text{SR}} \leqslant H$。从以上两个条件不难看出，扫描信号的下降时间比上升时间更重要，对扫描信号的下降时间的要求更为严苛。在 120Hz 的帧频下，8K LCD 的行时间 H=1.93μs，即 $T_{\text{SF}}+T_{\text{DR}} \leqslant 1.93$μs。然而对于大尺寸高分辨率的面板，扫描线和数据线的 RC 负载急剧增大，即 RC 时间常数急剧增大。因此，要实现 8K 显示的集成化驱动，一方面，GOA 电路本身要具有足够高的速度和稳定性；另一方面，工艺上 TFT 的电极和阵列互连线应采用低阻的铜金属以降低扫描线上的电阻负载，同时，TFT 尺寸应尽可能小以减少电容负载，从而有效减少行列线上的 RC 时间延迟常数。此外，要设法提高 TFT 的迁移率以加快数据电压对像素电容的充电速度。

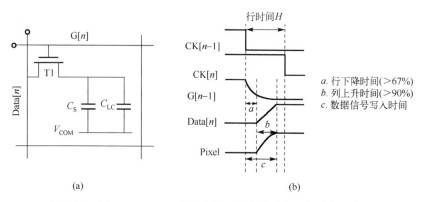

图 2.30　(a)8K AMLCD 像素电路示意图和(b)工作时序示意图

以下介绍一种具有强驱动能力的 8K LCD GOA 电路[35]。该电路的特征是通过单向导通的二极管来隔离级联管和驱动管的栅极节点，在扫描信号的上升和下降阶段分别完成两次独立的电压自举。在第二次自举时可增大驱动管的过驱动电压，从而在不增大放电管尺寸前提下，有效减小扫描信号的下降时间。图 2.31 是其高速 GOA

的单元电路图(a)和工作时序图(b)。单级 GOA 电路如图(a)所示,包括 10 个 TFT(T1~T9)和 2 个电容(C1 和 C2),三个时钟信号(CKA、CKB 和 CKC)和两个直流电压源(V_H 和 V_L)。本级 GOA 电路的输入信号为 C_{N-2} 和 C_{N+3},分别是前两级的级联输出信号和后三级的级联输出信号。本级 GOA 电路的输出信号为 C_N 和 G_N,分别是本级的级联信号和行扫描信号。单级 GOA 电路中有三个关键节点:P_N、Q_N 和 QB_N。节点 P_N 是级联输出管 T3 的栅极,节点 Q_N 是驱动管 T5 的栅极,QB_N 是低电平维持管 T8 和 T9 的栅极。这个电路中 Q 点的充放电模块由 T1 和 T2 组成;反相器模块由 T6 和 T7 组成;级联和输出模块由 T3、T4 和 T5,以及电容 C1 和 C2 组成;低电平维持模块由 T8、T9 以及下拉管 T8A 组成。电容 C1 的两个电极分别连接到节点 P_N 和 C_N,电容 C2 的两个电极分别连接到节点 Q_N 和 QB_N。R_L 和 C_L 分别为行扫描线上的负载电阻和电容。

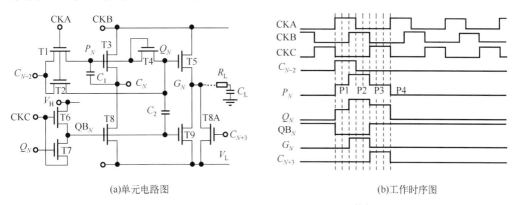

(a)单元电路图　　　　　　　　　　　(b)工作时序图

图 2.31　8K AMLCD 的高速 GOA 电路[35]

图 2.31(b)为该高速 GOA 电路的工作时序图,包括预充电阶段 P1,自举阶段 P2,下拉阶段 P3,和低电平维持阶段 P4 这四个过程,具体描述如下:

1)预充电阶段(P1)

这一阶段主要对节点 P_N 和 Q_N 充电。首先,时钟信号 CKA 变为高电平,T1 和 T2 被打开。与此同时,输入信号 C_{N-2} 变为高电平,时钟信号 CKC 变为低电平,节点 P_N 和 Q_N 通过 T1 和 T2 被并行地充电到高电平,T7 导通,将节点 QB_N 下拉到低电位,T8 和 T9 关断。此时,虽然 T3 和 T5 充分开启,但时钟信号 CKB 为低电平,故输出节点 C_N 和 G_N 依然维持于低电平。

2)自举阶段(P2)

在此阶段,GOA 单元电路输出级联信号 C_N 和行扫描信号 G_N。在 P2 阶段初期,时钟信号 CKA 虽然维持为高电平,但是 C_{N-2} 也为高电平,T1 和 T2 的栅源电压为 0;在 P2 阶段中后期,时钟信号 CKA 变为低电平,T1 和 T2 的栅源电压小于 0。总的来看,在自举阶段 P2,T1 和 T2 都被关断,节点 P_N 和 Q_N 成为悬浮状态。同时,时钟信号 CKB 变为高电平，由于 T3 和 T5 的栅漏电容的电荷量维持不变，节点 P_N 和 Q_N 的电位先迅速上升，然后随着 T3 和 T5 的导通将节点 C_N 和 G_N 充电到高电平，而节点 P_N 通过电容 C1 自举到远高于 V_H 的电位。由于驱动管 T5 的栅漏极之间没有增加额外的自举电容，节点 Q_N 的电位只能通过 T5 的栅漏间电容 C_{GD} 和栅氧化层电容 C_{OX} 的耦合效应逐渐升高，所以它的上升速度比节点 P_N 的电位要慢。节点 P_N 和 Q_N 之间的电位差导致二极管 T4 导通，节点 P_N 对节点 Q_N 充电。假设充电电流为 I_{T4}，当节点 P_N 和 Q_N 之间的电位差减少到 TFT 阈值电压时，T4 进入截止区，I_{T4} 约等于 0。综上所述，P2 阶段节点 P_N 和 Q_N 的电压表达式为

$$V_{P_N,P2} = (V_H - V_{TH}) + \frac{C_1}{C_1 + C_{P_N}}(V_H - V_L) - \frac{I_{T4}\Delta t}{C_1 + C_{P_N}} \tag{2-39}$$

$$V_{Q_N,P2} = (V_H - V_{TH}) + \frac{C_{GD} + C_{OX}}{C_2 + C_{Q_N}}(V_H - V_L) + \frac{I_{T4}\Delta t}{C_2 + C_{Q_N}} \tag{2-40}$$

其中，Δt 为 T4 的导通时间，C_{P_N} 为节点 P_N 的寄生电容，C_{Q_N} 为节点 Q_N 的寄生电容。在这个过程中，电容 C_1 起自举作用，抬高节点 P_N 和 Q_N 的电位，而电容 C_2 则是寄生电容，分享了节点 P_N 的自举电荷，使得节点 P_N 和 Q_N 的电位有所降低。T3 和 T5 的过驱动电压因此也会减小，使级联信号 C_N 和输出信号 G_N 的上升时间增大。反相器模块和低电平维持模块中的晶体管的状态在这一阶段没有改变，晶体管 T8、T9 和 T8A 关断，使级联信号和扫描信号能够正常输出。

3）下拉阶段（P3）

这个过程主要实现级联信号 C_N 和输出信号 G_N 的电位下拉。首先，时钟信号 CKB 变为低电平，类似于自举阶段 P2，由于电压耦合作用，节点 P_N 和 Q_N 的电位先迅速地下降一定的量。然而由于 T3 和 T5 的栅氧化层电容 C_{OX} 和栅源寄生电容 C_{GD} 具有电荷存储作用，节点 P_N 和 Q_N 的电位仍然高于 V_H。由于 T3 和 T5 仍然导通，节点 C_N 和 G_N 开始放电，电位逐渐降低。在这个过程的开始时刻，时钟信号 CKC 变为高电平，T6 和 T7 均导通，开始对节点 QB_N 充电。随着 QB_N 电位的升高，电容 C2 的电压自举作用将抬高节点 Q_N 的电位。由于 T7 的正反馈作用，Q_N 的电位上升越快，QB_N 的电位也相应上升更快。在电容 C1 的电压耦合作用下，随着 C_N 的电位的降低，节点 P_N 的电位降低到大约 V_H。因此，节点 Q_N 的电位比 P_N 更高，连接这两个节点的 T4 在 P3 阶段被关断，节点 Q_N 的电荷不会泄漏到 P_N 节点，从而使得节点 Q_N 的电位稳定维持在一个较高的水平。这样，P3 阶段节点 Q_N 的电位可表示为

$$V_{Q_N,P3} = V_{Q_N,P2} + \frac{C_2 - C_{GD} - C_{OX}}{C_2 + C_{Q_N}}(V_H - V_L) \tag{2-41}$$

由于电容 C_2 的稳压作用，节点 Q_N 的电位维持在较高的水平，这使得驱动管 T5 的过驱动电压保持较大的值，从而 T5 的放电下拉能力增强。节点 QB_N 为高电平时，

晶体管 T8 和 T9 导通，T9 也参与栅极行扫描线的放电过程。同时，在这个过程中，输入信号 C_{N+3} 变为高电平，晶体管 T8A 打开，节点 G_N 耦合到电源的低电压 V_L。可见这一阶段，与扫描信号 G_N 相连的所有晶体管 T5、T9、T8A 均导通，而且驱动管 T5 的栅极(节点 Q_N)电位还自举抬高，放电能力增强，这些都有利于缩短电路的下降时间。

4) 低电平维持阶段(P4)

这一过程是将 GOA 电路中的 P_N 和 Q_N 节点下拉到低电位，并把这些节点以及输出节点维持在低电位，确保相应行上的像素在一帧时间内维持着稳定的灰阶显示信号。起始阶段，时钟信号 CKC 仍然为高电平，导通的 T6 对节点 QB_N 充电，使其维持在高电位。时钟信号 CKA 变为高电平，晶体管 T1 和 T2 导通，使得节点 P_N 和 Q_N 放电到低电位。随着节点 Q_N 的电位降低，通过电容 C_2 的耦合会使得 QB_N 点的电压也有所降低。不过，T6 处于导通，QB_N 点的电位不会大幅减小，而且会很快上拉到高电位。之后，CKA 和 CKC 周期性地变为高电平，T1、T2 分别周期性地将节点 P_N 和 Q_N 下拉到低电位，T6 周期性地将节点 QB_N 上拉到高电位，从而 T8 和 T9 处于导通态且稳定地维持输出端的低电平。在此过程中，输入信号 C_{N+3} 为低电平，下拉管 T8A 一直处于关断状态。

图 2.32 是上述 GOA 电路的级联架构框图和级联后的工作时序图。如图 2.32(a) 所示，级联 GOA 电路共需要 8 个时钟控制信号 CK1～CK8，两个启动信号 STV1 和 STV2，两个全局的电压源 V_H 和 V_L。启动信号 STV1 和 STV2 分别是第一级和第二级 GOA 单元电路的输入信号，每一级 GOA 单元电路需要三个时钟信号。从第三级 GOA 单元电路开始，输入信号 C_{N-2} 为前两级 GOA 电路输出的级联信号，输入信号 C_{N+3} 为后三级 GOA 电路输出的级联信号。最后三级 GOA 单元电路为伪级(Dummy 级，即不驱动实际的显示像素，只给 GOA 电路提供复位/启动信号用)，不输出扫描信号，只输出级联信号，作为它们前面三级的输入信号 C_{N+3}。图 2.32(b) 是级联后的 GOA 电路在一帧时间内的工作时序图，可以看出，时钟信号 CK1～CK8 的占空比为 3/8，周期为 15.44μs，相邻两相时钟的高电平脉宽交叠量为 2/3。扫描信号 G_1～G_N 的脉冲宽度为 5.79μs，相邻两行的扫描信号的脉冲宽度交叠量为 2/3。C_{N+1}～C_{N+3} 为 Dummy 级的 GOA 电路输出的级联信号，分别作为前面三级的下拉信号。

在一帧的工作过程中，首先初始化所有的 GOA 单元电路、进入低电平维持状态。这个阶段发生在每一帧扫描开始之前，所有的 GOA 单元电路中的节点 P_N、Q_N 被初始化为低电平，节点 QB_N 被初始化为高电平，使所有级单元电路工作在低电平维持阶段。请参考图 2.32(a) 的单元电路图，具体初始化过程如下：输入信号 C_{N-2} 和 C_{N+3} 为低电平，时钟信号 CKA、CKB 和 CKC 依次变为高电平，T1 和 T2 打开，将节点 P_N 和 Q_N 耦合到低电位。T6 打开后，节点 QB_N 充电到高电平，低电平维持管 T8 和 T9 导通，将级联信号 C_N 和输出扫描信号 G_N 耦合到电压源低电平 V_L，从而使得 GOA 电路进入低电平维持阶段。

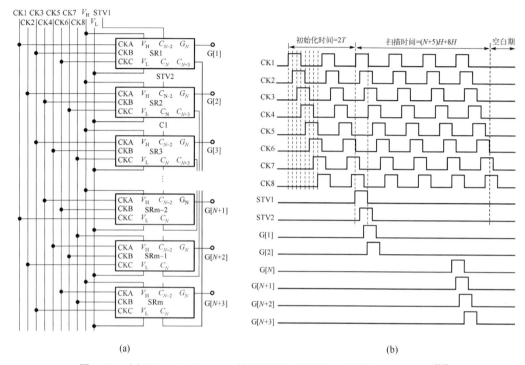

图 2.32 　(a) 8K AMLCD GOA 的级联构架框图和 (b) 级联后的时序图[35]

随后，GOA 电路开始进入扫描阶段，逐行输出扫描脉冲，驱动显示面板中的像素阵列。当最后一行像素完成数据的刷新和存储之后，GOA 电路进入空白阶段，配合外围电路校准和对齐时序，为下一帧的工作做准备。

值得注意的是，上述 GOA 电路采用了单向导通的二极管隔离级联管和驱动管的栅极，并设置自举电容以增加驱动管放电时的过驱动电压。此外，GOA 电路中的低电平维持管在放电时也处于导通状态，可起到辅助放电的作用。这些设计方案不仅保持 GOA 电路整体结构相对简单，还显著地提升了电路的工作速度。

3. 应用于车载 AMLCD 的氧化物 TFT GOA

车载显示对 GOA 电路的要求更高，电路设计的难度也相对较高。车载显示系统通常需要工作于更宽的工作温度范围，甚至极端恶劣的环境氛围，因此需要具备高稳定性/高可靠性和长寿命。相较于 a-Si TFT，氧化物 TFT 迁移率高、泄漏电流小，潜在地更适合于制造高性能的车载显示器。但是，氧化物 TFT 的 GOA 电路仍然存在稳定性问题。在长时间的光照-温度-电压应力作用下，氧化物 TFT 的阈值电压往往呈现较大的负漂，使得 $V_T \ll 0$，而行驱动电路通常适用于增强型器件$(V_T > 0)$，因此当阈值电压严重负漂时，电路易发生失效。

图 2.33 示意了一种面向车载 AMLCD 的低功耗和高可靠的氧化物 TFT 集成的GOA 电路[36]。如图 2.33 (a) 所示，该 GOA 电路采用两套低电平电源和两套信号控

制时钟，其中 V_{SS1} 的电平低于 V_{SS2}，而 CK 的低电平为 V_{SS0}，低于 CKA 和 CKB 的低电平 V_{SS1}。这个电路有两路输出脉冲，其中，OUTC 输出的低电平显然要低于 OUTG 输出的低电平。

该电路能容忍氧化物 TFT 的阈值电压有较大范围的变化，较好地抑制了 Q 点的漏电。T1a、T1b 和 T1c 构成 STT 结构给 Q 点充电。T1c 在 Q 点电压自举时，反馈

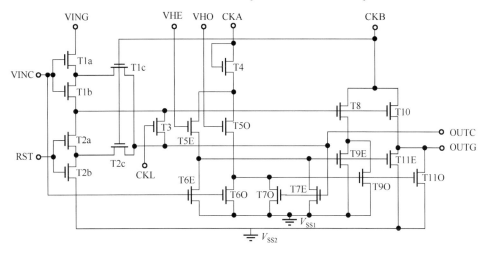

(a) 单元电路图

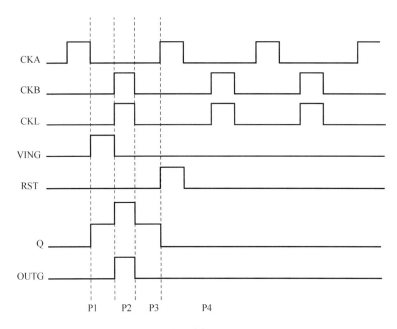

(b) 电路时序图

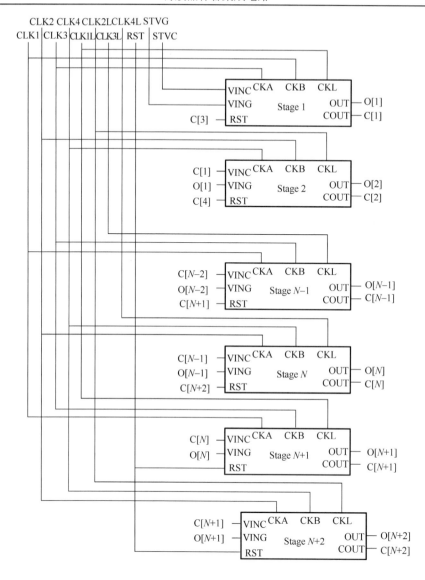

(c) 电路级联图

图 2.33　面向车载显示的低功耗高可靠氧化物 TFT 的 GOA 电路[36]

一个高电平到 T1a 和 T1b 之间的节点 M，从而使 T1a 和 T1b 可靠关断和抑制 Q 点的电流泄漏。并且，在这个 STT 结构中，VING 和 VINC 分别接源极和栅极形成负偏，从而进一步抑制漏电。T2a、T2b 和 T2c 构成 STT 结构给 Q 点放电，而 T2c 同样反馈一个高电平来抑制漏电。T3 可抑制电压馈通效应对 Q 点电位的影响，控制 T3 的时钟信号 CKL 采用电路的最低电平 V_{SS1}，以减少低电平维持部分带来的 Q 点漏电。

T4、T5E、T5O、T6E、T6O、T7O 和 T7E 构成反相器。其中 T4 给电路的输出端充电，而 T5E、T5O 由低频时钟控制，负责选择反相器的输出路径。T6E 和 T6O 受 VINC 控制，当输入为高时对反相器输出端放电，而 T7O 和 T7E 受 OUTC 控制，当输出为高时对反相器输出端放电。在低频信号 VHE 和 VHO 作用下，GOA 电路的低电平维持器件 T9E、T9O、T11E 和 T11O 以较低的频率进行切换，从而使得低电平维持部分的动态功耗较低。因此，该电路的反相器具有低功耗特征，有助于降低总体功耗。

图 2.33(c)示意了该车载显示的氧化物 TFT GOA 级联电路架构。前 N 级为常规扫描输出级，最后两级为 Dummy 级。图 2.33(b)是该电路工作的完整时序图。该电路的外部输入信号包括了起始脉冲信号 STVC 和 STVG，低频时钟 VHE 和 VHO，工作时钟信号 CLK1~CLK4，低压时钟信号 CKL1L~CKL4L，以及复位信号 RST。STVC 和 STVG 同时作为前两级移位寄存器的输入信号，而当作为第一级的输入信号时，其预充电时间最短。但由于 STVC 和 STVG 信号是由外部芯片产生，驱动能力足够强，弥补了预充电时间短的缺陷。RST 是最后两级 Dummy 级的重置信号，目的是在一帧结束后，清除 GOA 电路的 Dummy 级的内部节点 Q 及输出节点 OUTC 和 OUTG 上的残存电荷。

图 2.33(b)示意了此 GOA 单元电路的工作时序图，其工作过程分以下几个阶段：

(1)预充电阶段(P1)：当 VINC 和 VING 信号变为高电平时，会对 Q 点进行充电，同时对反相器的输出端进行放电。由于反相器的输出与 Q 点相反，因此反相器输出低电平，从而退出低电平维持状态。

(2)自举阶段(P2)：当 CKB 信号变为高电平时，Q 点也为高电平。此时，CLK 通过 T8 和 T10 对 COUT 和 OUT 端进行充电。随着 COUT 和 OUT 端电位的上升，Q 点的电位因自举效应而升高到 V_{DD} 以上。由于电压自举效应，电路的 COUT 端和 OUT 端具有较快的充电速度。

(3)放电阶段(P3)：当 CKB 电位由高变为低时，Q 点继续保持高电平。此时，COUT 端和 OUT 端通过 T8 和 T10 开始放电，电位逐渐降低到低电平。

(4)低电平维持阶段(P4)：当 RST 的电位由低变为高时，会对 Q 点进行放电。待 CKA 变为高电平时，反相器开始输出高电平，低电平维持功能的下拉管被打开，维持 COUT 端和 OUT 端保持在低电平。当 CKL 电位由低变为高时，T3 会对 Q 点进行放电。

氧化物 TFT 的 GOA 电路性能的恶化主要是 TFT 的阈值电压漂移所导致，尤其是 TFT 的正栅偏压温度应力(PBT)导致的长时间 V_T 漂移最为明显。先前提出的许多电路设计结构较为复杂，增加了显示面板上周边面积、减少了有效显示面积占比。考虑到脉冲电压偏置方法已经能够很好地抑制氧化物 TFT 的阈值电压漂移，而且脉冲偏置的电路结构也相对简单。因此，这里给出一种脉冲电压偏置的氧化物 GOA

电路设计[37]，如图 2.34 所示。该电路在 8.5 代氧化物 TFT 产线（玻璃基板尺寸 2500mm×2200mm）完成试制验证，通过标准老化试验证明了电路的可靠性。

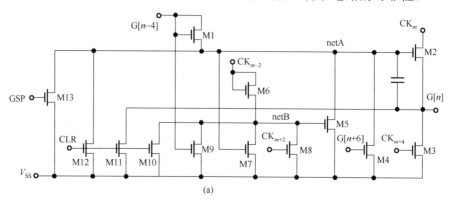

(a)

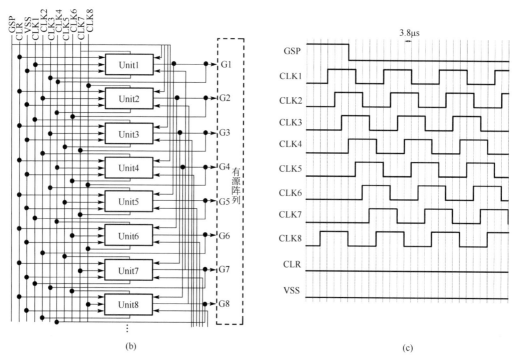

(b)　　　　　　　　　　　　　　　　　　　(c)

图 2.34 (a)脉冲电压偏置型氧化物 TFT 的 GOA 电路单元原理图，(b)8 时钟 GOA 架构示意图，
(c)所有输入控制信号的时序[37]

　　这种 GOA 驱动电路采用了扫描线左右两侧并行驱动的架构。除了基本的功能器件外，GOA 单元电路还增加了可靠性提升单元和辅助帧电荷清除单元。GOA 单元电路包括了 13 个氧化物 TFT 和 1 个电容。该 GOA 电路的输入信号有：初始置位信号 GSP、8 个时钟信号 CLK1～CLK8、清空信号 CLR 和关态低电位 V_{SS}。采用

8 个 CLK 可以降低时钟信号线的负载和对上升时间的要求,在降低功耗的同时提升显示区像素的充电能力。在 13 个氧化物 TFT 中,M2 负责扫描线脉冲信号的上拉及下拉,其沟道 W/L 最大,达到 2400μm/8μm,从而使得扫描线脉冲信号的上升时间和下降时间较小。上升时间越小,预留的充电时间越长,像素电压的充电率越高;下降时间越小,充入像素的信号电压越准确。M2 沟道宽度的设计则需要综合考虑版图空间。

这种完整的脉冲偏置型氧化物 GOA 电路,功耗值的实测值约为 360.3mW。为了验证 GOA 的可靠性,将整个面板进行标准老化试验,包括高温(70℃)和低温(20℃)下储存 240 小时,高温(60℃)和低温(20℃)下运行 240 小时,高温(60℃)和高湿度(90%)下储存和运行 240 小时。同时 ON/OFF 接通/断开 30000 次循环,并在 15kV 电压下进行静电放电试验。经过所有老化试验后,显示器仍然能正常工作,这就表明这种脉冲偏置方法确实可以有效地改善 GOA 电路的可靠性。

2.4　TFT 集成的列驱动电路

经过多年的研究开发,TFT 集成行驱动电路(GOA)技术已成功实现了产业化应用。相比之下,TFT 集成的列驱动电路技术的发展比较缓慢,这主要是列驱动电路对于 TFT 的性能要求要高得多,而这种要求往往超出现有器件的能力范围。

图 2.35 示意了 AMLCD 的两种不同类型的数据驱动电路架构:(a)模拟式列驱动器架构,和(b)数字式列驱动器架构[38]。在图 2.35(a)中,模拟视频数据沿着公共输入线传输,该输入线通过开关 TFT 以分选的方式连接到像素阵列的数据线。移位寄存器依次打开每个开关 TFT,于是输入线上的模拟电压被传输到像素阵列的数据线上。而当开关 TFT 断开时,数据将存储在数据线的电容上。从模拟信号输入线上采集数据的速率取决于移位寄存器生成采样信号的速度,以及 TFT 开关给像素阵列的数据线充电的速度,而后者一般是主要的限制因素。通常,每种颜色(红、绿、蓝)各使用一条单独的模拟信号输入线,在大型显示器上可以使用几组输入线,每一组仅用于像素阵列中部分列的数据线,以避免过大的数据带宽。图 2.35(b)所示的结构中,数字数据串行输入移位寄存器,一旦寄存器完全加载,数据将并行传输至数模转换器(DAC),DAC 生成对应的模拟信号来驱动像素阵列的数据线。

假定一个显示器的帧率为 f_F、行数为 Row、列数为 Col,行驱动电路的工作频率为 f_R、列驱动电路的频率为 f_C,则

$$f_R = f_F \times \text{Row} \tag{2-42}$$

$$f_C = f_F \times \text{Row} \times \text{Col} \tag{2-43}$$

可见,f_C 是 f_R 的数百至数千倍,达到数百至数千兆甚至上万兆 Hz,故对集成器件工作速度有很高的要求。

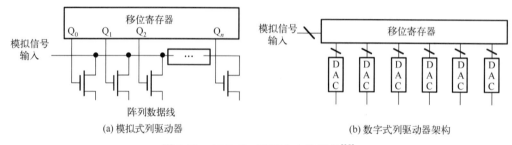

(a) 模拟式列驱动器　　　　　　　　　　　　　　(b) 数字式列驱动器架构

图 2.35　AMLCD 列驱动电路架构[38]

晶体管的本征频率（可工作频率上限）可以表示为

$$f_{T} = \frac{1}{2\pi} \times \frac{\mu(V_{GS} - V_{T})}{L^2} \tag{2-44}$$

按照目前的工艺水平，假定 a-Si TFT 的过驱动电压约 20V，沟道长度 4μm，迁移率约 $0.3\text{cm}^2\text{V}^{-1}\text{s}^{-1}$，而 LTPS TFT 的过驱动电压 10V，沟道长度 3μm，迁移率约 $80\text{cm}^2\text{V}^{-1}\text{s}^{-1}$，以及氧化物 TFT 的过驱动电压约 15V，沟道长度 5μm，迁移率约 $10\text{cm}^2\text{V}^{-1}\text{s}^{-1}$，估算可得 a-Si TFT、LTPS TFT 和氧化物 TFT 的本征工作频率分别约为 5.9MHz、1415MHz 和 95MHz。很显然 a-Si TFT 以及目前的氧化物 TFT 的能力远远不能满足列驱动的要求。在显示分辨率不是很高的情况下，LTPS TFT 可以满足电路工作频率的要求，但是其电学特性的分散性较严重，泄漏电流也较大，会导致电路中各个通道之间不一致性以及电路功耗较大等问题。虽然 LTPS TFT 可构成 CMOS 电路，但实际应用中往往采用单极性电路，列驱动电路的数模转换模块（DAC）、缓冲器模块以及电平移位模块等所要求的同时具备上拉及下拉驱动（放大）功能就难以实现。因此，目前看来 TFT 集成列驱动电路应用到高分辨率显示是非常困难的。

不过，在目前的 TFT 技术基础上，在列驱动部分引入一些特定的集成技术是可能的，而且具有实用价值。例如，可以利用面板内的 TFT 集成来实现像素阵列与列驱动系统之间的接口电路。这些电路包括列线分选器（DeMux）、电平移位器和缓冲器等。由于这些功能对电路速度的要求相对较低，TFT 可以胜任。通过在列驱动中集成部分功能，可以减少列数据驱动通道的数量，从而减少列驱动芯片的使用量，并减小列驱动部分的边框尺寸。这项技术已经在部分 AMLCD 显示产品的制造中得到应用。

2.4.1　非晶硅 TFT 集成列驱动电路

早在 2002 年，法国泰雷兹航空电子（Thalès Avionics）公司的 H. Lebrun 等人就提出了用 a-Si TFT 集成部分列驱动分选器的功能[39]。如图 2.36 所示，对于每个数据驱动通道，分选器包括有 3 个 TFT，其中 1 个 TFT 在选择开关 DW 控制下对视频

信号 $DB(m)$ 进行采样，另外 2 个 TFT 响应外部控制信号 CP1 和 CP2，起到清空列线电荷的作用。在 DB1-DB8 的控制下，可以将数据驱动通道数量减少到显示面板列线数的 1/8。例如 1 英寸 VGA 格式 AMLCD 面板，其列线总数一般为 640，而应用列线分选器后驱动芯片的管脚数减少到 80。然而在实际应用中，由于 a-Si TFT 的阈值电压漂移量较大，导致列驱动电路的性能衰减较为严重，因此这种设计实用价值较低。

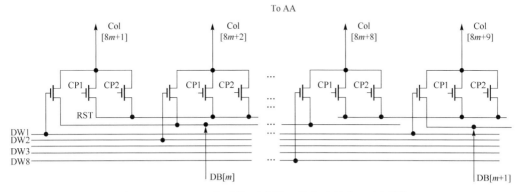

图 2.36　a-Si TFT 集成的列选通器的电路结构示意图[39]

　　实际应用中，可减少列驱动线数量的技术主要是由三星等公司开发的多栅线集成驱动技术[40]，即所谓的二倍栅驱动(double-gate)和三倍栅驱动(triple-gate)技术。这些技术通过数倍地(2 倍或者 3 倍)增加行扫描线数量，让近邻的 2 列或者 3 列显示像素可以复用同一根列驱动线，从而使得列驱动线的总数减少为原先的 1/2 或者 1/3。虽然行扫描电路的级数也相应地增加到原来的 2 倍或 3 倍，但由于行扫描电路是面板内 TFT 集成的 GOA 电路，从而不会增加行连接线数量、也不会增加外部驱动 IC 成本。因此，这种多栅线/列线复用技术可显著地减少显示面板外围引脚的数量，从而简化显示模组并实现四面窄边框的显示效果。

　　这里以 12 英寸的 WXGA 显示格式(1280 列×800 行)为例，如图 2.37 所示，传统设计的列线数量为 3840(各像素包括 R、G、B 子像素)。常用的数据驱动芯片通道数为 642，栅驱动芯片的通道数为 400。因此，传统的全外置驱动方法需要 6 个列方向的数据驱动芯片和 2 个行方向的栅驱动芯片。采用 triple-gate 技术后，面板的数据驱动芯片数量减少到 2 个，并省去了专用栅驱动芯片。此外，为了满足 LCD 像素极性翻转的要求，如图 2.37(b)所示，列线与像素之间连接采用每 2 行交错地连接到奇数列及偶数列的方式。于是可以实现 2×2 的点翻转模式，并可以较好地抑制垂直串扰及显示闪烁现象。

　　不难看出，在多栅线集成驱动技术中，数据驱动芯片的工作频率会成正比地增加，例如 triple-gate 显示的数据驱动芯片工作频率增加到传统显示的 3 倍。这会导致数据驱动芯片部分的功耗增加，进而带来驱动芯片所在区域的温度上升。因此，一般 triple-gate 显示器的驱动芯片部分要采用额外的降温措施，这将带来额外增加的成本。

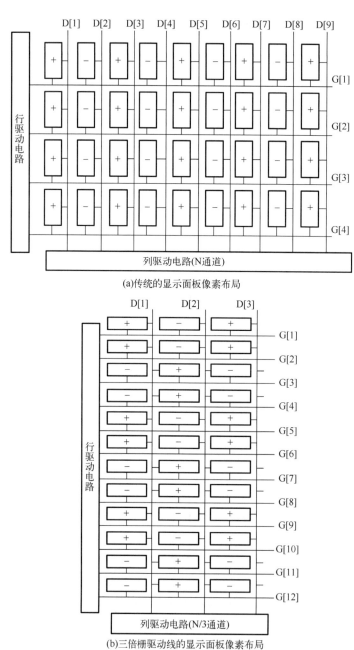

(a)传统的显示面板像素布局

(b)三倍栅驱动线的显示面板像素布局

图 2.37　三倍栅驱动线的显示面板示意图[40]

2.4.2　多晶硅 TFT 集成列驱动电路

如前所述，LTPS TFT 具有高的迁移率，适合实现高速的电路集成。采用 LTPS TFT 集成技术，能够在显示面板周边集成行方向的扫描驱动电路和列方向的多路选择器，从而减少驱动芯片使用量、实现四面窄边框、降低接口处电压幅度。对于中小尺寸的 AMLCD 器件而言，外部驱动芯片的成本通常占据较高比例。通过在显示面板周边实现 LTPS TFT 集成的驱动电路和电源电路，可以使显示器外观简洁紧凑，降低制造成本，提升产品的附加值。LTPS TFT 集成化的远期目标是实现面板上系统级集成 (System on Glass，SoG)。而近期目标则是在玻璃基板上实现各种电路模块，如电平移位器和数字模拟转换器 (DAC) 等的集成。图 2.38 对比了各阶段 LTPS TFT 电路的集成程度，并对集成化的 AMLCD 的发展趋势进行了预测[41]。

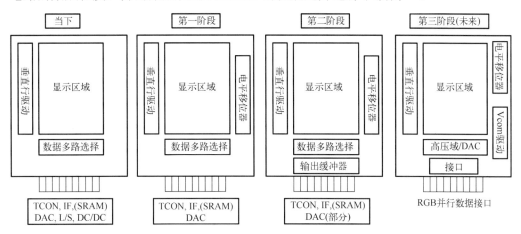

图 2.38　基于 LTPS TFT 技术集成化的 AMLCD 的发展阶段分析与预测

与单晶硅 CMOS 工艺不同，LTPS TFT 工艺中的金属互连一般只有 2~3 层，而且为了在制造时获得较高的良率，LTPS TFT 集成工艺的线宽、线距等特征尺寸都为微米量级，因此难于集成高密度的数字电路。LTPS TFT 的迁移率低于单晶硅 CMOS 器件，目前帧存储器 (frame buffer) 以及高速 IO 电路等还是难以在玻璃基板上实现。就 AMLCD 而言，较低速的 RGB 并行数字接口可以完全集成在玻璃基板上，帧存储器和高速数字串行接口电路还需要依靠外部的单晶硅芯片来实现。尽管如此，在面板上集成源极驱动电路的部分模块就具有较大的价值，这可以显著减少外围芯片的使用量，有效降低显示器的总成本。根据图 2.38，源极驱动电路的各个模块中与像素阵列最近的电路模块更有必要由 TFT 集成电路来实现。在 LTPS TFT 集成电路中，输出缓冲器和电平移位器等模块与 TFT 像素阵列距离最近，因此优先考虑这两个模块的 TFT 集成化设计。LTPS TFT 集成电路可以采用 CMOS 结构，以实现较高的电路性能和较低的功耗。若 TFT 集成的电平移位器和缓冲器得以实现，则外围驱动芯片可以在较低电压下工作，从而降低芯片的复杂度，以及减少芯片面积和连接线数量。因此，本节重点讨论 LTPS TFT 集成的电平移位器和缓冲器模块，并提供典型的电路设计案例。

在显示面板上采用 TFT 集成的电平移位器可降低外部 CMOS 驱动芯片的工作电压，使显示器接口部分的显示信号能够低电压和快速率传输。图 2.39 示意了一个 LTPS TFT 集成的电平移位器[38]。该电平移位器的输入信号幅度较低(约 20V)，输出信号的幅度较高(约 40V)，并且各个 TFT 的偏置电压都可以控制在 20V 以内。该电平移位器输出支路上 TP2 和 TN2 的作用是分担跨压，而反相器控制着的偏置支路上四个串联 N 型 TFT，为输出支路的 TP1、TP2 和 TN2 提供合适的偏置。以输出为高电平(V_{out}=40V)的情况为例，此时 TP1 和 TP2 完全导通，则总压降 40V 将由 TN1 和 TN2 分担。根据 TN1 和 TN2 的电流值相等，确定出节点 A 的电压值。TN1 和 TN2 的栅极电压分别为 0 和 $V_{DD}/2$，TN1 和 TN2 都变为截止态，最终节点 A 的电位被抬升到 $0.5V_{DD} - V_T$。因此 TN1 和 TN2 的源漏电压(V_{DS})近似相等，各分担高压 V_{DD} 的一半。

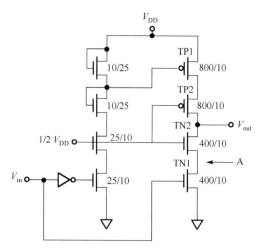

图 2.39　多晶硅 TFT 集成的电平移位器[38]

上述的 TFT 集成的电平移位器属于 TFT 数字集成电路，它可以减少显示面板接口的电压，从而达到降低外部驱动芯片电压的良好效果。通过电平移位器，驱动芯片输出的较低驱动电压在显示面板内再抬升到像素阵列所需要的高电压。相比较而言，以缓冲器模块为代表的 TFT 模拟电路则存在更大的设计挑战。这是因为，除开模拟电路模块的基本功能，还需要考虑提升模拟电路的驱动能力及应用到显示阵列的均匀性问题，于是设计难度变大了。以列驱动电路的缓冲器模块为例，该模块主要用于提升 DAC 的输出驱动能力，让输出电压值(驱动 LCD 像素)精确地跟随输入值(列驱动 DAC 的输出)改变。但是,LTPS TFT 的阈值电压、迁移率不均匀等现象可能带来缓冲器的输出误差。因此,LTPS TFT 缓冲器设计主要需要解决的问题就是减少甚至消除器件特性分散带来的各个显示列之间的特性不均匀。

图 2.40 示意了一种 LTPS TFT 集成的 CMOS 型缓冲器电路及其工作时序[41]。该电路的工作过程分为三个阶段[16]:①复位阶段;②补偿阶段和③输出阶段。

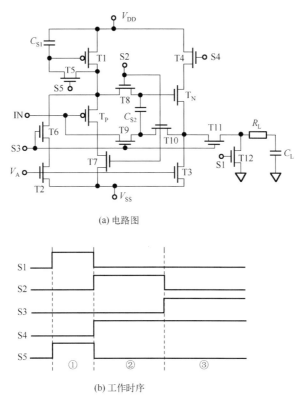

(a) 电路图

(b) 工作时序

图 2.40　LTPS TFT 集成的缓冲器结构[41]

在复位阶段,开关信号 S1 和 S5 为高电平,C_{S1} 通过二极管连接的 T1 被充电,C_{S1} 上存储着 T1 的阈值电压 V_T,负载电容 C_L 通过导通的 T12 放电。

进入补偿阶段,开关信号 S2 和 S4 为高电平,驱动管 T_N 和负载管 T3 串联,T3 的栅源电压 V_{gs} 为恒定值($V_A - V_{SS}$),这决定了串联支路上导通电流的值。因此,T_N 的栅源电压 V_{gs} 被自动校准,最终 T_N 和 T3 上电流相等。校准得到的 V_{gs} 值,包含着 TFT 的 V_T、迁移率不均匀等信息,被存储在电容 C_{S2} 上。

然后是输出阶段,开关信号 S3 为高电平。由于电容 C_{S2} 在输出阶段保持着补偿阶段的 V_{gs} 值,输入信号(IN)通过 S3 连接到电容 C_{S2} 的下电极,根据电压自举原理,电容 C_{S2} 的上电极(即驱动管 T_N 的栅极)电位将跟随输入信号而改变。由于串联支路上 T3 仍然保持与补偿阶段相等的导通电流值，驱动管 T_N 的源极电位也将等量地跟随着输入信号而改变。因此，这种动态偏置电路可以抵消 TFT 的 V_T 和迁移率不均匀的影响。

该电路中，开关信号 S2 和 S4 的导通时间减少可以缩短 T_N、T_P 的直流导通时间，从而降低电路功耗。同时，提高偏置电压 V_A 的值或者增加镜像管 T2 和 T3 的尺寸，可增强该缓冲器的驱动能力。

图 2.40 的缓冲器可以简化为图 2.41 所示的结构。这里省去复位阶段用 T1 去复制电流源电流的操作，而直接用一个 P 管 T_B 从外部复制电流。在补偿阶段，开关信号 S2 为高电平，T_P 导通，这样就可以同步地实现 C_{S2} 上电极的复位，而不需要额外的开关控制信号 S5。与图 2.40 所示的缓冲器电路类似，该简化型缓冲器电路的工作也包括了 3 个阶段，即①复位阶段：此时开关信号 S1 为高电平，C_L 通过 T8 放电。②补偿阶段：开关信号 S2、S4 闭合，驱动管 T_N、偏置管 T_P 的栅源电压 V_{gs}

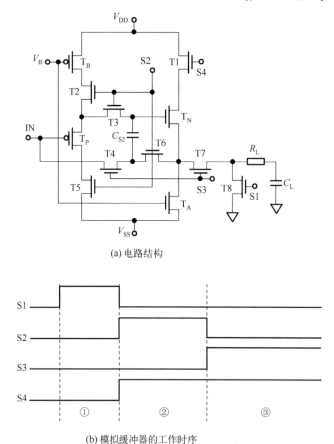

(a) 电路结构

(b) 模拟缓冲器的工作时序

图 2.41　用于单位增益模拟缓冲器的 CMOS 型源极跟随器

根据 T_A 和 T_B 的导通电流自适应地调整，并将驱动管 T_N 校准后的 V_{gs} 值存储到电容 C_{S2} 上。③输出阶段：开关信号 S3 切换为高电平，输出节点的电压准确地跟随着输入量而改变。

为了消除 LTPS TFT 阈值电压和迁移率等不均匀的影响，也可以采用开关电容方法设计缓冲器。图 2.42 为 LTPS TFT 集成的开关电容式缓冲器电路示意图[38]。该电路可以较好地消除输入偏移和低频噪声，而且输入输出电压幅度可以灵活缩放。该电路具有两个工作模式：复位模式和放大模式。在复位模式下，Φ 为高电平，$\overline{\Phi}$ 为低电平，此时 C_2 被放电，C_1 的右侧极板存储着放大器的输入偏移电压，而 C_1 的左侧板充电至 V_{IN}。在放大模式下，Φ 为低电平，$\overline{\Phi}$ 为高电平，此时与 C_2 并联的开关被断开，C_1 的左极板连接到地电位，因此 C_1 右极板的感生电荷 Q 将由 C_2 和运放构成的积分器收集。不难推导出，$Q = C_1 \cdot V_{IN}$，以及输出信号的摆幅为

$$V_{out} = \frac{C_1}{C_2} \cdot V_{IN} \tag{2-45}$$

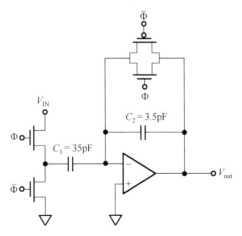

图 2.42　多晶硅 TFT 集成的开关电容式放大器电路[38]

2.4.3　氧化物 TFT 集成列驱动电路

如前文所述，根据现有器件的迁移率和稳定性水平，氧化物 TFT 技术可以在面板上实现多路选择器(DeMux)、电平移位器等功能模块的集成。这些列驱动电路模块与 TFT 集成的行驱动电路(GOA)的结合，可以减少 AMLCD 显示器外围连接线的数量，降低连接线上的电压幅度，减少高压驱动芯片的用量，提升显示器的可靠性，以及降低显示器的功耗和制造成本。

图 2.43 示意了氧化物 TFT 集成的多路选择器电路结构(a)及其工作时序(b)[42]。如图(b)所示，列驱动有效时间 1H 周期(A 项，即一个行驱动有效时间之内)包括了

像素的充电时间(B 项)，多路选择信号 SW 的下降时间(C 项)，以及行扫描信号的下降时间(D 项)。多路选择器 DeMux 将驱动 IC 的列驱动信号分成两部分，分别由开关信号 S_A 和 S_B 来使能控制。在开关信号 S_A 使能阶段，驱动芯片 V1 和 V2 通道的电压分别传送到显示阵列的 D1 和 D2 列；而在开关信号 S_B 使能阶段，则分别传送到显示阵列的 D3 和 D4 列。因此，这种多路选择器可以将列驱动芯片的通道数量减少一半。但是，与没有采用 DeMux (B 项)的情况相比，采用了多路选择器的像素电路的有效充电时间(B 项)减少到 50%或者更短，从而对外部驱动芯片的速度提出更高的要求。

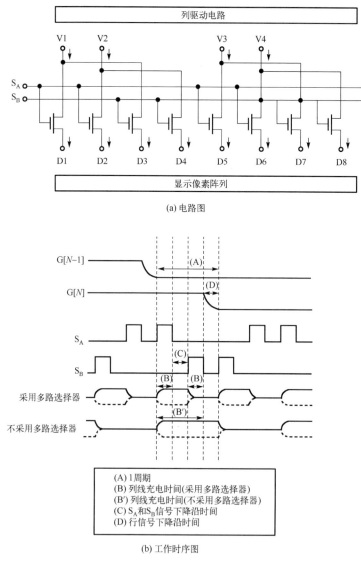

(a) 电路图

(A) 1 周期
(B) 列线充电时间(采用多路选择器)
(B′) 列线充电时间(不采用多路选择器)
(C) S_A 和 S_B 信号下降沿时间
(D) 行信号下降沿时间

(b) 工作时序图

图 2.43　氧化物 TFT 集成的多路选择器[42]

　　AMLCD 驱动系统采用 TFT 集成的电平移位器可以使得低压的行/列驱动信号进入显示面板后转换为高电平信号，从而少用甚至免用外置的高压驱动芯片。氧化物 TFT 具有较高的迁移率和稳定性，有能力实现高性能的电平移位器。但氧化物 TFT 一般只有 N 型器件，从而集成的电平移位器存在电压幅度损失问题。图 2.44(a)所示的为一传统的 TFT 集成电平移位器结构[43]，其具有自举上拉功能，可获得满幅度的高电平值。T2c 栅源之间的电容起该电压自举作用，确保 T2c 的栅极电压跟随着源极电压的升高而自举到一个高于 V_{DD1} 的电平值。类似地，第二级电路的 T4c、T5c 和电容也构成自举上拉单元。该电路的输出信号与输入的 CLK 信号相位相同，只是输出信号的幅度大于输入 CLK 信号。如果 CLK 为低电平，则下拉管 T3c 关断，同时 T1c 和 T2c 导通，这使得下拉管 T6c 的栅极为高电平 V_{DD1}，从而使输出节点下拉到 V_{SS}；反之，如果 CLK 为高电平，则 T3c 导通，使 T6c 的栅极下拉到 V_{SS}，上拉管 T4c 和 T5c 导通，输出节点的电位被抬升到 V_{DD2}。

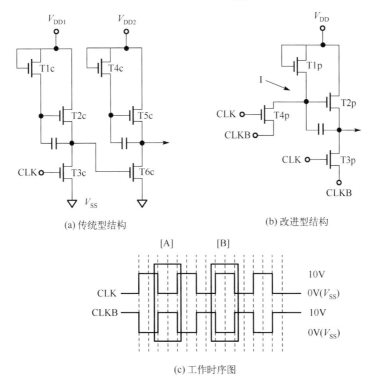

(a) 传统型结构　　　　　　　　　(b) 改进型结构

(c) 工作时序图

图 2.44　氧化物 TFT 集成的电平移位器[43]

　　但是这种传统的电平移位器不能满幅度地输出低压 V_{SS}。当输入 CLK 是低压时，输出电压的值取决于负载 TFT(T5c)与驱动器 TFT(T6c)等效电阻的比值。虽然可以通过调整 TFT 的宽长比使输出电压的值尽量接近低压值，但输出的低电平总高于

V_{SS}。另一方面，该电路不适用于耗尽型氧化物 TFT，当氧化物 TFT 的 V_T 为负值时，自举上拉结构的 T1c 和 T4c 不能够在自举阶段被可靠关断，导致电路的自举效果不佳。

图 2.44(b) 所示的改进型电平移位器电路更适合采用氧化物 TFT 集成，它可以较好地解决负阈值电压和低压幅度损失等问题。该移位器采用了两个互补的低压时钟 CLK 和 CLKB，它们分别被连接到 T3p/T4p 的栅极和 T3p/T4p 的源极。如图 2.44(c) 所示的情况[A]，CLK 和 CLKB 分别为低电平和高电平时，尽管使用的氧化物 TFT 为耗尽型，但因为此时 CLKB 将 T3p 和 T4p 的源极抬高，致使 T3p 和 T4p 完全关闭，避免了自举阶段可能的电荷泄漏，而此时电平移位器的输出电压也可满幅度地达到 V_{DD}。相反，当处于图 2.44(c) 中的情况[B]，即 CLK 和 CLKB 分别为高电平和低电平时，T3p 导通，输出被拉低。此时输出电压等于

$$V_{\text{output\_low}} \cong \left\{ \frac{R_{T3p}}{R_{T2p} + R_{T3p}} \times (V_{DD} - V_{SS}) \right\} + V_{SS} \tag{2-46}$$

其中，R_{T2p} 和 R_{T3p} 分别为 T2p 和 T3p 的电阻。由于此时 T4p 导通，T2p 的栅极电位被拉低，因此 T2p 处于弱导通状态，即 R_{T2p} 很大。由式(2-46)可知，此时输出节点的电位无限接近 V_{SS}。

随着氧化物 TFT 技术在迁移率和稳定性方面的不断改进，可以预见氧化物 TFT 集成的多路选择器、电平移位器以及更为复杂的电路功能模块的性能会极大地提升，从而将会有更多的氧化物 TFT 集成电路逐渐应用到 AMLCD 产品上。

2.5 本 章 小 结

本章系统介绍了 AMLCD 面板上薄膜晶体管(TFT)集成电路的工作原理和设计方法。这些 TFT 电路包括了显示像素电路、行(栅)驱动(扫描)电路、和部分列(数据)驱动电路模块。围绕目前三种代表性的 TFT(非晶硅、多晶硅和氧化物 TFT)的特点，分别分析和讨论了三种 TFT 的集成电路的设计原理、设计方法和应用实例，并展望了 AMLCD 用 TFT 集成电路技术未来的发展趋势。

参 考 文 献

[1] 张盛东, 薛文进. a-SiTFT LCD 象素电压跳变特性研究[J]. 电子学报, 1994, 8(12): 59-64

[2] Kim J M, Cho Y, Lee S H, et al. Behavioral circuit model of active-matrix liquid crystal display with charge-shared pixel structure[J]. IEEE Transactions on Electron Devices, 2013, 60(5): 1673-1680.

[3] Kodate M, Kanzaki E, Schleupen K. Pixel-level data-line multiplexing for low-cost/high-

resolution AMLCDs[J]. Journal of the Society for Information Display, 2003, 11(1): 115-119.

[4]　Zhang S, Zhu C, Sin J K, et al. A novel ultrathin elevated channel low-temperature poly-Si TFT[J]. IEEE Electron Device Letters, 1999, 20(11): 569-571.

[5]　Zhang S, Zhu C, Sin J K, et al. Ultra-thin elevated channel poly-Si TFT technology for fully-integrated AMLCD system on glass[J]. IEEE Transactions on Electron Devices, 2000, 47(3): 569-575.

[6]　Yamashita K, Hashimoto K, Iwatsu A, et al. 33. 5L: Late news paper: Dynamic self-refreshing memory-in-pixel circuit for low power standby mode in mobile LTPS TFT-LCD[C]. Proceedings of the SID Symposium Digest of Technical Papers, F, 2004.

[7]　Tokioka H, Agari M, Inoue M, et al. Low-power-consumption TFT-LCD with dynamic memory embedded in the pixels[J]. Journal of the Society for Information Display, 2002, 10(2): 123-126.

[8]　Lee S H, Yu B C, Chung H J, et al. Memory-in-pixel circuit for low-power liquid crystal displays comprising oxide thin-film transistors[J]. IEEE Electron Device Letters, 2017, 38(11): 1551-1554.

[9]　Liao C, He C, Chen T, et al. Design of integrated amorphous-silicon thin-film transistor gate driver[J]. Journal of Display Technology, 2012, 9(1): 7-16.

[10]　廖聪维. TFT 集成的显示器驱动电路研究[D]. 北京: 北京大学, 2012.

[11]　Liao C, He C, Chen T, et al. Implementation of an a-Si: H TFT gate driver using a five-transistor integrated approach[J]. IEEE Transactions on Electron Devices, 2012, 59(8): 2142-2148.

[12]　Liao C, He C, Liang Y, et al. A new Integrated a-Si: H TFT Gate driver with Q Node Quasi-Grounded[C]. ASID-2009, 2009: 55-58.

[13]　He C, Liao C, Liang Y, et al. Integrated a-Si: H TFT Gate driver for 14. 1inch WXGA TFT-LCD[C]. ASID-2009, 2009: 63-66.

[14]　Liao C, Hu Z, Dai D, et al. A compact bi-direction scannable a-Si: H TFT gate driver[J]. Journal of Display Technology, 2015, 11(1): 3-5.

[15]　何常德. a-Si TFT-LCD 栅极驱动电路集成化设计研究[D]. 北京: 北京大学, 2006.

[16]　郑灿. a-Si: H TFT 集成栅极驱动电路研究[D]. 北京: 北京大学, 2013.

[17]　胡治晋. 大尺寸显示面板用薄膜晶体管集成栅极驱动电路研究[D]. 北京: 北京大学, 2016.

[18]　胡治晋, 廖聪维, 李文杰, 等. 一种用于大尺寸显示的 a-Si: H TFT 集成栅极驱动电路[C]. 2014 中国平板显示学术会议, 2014: 466-468.

[19]　Hu Z, Liao C, Li W, et al. Integrated a-Si: H gate driver with low-level holding TFTs biased under bipolar pulses[J]. IEEE Transactions on Electron Devices, 2015, 62(12): 4044-4050.

[20]　Hu Z, Liao C, Li J, et al. A-Si: H TFT gate driver with shared dual pull-down units for large-sized TFT-LCD applications[C]. Digest of Technical Papers, SID International Symposium, 2014: 986-989.

[21] Hu Z, Wang L L, Liao C, et al. Threshold voltage shift effect of a-Si: H TFTs under bipolar pulse bias[J]. IEEE Transactions on Electron Devices, 2015, 62(12): 4037-4043.

[22] 陈韬. 非晶硅 TFT 集成电路研究[D]. 北京: 北京大学, 2012.

[23] 李君梅. TFT-LCD 栅极驱动电路精简化研究[D]. 北京: 北京大学, 2015.

[24] 杨激文. 车载显示器 TFT 集成栅极驱动电路研究[D]. 北京: 北京大学, 2021.

[25] Ha Y M. P-type technology for large size low temperature poly-Si TFT-LCDs[C]. Proceedings of the SID Symposium Digest of Technical Papers, F, 2000. Wiley Online Library.

[26] Song S J, Kim B H, Jang J, et al. Low power low temperature poly-Si thin-film transistor shift register with DC-type output driver [J]. Solid-State Electronics, 2015, 111: 204-209.

[27] 沈帅, 触控内嵌式显示屏的 TFT 集成栅驱动电路研究[D]. 北京: 北京大学, 2021.

[28] 沈帅, 廖聪维, 杨激文, 等. In-cell 触控屏用两级预充电栅极驱动电路[J]. 中国科学: 信息科学, 2021, 51(6): 1030-1040.

[29] Shen S, Liao C, Yang J, et al. Capacitor reused gate driver for compact in-cell touch displays[J]. IEEE Journal of the Electron Devices Society, 2021, 9: 533-538.

[30] Shen S, Liao C, Yang J, et al. A compact gate driver with bifunctional capacitor for in-cell touch mobile display[J]. Journal of the Society for Information Display, 2021, 29(7): 526-536.

[31] Moon S H, Haruhisa I, Kim K, et al. Highly robust integrated gate-driver for in-cell touch TFT-LCD driven in time division driving method[J]. Journal of Display Technology, 2015, 12(5): 435-441.

[32] 曹世杰. 非晶铟镓锌氧薄膜晶体管集成的栅驱动电路研究[D]. 北京: 北京大学, 2016.

[33] 李文杰. 自补偿 GOA 电路稳定性研究[D]. 北京: 北京大学, 2015.

[34] Lin C, Chen F, Ciou W, et al. Simplified gate driver circuit for high-resolution and narrow-bezel thin-film transistor liquid crystal display applications[J]. IEEE Electron Device Letters, 2015, 36(8): 808-810.

[35] 雷腾腾. 基于氧化物 TFT 的 8K LCD 集成栅极驱动电路研究[D]. 北京: 北京大学, 2020.

[36] 马一华. 高可靠和低功耗的集成栅极驱动电路研究[D]. 北京: 北京大学, 2018.

[37] Ma Q, Wang H, Zhou L, et al. Robust gate driver on array based on amorphous IGZO thin-film transistor for large size high-resolution liquid crystal displays[J]. IEEE Journal of the Electron Devices Society, 2019, 7: 717-721.

[38] Lewis A G, Lee D D, Bruce R H. Polysilicon TFT circuit design and performance[J]. IEEE J Solid-St Circ, 1992, 27(12): 1833-1842.

[39] Hordequin C, Bayot J, Kretz T, et al. A 1″VGA LC light valve using a-Si: H TFTs with integrated drivers[C]. EuroDisplay, 2002.

[40] Choi J, Jeon J, Han J, et al. A Compact and Cost-Efficient TFT-LCD through the Triple-Gate Pixel Structure[J]. SID Symposium Digest of Technical Papers, 2006, 37(1): 1.

[41] Lin A C W, Chang T K, Jan C K, et al. LTPS circuit integration for system-on-glass LCDs[J]. Journal of the Society for Information Display, 2006, 14(4): 353-362.

[42] Kikuchi T, Hara K, Kitagawa H, et al. 58-3: Development of 4side narrow border UHD display with TopGate IGZO-TFT and DeMUX technology[C]. Proceedings of the SID Symposium Digest of Technical Papers, F, 2019. Wiley Online Library.

[43] Kim B, Choi S C, Kuk S H, et al. A novel level shifter employing IGZO TFT[J]. IEEE Electron Device Letters, 2010, 32(2): 167-169.

第3章　有源矩阵有机发光二极管(AMOLED) 显示 TFT 电路

如前章所述，AMLCD 是当代显示的主流技术，而且这种态势在今后相当长时间都难以改变。然而，有源矩阵有机发光二极管(Active Matrix Organic Light Emitting Diode, AMOLED)显示在近十年发展很快，已在多个应用领域实现了产业化，并呈现逐步取代 AMLCD 的趋势。例如，目前的中高端手机已经开始全面采用 AMOLED 显示屏。与 AMLCD 相比，AMOLED 显示器有其鲜明的特色和优势，如亮度高、视角宽、色彩逼真、响应速度快、外形轻薄、易柔性化等。但是，AMOLED 制造技术难度高，导致 AMOLED 在性能价格比上与 AMLCD 相比难以取得优势。不过从更长远的发展来看，主动发光显示的优势终将显现。

AMOLED 显示与 AMLCD 的不同在于它是主动发光的显示技术。其每一个像素含有自发光的 OLED 元件，在 TFT 背板提供的电信号驱动下进行发光，发光亮度受图像信号电压控制，从而实现对图像的显示。AMOLED 的驱动背板也同样由 TFT 像素电路阵列和行/列驱动电路构成。早期的 AMOLED，其行/列驱动由外置的集成电路芯片来实现，而现代 AMOLED 显示器，其行驱动可直接由 TFT 集成的电路来完成，同时，列驱动的一部分也可由 TFT 集成的电路来完成。

本章从 AMOLED 显示的基本原理出发，讨论低温多晶硅(LTPS)TFT、氧化物 TFT、硅氧混合(LTPS + Oxide, 简称 LTPO) TFT 的 AMOLED 显示像素电路的工作原理和设计思路，包括电流编程型和电压编程型等像素电路。此外，还讨论和分析显示像素电路与周边驱动电路的协同设计，以及 TFT 集成的 AMOLED 显示屏行列驱动电路的设计与实现等。

3.1　AMOLED 显示原理

尽管 AMLCD 是目前的主流显示技术，但它仍存在一些固有的缺陷：①液晶的工作温度范围较窄，液晶在低温下响应速度慢，从而难以在低温环境中使用；②AMLCD 为依赖背光源的被动发光显示，其背光源通常处于常亮状态，难以实现低功耗和高对比度，导致显示模块往往会成为整机功耗的主要部分；③AMLCD 的色域窄，不能很好地重现所有的颜色，尤其是绿色区域。而 AMOLED 显示原理上不存在上述问题，有望成为更好的显示技术。

　　有机半导体材料的电致发光现象的研究可以追溯至 20 世纪 50 年代，那时人们就观察到吖啶橙、奎纳克林、单晶蒽等薄膜在被施加直流高压后可以发光。到 1987 年，华人科学家邓青云博士发明了异质结构的 OLED 器件，并引入了新的掺杂技术，显著地降低了 OLED 的工作电压，使人们看到了 OLED 在显示和照明领域的应用潜力，从而掀起了 OLED 技术的研究热潮。

　　作为一种新型显示技术，OLED 显示相比传统的 LCD 有着明显的优势：①主动发光显示模式，可以实现全黑色显示，因此对比度高，功耗低；②可以实现柔性显示，大大拓宽了显示产品的应用领域；③器件结构简单且为全固态，可应用于苛刻的工作环境；④更广的色域，124% NTSC 标准色域覆盖，能够呈现出更加鲜艳的色彩；⑤更宽的可视角度，这在电视应用中具有明显的优势；⑥更快的响应速度，可以达到微秒量级，因此可以在超高频驱动中占据优势，比如 3D 显示领域等。

　　OLED 是一种电流型器件，流过的电流大小决定了 OLED 的发光亮度。如图 3.1 所示，OLED 显示器的驱动方式分为两种，分别为无源矩阵(Passive Matrix，PM)和有源矩阵(Active Matrix，AM)驱动。对于 PMOLED 显示，面板上各个像素的 OLED 只是在像素被选通的行时间内被驱动发光，而在非选通期间则不发光。因此，人眼感知到的是一帧时间内 OLED 的平均亮度。这就要求在行选通时间内须给 OLED 提供足够大的电流，使得 OLED 一帧内的平均亮度达到显示器对亮度的一般要求。这样，随着分辨率的提高即显示屏内像素行数的增加，OLED 的发光时间(行选通时间)不断缩短，导致 OLED 的驱动电流须不断增大。而随着工作电流的增大，OLED 的退化速度通常加快，导致器件的寿命缩短。此外，大电流下，行列线上因线电阻形

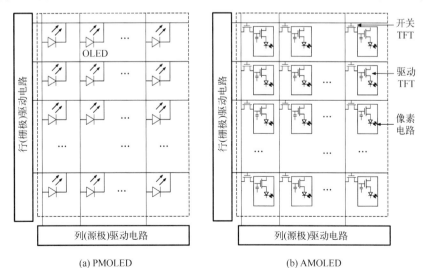

(a) PMOLED　　　　　　　　　　　　　(b) AMOLED

图 3.1　OLED 显示的两种驱动方式

成的压降也会使得显示的均匀性变差。同时，随着阵列规模增大，PM 架构下的像素间的串扰也显著增强。因此，采用 PM 驱动方式的显示器的分辨率难以提升到 100 行以上。这也解释了为什么 PMOLED 显示一般只应用到小尺寸、低分辨率显示的场合，例如手表、仪器仪表和计算器等场合。

　　大信息容量的高端 OLED 显示都必须采用 AM 驱动方式。图 3.2 为 AMOLED 显示驱动系统的示意图。在 AM 驱动架构下，每个像素的 OLED 的驱动均由一个 TFT 像素电路来控制，该像素电路可使得其 OLED 在整个一帧时间内持续发光，这意味着 OLED 在小电流驱动下也可呈现可接受的显示亮度。同时，每个像素的工作状态可以相互隔离，在非选通时间内不受其他行选通操作的干扰，即不存在像素间的信号串扰，这使得 AM 模式下的高分辨率显示比 PM 模式下更容易实现。

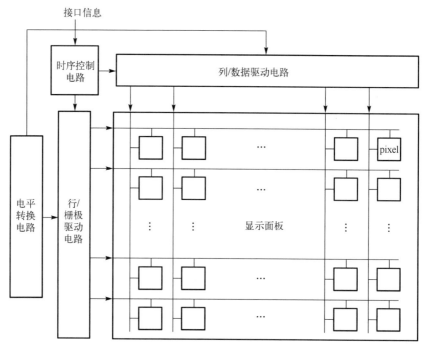

图 3.2　AMOLED 显示驱动系统的示意图

　　理想情况下，AMOLED 像素电路可由 2T1C 构成，如图 3.3 所示。下文将以此 2T1C 电路为例来描述 AMOLED 的工作原理。此像素电路包括一个开关 TFT(T1)，一个驱动 TFT(T2) 和一个存储电容(C_S)。当该行扫描线（栅线 G[n]）为高电平时，整行的显示像素被选中，此行像素内的所有 T1 开启。数据线上的电压 V_{DATA} 通过 T1 对每个像素内的电容 C_S 充电，将数据信号存储于 C_S，也即 T2 的栅极上。这时 T2 导通，产生与数据电压相对应的电流驱动 OLED 发光。当选通扫描结束，即扫描线上的电位由高变低后，T1 关断，存储在 C_S 上的电荷得以维持，也即 T2 的栅极电压保持不变。这样，OLED 在一帧内稳定持续发光，并维持恒定的与信号电压对应的发光电流。通常，电源电压 V_{DD} 足够高，使得 T2 工作于饱和区，这有利于 OLED 电流的稳定。

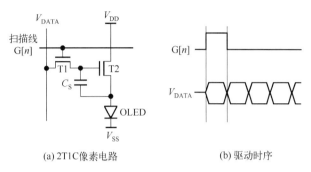

(a) 2T1C像素电路　　　　　　　(b) 驱动时序

图 3.3　AMOLED 显示驱动原理示意图

通过推导，可以得到流过 T2 和 OLED 的电流 I_{OLED} 的表达式为

$$I_{OLED} = I_{T2} = \frac{1}{2}\mu C_{ox}\frac{W}{L}(V_{DATA} - V_{OLED} - V_T)^2 \tag{3-1}$$

其中 μ、V_T、W、L 和 C_{ox} 分别为 T2 的载流子迁移率、阈值电压、沟道宽度、沟道长度和单位面积栅氧化层电容。V_{OLED} 是 OLED 的开启电压(也称为阈值电压)。以上是假设了 TFT 为 N 型，如果 TFT 为 P 型，则 I_{OLED} 可表示为

$$I_{OLED} = I_{T2} = \frac{1}{2}\mu C_{ox}\frac{W}{L}(V_{DD} - V_{DATA} + V_T)^2 \tag{3-2}$$

一行扫描结束后，下一行扫描开始，如此重复循环。在一个帧周期内，整个显示屏幕的每行像素都会被选通一次，并对像素的信号数据进行刷新。

然而，实际的 AMOLED 像素电路及其驱动方式要复杂得多。要实现一个均匀的显示，在相同的输入信号下每一个像素的 OLED 的发光亮度必须保持相同，而 OLED 的发光亮度又直接受制于其驱动电流和发光效率。因此，在不考虑 OLED 发光效率差异的情况下，首先要求在各像素中输入相同的信号电压(电流)时，每一个像素的 OLED 流过相同的发光电流。然而，就基于 TFT 的 AMOLED 显示而言，有很多因素会引起驱动电流的不均匀，从而导致显示亮度的不均匀，甚至在 OLED 电流均匀的情况下，也可能出现显示不均匀的现象。下面将逐一分析和讨论这些影响因素。

1)TFT 阈值电压和迁移率的不均匀或漂移

根据式(3-1)和式(3-2)，流过 OLED 电流与驱动 TFT 的阈值电压 V_T 以及载流子迁移率强相关。因此为了得到均匀的高质量显示，所有 TFT 的阈值电压和迁移率需要一致和稳定[1,2]。然而，正如第 1 章所述，目前主流的 TFT 存在 V_T 不均匀(如多晶

硅 TFT)、迁移率不均匀(如多晶硅 TFT)，或是 V_T 不稳定(如非晶氧化物 TFT)等问题。

2)OLED 开启电压的不均匀、漂移以及量子效率退化

同样根据式(3-1)，流过 OLED 电流与 OLED 本身的开启电压 V_{OLED} 强相关。因此为了得到均匀的显示，OLED 本身的开启电压需要一致和稳定。然而，目前的 OLED 的开启电压总是存在一定的离散性，而且会随着工作时间的延长而不断改变。此外，OLED 的发光效率也会随着工作时间的延长而退变，即发光亮度会不断降低。在一个显示屏上，不仅 OLED 的发光亮度是不均匀的，不同颜色(发光波长)的 OLED 退变趋势也是不尽相同的。这些因素对 OLED 显示质量的控制带来了很大的挑战[2]。

3)V_{DD} 线上的寄生电阻引起的电压降

在如图 3.3 所示，AMOLED 显示的每个像素被提供的电源电压均为 V_{DD}。但实际上，电源电压是通过金属引线施加到各像素的，而金属引线总是存在一定的电阻。这样，由于电阻的分压，在处在不同位置的像素电路上，实际施加在像素上的电源电压是不尽相同的[3]。对于低电平(V_{ss})电位，情况也是如此。在驱动 TFT 为 P 型的情况下，根据式(3-2)可知，如果 V_{DD} 是不确定的，显示屏上各处像素的 OLED 电流就会出现差异。在驱动 TFT 为 N 型的情况下，根据式(3-1)，OLED 电流似乎与 V_{DD} 无关而不受影响，但这是一个近似的电流电压公式，假定 TFT 的输出特性为一个理想情况，即饱和区的饱和电流与源漏电压完全无关。但实际上，TFT 的饱和特性总是不理想的，其饱和区的源漏电流是与源漏电压有一定的依赖关系。这样，金属引线电阻引起的电压降也会造成各像素的驱动晶体管源漏电压的差异，即 TFT 的饱和电流(I_{OLED})的不一致。

由于上述因素的存在，简单的 2T1C 像素电路是不能满足 AMOLED 显示要求的。实用的 AMOLED 像素电路必须具有补偿功能，以校正上述因素引起的 OLED 发光亮度的偏差。目前，已经提出了多种补偿原理和相应的具有补偿功能的像素电路。补偿型像素电路主要有以下四类：①电流编程像素电路(Current Programming Pixel Circuit, CPPC)；②电压编程像素电路(Voltage Programming Pixel Circuit, VPPC)；③电流电压混合型补偿像素电路；④外部补偿型像素电路。其中，CPPC 和 VPPC 是在像素内部实现补偿功能。CPPC 包含镜像结构和非镜像结构，而 VPPC 有充电式、放电式、混合式等多种结构。下面针对这 4 类像素电路的补偿原理进行介绍与分析。

3.2　AMOLED 像素电路补偿原理

3.2.1　电流编程补偿原理

所谓电流编程型像素电路(CPPC)，是指以电流信号的形式将图像数据输入像素

的像素电路。该电流信号被驱动电路输入像素电路后，首先通过编程过程，在驱动晶体管的栅极上产生一个与电流信号对应的驱动电压，并将该电压存储于栅电容上，该栅电压值刚好使得驱动晶体管工作在饱和区，且使得驱动管沟道电流与输入像素的数据电流相等，或成固定比例关系。然后，驱动晶体管在编程阶段产生的栅压驱动下输出恒定电流驱动 OLED 发光，该发光电流与输入像素的数据电流相等，或成固定比例关系，与像素电路中器件(TFT 和 OLED)的电学参数无关，因此 CPPC 能够实现精确的电学参数补偿[4]。

　　CPPC 分为镜像结构和非镜像结构两类。在镜像 CPPC 中，顾名思义，编程电流的采样和 OLED 的驱动电流的产生采用的是电流镜结构，而在非镜像 CPPC 中，则由同一个 TFT 实现编程电流的采样并给 OLED 提供驱动电流[5]。

　　图 3.4(a)示意了一个典型的非镜像的 CPPC。在编程阶段，T2 和 T3 导通，T4 断开。编程电流(数据电流)通过 T2 给 T1 的栅极处的电容 C_S 充电，随着电容电压，即 T1 的 V_{GS} 的升高，流过 T1 的电流增加，而这个电流是编程电流通过 T3 流入 T1 漏极的电流。当 V_{GS} 增加到 T1 的电流等于编程电流 I_{DATA} 时，将会使得不再有电流通过 T2 对栅电容 C_S 充电，编程电流全部流向 T1 的漏极，此时，OLED 上的电流等于编程电流 I_{DATA}。这也意味着，编程电流转换成了 T1 的栅电压并存储在 C_S 中。在编程阶段结束之后，T2 和 T3 关断，T4 导通。由于 T1 的 V_{GS} 被保存于 C_S 而不变，因此与编程电流大小相同的电流继续流入 OLED。

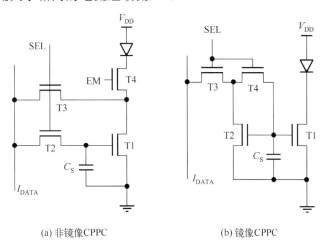

(a) 非镜像CPPC　　　　　　　　(b) 镜像CPPC

图 3.4　典型的 CPPC 结构示意图

　　图 3.4(b)示意了一个典型的镜像 CPPC 的例子。这里，T1 和 T2 构成电流镜，T3 和 T4 是开关。在编程期间，T3 和 T4 导通，允许编程电流流入 T2。存储电容器 C_S 被充电到对应于编程电流的电压。由于 T1 和 T2 都工作在饱和区，并且具有相同的栅极电压偏置，因此通过 T1 的电流是编程电流的复制。即使在开关 T3 和 T4 关

断后，OLED 电流也不会有明显变化。存储在 C_S 上的电压会自适应地调整，以确保编程电流严格地等于 T2 的导通电流，并使像素电路不受 V_T、迁移率漂移的影响。流过 T1 和 T2 电流的比例与二者沟道宽长比的比例相同，因此可通过缩放 T1 和 T2 的尺寸来调整 OLED 的电流。

镜像和非镜像结构 CPPC 之间电路拓扑的另一个主要区别在于，在几乎所有的非镜像结构 CPPC 中，驱动路径中有两个或者以上的 TFT（例如图 3.4(a) 中的 T1 和 T4）。因此，非镜像像素需要更高的电源电压和更多的功耗。镜像型 CPPC 像素在驱动路径中只有一个 TFT（例如图 3.4(b) 中的 T1），但电流镜 TFT 的性能均匀性必须足够高，以保证 OLED 电流的均匀性。因此，镜像型 CPPC 适合均匀性好的 TFT 技术，而非镜像型 CPPC 适合均匀性不够好的 TFT 技术。

对均匀性较差、可能存在短程失配的 TFT 而言，适当的像素版图设计可以改善 TFT 的匹配。若 TFT 均匀性较好，电流镜像 CPPC 通常具有较高的精度，但也往往存在像素电流随时间略微增加的问题。主要原因是，尽管 T1 和 T2 具有相同的栅源应力电压，但它们工作在不同的区域。T1 具有较高的漏极电压，并且始终工作在饱和区域，而在大部分的工作期间，T2 是处在三极管区，即 T2 的漏源电压较低。若不考虑热电子效应和自加热效应等，一般情况下，更高的漏极电压往往导致 V_T 漂移更小，于是长时间工作后，T2 的 V_T 漂移高于 T1，导致 T1 驱动 OLED 的电流随时间逐渐增加。

CPPC 的主要挑战是编程电流的建立时间非常长[1]。为了推导建立时间的一阶模型，将一列中的所有寄生电容等效成一个大电容 C_P[6]。寄生电容主要来源于一列中的所有像素中的开关 TFT 的栅漏交叠电容以及行列线的交汇电容。驱动 TFT 在编程阶段近似为二极管连接，故 CPPC 编程电流建立时间计算的等效电路如图 3.5 所示，在输入电流为 I_{DATA} 时，像素内的各支路电流服从以下关系式

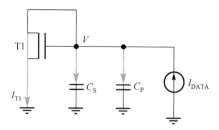

图 3.5　CPPC 中编程电流建立时间计算的等效电路

$$I_{DATA} = (C_P + C_S)\frac{dV}{dt} + K(V - V_T)^2, \ V > V_T \tag{3-3}$$

$$I_{T1} = K(V - V_T)^2, \ V > V_T \tag{3-4}$$

这里，I_{T1} 是 T1 的电流；K 是 T1 的导电因子，正比于迁移率。假设数据线的初始电压大于 T1 的 V_T，建立时间常数为

$$\tau \approx \frac{C_P + C_S}{2\sqrt{KI_{DATA}}} \tag{3-5}$$

可以看出，电流建立时间常数取决于寄生电容、存储电容、输入编程电流和 TFT 的导电因子。假设 C_P 取值为 10pF，I_{DATA} 为 nA 数量级，为满足 10 微秒数量级的建立时间，K 应为 5mA/V^2。为了达到这样的导电因子，TFT 迁移率需要达到数百 cm^{2}V^{-1}s^{-1}。因此，即使对于高性能 TFT 如多晶硅 TFT，建立时间依然难以达到要求。系统的模拟结果显示，按照目前的 TFT 技术水平，电流编程方法几乎不切实际[7,8]。

3.2.2　电压编程补偿原理

在电压编程补偿方案中，TFT 的阈值电压 V_T 漂移或不均的补偿主要是在编程阶段对驱动管 TFT 的栅源端预置驱动管的 V_T 信息，使得驱动管的驱动电流表达式中不再含有 V_T 项，即驱动管的驱动电流变得与其 V_T 无关。电压编程补偿过程通常分为预充电、V_T 提取、数据写入和发光等几个阶段。预充电阶段：补偿电压存储在存储电容中。V_T 提取阶段：存储电容中的补偿电压通过二极管连接的驱动管 TFT 进行放电，直至其关闭，此时驱动管的栅源电压等于其阈值电压 V_T。数据写入阶段：编程电压 V_P 被添加到提取的 V_T 上，此时驱动管的栅源电压为 V_P+V_T。发光阶段：OLED 的电流 $I_{OLED} = K(V_P)^\alpha$，与 V_T 不再相关，补偿功能得以实现[4]。其中，K 是驱动管 I-V 公式中的导电因子。电压编程像素电路(VPPC)可分为四种类型：叠加型、并行型、自举型和镜像型等[7]。

1)叠加型电压编程

图 3.6 示意了叠加型 VPPC 进行补偿的基本原理。其中，T1 是驱动 TFT，C_S 是存储电容，C_{OLED} 是 OLED 电容。V_{comp} 是补偿电压，V_P 是编程电压。图 3.6(a)示意的是预充电和放电阶段。在此阶段，T1 的栅漏首先短接并接地，节点 B 被充电至 V_{comp}。接着节点 B 放电使得 T1 关闭，B 点电压变为 $-V_T$。图 3.6(b)示意的是数据写入阶段，此时 T1 的栅漏极断开，栅极(节点 A)被充电到 V_P。考虑到 C_{OLED} 很大，节点 B 处的电压依旧保持在 $-V_T$，使得 T1 管的栅源电压 V_{GS} 等于 V_P+V_T，也就是阈值电压与编程电压进行了叠加。根据 TFT 的电流电压公式，很显然 TFT 的输出电流将不再与 V_T 有关，实现了补偿功能。

2)并行型电压编程

图 3.7 示意了并行型 VPPC 进行补偿的基本原理。其中各符号的定义同图 3.6。图 3.7(a)示意的是 V_T 提取和数据写入同时(并行)发生。在此阶段，T1 栅漏极短接，栅极(节点 A)首先被充电到 V_{comp}，源极同时被置于编程电压 V_P。然后节点 A 开始

放电，直到 T1 关断，此时节点 A 的电压就变成了 V_P+V_T 并储存于 C_S。在图(b)所示的发光驱动阶段，T1 的栅漏极断开，源极电压变为 V_{REF}。这样，T1 的 V_{GS} 变为 $V_P + V_T - V_{REF}$，使得 T1 输出电流不再与 V_T 有关，实现了补偿功能。

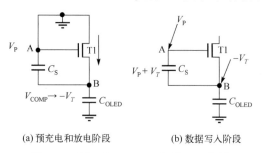

(a) 预充电和放电阶段　　　　　　　(b) 数据写入阶段

图 3.6　叠加型 VPPC 工作原理示意图

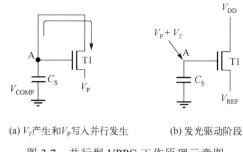

(a) V_T 产生和 V_P 写入并行发生　　　(b) 发光驱动阶段

图 3.7　并行型 VPPC 工作原理示意图

3) 自举型电压编程

图 3.8 示意了自举型 VPPC 的工作原理。其中各符号的定义同图 3.6。图 3.8(a) 示意的是 V_T 提取阶段，此时 T1 栅极(A 节点)首先被充电到一个较高电位 V_{COMP}，然后栅漏极短接，A 节点通过二极管连接的 T1 放电，直到 A 点电压降至 T1 的阈值电压 V_T，T1 关闭，同时 V_T 存储于 C_S。图(b)示意的为自举和发光驱动阶段，此时 T1 的栅漏极断开，C_S 的另一端被施加编程电压 V_P，由于 A 点悬空，T1 的 V_{GS} 被自举到 $V_P \times k_1 + V_T$。这里，$k_1 = C_S/(C_S + C_{T1})$，C_{T1} 为 T1 的栅电极电容。在发光阶段，T1 的源极电压设置为 V_{REF}。这样，T1 的 V_{GS} 变为 $V_P \times k_1 + V_T - V_{REF}$，使得 T1 输出电流不再与 V_T 有关，从而实现了补偿功能。

4) 镜像型电压编程

该类像素电路是镜像拓扑与上述某一种驱动方案的组合。其特点是补偿镜像 TFT 的 V_T 漂移和不匹配，而不是补偿驱动 TFT 的 V_T 漂移和不匹配。对于多晶硅 TFT 技术，这种像素电路设计的主要假设是短程失配可以忽略不计。而对于 a-Si:H TFT 或者是氧化物 TFT 技术，驱动和镜像 TFT 必须具有相同的偏置条件才能具有相同的 V_T 漂移/偏移。

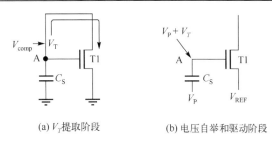

(a) V_T 提取阶段　　　　　　　(b) 电压自举和驱动阶段

图 3.8　自举型 VPPC 工作原理示意图

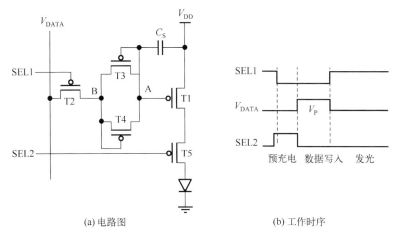

(a) 电路图　　　　　　　　　(b) 工作时序

图 3.9　镜像型 VPPC 工作原理示意图

图 3.9 示意了一个并行补偿的镜像型 VPPC 电路。该电路的预充电通过 T4 完成，T3 为镜像 TFT。在数据写入阶段，数据电压 V_P 写入节点 B，经过 T3 的充放电过程后 A 节点处的电压在发光阶段为 V_P-V_{T3}，因此 T1 的栅源电压含有 $V_{T1}-V_{T3}$ 项，如果 T3 和 T1 管的 V_T 相同，即 $V_{T1} = V_{T3}$，那么 T1 的补偿功能得以实现。此外，T5 的作用是防止 OLED 在第一个工作(预充电)阶段产生无效发光。

5) 阈值电压提取方法比较

如图 3.10 所示，电压编程补偿过程中的阈值电压提取通常有两种方法，即二极管连接和源跟随方法。如图 3.10(a) 所示，二极管连接法是通过导通的 T2 将驱动管 T1 的栅极和漏极短接，形成一个二极管结构。于是，T1 的栅电容通过 T1 本身放电，直到其栅源电压 V_{GS} 接近其阈值电压 V_T，T1 进入截止状态。该方法存在的问题是当器件为耗尽型时，阈值电压提取过程会在 $V_{GS} = 0$ 时停止而未完成。而如图 3.10(b) 所示的源跟随方法则没有上述问题。其电路结构是在驱动管 T1 的源端 B 节点有器件(T2)串接。其工作原理是在 T1 的栅极加载一个使 T1 导通的参考电位 V_{REF}，从而对 T1 源端的节点 B 充电，节点 B 电压逐步升高至 T1 进入截止状态。此时节点 B 的电位为 $V_{REF}-V_T$，比节点 A 的电位低一个 V_T。于是，不管 T1 是耗尽型还是增强型器件，只要能满足 $V_1 > V_{\mathrm{REF}} - V_T$（N 型），或 $V_1 < V_{\mathrm{REF}} - V_T$（P 型），在节点 B 都能精确提取到 T1 的 V_T。

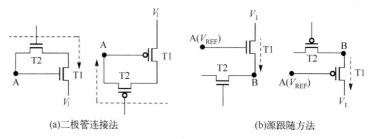

(a)二极管连接法　　　　　　　　　　　(b)源跟随方法

图 3.10　两种不同的阈值电压提取方法(箭头为电流方向)

6) 不均匀性和温度变化

VPPC 的一个主要缺点是对空间不均匀性(失配)和环境参数变化高度敏感。TFT 的 I-V 公式中的导电因子 K 是器件几何尺寸和迁移率的函数。因此，由于空间失配导致的任何几何参数变化都会直接影响 OLED 电流。此外，由于 TFT 迁移率是温度的强相关函数，任何温度变化也都会导致 OLED 电流发生变化。在一些像素电路中，温度和器件的参数失配直接影响到驱动管的栅源电压。

7) 补偿的不完全性

VPPC 的另一主要缺点是难有充分的时间来提取 V_T 而导致补偿的不完全。在 V_T 提取阶段，驱动管 TFT 工作于饱和区，提取阶段末端驱动管的过驱动电压可写为

$$V_{\mathrm{OV}}(\tau) = \frac{(V_{\mathrm{comp}} - V_T)}{\dfrac{K \cdot \tau(V_{\mathrm{comp}} - V_T)}{C_T} + 1} \tag{3-6}$$

其中，C_T 是 V_T 提取阶段中有效的总电容值，τ 是 V_T 提取阶段的总时长。为实现完全补偿，过驱动电压在此阶段结束时应为零。根据上式，由于 V_T 提取时间 τ 是有限的，所以过驱动电压的量不可能为零，从而在 OLED 电流中仍有与 V_T 相关的因素。在叠加式电压编程像素电路中 $C_T = C_S + C_{\mathrm{OLED}}$，在其他像素电路中 $C_T = C_S$。由于 C_{OLED} 通常大于存储电容 C_S，因此在叠加式 VPPC 中补偿的不完全性会更加严重。

8) OLED 退化

OLED 退化主要表现为发光效率降低以及阈值电压增加。对于前者的补偿无论是电学还是光学方法似乎都难以实现，唯一可做的似乎是尽量提升 OLED 材料和工艺水平，以维持稳定的发光效率。对于后者的阈值电压 V_{OLED} 漂移，电学上应该可以找到一些方法。如图 3.9 所示的像素电路，驱动 TFT 的 V_{GS} 是 OLED 电压的函数，V_{OLED} 的增大直接降低了驱动 TFT 的栅源电压。在这些像素电路中，由于退化导致的 OLED 电压的任何变化都会引起像素电流的时间相关误差。例如，图 3.9 的像素

发光电流可以写为

$$I_{pixel} = K(V_P - V_{OLED} - V_{DS5})^{\alpha} \tag{3-7}$$

根据上式，如果由于 OLED 退化使得 V_{OLED} 增加，则像素发光电流减小，甚至最终驱动 TFT 关闭。

3.2.3　电流电压混合编程型补偿原理

如前所述，电流编程型像素电路的结构简单，相比电压编程型能够提供更加精确和全面的补偿[8, 9]。但是由于数据线上寄生电容的存在，编程电流的建立往往需要很长的时间，编程速度明显慢于电压编程型像素电路[10]。尤其在小电流的情况下，电流编程型像素电路的建立时间甚至达到毫秒量级。这对于行时间只有几微秒到十几微秒的显示过程来说是不能接受的。为了缩短编程电流的建立时间，可采用增大编程电流或引入反馈机制等措施。对于前者，一般是通过电容耦合的方式增大编程电流和驱动电流之间的比例，但这对建立时间的缩短效果不明显，且大的编程电流会对 OLED 的寿命造成影响。对于后者，需要在列驱动电路中增加放大器或比较器等，这显然会增加产品的制造成本。

另一个比较简单的做法是将编程分为两个阶段[8, 9]，第一阶段，数据线通过电压编程模式在较快的速度下被充电或放电(与之前的电路状态有关)至一个特定的电压，并且同时像素电路的状态也经过初始化。在第二阶段，电路进入电流编程模式，这个阶段决定了最终 OLED 的导通电流。由于第一阶段的预充或放电，最终 OLED 的电流建立时间会大为缩短。

3.2.4　外部补偿原理

前面提到的各种补偿均是在像素内部进行，也称为内部补偿。内部补偿方法可以有效解决 TFT 或 OLED 的阈值漂移或不均匀问题，甚至能一定程度上解决 TFT 迁移率不均或退化的问题，但是受限于 TFT 的本征电学性能和像素电路复杂度，内部补偿方法的效果通常不够理想，仍然存在一些不易解决的问题，例如：显示面板内温度变化引起的驱动电流变化，以及 OLED 发光效率的退化等问题就难以解决。此外对电源线上由于寄生电阻引起的压降，即像素阵列 V_{DD} 或 V_{SS} 的离散问题也难以解决。而且带有补偿功能的像素通常在电路结构和驱动时序上都比较复杂，这往往使得显示面板的制造成品率(良率)降低。为了实现全面和精确的补偿，并在面板上实现简单的像素电路和驱动时序,采用外部芯片进行补偿或是一个更可行的方法，特别是在大尺寸和高分辨率显示的情况下更是如此。

外部补偿是指由显示面板外部的列驱动芯片检测每个像素的失配和漂移信息，然后再通过实时或非实时的方式来调整写入像素中的电压或电流量(图像数据)，以实现正确的图像显示。大部分的外部补偿方案都是实时检测反馈电流，如果它与预期电流值有偏差，则不断调整写入到像素中的电压值，直到反馈电流与预期电流相等。这种实时反馈的方法能够使像素中最终流过的电流与预期的电流值相等，从而再现正确的图像。但是这种方法对驱动速度要求较高，所有的反馈、比较、电压调整等过程都必须在一个行时间内完成。对于高帧率、高分辨率显示，行时间减少到十几微秒甚至几微秒，这使得反馈过程变得难以实现[11-13]。

另外一种外部补偿方案是通过提取每个像素中 TFT 或 OLED 的阈值电压信息，并将其存储到 RAM 中，然后在写入数据时，将 RAM 中的阈值电压信息读出，然后叠加到图像的数据电压中从而实现图像的正确显示。由于加法操作在数字端实现，因此必须先对图像数据进行数字的 Gamma 校正，而这种校正的结果就是增大数字信号的位数，从而会进一步使数模转换模块由于位数的增大而变得更加结构复杂。外部补偿的像素电路通常包含两个工作模式，显示模式和检测模式，即像素电路既有显示数据写入功能也有检测反馈功能。

3.2.5　不同类型像素电路的比较

表 3.1 列出了主要的 AMOLED 显示像素的内部补偿(电流编程和电压编程)和外部补偿方法，比较了各方法的补偿效果、驱动速度、电路复杂度和应用等。电流型像素电路能够提供更加精确和全面的补偿，但是由于数据线上较大的寄生电容，往往需要很长的建立时间之后编程电流才能够稳定，尤其在小电流的情况下，建立时间甚至达到毫秒量级。这对于行时间只有十几微秒甚至更短的显示过程来说是不能接受的。

表 3.1　电压编程、电流编程、外部补偿的像素电路对比

电路类型	电流编程型	电压编程型	外部补偿型
补偿范围	V_T (TFT&OLED)，迁移率(TFT)	V_T (TFT&OLED)	V_T (TFT&OLED)，迁移率(TFT)
补偿效果	精确	一般	精确
能否补偿 IR-drop	可以	部分可以	部分可以
驱动速度	慢	快	慢
电路结构	简单(≤4TFT，2 控制线)	复杂(≥4TFT，2 控制线)	像素简单(≤3TFT，2 控制线)、外部驱动 IC 复杂
适用面板	小尺寸	各种尺寸	各种尺寸
存在问题	编程速度慢	结构复杂、难于补偿迁移率	外部驱动 IC 复杂、难于实时补偿

而电压编程像素电路驱动速度快，但像素电路结构往往比较复杂，且阈值电压补偿及数据写入等工作需要多组行扫描驱动电路来配合完成。复杂多路的背板阵列控制线也造成显示开口率和良率下降，显示器的制造成本上升。此外，电压编程型

像素电路对阈值电压漂移和不均匀的补偿程度也不够完全,而且很难补偿迁移率和温度等引起的亮度变化。

外部补偿型方法对 TFT 以及 OLED 的各性能参数都可以进行较好的补偿。但要预留额外的电压范围用作 TFT 以及 OLED 特性的补偿,而且 AMOLED 外部驱动芯片的 DAC 和 Buffer 都需要使用高压器件,这会大大增加数据驱动芯片的成本和功耗,因此需要折中考虑驱动电路的精度、速度、功耗等参数指标,因而相当程度地增加了芯片设计和实现的难度。

3.3 AMOLED 像素电路

上一节已经介绍和分析了各种 AM-OLED 像素电路的补偿原理。本节将分别描述和讨论基于多晶硅 TFT、氧化物 TFT 和 LTPO TFT 等代表性的 AMOLED 像素电路的结构、原理和设计,根据 TFT 的不同特性,分析 OLED 像素电路设计的不同考虑因素。

3.3.1 多晶硅 TFT 像素电路

多晶硅(通常是指低温多晶硅,即 LTPS) TFT 具有迁移率高、稳定性好、P 型器件性能高、可以实现 CMOS 电路等优势,但存在阈值电压、迁移率等均匀性差的问题。采用 LTPS TFT 实现 AMOLED 显示像素电路时,需重点考虑的是器件特性不均匀性的补偿。如前所述,补偿型像素电路可以是电流编程型,或是电压编程型[14]。但前者的电流编程建立时间过长而难以实用化,故目前主要采用的是电压编程型像素电路。

1. 可补偿 V_T 不均匀的电压编程型像素电路

按照阈值电压提取方式的不同,电压编程型像素也可以分为电压镜型和非电压镜型两种[15, 16]。电压镜型像素电路的设计思路是通过提取镜像管的阈值电压来补偿驱动管,由于驱动管和镜像管在面板上位置靠近,故可以认为它们的阈值电压近似相等[17]。电压镜型像素的优势是其电路结构简单和控制信号少。

图 3.11 是一种电压镜型多晶硅 TFT OLED 像素电路[16],用于补偿 V_T 的不均匀,图 3.11 (a) 和图 3.11 (b) 分别为像素电路结构和其控制信号时序的示意图。像素电路包括一个存储电容 C_S 和 4 个 N 型 TFT,其中 T1 是驱动管,T2 是镜像管,T3、T4 是开关管。存储在 C_S 上的电压驱动 T1 为 OLED 提供发光电流。镜像管 T2 的作用是产生 V_T 并将之与数据电压 V_{DATA} 相加并存于电容 C_S。驱动信号有 5 个,分别是电源电压 V_{DD}、数据电压 V_{DATA}、上一行扫描信号 V_{N-1}、本行扫描信号 V_N 以及低电平信号 V_{SS}。工作过程包括预充电、电流校正和发光阶段。

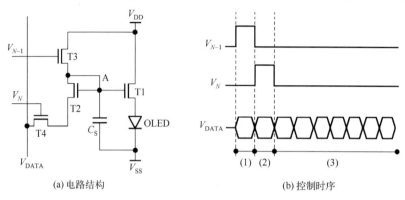

(a) 电路结构　　　　　　　　(b) 控制时序

图 3.11　可补偿 V_T 不均匀的 4T1C 电压镜型 OLED 像素电路[15-18]

第一阶段是预充电阶段。在编程之前，V_{N-1} 由低电平变为高电平，而 V_N 保持低电平，故 T3 开启、T4 关闭，V_{DD} 通过 T3 为节点 A 充电直至接近 V_{DD}，这样像素电路在前一个显示帧存储的数据信号被重置。

第二阶段是编程和电流校准阶段。此时，V_{N-1} 由高电平变为低电平，而 V_N 由低电平转为高电平，使得 T3 关闭，T4 开启。于是二极管连接的 T2 通过 T4 连接到数据线(对应数据电压为 V_{DATA})。A 点的电压将持续降低，直到 T2 截止，此时 A 点的电压将变为 $V_{DATA}+ V_{T2}$。为了保证电路在此阶段正常工作，必须保证 A 点每次都经历放电过程，即电源电压 V_{DD} 满足：$V_{DD} > V_{DATA} + V_{T2}$。

第三阶段是显示发光阶段。此时，V_{N-1} 和 V_N 都为低电平，T3、T4 都被关闭。因 A 点电压存于 C_S，其电压值保持恒定，直到下一帧的复位阶段被重置、及下一帧的扫描编程阶段被写入新的值。在显示发光阶段，流过 OLED 的发光电流 I_{OLED} 由 T1 提供，其值为

$$I_{OLED} = K(V_{DATA} +V_{T2} -V_{OLED} -V_{T1})^2 \tag{3-8}$$

从公式可以看出，OLED 电流大小与 V_{DATA}、V_{OLED} 以及 V_{T2}-V_{T1} 相关。由于 T1 和 T2 在像素内的物理位置非常靠近，故可以认为 T1 和 T2 具有相同的阈值电压，即 $V_{T2} = V_{T1}$。各种电压镜结构的像素电路均基于这一假设进行设计的。因此，OLED 电流表达式可简化为

$$I_{OLED} = K(V_{DATA} -V_{OLED})^2 \tag{3-9}$$

这样，在发光阶段，OLED 电流大小变得与驱动管的阈值电压无关，这意味着驱动管阈值电压空间分布不均不会影响显示亮度的均匀性。

在此电路的工作过程中，V_{N-1} 和 V_N 依次由低电平变为高电平，而且持续时间相同。考虑到这一点，可采用相邻的两级的栅扫描信号用于该像素电路的控制，即将前一行像素(第 N–1 行)的扫描线同时也用于本行(第 N 行)的 V_{N-1}，而同时也将本行

的扫描信号用于下一行像素(第 $N+1$ 行)的扫描信号 V_N。换言之，一行的扫描信号同时作为两行(本行和下一行)的扫描信号。这样，如果整个面板有 M 行像素，则扫描线只需要 $M+1$ 条，而且栅驱动集成电路只需要输出一个行驱动信号即可。如果像素电路需要有两个甚至多个独立的控制信号，这就要求一套栅驱动电路独立输出 2 个甚至更多的扫描信号，或多组栅驱动电路分别输出对应的扫描信号。这将导致像素及其周围的布线和驱动电路变得复杂，像素的开口率以及面板制造的良率可能降低。

此外，该电路的工作过程实际上与传统的 2T1C 电路相同，只有数据写入和驱动发光两个阶段。这是因为当第 $(N-1)$ 行像素进入到编程及电流校准阶段时，V_{N-1} 信号同时也为第 N 行像素做复位阶段的工作，并依次循环。常规的电路通常需要预充电、V_T 产生、电流调整和驱动发光这四个阶段中的三到四个。

总之，图 3.11 所示像素电路的优势是电路结构和控制信号简单，只需要一种栅极扫描信号，像素面积较小，理论上更适合于高分辨率 AMOLED 显示应用。然而，实际 AMOLED 显示面板多采用 P 型 LTPS TFT。相比于 N 型，P 型 LTPS TFT 的稳定性更高，工艺更成熟。在 TFT-OLED 制程中，OLED 通常是低温的后道工序。一般是先较高温度下制备 OLED 阳极金属并图案化，之后是较低温度下整面制备 OLED 的阴极金属，这就决定了 AMOLED 显示像素一般为共阴极结构。对于共阴极的 AMOLED 显示来说，P 型 LTPS TFT 背板易提供恒定的驱动电流，也更有利于减少由于 V_{OLED} 变化而对 OLED 电流产生的影响。因此，实际的 AMOLED 显示器多基于 P 型 LTPS TFT 背板技术制造。虽然镜像型的像素电路更易实现，但为了避免镜像管和驱动管特性不完全一致的问题，像素电路更多地采用了非镜像结构以获得更高的显示质量。

图 3.12 示意了一种非镜像型的可应用到中小尺寸 AMOLED 显示产品的基于 P 型 LTPS TFT 的 7T1C 像素电路[6,12]，具有补偿驱动 TFT 的 V_T 不均匀的功能。如图 3.12(a)所示，该像素电路中，T1 为驱动 TFT，控制发光电流大小；T2 为开关 TFT，控制数据信号的输入；T3 为开关 TFT，与 T1 形成二极管结构，提取 V_T 信息；T4 为开关 TFT，用于 G 点的复位；T5/T6 为开关 TFT，控制发光路径的通断；T7 为开关 TFT，用于 OLED 阳极的复位；C1 为存储电容，用于维持 G 点电位。该电路的工作过程分为如下三个阶段：

第一阶段是驱动 TFT(T1)栅极(G 点)复位阶段。在这一阶段，行扫描信号 Scan[$n-1$]变为低电平，Scan[n]保持为高电平，发光控制信号 Em[n]变为高电平。T4 开启，驱动管 T1 的栅电极 G 点被复位到 V_{init}，C1 保持着 G 点电位。此阶段的作用是各个像素内部节点 G 都复位到较低电压值，从而通过二极管连接充电方式进行下一阶段的数据信号写入以及 V_T 提取过程。

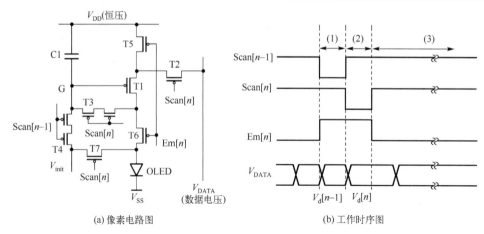

(a) 像素电路图　　　　　　　　(b) 工作时序图

图 3.12　基于 P 型 LTPS TFT 的非镜像型中小尺寸 AMOLED 显示用 7T1C 像素电路[6, 12]

第二阶段是数据信号写入（含 V_T 提取）阶段。在此阶段，行扫描信号 Scan[$n-1$] 为高电平，Scan[n] 为低电平，发光控制信号 Em[n] 为高电平。T4 关闭，开关管 T1、T2、T3、T7 开启，T1 和 T3 形成二极管连接，数据信号依次通过 T2、T1、T3 对 G 点充电，当 G 点电位升至 $V_{DATA} + V_T$ 时，T1 管的栅极和源级电位差 $V_{GS} = V_T$，T1 管截止，且电容 C1 会维持 G 点电位。需注意的是，由于增强型 P 型 LTPS TFT 的 V_T 值为负，第二阶段 T1 的栅极电位低于其源极电位。至此信号数据写入和 V_T 提取过程完成，数据信息和 V_T 信息都保存在 G 点，为之后 OLED 的驱动发光做准备。同时为了避免 T6 的泄漏电流导致 OLED 在非显示阶段发光，V_{init} 会通过 T7 对 OLED 的阳极进行复位。

第三阶段是发光阶段。在此阶段，行扫描信号 Scan[$n-1$] 和 Scan[n] 为高电平，发光控制信号 Em[n] 为低电平。T1、T5、T6 开启，OLED 发光。此时 T1 栅极 G 点电位维持上一阶段的 $V_{DATA}+V_T$，T1 源级电压为 V_{DD}，根据 TFT 的饱和区电流公式，推导出此时 T1 的输出电流为

$$I_{OLED} = \frac{1}{2}\mu C_{ox}\frac{W}{L}(V_{GS} - V_T)^2 = \frac{1}{2}\mu C_{ox}\frac{W}{L}(V_{DATA} - V_{DD})^2 \tag{3-10}$$

由上式可见 OLED 发光电流与 T1 的 V_T 无关，因此该电路起到了补偿 TFT V_T 的作用，能消除工艺制程和使用过程中导致的 V_T 分散性所带来的显示不均匀问题。

2. 可同时补偿 V_T 和 IR drop 的像素电路

就 LTPS TFT 驱动的 AMOLED 显示而言，除了要解决上述 LTPS TFT 阈值电压不均匀的补偿问题，还必须解决显示面板内电源线上因线电阻而带来的压降（IR drop）问题。图 3.13 示意了一种可同时补偿 V_T 不均匀及 IR drop 的像素电路[15]，图 3.13（a）为像素电路结构图，图 3.13（b）为其控制信号时序。该像素电路包括 6 个 P 型 LTPS TFT，两个存储电容和两路扫描信号。其中，T1 是驱动管，T2 是镜像管，

T3~T6 是开关管。C1 用来存储编程电压,C2 将阈值电压和编程电压进行叠加。Scan1
是本行扫描信号,Scan2 是下一行扫描信号,EM 是发光控制信号。该像素电路属于
前述的镜像结构,用镜像管 T2 的阈值电压来等效驱动管 T1 的阈值电压变化。整个
工作过程包括数据写入、阈值电压提取和发光。

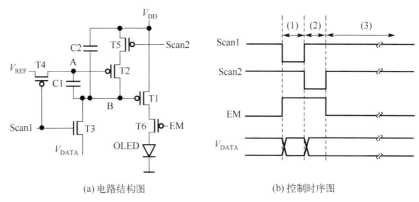

(a) 电路结构图　　　　　　　　　　　(b) 控制时序图

图 3.13　可补偿 V_T 不均匀及 IR drop 的镜像型 OLED 像素电路[15, 19]

如图 3.13(b)所示,第一阶段是数据写入阶段。在此阶段,Scan1 变为低电平,
T3 和 T4 打开,C1 的上下电极(节点 A 和 B)分别连接到 V_{REF} 和 V_{DATA}。Scan2 和 EM
为高电平,T5 和 T6 关闭。于是,经过数据写入阶段,电容 C1 存储的电压为

$$V_{AB} = V_{REF} - V_{DATA} \tag{3-11}$$

第二阶段是阈值电压提取阶段。此时,Scan1 变为高电平,T3 和 T4 关闭,C1
的电压差保持恒定。EM 仍为高电平,T6 关闭。Scan2 跳变为低电平,T5 打开,
由于 T2 的栅极电位满足 $V_{REF} < V_{DD} - V_{T2}$,通过 T2 的瞬态电流,C2 被充电。于是
A 节点电压逐渐上升直到 T2 关闭,在 V_T 提取阶段结束时刻,A 节点和 B 节点的
电压变为

$$V_A = V_{DD} - V_{T2} \tag{3-12}$$

$$V_B = V_{DD} - V_{T2} - (V_{REF} - V_{DATA}) \tag{3-13}$$

第三阶段是发光阶段。Scan1 和 Scan2 都为高电平,开关管 T2~T5 关闭。EM
变为低电平,T6 打开,T1 产生驱动电流。此时 OLED 电流大小为

$$I_{OLED} = K(V_{DD} - V_B - V_{T1})^2$$

$$= K(V_{REF} - V_{DATA} + V_{T2} - V_{T1})^2 \tag{3-14}$$

从公式中可以看出,OLED 电流大小与 T1 和 T2 的阈值电压差有关。在大尺寸
面板上,虽然 LTPS TFT 不可避免地存在阈值电压不均的问题,但是 T1 和 T2 在同

一像素内，物理位置接近，可以认为它们的阈值电压相等，这样 OLED 电流可以表示为

$$I_{\text{OLED}} = K(V_{\text{OLED}} - V_{\text{DATA}})^2 \tag{3-15}$$

从上式可以看出，OLED 电流不仅独立于 T1 的阈值电压，还独立于该像素的 V_{DD}。因此，该像素电路不仅能补偿 TFT 的阈值电压不均匀，也能补偿 V_{DD} 的 IR drop。而且，该电路的 Scan1 和 Scan2 为上下两行的扫描信号，故该电路只需两种扫描信号。再者，该电路在整个行时间内都可以进行阈值电压提取，故提取时间充分，导致提取精度高和补偿效果佳。该像素电路只有在发光阶段才有电流流过 OLED，故显示的对比度也高，并避免了闪烁现象。

3. 可同时补偿 V_T、IR drop 和迁移率的像素电路

对于 LTPS TFT 驱动的 AMOLED 显示像素电路的设计，除了要考虑上述的非理性因素外，还要关注其迁移率的离散性问题。OLED 的电流正比于驱动 TFT 的迁移率，因此，迁移率的不均对显示性能的影响较为显著[19]。图 3.14 是一种可补偿 V_T、IR drop 和迁移率等因素的像素电路[15]，其中图 3.14(a) 为电路结构图，图 3.14(b) 为控制信号时序图。该像素电路包括 1 个驱动管 T1，5 个开关管 T2～T6，以及 2 个存储电容 C1 和 C2。该电路需要两种扫描控制信号，分别是相邻两行的扫描信号 Scan[n] 和 Scan[$n+1$]，以及一个发光控制信号 EM[n]。V_{DD}、V_{REF} 和 V_{DATA} 分别是电源电压、参考电压和数据电压。该像素电路的工作过程包括以下三个阶段。

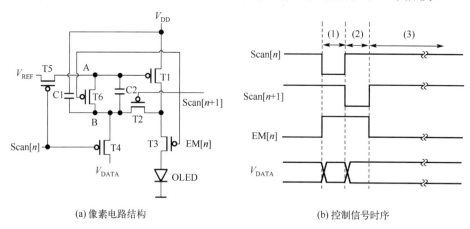

(a) 像素电路结构   (b) 控制信号时序

图 3.14   可补偿 V_T 不均匀、IR drop 及迁移率离散的 AMOLED 像素电路[15, 20]

第一阶段是数据写入。此时，Scan[n] 变为低电平，T4 和 T5 打开，C2 的上下极分别连接到 V_{REF} 和 V_{DATA}。由于 Scan[$n+1$] 和 EM[n] 为高电平，其他 TFT 关闭，故数据电压被写入并存储于 C2。

第二阶段是阈值电压提取。Scan[n] 变为高电平，T4 和 T5 关闭，C2 上下极的电

压差保持恒定。EM[n]仍为高电平，T3 和 T6 关闭。Scan[$n+1$]变为低电平，T2 打开。由于 T1 的栅极电位满足 $V_{\text{REF}} < V_{\text{DD}} - V_{\text{T2}}$，C1 通过 T1 和 T2 充电，B 节点电压逐渐上升。充电过程中，A 和 B 节点电压由 T1 管的阈值电压和迁移率决定。对于较小的阈值电压和较大的迁移率，T1 能够提供较大的充电电流，B 节点电压上升更快。由于 T1 始终工作在饱和状态，以及 C1 的充电电流与 T1 电流相等，A 节点与 B 节点电压应满足以下关系式

$$\frac{C_1 \mathrm{d}(V_B)}{\mathrm{d}t} = \frac{1}{2}\mu C_{\text{ox}}\left(\frac{W}{L}\right)_{\text{T1}}(V_{\text{DD}} - V_A - V_{\text{T1}})^2 \tag{3-16}$$

$$V_A = V_B + (V_{\text{REF}} - V_{\text{DATA}}) \tag{3-17}$$

求解上述微分方程组可得

$$\left.\frac{1}{V_{\text{DD}} - V_A - V_{\text{T1}}}\right|_{V_{\text{REF}}}^{V_A} = \frac{1}{2C_1}\mu C_{\text{ox}}\left(\frac{W}{L}\right)_{\text{T1}}(t - t_0) \tag{3-18}$$

其中，t_0 和 t 分别表示阈值补偿阶段的开始时刻和结束时刻。求解得到节点 A 的电压为

$$V_A = V_{\text{DD}} - V_{\text{T1}} - \frac{1}{\dfrac{1}{V_{\text{DD}} - V_{\text{REF}} - V_{\text{T1}}} + \dfrac{\mu C_{\text{ox}}(W/L)_{\text{T1}}(t - t_0)}{2C_1}} \tag{3-19}$$

第三阶段是发光。Scan[n]和 Scan[$n+1$]都变为高电平，T2、T4 和 T5 关闭。EM[n]变为低电平，T3 和 T6 打开，A 节点和 B 节点进行电荷共享过程。由于 A 节点的寄生电容远小于 C1，根据电荷守恒原理，B 节点保持上一个阶段结束时的电位。此时，A 和 B 节点电压以及 OLED 电流大小为

$$V_A = V_B = V_{\text{DD}} - V_{\text{T1}} - (V_{\text{REF}} - V_{\text{DATA}}) - \frac{1}{\dfrac{1}{V_{\text{DD}} - V_{\text{REF}} - V_{\text{T1}}} + \dfrac{\mu C_{\text{ox}}(W/L)_{\text{T1}}(t - t_0)}{2C_1}} \tag{3-20}$$

$$\begin{aligned} I_{\text{OLED}} &= K(V_{\text{DD}} - V_A - V_{\text{T1}})^2 \\ &\approx K\left[(V_{\text{REF}} - V_{\text{DATA}}) + \frac{1}{\dfrac{\mu C_{\text{ox}}(W/L)_{\text{T1}}(t - t_0)}{2C_1}}\right]^2 \end{aligned} \tag{3-21}$$

从式(3-21)可见，OLED 电流大小与 V_{DD} 和 T1 的阈值电压无关。通过调整电路的 V_{REF}、C_1 等参数，该方案可以补偿像素间驱动管 T1 的迁移率不均，对于较大的迁移率，A 节点电压更高，OLED 电流相对较小。如图 3.15 所示，另一方面，该像素电路不需要初始化阶段，也可以应用于同时发光模式。

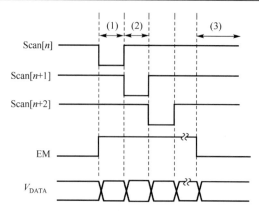

图 3.15　同时发光模式下像素的控制信号时序[15]

4. 可同时补偿 V_T 和 SS 的像素电路

随着 OLED 显示的分辨率、帧率不断提高，对像素电路的补偿精度的要求也随之提高。根据式(3-6)，驱动管的 V_T 提取不充分，甚至 LTPS TFT 之间的亚阈值斜率 SS 不尽相同，都会带来不同的补偿误差率，尤其在低灰阶显示时，LTPS TFT 的亚阈值区斜率不一致带来的电流误差率更明显[12]。随着 OLED 技术的进步，其发光效率不断提升，需要的驱动电流也相应逐步减小，这导致在显示的低灰阶区段，驱动 TFT 在工作时往往会进入亚阈值区。根据式(3-22)亚阈值摆幅SS 的定义以及式(3-23)亚阈值区电流表达式，OLED 驱动电流与 V_{gs} 呈指数关系，驱动管 SS 的值越小意味着 V_{gs} 的分散性带来的 OLED 驱动电流不均匀性将更大。减少 SS 带来的误差率的应对思路主要是延长像素补偿时间，使得 V_T、迁移率等参数的提取时间拉长，从而降低因补偿不充分引起的显示不均匀。

$$SS = \frac{dV_{gs}}{d\log I_{ds}} \tag{3-22}$$

$$I_{ds} = I_0 \cdot \exp\left(\frac{2.3 \times V_{gs}}{SS}\right) \tag{3-23}$$

图 3.16 示意了一种可同时补偿 V_T 和 SS 不均匀的 LTPS TFT 驱动的 AMOLED 像素电路[16, 21]。电路工作过程分为四个阶段：初始化、编程、补偿和发光。在编程阶段，将驱动管的 V_T 信息写到驱动管 T1 的栅极。在补偿阶段，保持驱动管的二极管接法，将亚阈值区电流变化引起的电压变化写到驱动管 T1 的栅极。于是，数据电压在 C2 中被存储和保持，而数据信号线中的电压只在行时间中改变。由于补偿阶段的时间长度可以被明显地展宽，低灰度下的电流错误率被减少，从而提高了显示器的图像质量。在发光阶段，C1 和 C2 并联，存储电容可以增加到 C1 + C2。因

此，该像素电路具有比其他常规像素电路更大的存储电容值，即驱动管栅极电位具有更强的保持能力。

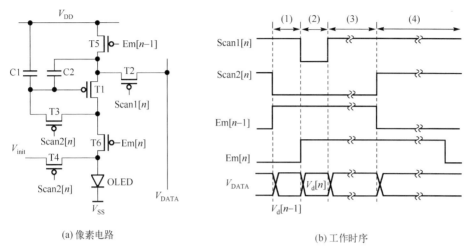

(a) 像素电路　　　　　　　　　　　　　　　(b) 工作时序

图 3.16　可补偿 V_T 和 SS 不均匀的 AMOLED 显示像素电路[15]

　　同样是按照延长补偿时间、提升补偿效率的思路，AMOLED 显示像素电路也可以是其他的拓扑结构。图 3.17 示意了一种源跟随型 LTPS TFT 的 AMOLED 显示像素电路[15]，该像素电路由 1 个驱动 TFT、5 个开关 TFT 和 2 个电容组成。该像素电路的工作可分为四个阶段：初始化、补偿、编程和发光。值得注意的是，在补偿阶段，Scan3[n] 变为高电平，通过电容 C2 的耦合作用，驱动管 T4 的源极电位跟随着抬高；由于复位开关管 T1 的导通，T4 的栅极电压稳定为 V_{DD}，使得驱动管 T4 的源极放电，电位下降到 $V_{DD}+|V_T|$，这里 V_T 是 T4 的阈值电压。由于可以多行重叠来延长 V_T 的补偿时间，故能获得充分的 V_T 补偿。最终提取得到的 T4 的阈值电压存储在电容 C1 上。在补偿阶段，Scan2 保持高电平，T3 关闭，补偿过程不受数据线上电压跳变的影响，因此补偿时间不受编程过程的影响。

　　图 3.18 示意了一种同步发光的 LTPS TFT 驱动的 AMOLED 像素电路。该像素电路由 4 个 TFT 和 2 个电容组成，其中 T1 是驱动管，T2（T2$_1$ 和 T2$_2$ 串联而成），以及 T3 分别为控制补偿和编程的开关管。T2 采用 T2$_1$ 和 T2$_2$ 的串联来实现更小的泄漏电流。V_{DD}、V_{COMP} 和 EM 是全局驱动信号。扫描信号 Scan[1]～Scan[m] 分别驱动显示阵列相应的行，其中 m 是显示阵列的总行数。该像素电路的工作过程分为四个阶段：初始化、补偿、编程和发光。在补偿阶段，所有像素同时进行阈值电压的写入。相较于逐行补偿的方式，该方案可以在不显著减少发光时间的前提下，增加补偿阶段的时间，从而获得更好的补偿效果。此外，T2 管采用的串联结构能够降低在发光阶段 T2 之路的泄漏电流，从而改善闪屏现象，这点对

于较低帧率的显示尤为重要。在编程阶段，T1 栅极、OLED 的阳极都处于悬浮状态，电荷保持守恒，因此不需要与数据线直接相连的开关管。编程阶段中的数据写入是个相对较快的过程，逐行写入之后再进行同时发光，不会过多占用帧时间。总体上，该像素电路所需晶体管及控制线的数目几乎达到最少化，故可实现高分辨率显示。

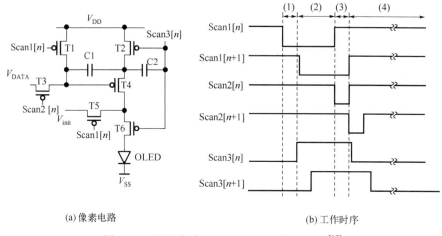

(a) 像素电路　　　　　　　　　　　　　　(b) 工作时序

图 3.17　源跟随型 AMOLED 显示像素电路[15]

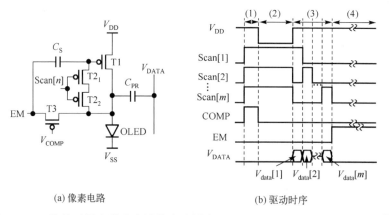

(a) 像素电路　　　　　　　　　　　　　　(b) 驱动时序

图 3.18　一种基于同步发光方法的高分辨率 LTPS TFT- AMOLED 像素电路[15]

3.3.2　氧化物 TFT 像素电路

氧化物 TFT 的优势是迁移率较高、关态电流极低以及均匀性较好，但也存在阈值电压在电、热、光等应力下的漂移问题。因此采用氧化物 TFT 设计 AMOLED 显示像素电路时，重点考虑阈值电压漂移量的补偿。

1.　可补偿 V_T 为负值的像素电路

氧化物 TFT 除了存在阈值电压漂移问题外，还往往呈现耗尽型特性，即其初始 V_T 易为负值。在负 V_T 情况下，将驱动 TFT 连接成二极管形式对 V_T 进行提取的这种传统方式不再适用。在此情况下，源跟随器结构的像素电路呈现出优势，无论 V_T 值为正或负，像素电路均有较好的补偿能力。图 3.19 示意了一种源跟随结构的电压编程型像素电路(VPPC)[12]，其中，图 3.19(a)为电路结构图，图 3.19(b)为像素电路在同时发光模式下的工作时序图。该电路在 TFT 初始 V_T 为正值或者负值的情况下均能很好进行补偿。以下以氧化物 TFT 为例简述电路的工作原理。该像素电路采用 4 个 TFT 和 2 个电容，其中 T1 是驱动管，T2～T4 是开关管，C1 和 C2 分别是耦合电容、存储电容。电路包含一路电源 V_{DD} 和一路全局控制信号 V_{COMP}。该像素电路的工作分为四个阶段：初始化、V_T 提取、数据写入和发光。

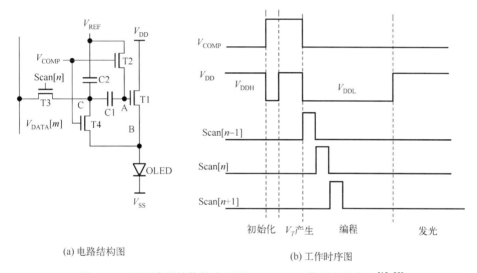

(a) 电路结构图　　　　　　　　　(b) 工作时序图

图 3.19　源跟随型结构的电压型 AMOLED 像素电路方案[12, 22]

初始化阶段：V_{COMP} 变为高电平，T2、T4 打开，A 点电位变为 V_{REF}。V_{REF} 为高电平，故 T1 打开。V_{DD} 为一个可变电源，此阶段为低电平 V_{DDL}，并通过 T1 将 B 点电位拉低。初始化的目的是将 T1 的源极设置为低电位。

V_T 提取阶段：初始化结束后，V_{COMP} 维持高电平，使 A 点电位维持在 V_{REF}。而 V_{DD} 由低变为高电平 V_{DDH}，开始对 B 点充电，B 点电位上升直至 T1 截止。此时 B 点电位为 $V_{REF}-V_T$。在这个过程中，由于 T4 处于导通状态，因此 C 点电位与 B 点相同，电容 C1 两侧形成的电位差为

$$V_A - V_C = V_{ref} - (V_{ref} - V_T) = V_T \tag{3-24}$$

这样，V_T 被存储于电容 C1。值得注意的是，初始化和 V_T 提取阶段是针对面板

上所有像素同步进行的，这样可以在维持高显示帧率情况下尽量延长全局的初始化和 V_T 提取阶段，从而获得高的补偿准确度。

数据写入阶段：V_{COMP} 变为低电平，T2 和 T4 截止。此时 A 点处于悬浮态，B 点和 C 点也不再连通。V_{DD} 变为低电平 V_{DDL}，以保证在数据写入阶段 OLED 不会导通。另一方面，Scan[n]信号逐行变为高电平，依次打开各行像素的 T3。数据线上的电压经 T3 写到 C 点，C 点电位变为 V_{DATA}。由于 A 点处于悬浮状态，因此 C 点的电位变化会通过电容 C1 耦合到 A 点。数据写入后，A 点电位变为

$$V_{\mathrm{A}} = V_{\mathrm{REF}} + [V_{\mathrm{DATA}} - (V_{\mathrm{REF}} - V_T)] = V_{\mathrm{DATA}} + V_T \tag{3-25}$$

发光阶段：V_{COMP} 和 Scan[m]为低电平，T2、T3 和 T4 都处于截止状态。V_{DD} 变为高电平 V_{DDH}，T1 导通，B 点电位由 $V_{\mathrm{REF}}{-}V_T$ 变为 V_{OLED}。这里 V_{OLED} 是指 OLED 的开启电压。根据式(3-25)可以得到流过 OLED 的电流为

$$I_{\mathrm{OLED}} = \frac{1}{2} C_{\mathrm{ox}} \mu \frac{W}{L} (V_{\mathrm{DATA}} - V_{\mathrm{OLED}})^2 \tag{3-26}$$

式中，W 和 L 分别是驱动晶体管 T1 沟道的宽和长，μ 和 C_{ox} 分别为 T1 的迁移率和单位面积栅介质层电容。由式(3-26)可以看出流过 OLED 的电流与 V_T 无关，表明该电路可以补偿因 V_T 漂移而引起的 OLED 亮度不均匀。不过同样由式(3-24)可见，该电路不能补偿 OLED 开启电压的不均和漂移。

2. 同时补偿 TFT 和 OLED 阈值电压的像素电路

图 3.20 示意了一个可同时补偿 TFT 和 OLED 阈值电压漂移的像素电路方案，它也是采用氧化物 TFT 的驱动背板[13]。该电路包含 4 个晶体管、1 个存储电容和 4 路控制信号：V_{DD}、Scan1[n]、Scan2[n]、V_{DATA}。电路工作分为以下四个阶段。

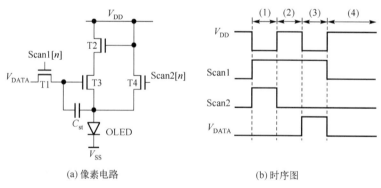

(a) 像素电路　　　　　　　　　　　(b) 时序图

图 3.20　可同时补偿 TFT 阈值电压和 OLED 退化的 4T1C 像素电路[13]

第一阶段是初始化阶段。Scan1[n]和 Scan2[n]为高电平，T1、T4 导通。V_{DD} 为低电平，T2、T3 关断。同时，V_{DATA} 也被拉低到 V_{REF}，但该电压不会太低，因为需要保证 T3 管导通，此时电容 C_{st} 被重置，并且 OLED 完全关断。

　　第二阶段是补偿阶段。T1、T2、T3 导通，T4 关断，V_{DD} 端连接到供电电源，V_{DATA} 端保持 V_{REF} 的电位，V_{REF} 设为 0V。此时驱动管 T3 的栅极被编程到 0V，源极从初始化的低电位充电到$-V_{T3}$，直到 T3 关断，这样 T3 的阈值电压信被存储在电容 C_{st} 上。

　　第三阶段是数据写入阶段。T1、T3 导通，T2、T4 关断，OLED 不导通，电源线 V_{DD} 被拉低，V_{DATA} 端输入数据电压 V_{DATA}。由于电容的耦合效应，OLED 阳极电位变为$[C_{st} / (C_{st} + C_{OLED})]V_{DATA}-V_{T3}$。电容 C_{st} 上存储的电压仍然为 V_{T3}。

　　第四阶段是发光阶段。T2、T3 导通，T1、T4 关断，V_{DD} 连接到供电电源，驱动管 T3 的 V_{GS} 值与第（3）阶段相同，为$[C_{OLED} / (C_{st} + C_{OLED})]V_{DATA}+V_{T3}$，而根据 OLED 电流表达式 $I_{OLED} = K(V_{GS3}-V_{T3})^2=K[V_{DATA}C_{OLED} / (C_{st} + C_{OLED})]^2$ 可知 OLED 电流与驱动管 T3 的阈值无关，因此该电路可以实现对驱动管阈值电压变化的补偿。

　　同时，该电路还可以补偿发光器件 OLED 的特性变化。在数据写入阶段，OLED 是关断状态，C_{st} 上存储的数据电压与 OLED 阈值电压无关。而在发光阶段，OLED 的阳极电位如果发生变化，也会通过电容 C_{st} 的电压自举效应反馈到驱动管 T3 的栅极，从而线性地补偿 OLED 的阈值电压变化对驱动电流 I_{OLED} 的影响。该电路除了能在较大范围内补偿器件的特性外，还使用了较少的信号线，故像素的开口率较高，有利于实现高分辨率的显示。

　　图 3.21 为一种采用源跟随结构的可抑制 OLED 退化、逐行发光的像素电路及其驱动时序[4]。如图 3.21(a)所示，该像素单元电路由 5 个 TFT(T1~T5)，1 个电容 C_S 和 3 个扫描控制信号线($V_{SCAN}[n]$, $V_{EM}[n]$和 $V_{EN}[n]$)构成，其中，n 代表当前行数，$1 \leqslant n \leqslant N$，$N$ 为面板上总的像素行数。如图 3.21(b)所示，一帧时间内像素电路的工作过程分为三个阶段：初始化、阈值提取和数据写入，以及 OLED 发光阶段。行时间包括了初始化和阈值电压提取(提取和数据写入同时进行)的时间。初始化所需的时间一般小于阈值电压提取时间。结合驱动时序，逐行发光模式下，第 n 行像素电路的具体工作过程如下：

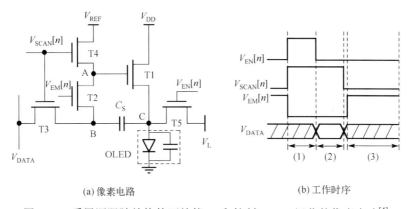

(a) 像素电路　　　　　　　　　　(b) 工作时序

图 3.21　采用源跟随结构的可补偿 V_T 和抑制 OLED 退化的像素电路[4]

第一阶段是初始化阶段。$V_{EM}[n]$ 从高电平转换为低电平，T2 被关断。扫描信号 $V_{EN}[n]$ 和 $V_{SCAN}[n]$ 从低电平变为高电平，T3、T4 和 T5 均导通。由于此时数据线上提供的电压为上一行的数据电压 ($V_{DATA}[n-1]$)，故 A 点电位被初始化到 V_{REF}，B 点到 $V_{DATA}[n-1]$，C 点到低电平 V_L。为了防止 OLED 在初始化过程中发光，V_L 一般设置为较低的电平。至此，像素电路完成了初始化。

第二阶段是阈值电压提取和数据写入阶段。如图 3.21(b) 所示，在该阶段，扫描线 $V_{EN}[n]$ 从高电平转换为低电平，T5 关断。扫描线 $V_{SCAN}[n]$ 保持为高电平，T3 和 T4 导通，此时数据线上提供的电压为第 n 行的数据电压 V_{DATA}，该电压会通过导通的 T3 写入到 B 点，A 点电压保持为 V_{REF}。由于驱动管 T1 的栅源电压为 $V_{REF} - V_L$，大于 T1 管的 V_T，故 T1 管导通。电源电压 V_{DD} 通过导通的 T1 管为 C 点充电，直到 C 点的电位升高到 $V_{REF} - V_T$，驱动管 T1 被关断，V_{DD} 不再为 C 点充电，C 点的电位被 OLED 的电容 C_{OLED} 和 C_S 维持在 $V_{REF} - V_T$。阈值电压提取和数据写入阶段结束后，当前行的扫描信号 $V_{SCAN}[n]$ 从高电平转换为低电平，T3 和 T4 关断。驱动管 T1 的阈值电压信息通过存储电容 C_S 被存储到节点 C。需要注意的是，为了保证在本阶段 OLED 不发光，$V_{REF} - V_T$ 应小于 OLED 的阈值电压。

第三阶段是发光阶段。扫描信号 $V_{EN}[n]$ 和 $V_{SCAN}[n]$ 均为低电平，T3、T4 和 T5 处于关断状态，A 和 B 点都悬空。发光控制信号 $V_{EM}[n]$ 从低电平转换为高电平，T2 导通。OLED 上开始有电流流过，C 点的电位抬高。由于 A 和 B 点悬空，并且通过 T2 相连，故 A 和 B 点的电位也会抬升。如果不考虑 TFT 的栅源和栅漏电容，A 点和 B 点的电压变化量应该等于 C 点电压的变化量，B 点和 C 点之间的电压保持数据写入过程中的电压差不变。稳定以后，C 点的电压变为 V_{OLED}，V_{OLED} 为 OLED 发光过程中阳极电压的大小。此时节点 A、B 的电压抬升至

$$V_A = V_B = V_{OLED} + V_{DATA} - V_{REF} + V_T \tag{3-27}$$

因此，T1 的栅源电压 $V_{GS} = V_A - V_C = V_{DATA} - V_{REF} + V_T$。由于此时 T1 工作于饱和区，发光阶段流过 OLED 的电流 I_{OLED} 可以表示为

$$
\begin{aligned}
I_{OLED} &= \frac{1}{2} \mu_n C_{ox} \frac{W}{L} (V_{GS} - V_T)^2 \\
&= \frac{1}{2} \mu_n C_{ox} \frac{W}{L} (V_{DATA} - V_{REF})^2
\end{aligned} \tag{3-28}
$$

其中，μ_n、C_{ox}、W、L 分别为驱动管 T1 的有效迁移率、单位面积栅氧化层电容、沟道宽度和沟道长度。从式 (3-28) 可以看出，最终流过 OLED 的电流与驱动管 T1 及 OLED 的阈值电压都无关，从而补偿了因驱动管 T1 及 OLED 的阈值电压变化造成的显示不均匀性。由于阈值电压提取采用了源跟随模式，因此阈值电压的补偿范围可以更宽。

需要说明的是，该像素电路可以利用上一行的扫描信号 ($V_{SCAN}[n-1]$) 控制当前

行的初始化晶体管 T5,从而减少外围电路复杂度。在复用上一行的扫描信号线的情况下,像素电路只需要两组控制信号。因此,外围栅极驱动电路也只需要两组驱动模块,即 V_{SCAN} 和 V_{EM} 模块,这有助于简化 AMOLED 显示的栅极驱动电路设计。不过在该模式下,初始化阶段与阈值提取阶段的时间需要各占行时间的 50%,不能像图 3.21(b)中所示的时序一样,灵活设置阈值电压提取时间的长度。当然,最终可用的阈值电压提取时间都受限于行扫描时间。

3. 基于双栅氧化物 TFT 的 AMOLED 显示像素电路

AMOLED 显示像素电路大多是基由单栅 TFT 构成的。研究表明,采用双栅(Dual Gate, DG)氧化物 TFT 构建 AMOLED 显示的像素电路有独特的优势[4, 23]。

首先,双栅 TFT 具有顶电极和底电极这两个栅电极,而这两个金属电极对有源区具有良好的隔离和保护作用,这对氧化物器件来说特别重要,故双栅氧化物 TFT 的环境稳定性通常要好于单栅电极 TFT。此外,双栅 TFT 的两个栅极可以短接作为一个栅电极使用,也可以独立偏置,分别使用,这在电路功能的设计上带来很大灵活性。在双栅分别偏置的情况下,可以通过设置单栅的偏置电压来灵活调控双栅 TFT 的阈值电压,从而实现具有动态阈值电压效应的集成电路。此外,一般认为在双栅偏置的情况下,TFT 具有更高的迁移率和更陡的亚阈值区电流电压特性。这些对实现高性能 TFT 电路而言都是非常有利的,因此双栅氧化物 TFT 有望在高端的 AMOLED 显示上得到应用。

双栅器件的结构及其工艺呈现多样化。图 3.22 示意了一种常用的双栅氧化物 TFT 的剖面结构及其电极定义。该结构是在常规 BCE 结构的基础上增加顶栅电极而成,能提供低的源漏寄生电阻,但源漏与栅电极之间的寄生交叠电容较大。如图所示,定义底栅为主栅(Primary Gate,PG),顶栅为辅栅(Auxiliary Gate,AG),主栅工作下的阈值电压可由辅栅的偏置电压来调控。

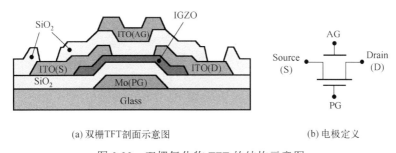

(a) 双栅TFT剖面示意图　　　　　　　　(b) 电极定义

图 3.22　双栅氧化物 TFT 的结构示意图

基于上述结构制备的双栅 a-IGZO TFT 电流电压转移特性示于图 3.23,其中(a)为在主栅(PG)模式下电流电压转移特性曲线受辅栅(AG)电位 V_{AG_S} 调控变化的情况,以及(b)为提取的阈值电压 V_T 与 V_{AG_S} 的依赖关系,其中,V_{AG_S} 从 -4 V 变化到

4V，步长为 1V。V_T 为双栅 IGZO TFT 的 IDS 等于 2nA 时对应的 V_{PG_S} 的值。从图 3.23(b) 可见，V_T 与 V_{AG_S} 为成反比的线性关系。因此，双栅氧化物 TFT 工作于主栅模式下的阈值电压变化可以通过改变 V_{AG_S} 的值来调节。如果 V_T 增大了，则可通过增大 V_{AG_S} 来减小 V_T 使其恢复到原来的值。反之，如果 V_T 减小了，则可通过减小 V_{AG_S} 来增大 V_T 使其恢复到原来的值。

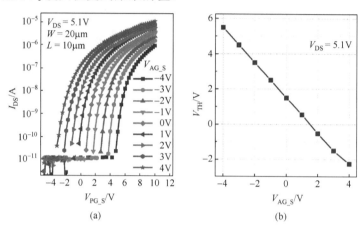

图 3.23　(a) 双栅氧化物 TFT 的转移特性曲线随辅栅电极电压 (V_{AG_S}) 的变化，以及 (b) 提取的 V_T 与 V_{AG_S} 的关系曲线

图 3.24 给出了一种基于双栅氧化物 TFT 阈值电压线性调制效应的 AMOLED 显示像素电路[4]。由于在阈值提取和发光阶段顶栅和源极之间的电压保持不变，因此提取到的 V_T 值与发光时的 V_T 值一样。此外，数据写入与发光阶段，双栅氧化物 TFT 的底栅和源极之间的电压差也保持不变，因此，该像素电路可以补偿 TFT 及 OLED 的阈值电压变化。该电路采用了一种较独特的二极管调控补偿方法，即使 V_T 的取值为负值，像素电路的补偿功能仍然有效。该像素电路的有效性也得到了制备和测试结果的验证。

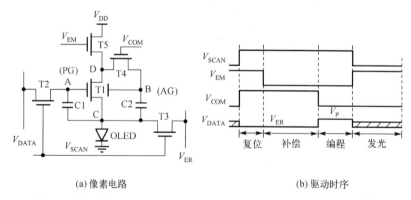

(a) 像素电路　　　　　　　　　　(b) 驱动时序

图 3.24　基于双栅氧化物 TFT 阈值电压线性调制效应的 AMOLED 显示像素电路[4, 24]

如图 3.24(a)所示,该像素电路包括 1 个驱动管(T1)、4 个开关管(T2~T5),两个电容(C1 和 C2)。驱动管 T1 为双栅器件,A 点为 T1 管的主栅,B 点为 T1 管的辅助栅。开关管均为单栅或双栅短接的氧化物 TFT。C1 为数据存储电容,C2 为阈值电压存储电容。如图 3.24(b)所示,一帧时间内,像素电路的驱动过程包括四个阶段:(1)初始化,(2)阈值补偿,(3)数据写入,和(4)发光阶段。其详细的工作过程如下:

第一阶段是初始化阶段。在该阶段,V_{SCAN},V_{COM} 和 V_{EM} 均为高电平,所有的开关 TFT(T2~T5)均导通。由于此时 V_{DATA} 的电压为 V_{ER},A 点通过导通的 T2 被初始化到 V_{ER};由于 T5 和 T4 导通,B 点和 D 点被初始化到高电平;C 点电压通过导通的 T3 放电至低电平,其值取决于 V_{ER},此时应避免 OLED 发光。此外,由于 B 点和 D 点通过 T4 相连,T1 在辅栅一侧形成二极管连接结构,T1 的辅栅(AG)和源极之间的电压 V_{AG_S},也即为 B 点和 C 点的电压升高。根据双栅 a-IGZO TFT 的器件特性,此时 T1 的阈值电压为负值,T1 导通。至此完成了像素电路的初始化。

第二阶段是阈值补偿阶段。如图 3.24((b))所示,在该阶段 V_{EM} 从高电平变为低电平,T5 关断;V_{SCAN} 和 V_{COM} 保持为高电平,因此 T2,T3 和 T4 保持导通,T1 在辅栅一侧仍保持二极管连接。由于此时 B 点电位较高且 T1 导通,故 B 点电荷通过 T1 放电,T1 的阈值电压(V_{T_T1})逐渐升高。当 V_{T_T1} 等于 A 点和 C 点之间的电压,也即主栅电压 V_{PG_S} 时,T1 关断。T1 关断后,C 点的电压等于 V_{ER},$V_{PG\_S}=V_{ER}-V_{ER}$ $=0V$。总之,不管 T1 的阈值电压如何变化,经过补偿以后,T1 的阈值电压 V_{T_T1} 都被调整至 0V。

第三阶段是数据写入阶段。在此阶段,V_{COM} 从高电平转为低电平,T4 关断,B 点浮空。可维持 T1 的阈值电压 $V_{T\_T1}=0V$ 的 B 点电压(V_{BE})被 C2 存储。V_{EM} 保持为低电平,T5 关断,OLED 支路上没有电流。V_{SCAN} 保持为高电平,T2 和 T3 管导通,V_{DATA} 的数据电压 V_P 通过导通的 T2 写入 A 点,因此 C1 和 C2 两端的电压分别为 V_P-V_{ER} 和 $V_{BE}-V_{ER}$。为了使 OLED 在整个编程过程(初始化+阈值补偿+数据写入)中不发光,V_{ER} 应该设置为 0V 或者负值,以获得高的显示对比度。

第四阶段是发光阶段。V_{SCAN} 从高电平变为低电平,T2 和 T3 关断。V_{COM} 保持为低电平,T4 关断,这样 A 点和 B 点都浮空。V_{EM} 从低电平变为高电平,T5 打开,OLED 上有电流流过,C 点电压从 V_{ER} 抬升至 OLED 的阳极电压 V_{OLED},而 C1 和 C2 两端的电压差保持不变。由于阈值补偿以后 T1 的阈值电压 V_{T1} 被设置为 0V,T1 的过驱动电压为 V_P-V_{ER},因此,流过 OLED 的电流(I_{OLED})可以表示为

$$I_{OLED}=\frac{1}{2}\mu C_{ox}\frac{W}{L}(V_P-V_{ER})^2 \tag{3-29}$$

其中,μ、C_{ox}、W 和 L 分别为 T1 的等效迁移率、单位面积栅氧化层电容、沟道宽

度和沟道长度。可以看出，I_{OLED} 与驱动管 T1 和 OLED 的阈值电压无关，即该像素电路可以补偿驱动管 T1 以及 OLED 的阈值电压的变化。

一般情况下，为了补偿驱动管的阈值电压变化，V_{PG_S} 应满足以下条件

$$V_{PG\_S} < V_{T\_0} \tag{3-30}$$

其中，V_{T_0} 为当 $V_{AG\_S}= 0V$ 时 T1 的阈值电压值。$V_{T\_0}-V_{PG\_S}$ 为预留的 T1 的阈值电压变化量。由于 V_{PG_S} 是可选的，并没有限定为 0V 或正值，故该像素电路可以在多种条件下补偿 V_{T_T1} 的变化，不管 V_{T_T1} 是正值还是负值。与之相比，基于二极管接法的单栅氧化物 TFT 的像素电路在驱动管的阈值电压为负值时电路的补偿功能则通常失效。因此，双栅氧化物 TFT 的像素电路具有更宽的阈值电压补偿范围。

4. 电流偏置电压编程像素电路

如前文所述，AMOLED 像素电路的电流和电压补偿方法均具有其内在不足，这里介绍一种称之为电流偏置电压编程(Current Biased Voltage Programing, CBVP)的电流电压混合型补偿的驱动方法。该方法的特征是在编程补偿过程中，采用一恒定电流流入像素，并在驱动 TFT 栅源两端产生包含阈值电压信息的电压信号。与此同时，数据电压 V_{DATA} 通过电容耦合的方式叠加到产生的电压信号上[25]。该 CBVP 的驱动方式，既可以实现与传统电流编程像素电路同样的精确补偿，又可以实现与电压编程像素电路一样的快速补偿[26]。

图 3.25 给出了采用 CBVP 方式的 2T2C 像素的电路示意图和时序图。该电路由两个晶体管 T1 和 T2，两个电容 C1 和 C2 组成。其中 T1 是驱动 TFT，T2 是开关 TFT。电源线在编程阶段和发光阶段会分别为像素提供偏置电流 I_{BIAS} 和电源电压 V_{DD}。

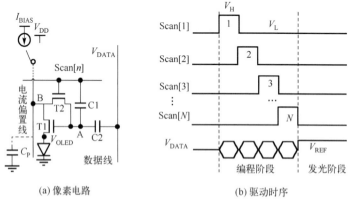

(a) 像素电路　　　　　　　(b) 驱动时序

图 3.25　电流偏置电压编程(CBVP)像素电路及其驱动时序[12]

在编程阶段，当某一行的像素被选择时，该行的 Scan 线变为高电平，T2 打开。电源线上的偏置电流 I_{BIAS} 通过 T2 给 A 点(T1 的栅极)充电。V_A 电位升高到某编程

电压 V_A^P，使得偏置电流 I_{BIAS} 全部流过 T1 和 OLED。因 T1 工作在饱和区，故有

$$I_{BIAS} = \frac{1}{2}\mu C_{ox}\frac{W}{L}(V_A^P - V_{OLED} - V_T)^2 \tag{3-31}$$

其中 μ，C_{ox} 和 V_T 分别是 T1 的迁移率，单位面积栅电容和阈值电压。V_{OLED} 是 OLED 上的电压。从式(3-31)可以得出

$$V_A^P = \sqrt{\frac{2I_{BIAS}L}{\mu W C_{ox}}} + V_T + V_{OLED} \tag{3-32}$$

与此同时，数据线(Data Line)提供一个数据电压 V_{DATA} 于电容 C2 的另一端。这样，C2 上电压差为 $V_A^P - V_{DATA}$。节点 A 此时的电荷量 Q_A^P 可以表示为

$$Q_A^P = (V_A^P - V_{DATA})C_2 + (V_A^P - V_H)C_1 + (V_A^P - V_{OLED} - V_T)C_g \tag{3-33}$$

其中，V_H 是 Scan 线的高电平，C_1 和 C_2 分别是 C1 和 C2 的电容值，C_g 是 T1 的栅电容。

在选择阶段结束时，Scan 线电位由高变为低，将 T2 置于截止状态，同时由于 C1 的电容耦合效应，节点 A 的电位也会由 V_A^P 降为低电平 V_A^L。因 V_A^L 足够低，T1 管也处于关断状态。偏置电流开始流向下一行，并为下一行的像素进行编程。在编程阶段，每一行的像素会依次进入选择和非选择阶段，数据线上的数据电压也存储于相应像素。

当所有的行都依次完成编程后，数据线上提供一个高的参考电位 V_{REF}，同时电源线也通过开关 S2 切换到电压源 V_{DD}。此时像素中 A 点的电位会由于 C2 的电容耦合效应而相应升高，使得 T1 重新处于导通状态，OLED 进入发光阶段。如果用 V_A^I 代表节点 A 的电位，此时节点 A 的电荷量 Q_A^I 可表示为

$$Q_A^I = (V_A^I - V_{REF})C_2 + (V_A^I - V_L)C_1 + (V_A^I - V_{OLED} - V_T)C_g \tag{3-34}$$

其中，由于 T2 一直处于截止状态，Q_A^I 与 Q_A^P 电荷量保持相等，所以 V_A^I 可以表示为

$$V_A^I = V_{DRIVE} + V_T + V_{OLED} \tag{3-35}$$

其中，

$$V_{DRIVE} = \frac{(V_{REF} - V_{DATA})C_2 - (V_H - V_L)C_1}{C_1 + C_2 + C_g} + \sqrt{\frac{2I_{BIAS}L}{\mu W C_{ox}}} \tag{3-36}$$

最后的驱动电流可以表示为

$$I_{BIAS} = \frac{1}{2}\mu C_{ox}\frac{W}{L}(V_A^P - V_{OLED} - V_T)^2 = \frac{1}{2}\mu C_{ox}\frac{W}{L}(V_{DRIVE})^2 \tag{3-37}$$

从式(3-37)可知，驱动电流与 T1 的 V_T 和 OLED 的阈值电压无关，电路可以实

现有效的补偿功能。下面通过仿真来验证其功能和性能。仿真采用的器件参数及电压值列于表 3.2。

表 3.2　CBVP 像素电路仿真所用器件参数及电压值

W/L (T1)/μm	45 / 3.5	V_{DD}/V	15
W/L (T2) /μm	10 / 3.5	V_{REF}/V	18
C1 /pF	0.2	$V_L \sim V_H$ /V	$-7 \sim 20$
C2 /pF	0.15	V_{DATA}/V	$-8 \sim 0$

图 3.26 是上述 CBVP 像素电路的 V_A 和 V_{OLED} 在一帧时间内的瞬态仿真结果。由此可见，V_A 在非选通阶段低于 V_{OLED}，因此 T1 一直处于反偏状态，这对驱动晶体管的阈值电压恢复有一定的帮助作用，这意味着该像素电路比传统电路有更好的稳定性。

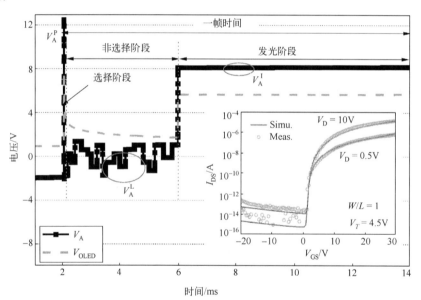

图 3.26　电流偏置电压编程(CBVP)像素电路的瞬态仿真结果[12]

图 3.27 是传统 2T1C 和 CBVP 像素电路的 OLED 电流随驱动管和 OLED 阈值电压漂移而变化的仿真结果。可以看出，当阈值电压漂移 4V 时，传统 2T1C 电路的电流误差达到 100%，而在 CBVP 电路中，电流误差低到 4.8%。

在上述 CBVP 像素电路中，引入了一个恒定的偏置电流，因此电流线上的电压波动较小，从而可以显著缩短编程电流的建立时间。假定偏置电流为 10μA 或 20μA，相邻行的像素电路中 TFT 阈值电压的差异设定为 0.5V。当偏置电流为 10 μA 时，可算出建立时间为 4~18μs；而当偏置电流为 20μA 时，建立时间缩短至 2.6~10μs。

对于一个典型的高分辨率 1024 行 SXGA 格式的 AMOLED 显示面板,其寄生电容大约为 50pF,此时建立时间在 10μA 和 20μA 的偏置下分别为 14μs 和 8μs,可以满足目标面板的编程信息建立速度要求。

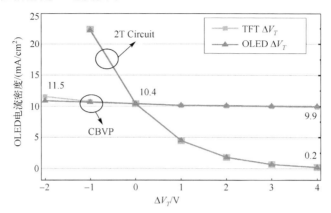

图 3.27 像素电路的电流误差随阈值电压漂移变化的仿真结果[12]

5. 基于独立补偿帧的像素电路

AMOLED 显示驱动方法主要有逐行补偿发光和集中补偿同时发光两种。前者电路往往比较复杂,且控制信号线较多;后者的电路可以相对简单,但由于补偿阶段 OLED 不发光,故总体发光时间比较短,这样就需要采用更大的驱动电流,以满足亮度要求。

上一节介绍的 2T2C 电流偏置电压编程型像素电路采用了同时发光的驱动方法[27],因此同样存在发光时间不足的问题。而且,在编程阶段偏置电流 I_{BIAS} 流过 OLED,会造成 OLED 的非显示发光。这样,增加偏置电流虽可使电路有更快的建立时间,允许较长的发光时间,但会降低显示的对比度。因此,偏置电流值的设定是发光时间和对比度的一个折中。对此一个可行的解决方案是在 CBVP 像素电路的驱动中采用独立补偿帧,这样一方面可有效增加 OLED 的发光时间和显示的对比度,另一方面又可实现更高的驱动速度。

一个具有独立补偿帧的 AMOLED 显示像素电路如图 3.28 所示。在前述 2T2C 的 CBVP 电路基础上增加了一个 TFT(T3),使每一行的数据写入过程独立出来,这样可以将补偿阶段从驱动过程中剥离出来,形成独立的一帧专门用作阈值电压的补偿,如图 3.28(b)所示。在常规的驱动帧时段,仅进行数据写入和发光,而在补偿帧时段进行阈值电压等参数的补偿。其补偿过程与上述 2T2C 电路类似,即偏置电流流入 T1 和 OLED,在 T1 的栅极形成与阈值电压相关的电压信息,对阈值电压进行提取。图 3.29 给出了上述具有独立补偿帧像素电路中的 V_A,V_{OLED} 和 I_{OLED} 在一个补偿帧和三个驱动帧的仿真结果。可以看到,V_A 在补偿帧时段先充电到编程电位

V_A^P，然后通过电容耦合的方式拉低到 V_A^L。在驱动帧时段，V_A 由于数据电压的写入而升高，从而驱动 OLED 发光。在第二、三个驱动帧中，直接写入一个新的数据电压而不进行阈值电压的补偿。

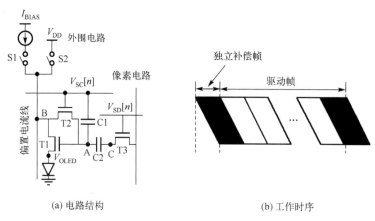

(a) 电路结构   (b) 工作时序

图 3.28 具有独立补偿帧的 CBVP 型 AMOLED 像素电路[4]

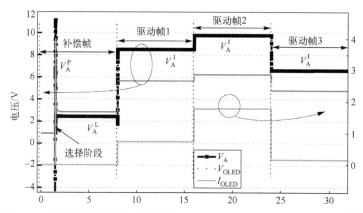

图 3.29 独立补偿帧像素电路中的 V_A, V_{OLED} 和 I_{OLED} 瞬态仿真结果[12]

独立补偿帧驱动方式的特征是将提取的阈值电压信息保存在 T1 的栅极进行重复利用。T1 栅极电荷的保存能力主要取决于 T2 在驱动帧时段的漏电情况。所幸的是，以 a-IGZO 为代表的金属氧化物 TFT 通常具有很低的漏电流（$1×10^{-13}$ A 量级或更低），这就使得独立补偿帧的驱动方式能够充分发挥其优势。图 3.30 给出了 T1 栅极泄漏电流为 $1×10^{-13}$A 情况下 I_{OLED} 在 0.5 秒内的瞬态仿真结果，这期间包含了一个补偿帧和 60 个驱动帧。从图中可以看到，I_{OLED} 从 1.16μA 仅仅上升到 1.22μA，即产生 5%的误差。如果采用泄漏电流更低的 TFT 技术或者开关结构，所产生的误差将更小。

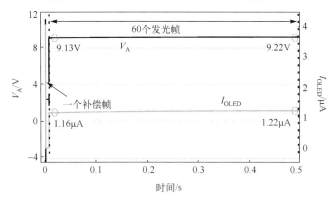

图 3.30　独立补偿帧像素电路的 I_{OLED} 和 V_A 的瞬态仿真结果，总显示时间长度 0.5s[12]

6. 外部补偿型像素电路

以上介绍的补偿方法均在 AMOLED 像素电路内部进行的，这类方法可以实现对像素电路内部器件的参数不均、漂移和退化的补偿，但受限于一些 TFT 迁移率有效、寄生电容电阻等因素的影响，补偿效果通常不够完全和精确，而且对于 OLED 的退化等总是难以补偿。为了实现更全面和更精确的补偿，并在面板上实现简单的像素电路和驱动时序，在面板外置的数据驱动电路(芯片)中增加补偿功能是一个可行的方法，特别是对于大尺寸和高分辨率显示，外部补偿应该是一个更好的选择[11-13]。

具体说来，外部补偿是指由面板外部的列驱动芯片来检测每个像素的失配和漂移信息，然后再根据检测的信息，在实际显示时调整写入像素阵列的数据电压或电流的值，使之呈现正确的信息显示。如果它与预期电流值有偏差，则不断调整写入到像素中的电压值，直到反馈电流与预期电流相等。由于非理性因素的补偿由外部的驱动电路来完成，因此像素电路本身的结构以及驱动时序可以相对简单和固定。目前大尺寸 OLED TV 产品大多采用了外部补偿的方式，其像素电路是广泛采用的 3T1C 结构。

图 3.31 给出了一个典型的用于外部补偿的氧化物 TFT 像素电路[9]。该外部补偿方案可对驱动 TFT 的 V_T、迁移率，以及 OLED 的 V_T 和发光效率进行补偿。电路中 Scan 和 Sense 信号线的驱动时序可根据所采用的外围补偿系统的算法进行相应的设置。如图 3.31(b)所示的驱动时序，在逐行显示过程中，栅扫描信号(Scan)和检测控制信号(Sense)为常规的单脉冲信号，驱动管 T1 栅极由列驱动芯片写入补偿校正后的显示数据；在检测过程中，栅扫描信号和检测控制信号相互配合，将像素电路内驱动管 T1 或者 OLED 的器件特性以电压或者电流的形式经过反馈管 T3 反馈到外部补偿显示系统，供后续电路再进行数字化、比较、补偿等操作。在检测校准的一行时间内，像素电路要经过较长的充电和检测时间来采集驱动 TFT 的阈值电压等信

息，而外围驱动芯片则要对采集到的信息量进行数字化处理，这对外部补偿电路的精度和速度都有较高的要求。

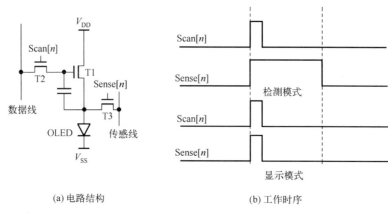

(a) 电路结构　　　　　　　　　　(b) 工作时序

图 3.31　外部补偿型 AMOLED 像素电路

如图 3.31(b) 所示，在检测阶段，Scan 和 Sense 都为高电平，T2 和 T3 都导通。检测模块为 Sense line 提供 V_{REF}，源极驱动模块为数据线提供 V_{disp1}，V_{REF} 小于 OLED 的开启电压 V_{OLED}。由于 T2 和 T3 导通，V_{disp1} 和 V_{REF} 分别写入 T1 的栅极和源极。此时检测模块检测流过 T1 的像素电流 I_{PIXEL}，并在电流比较器中与基准值 I_{DATA} 比较，比较结果通过移位寄存器送入外部补偿模块。外部补偿模块根据比较结果转化成相应的补偿数字信息，该数字信息被送入存储器中，为接下来的数据写入做准备。

外部补偿型的氧化物 TFT 像素电路的工作过程如下：

在数据写入阶段，T2 和 T3 保持导通，此时检测模块和数据驱动器分别通过传感线和数据线分别为像素电路的源极和栅极提供的电压值为 V_{REF} 和 V_{disp}，V_{disp} 为补偿后校正的数据电压，该电压值不仅含有 TFT 的电学特性(V_T 和 μ)相关的信息，还包含了 OLED 的发光效率信息，以及显示器的伽马校正信息等。因此，显示驱动背板上的非理想效应均可以得到补偿。

外部补偿列驱动芯片包括检测比较模块和补偿模块。在集成栅极驱动电路和像素电路的配合下，像素电路中器件特性信息以电流或者电压的形式反馈到外部驱动芯片检测比较模块。根据反馈信息的类型，外部补偿方案可以分成电压反馈补偿和电流反馈补偿这两种方式，下面对这两种方式进行对比和分析。

图 3.32 示意了基于电压反馈的外部补偿方案，该方案采用源极跟随原理进行检测[8]。TFT 特性检测分成两个阶段：第一个阶段检测阈值电压，第二阶段检测迁移率。在初始化和采样过程中，栅扫描信号和检测控制信号持续为高电平，晶体管 T3 和 T2 导通，T1 的栅极保持为数据电压 V_{DATA}。反馈线先预充至参考电压 V_{REF}，使 OLED 处于非发光状态。之后，参考电位 V_{REF} 撤离，反馈线处于悬空状态，检测模

块进入采样阶段。在 T1 的驱动下，反馈线的电压被逐步抬高。随着 T1 源极电位的升高，T1 的导通电流减小，其兆欧量级的等效电阻将远大于寄生电阻和反馈管等效电阻。忽略反馈管 T3 和寄生电阻 R_P 的压降，则 S1 节点电压、S2 节点电压与列驱动检测节点电压一致。

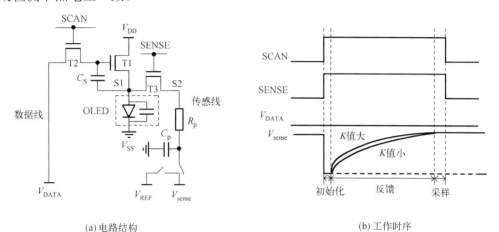

(a) 电路结构　　　　　　　　　　　　(b) 工作时序

图 3.32　基于电压反馈的外部补偿方案示意图[28]

$$V_{\text{sense}}(t) = V_{S1}(t) = V_{S2}(t) \tag{3-38}$$

$$I_{T1}(t) = \frac{1}{2}\mu C_{\text{ox}} \frac{W}{L}(V_{\text{DATA}} - V_s(t) - V_T)^2 = K(V_{\text{DATA}} - V_{\text{sense}}(t) - V_T)^2 \tag{3-39}$$

$$I(t) = C_p \frac{\mathrm{d}V_{\text{sense}}(t)}{\mathrm{d}t} \tag{3-40}$$

求解该微分方程组得到反馈电压表达式为

$$V_{\text{sense}}(t) = (V_{\text{DATA}} - V_T) - \frac{V_{\text{DATA}} - V_{\text{REF}} - V_T}{1 + \dfrac{K \cdot t \cdot (V_{\text{DATA}} - V_{\text{REF}} - V_T)}{C_P}} \tag{3-41}$$

饱和电压是指采样时间足够长，反馈线电压将达到的饱和值，此时 T1 管处于临界关断状态。实际中，由于栅扫描信号和检测控制信号脉宽较小以及列驱动芯片的工作时间有限，反馈电压只能接近地达到饱和电压 V_{sat}。

该饱和电压值 V_{sat} 与迁移率无关

$$V_{\text{sense}}(+\infty) \approx V_{\text{DATA}} - V_T = V_{\text{sat}} \tag{3-42}$$

而反馈电压达到某一特定值需要的时间 t 与迁移率有关，通过式（3-41）可以推演得到

$$t = \frac{C_{\mathrm{p}} \cdot (V_{\mathrm{sense}}(t) - V_{\mathrm{REF}})}{K \cdot (V_{\mathrm{sat}} - V_{\mathrm{sense}}(t))(V_{\mathrm{sat}} - V_{\mathrm{REF}})} = \frac{C_{\mathrm{p}}}{K} \cdot \left(\frac{1}{V_{\mathrm{sat}} - V_{\mathrm{sense}}(t)} - \frac{1}{V_{\mathrm{sat}} - V_{\mathrm{REF}}} \right) \qquad (3\text{-}43)$$

式中，K 为 T1 的导电因子。实际应用中，通常采用恒定电流法定义阈值电压。例如，定义恒定电流为 5nA·(W/L) 时，TFT 转移特性曲线上对应于该恒定电流值的栅源电压值为 T1 的阈值电压。假设反馈电压 V_{sense} 达到 95%的饱和电压即完成阈值电压提取，检测到 95%的饱和电压需要约 2.9ms 的时间。

迁移率检测过程与阈值电压检测过程类似，驱动管 T1 的数据电压更新为提取到的阈值电压加上旧数据电压[11]，即

$$V'_{\mathrm{DATA}} = V_{\mathrm{DATA}} + V_T \qquad (3\text{-}44)$$

此时流过 T1 的电流和反馈电压的关系为

$$I_{\mathrm{T1}}(t) = C_{\mathrm{p}} \frac{\mathrm{d}V_{\mathrm{sense}}(t)}{\mathrm{d}t} = K(V'_{\mathrm{DATA}} - V_{\mathrm{sense}}(t) - V_T)^2 = K(V_{\mathrm{DATA}} - V_{\mathrm{sense}}(t))^2 \qquad (3\text{-}45)$$

该微分方程的解与阈值电压检测的反馈电压表达式相似

$$V_{\mathrm{sense}}(t) = V_{\mathrm{DATA}} - \frac{1}{\dfrac{1}{V_{\mathrm{DATA}} - V_{\mathrm{REF}}} + \dfrac{K \cdot t}{C_{\mathrm{p}}}} \qquad (3\text{-}46)$$

相比阈值电压检测到需要等待反馈电压达到饱和值，迁移率检测可以在较短的时间内检测反馈电压，计算得到

$$t = \frac{C_{\mathrm{p}}}{K} \left(\frac{1}{V_{\mathrm{DATA}} - V_{\mathrm{sense}}(t)} - \frac{1}{V_{\mathrm{DATA}} - V_{\mathrm{REF}}} \right) \qquad (3\text{-}47)$$

反馈电压与导电因子 K 为非线性关系，如何精确求解 K 值成为外部电路算法的一个挑战。

由以上的理论分析和仿真结果可以看到，常规的基于电压反馈的外围补偿方案需要先完成精确的阈值电压补偿，接着根据与阈值电压无关的反馈电压估算迁移率。该方法的阈值电压检测和迁移率检测过程较简单，电路复杂度和检测精度之间需要权衡。需要指出的是，超长的检测采样时间要求 GOA(栅极驱动电路)提供超宽脉冲，这对 GOA 电路的设计提出了技术挑战。

图 3.33 是基于电流反馈的外部补偿方案示意图。与电压反馈不同的是，在反馈过程中，电流反馈线的电压维持在参考电位 V_{REF}，而非悬空状态，检测电路的检测信息为电流，而非电压。驱动管 T1 的电流 I_{pixel} 经反馈线流进检测模块，电流镜结构复制 I_{pixel}，复制的电流通过电容积分或者电阻转换成电压，由后面的比较模块进行比较。检测包括初始化和采样两个过程。在该两个过程中栅扫描信号和检测控制

信号保持在高电平。初始化阶段，反馈线由 T1 和列驱动电流镜对寄生电容 C_p 充电。达到稳定状态后，T1 的电流(I_{pixel})和参考电压 V_{REF} 之间的关系可表示为

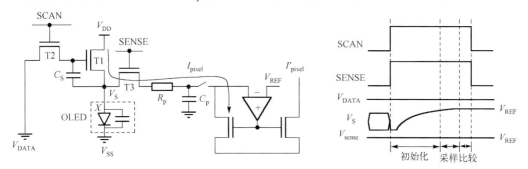

图 3.33　基于电流反馈的外部补偿方案示意图[28, 29]

$$I_{pixel} = K(V_{DATA} - V_S - V_T)^2 \tag{3-48}$$

$$I_{pixel} = \frac{V_S - V_{REF}}{R_p + R_{T3}} \tag{3-49}$$

　　电流反馈初始化过程与电压反馈补偿方案的采样过程相似，反馈线的电压电流达到稳定需要一定的时间。但是相比于电压反馈，电流反馈的检测时间可以在较短时间内完成。一方面反馈电压不需要达到饱和值，二是列驱动芯片中运放反馈环路的负相输入端仅靠驱动管 T1 充电，三是引入初始化方法后，反馈电压最终稳定时的电压与初始化电压压差很小，为毫伏量级，T1 的电流可在很短时间内对寄生电容进行充放电。在引入预充电的方法后，利用列驱动的缓冲器反馈线电压和 T1 源极电位预充至为 V_{REF}，将原本 300μs 的初始化采样时长缩短到约 10μs[30]。

　　从以上检测原理分析和电路仿真可以看出电压反馈外部补偿方案需要数百微秒至数毫秒的检测反馈时间，电流反馈补偿方案需要数十至数百微秒的反馈时间，两种方案的反馈时间都远长于 120Hz 4K 面板 3.85μs 的行选通时间。这说明在大尺寸、高分辨率面板上对某一行像素同步进行检测和数据电压写入的实时补偿方案是不现实的。就大尺寸高分辨率 AMOLED 显示面板而言，可行的方案是在非显示阶段进行检测补偿。图 3.34 描述了两种可能的检测补偿模式：显示帧间(场消隐阶段)补偿以及待机补偿。显示帧间补偿情况下，帧间时间在几百微秒左右，比如对于 120Hz 4K×2K 面板，帧间空白时间大约 300μs。帧间检测在两帧显示之间完成，不影响显示器的正常显示驱动，但检测时间受行时间的限制，检测时间越短，检测补偿算法要求越高。相比之下，待机时间则充裕得多，几秒甚至十几秒。待机检测阶段显示器不显示，仅执行逐行检测工作，栅极扫描脉冲信号和检测补偿控制信号为毫秒量级的宽脉冲，完成所有行的检测需要几秒甚至十几秒的时间。相比之下，待机检测

补偿不受行显示时间限制，检测时间充分长，可以实现高的检测精度，但检测补偿时间耗时，检测时显示器不能正常显示，在显示器长时间不间断工作的使用场合下可能影响使用。为了提高显示器的稳定性和可靠性，可考虑结合两种补偿方式的优点，在外部反馈方案中，使帧间检测和待机检测功能兼而有之。

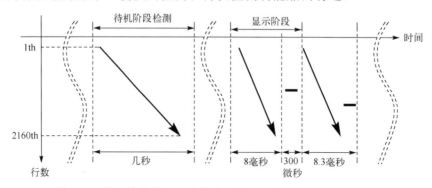

图 3.34　外部补偿像素电路的待机检测和帧间检测方案示意图

3.3.3　LTPO TFT 像素电路

相比于依靠背光源的 AMLCD 技术，AMOLED 显示技术是自发光显示，潜在具有低功耗的优势，适合于智能手表、智能手机、平板电脑等移动显产品。不过，由于其 TFT 背板部分需采用复杂的补偿电路和开关模块，以及需要较高的动态刷新频率来克服泄漏电流带来的画面异常等问题，常规 AMOLED 显示产品并没有充分展现出低功耗优势。对于智能手机等移动显示应用来说，长的待机时间总是用户追求的重要品质因素，因此如何降低 AMOLED 显示器的功耗是非常重要的课题[31]。

显示屏的功耗与显示的刷新率(帧率)成正比，因此降低刷新率可直接降低显示器的功耗。显示器通常有大段的时间是显示静态画面，此时像素维持着较恒定的电流，而电流的大小主要取决于驱动晶体管的栅极和源极之间的电压差，如果已经编程到驱动晶体管的栅源电压能够长时间维持，那么显示器可以工作在低刷新率显示模式，这样显示静态画面的功耗可以明显减少。

图 3.35　AMOLED 的息屏显示功能示意

低刷新率显示的一个重要应用是息屏显示（Always on Display，AOD），如图 3.35 所示。用户可以在设备处于息屏模式时仍然可以实时看到时间、日期、消息等提示信息，以及具有个性化设计或自定义的文字和图案等。在 AOD 模式下，只有少数的像素在工作，屏幕刷新率也较低，像素阵列的内部电压也较低，这些都导致了显示器功耗的降低。息屏显示的能耗一般只有常规显示模式的 1%~3%，这可使得显示器的待机使用时间大为延长。

对于传统的基于 LTPS TFT 背板的 AMOLED 显示器来说，实现低功耗显示通常是一个难题。如第 1 章所述，尽管 LTPS TFT 具有高的载流子迁移率($\sim 100\mathrm{cm}^2\mathrm{V}^{-1}\mathrm{s}^{-1}$)，但它的泄漏电流较大。LTPS TFT 的高迁移率有利于实现高帧频，例如 120Hz 以上，但其高的泄漏电流使得像素内部节点电位会在一帧时间内发生显著改变。为了抑制泄漏电流引起的画面异常，像素电路中的 LTPS TFT 一般要采用串联的晶体管结构，这可一定程度降低泄漏电流，达到 pA 量级，但仍然不能满足低刷新率工作模式的要求，导致显示器的低刷新率显示模式难以实现。

具体说来，只采用 LTPS TFT 的像素电路，对于显示帧率低于 10~30Hz 的情况，因为泄漏电流较大导致的栅压变化，往往被人眼察觉出色偏、闪屏等问题。而对于 1Hz 左右的超低帧率显示来说，LTPS TFT 更是难以满足需求。然而，非晶氧化物 TFT 的泄漏电流显著地低于 LTPS TFT，通常为 10^{-13}A 以下，甚至达到 10^{-15}A 量级或更低。同时，氧化物 TFT 也具有很好的大面积均匀性。因此，人们很自然就想到将 LTPS 和氧化物 TFT 两种技术结合起来，以充分发挥两种 TFT 各自的优点和避开各自的缺点，形成一个行之有效的低功耗技术。这一新技术被称为 LTPO(Low Temperature Poly-Si + Oxide)技术。

在基于 LTPO 技术的像素电路中，对那些需要工作于大电流的晶体管，如驱动管、电流通路上的开关管等，使用高迁移率的 LTPS TFT；而对那些需要低泄漏电流的晶体管，如与电容敏感节点相连接的开关管等，则使用关态电流极低的氧化物 TFT。这样的设计使得 LTPO 像素电路可以在 1Hz 下进行工作，具有低的驱动 IC 功耗。此外，LTPO 像素电路的工作电压也较低，具有更进一步降低功耗的潜力。

图 3.36 为一种 LTPO TFT 的截面结构示意图，其中氧化物 TFT 为 a-IGZO TFT，采用了双栅结构，由 GE2 和 GE3 两层金属作为栅极走线。而 LTPS TFT 采用底层金属 GE1 进行走线。这样的叠层结构增加了走线资源，提升了走线的效率，也有利于在工艺制备中阻挡 LTPS TFT 与 IGZO TFT 之间的氢、氧等元素的扩散，从而减缓 TFT 器件稳定性的退化。当然，LTPO 结构的背板的制造成本有明显的增加。

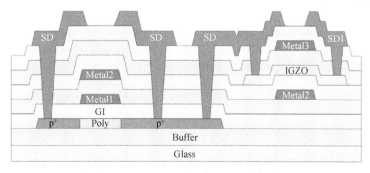

图 3.36　LTPO TFT 的剖面结构示意图

综合来看，LTPO AMOLED 像素电路具备的优势有：

(1) 有利于实现高分辨率的 AMOLED 显示。对于基于 LTPS TFT 的 AMOLED，由于像素要采用较大值的存储电容 C_S 等，像素面积很难微缩。而 a-IGZO TFT 的泄漏电流很小，存储电容可省略或面积很小。另一方面，对 LTPO TFT 结构而言，电容可以形成于 LTPS TFT 的上方，这种三维叠层结构可进一步微缩像素的面积。

(2) LTPO TFT 技术可形成 CMOS 架构 (P 型 LTPS TFT + N 型氧化物 TFT)，使得显示面板上大规模集成高性能栅驱动电路、电源电路、源驱动电路以及其他光电传感电路等成为可能。

1. Apple 公司的 LTPO 像素电路

美国 Apple 公司首次将 LTPO 技术应用于其产品 Apple Watch Series 4，其像素电路结构如图 3.37 所示[32]。该像素电路由一个氧化物 TFT (T3)，5 个 N 型 LTPS TFT 和一个存储电容 C_S 组成。其中，T2 是驱动管，用于产生 OLED 的驱动电流，T3 为开关管。电路工作分为三个阶段：①初始化；②补偿和数据写入；③发光。首先初始化电容两端电位及 OLED 阳极电位，然后将驱动晶体管连接成二极管结构，完成数据写入和阈值电压提取。发光阶段，驱动管 T2 根据编程产生的栅极数据电压为 OLED 提供驱动电流。同时利用氧化物 TFT 的低漏电特性进行低帧率显示，以降低系统的整体功耗。理论上，由于载流子捕获或复合会使得驱动管的 I-V 特性相对于补偿阶段有迟滞现象，这可能引起低帧率下的显示有闪屏现象。但测试结果表明，通过合理的 TFT 尺寸及时序设计等，基于这种 LTPO TFT 像素电路的 AMOLED 显示能够在 1~60Hz 之间的刷新率下呈现正常的显示画面。

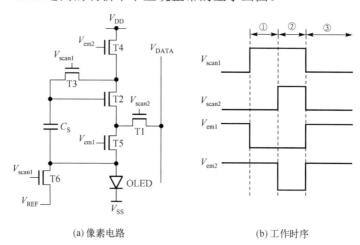

(a) 像素电路　　　　　　　(b) 工作时序

图 3.37　Apple 公司提出的基于 LTPO TFT 的 AMOLED 像素电路[32]

2. Sharp 公司的 LTPO 像素电路

P 型 LTPS TFT 的电学特性通常比 N 型的更稳定，因为它能更好地抑制热载流子效应，故常用的 AMOLED 显示的像素电路多倾向于采用 P 型 LTPS TFT。日本 Sharp 公司基于 LTPO 架构，研发了 P 型 LTPS 和 a-IGZO TFT 混合的背板技术。图 3.38 为 Sharp 公司发表的可宽帧率(1～140Hz)显示的 LTPO-TFT AMOELD 像素电路方案[32]。该电路由 4 个 P 型的 LTPS TFT(T3、T4、T5 和 T6)以及 3 个 a-IGZO TFT(T1、T2 和 T7)和 1 个存储电容(C_S)组成。电路工作过程分为三个阶段：初始化阶段、补偿和数据写入阶段，以及发光阶段。

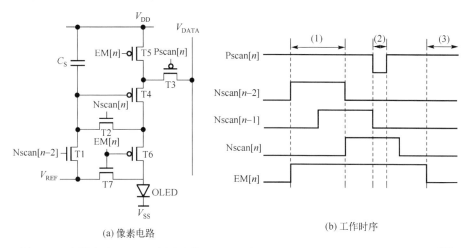

(a) 像素电路　　　　　　　　　　　　　　(b) 工作时序

图 3.38　宽帧率(1～140Hz)显示的 CMOS 型 LTPO TFT AMOELD 像素电路方案[33]

在初始化阶段，EM[n]和 Nscan[$n-2$]均为高电平，故开关管 T7 和 T1 均为开态。于是驱动晶体管 T4 的栅极被初始化到较低电位 V_{REF}，OLED 也被初始化为关闭/非发光状态。这保证了每个像素都能进入恰当的初始化状态，后续可正常完成阈值电压提取、数据写入等操作。OLED 在初始化及补偿阶段均处于关断状态，从而让显示器具有较高的对比度。

在补偿和数据写入阶段，Pscan[n]和 Nscan[n]分别为低电平和高电平，T3(p-LTPS)和 T2(a-IGZO)打开，数据电压 V_{DATA} 通过 T3 传输到驱动管 T4 的源极，T4 的栅极节点被逐步充电到 $V_{DATA}-|V_{T4}|$。结合前述的初始化过程的要求，V_{REF} 的取值至少应该满足条件 $V_{REF}<V_{DATA}-|V_T|$。

在发光阶段，EM[n]为低电平信号，T5 和 T6 导通，T5、T4 和 T6 构成 OLED 的供电通路，OLED 进入发光状态。

该像素电路应用了氧化物 TFT 的超低泄漏特性，从而可以采用较小的存储电容 C_S，这有利于缩小像素尺寸、实现高显示密度。而对于传统的全 LTPS TFT 构成的 OLED 像素电路，存储电容 C_S 须取较大的值，才能解决驱动管栅电极电荷泄漏而导致的灰阶控制不准确问题。但是 C_S 的取值过大又会造成像素电路占用面积大、驱动管栅电极充放电存在较大的延迟、阈值电压补偿不精确等一系列的问题。

为了避免由漏电导致的显示器漏光及显示对比度的下降，需要对 OLED 的阳极进行初始化。该像素电路采用氧化物 TFT 作为初始化通路，并采用 EM 控制氧化物 TFT 的通断，可以在初始化过程完全关断 OLED，并有效地增加初始化的时间。在显示帧率 1Hz 情况下，可按照 1Hz 的频率进行数据刷新，而按照 120Hz 的频率对 OLED 阳极进行初始化操作。这样能够保证在不同显示帧率下，OLED 不发光时间所占比例基本一致，从而减小闪屏现象。该像素电路方案使得移动显示器可以在低功耗以及在宽范围的刷新率下工作。

对于低刷新率/低功耗显示模式，需在数据刷新帧之间交替地插入非刷新帧。对于非刷新帧，将 TFT 集成栅驱动电路的时钟电平固定，Pscan 和 Nscan 信号分别固定到高和低电位状态。这样，非刷新帧期间，对应着 EM 信号的高、低电位，OLED 分别关闭、发光，而 AMOLED 的各个像素的电流（灰阶）则保持着上一次刷新时的值不变。

3. 一种具有插黑帧功能的紧凑型 LTPO 像素电路

图 3.39 给出了一种具有插黑帧功能及低频数字脉冲宽度调制（pulse width modulation，PWM）的 6T-1C 型 LTPO AMOLED 显示像素方案。如图 3.39(a) 所示，像素电路包括一个驱动晶体管（T5）、五个开关 TFT（T1~T4 和 T6）、一个电容（C_{ST}）和一个氧化物 TFT（T2）。该像素电路只需要 1 个氧化物 TFT 和 2 种类型的扫描线，即 P[n] 和 EM[n]（EM1[n] 和 EM2[n] 具有相同的波形）。相比之下，其他的像素电路通常需要 3 个氧化物 TFT 和 3 种类型的扫描线，即 P[n]、N[n] 和 EM[n]。像素电路里唯一的该氧化物 TFT 与驱动 TFT 的栅极（即 G 节点）连接，以减少漏电流，并保持 G 节点即使在超低刷新率下仍具有稳定的电平。由于扫描线数量减少，栅极驱动电路也相应得以简化，有利于实现超窄边框显示。

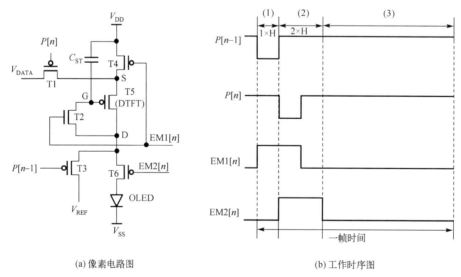

(a) 像素电路图　　　　　　　　　　　(b) 工作时序图

图 3.39　一种具有插黑帧功能的紧凑型 LTPO AMOLED 像素电路方案[33]

该像素电路的工作过程如下：

(1) 初始化阶段：P[n] 和 EM1[n] 为高电平，同时 P[$n-1$] 和 EM2[n] 为低电平。T1 和 T4 关断，而 T2、T3 和 T6 导通，用 V_{REF} 重置驱动晶体管 T5 的栅极(V_G) 和 OLED 的阳极(V_D)。在这个阶段，OLED 被关闭以减少光泄漏引起的对比度下降。

(2) 阈值电压提取阶段：P[$n-1$]、EM1[n] 和 EM2[n] 为高电平，T3、T4 和 T6 关断。T1 和 T2 导通，T5 的栅极被充电。T5 因栅漏极被短接而工作于饱和区。T5 的充电过程会持续到 G 点电压达到 $V_{DATA}+V_{T5}$，此时 T5 关闭，其阈值电压 V_{T5} 和数据电压 V_{DATA} 被存储到 C_{ST} 上。

(3) 发光阶段：在该阶段，EM1[n] 和 EM2[n] 为低电位，T4 和 T6 导通，而其他开关管保持关断。由于 OLED 电流决定于驱动管 T5 的栅源电压，而 T5 的栅源电压为 $V_G-V_S=V_{DATA}+V_{T5}-V_{T5}=V_{DATA}$，因此流经 OLED 上的电流大小与驱动管 TFT 的阈值电压大小无关，所以能够一定程度克服晶体管阈值电压不稳定和不均匀的影响。

4.　一种能够补偿 IR-drop 的 LTPO 像素电路

前述的几种 LTPO AMOLED 像素电路主要可以补偿 LTPS TFT 的阈值电压分散性，适用于低帧率和低功耗的显示。但是，这些电路不能够补偿电源线上的 IR-drop。对此提出了一种具有全补偿功能的 LTPO AMOLED 显示像素电路[31]，它不仅可补偿 V_T 值分散，还可以补偿电源线上的 IR-drop，并能进一步降低静态功耗。如图 3.40 所示，该全补偿型 LTPO TFT 的 AMOLED 像素电路包括 1 个驱动晶体管(T1)、8 个开关晶体管和 1 个电容，除 T2 为 a-IGZO TFT 之外，其余晶体管均为 P 型的 LTPS TFT。

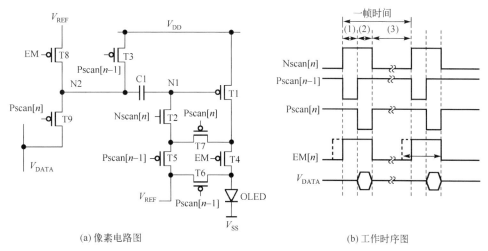

(a) 像素电路图　　　　　　　　　　　(b) 工作时序图

图 3.40　一种能够补偿 IR-drop 的 LTPO AMOLED 像素电路方案[34]

电路工作过程分为三个阶段：复位阶段、V_T 提取及数据写入阶段，以及发光阶段。下面分别描述如下：

　　第一阶段是复位阶段。在该阶段，控制信号 Nscan[n]、Pscan[n]、EM 信号为高电平，Pscan[$n-1$]为低电平。T2、T3、T5、T6 打开，其余开关管关断。此时数据电压正写入上一行的数据，与本行无关。由于 T2、T5 导通，N1 点电平复位到 V_{REF}。因为 T3 导通，N2 点复位到 V_{DD}。T6 管导通将 OLED 关断。此时

$$V_{\mathrm{N1}} = V_{\mathrm{REF}} \tag{3-50}$$

$$V_{\mathrm{N2}} = V_{\mathrm{DD}} \tag{3-51}$$

　　需要指出的是，电路中的 T6 是不可缺少的。T6 的缺失会导致输入零灰阶电平时 OLED 仍有少量电流流过，从而引起显示对比度损失。

　　第二阶段是 V_T 提取及数据写入阶段。在这个阶段，像素电路同时完成数据的写入和阈值电压的提取。此时，控制信号 Nscan[n]、Pscan[$n-1$]、EM 信号为高电平，Pscan[n]为低电平。开关管 T1、T2、T7、T9 导通，其余的开关管处于关断状态。数据电压由电路左侧写入像素，数据电压 V_{DATA} 通过 T9 写入电容 C1 的左端子 N2。驱动管 T1 形成二极管连接，进行阈值电压的提取。在提取前，由于电容两端电压在短时间内可近似看作不变，故在提取前的 N1 点电压为

$$V_{\mathrm{N1}} = V_{\mathrm{REF}} - (V_{\mathrm{DD}} - V_{\mathrm{DATA}}) \tag{3-52}$$

　　在提取过程中，T1 形成二极管连接，T1 的栅源电压逐渐逼近 V_T。当像素内节点 N1 完成 V_T 提取之后，阈值电压的偏移量将存储在电容中。在提取过程后，N1节点的电压变化为

$$V_{\mathrm{N1}} = V_{\mathrm{DD}} - |V_T| \tag{3-53}$$

　　但在阈值电压的提取中，电流会流过 T1、T2、T7，对 N1 节点进行充电。为了保证充电过程能够正常地进行，V_T 提取前 N1 节点的电压值应该低于 V_T 提取后 N1节点的电压值，因此根据式(3-52)和式(3-53)可以得出

$$V_{\mathrm{DD}} > \frac{1}{2}(V_{\mathrm{REF}} + |V_T| + V_{\mathrm{DATA}}) \tag{3-54}$$

　　第三阶段是发光阶段。在发光阶段，N2 节点被置为 V_{REF}，此时 N1 节点电平变为

$$V_{\mathrm{N1}} = V_{\mathrm{DD}} - |V_T| - (V_{\mathrm{DATA}} - V_{\mathrm{REF}}) \tag{3-55}$$

　　此时 N1 点完成提取对应发光电流为

$$I = \frac{1}{2}\mu C_{\mathrm{ox}} \frac{W}{L}(V_{\mathrm{DD}} - V_{\mathrm{N1}} - |V_T|)^2 = \frac{1}{2}\mu C_{\mathrm{ox}} \frac{W}{L}(V_{\mathrm{DATA}} - V_{\mathrm{REF}})^2 \tag{3-56}$$

　　从式(3-56)可以得出，发光电流只与输入电压相关，独立于阈值电压偏移量。因此，该像素电路可补偿因 T1 管的阈值电压偏移导致的电流变化。

　　在补偿阶段，一方面电源电压及驱动管阈值电压的信息被写入电容的一个极板，

该极板与驱动管栅电极直接相连。另一方面,该像素的数据电压值同时写入电容另一个极板。在发光阶段,数据电压通过电容自举的方式写入驱动管栅极,并使其导通,由此发光通路上 EM 信号控制的开关晶体管能够控制 OLED 的亮灭。由于驱动管的栅电极电压包含着电源电压及驱动管阈值电压信息,因此该像素电路不仅能够补偿由于驱动面板不均匀引起的阈值电压漂移的问题,而且对于大尺寸面板上分布式电源走线上的 IR-drop 也有很好的补偿能力。该像素利用氧化物 TFT 的低漏电特性实现低帧率显示,从而降低动态功耗。除此之外,相对于其他像素,该设计在 OLED 发光通路上只包含一个开关 TFT,于是可以降低电源电压,减小显示面板总的静态功耗[34]。

3.4　集成行驱动电路

从上一章可知,TFT-LCD 显示的行驱动只需要一个栅极扫描信号。而 AMOLED显示需要补偿 TFT 和 OLED 的不均匀和退化,以解决显示面板起始的发光不均匀以及在长时间工作后器件退化产生的不均匀等问题,使得像素电路往往需要多种类型的行扫描驱动信号。像素电路的这些驱动信号一般可由外部的驱动 IC 来提供,但就AMOLED 显示像素电路而言,不同的像素电路结构通常需要不同的驱动信号,故采用不同结构的像素电路的显示面板需要定制不同的驱动 IC,这会增加研发的周期和成本。如果像素电路的驱动信号均可由周边的行驱动 TFT 集成电路(GOA)来产生,那么不仅可以降低 AMOLED 的制造成本,还可以实现窄边框甚至无边框显示。

虽然不同结构像素电路的驱动信号的数量和控制时序通常都是不同的,但是它们的 GOA 电路设计仍有一些共同之处。例如,OLED 驱动信号均包含:栅极扫描信号(G[n]信号)和发光信号(EM[n]信号)。以 n 型 TFT(例如氧化物 TFT)的像素电路为例,G[n]通常为低占空比的脉冲信号(高电平持续时间较短、低电平持续时间较长),EM[n]通常为高占空比的脉冲信号(高电平持续时间较长、低电平持续时间较短),其脉冲的宽度以及与 G[n]信号的时序关系与电路的结构和工作过程有关。因此,AMOLED 的集成行驱动电路需要同时产生符合时序要求的 G[n]和 EM[n]脉冲信号。

根据像素电路的驱动信号数量和时序的要求,AMOLED 显示的 TFT 集成的行驱动电路可以采用图 3.41 所示的两种电路架构进行设计。图 3.41(a)所示的为第一种驱动电路架构,其特征为 EMscan 和 Gscan 信号产生模块相互独立。此架构下,像素电路需要的扫描信号 G[n]和发光控制信号 EM[n]都分别由一组单独的集成行驱动电路来提供。这种架构适用于驱动(控制)信号时序较为复杂的像素电路,可以根据像素电路的具体要求,对集成行驱动电路结构进行灵活配置和优化。这种架构的缺点是整个集成行驱动电路结构上比较复杂,需要多路独立的驱动电路,占用面积也较大。图 3.41(b)为第二种集成行驱动电路架构,其特征是 EMscan 和 Gscan 信号产生模块实现了一体化。此架构下,每行像素电路的扫描信号和驱动(控制)信号均由一个集成行驱动电路来产生。这种架构的驱动电路的整体结构简单，占用面积也少。但一个电路输出多种信号在实现上具有挑战性，故这种架构适合于驱动信号时序比较简单的像素电路。

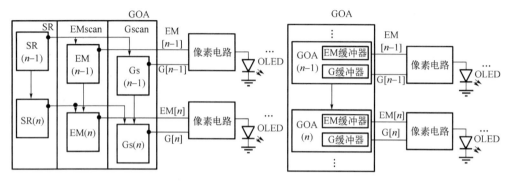

(a) EMscan和Gscan分立的架构　　　　　　　　(b) EMscan和Gscan一体的架构

图 3.41　AMOLED 显示的两种 TFT 集成栅驱动电路（GOA）架构

与上一章描述的 AMLCD 的 GOA 相比，AMOLED 显示的 GOA 电路需要产生行扫描、发光控制等多路输出信号，以满足 OLED 显示像素阵列的快速补偿和编程的要求，因此在结构上要复杂很多。不过，AMLCD 和 AMOLED 显示的 GOA 电路的相同之处在于其基本构成模块均为移位寄存器，故电路基本原理及设计思路是相通的，2.3 节的内容也大致适用于 AMOLED 的 GOA 的设计。如前文所述，AMOLED 显示目前能采用的背板技术为低温多晶硅和氧化物 TFT 技术。以下分别对基于这两种 TFT 的 AMOLED 显示的 GOA 技术进行介绍。

3.4.1 LTPS TFT 集成的行驱动电路

LTPS TFT 背板的 AMOLED 显示主要面向平板电脑、手机、手表等中小尺寸显示设备，这些应用一般追求尽可能高的屏占比，即极窄甚至（无）边框的显示，这使得行驱动电路的面积必须极小化。而 AMOLED 显示需补偿的因素较多，导致行驱动电路须提供复杂的时序信号，并具有较大的可调整空间。

LTPS TFT 相比于氧化物 TFT，具有更高的电流驱动能力，可以支持显示面板的高速操作。基于 LTPS TFT 的 AMOLED 显示需要补偿 LTPS TFT 和 OLED 电学特性的不均匀性和退化。对于高分辨率 AMOLED 显示，有效的行扫描时间很短，给予TFT 阈值电压的检测、编程时间等都很有限，故一般要采用交叠扫描、并行寻址等驱动方法来改善像素补偿及编程的效果。

图 3.42 示意了一种典型的基于 P 型 LTPS TFT 的 AMOLED 显示用 GOA 电路方案，其实际应用到 OLED 手机显示屏，采用了 Gscan 和 EMscan 分立的架构，可产

生逐行传递的低电平扫描脉冲 G[n]和高电平发光扫描脉冲 EM[n]。单级 GScan 扫描电路中，T3 和 T4 分别为产生输出脉冲 G[n]的下拉管和上拉管，这两个管是否导通分别由节点 N1 和 N2 的电压决定，而其他的开关晶体管主要用以控制节点 N1 和 N2 电压切换的先后顺序。另外，节点 N1 和 N4 通过常通的 T8 相连，故这两个节点的电位保持相同。该扫描驱动电路的工作原理可以通过分析节点 N1(也就是 N4)和 N2 的电平状态及其变化过程来说明。如图 3.42(c)所示，电路的工作过程可分为 4 个阶段，各阶段的过程分析如下。

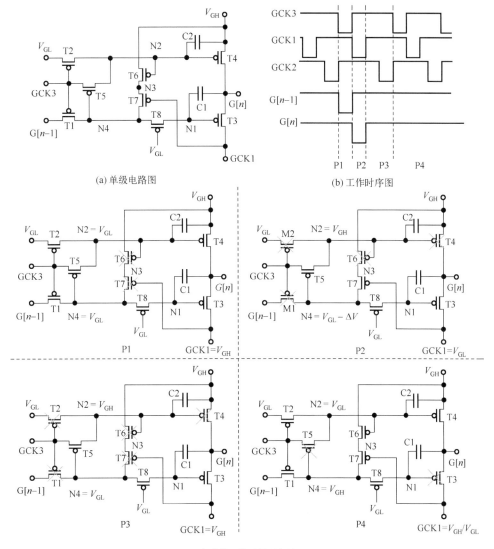

(a) 单级电路图　　　　　　　　　　　(b) 工作时序图

(c) 电路的工作过程示意图

图 3.42　AMOLED 显示用 LTPS TFT 集成 Gscan 电路、时序及工作过程示意

　　第一阶段(P1)：前级扫描脉冲 G[n-1]和第三时钟 GCK3 为低压(V_{GL})，节点 N1(驱动管 T3 的栅极)被下拉到低压 V_{GL}，于是下拉管 T3 预先被开启。由于第一时钟 GCK1 为高压 V_{GH}，预开启的 T3 不会改变电路输出 G[n]的状态。与此同时，节点 N2 的电位也被拉低，输出端 G[n]通过上拉管 T4 维持着高压 V_{GH}。

　　第二阶段(P2)：第一时钟 GCK1 从 V_{GH} 变为 V_{GL}，第三时钟 GCK3 变为高压 V_{GH}。由于 P1 阶段，驱动管 T3 已经被预先开启，从而 P3 的栅极和沟道之间就具有较大数值的 MIS 电容。在 T3 的 MIS 电容的电压耦合作用下，伴随着 GCK1 的电压下降沿，节点 N1 被自举到比低压源 V_{GL} 更低的电压($V_{N1}=V_{GL}-\Delta V$)。于是，驱动管 T3 以较强的驱动能力将 G[n]下拉到 V_{GL}。与此同时，在 T5 的作用下，节点 N2 被拉高到高压源 V_{GH}($V_{N2}=V_{GH}$)，从而上拉管 T4 稳定关闭，避免了输出端 G[n]传输低电平时电压幅度损失的问题。

　　第三阶段(P3)：第一时钟信号 GCK1 再从低压 V_{GL} 跳变为高压 V_{GH}，仍然通过驱动管 T3 将输出 G[n]的电位拉高。N1 变回 V_{GL}($V_{N1}=V_{GL}$)，然后打开 T4、T6 和 T7 以充电 G[n]节点，T2 仍然为 V_{GH}($V_{N2}=V_{GH}$)。由于存储电容 C1 及串联晶体管 T6～T8 可较好地抑制泄漏电流的作用，驱动管 M3 的栅极节点 T1 在 P2 和 P3 阶段能够维持在悬浮状态，从而驱动管 T3 可以保持着较强的驱动能力。

　　第四阶段(P4)：第一时钟信号 GCK1 再次变为低压 V_{GL}，而此时前一级脉冲信号 G[n-1]变成为高压 V_{GH}，通过 T1 和 T2，节点 N4 和 N2 分别被置为高压 V_{GH} 和低压 V_{GL}($V_{N2}=V_{GL}$)，使得 Gscan 电路的输出 G[n]维持着高压 V_{GH}。通过第三时钟信号 GCK3，节点 N2 周期性地被上拉到高压 V_{GH}，从而保持着驱动管 T3 为断开状态，避免了第一时钟信号 GCK1 的跳变可能带来的 T3 误开启。

　　另外，EM 电路用来产生逐行传递的高电平扫描脉冲，EM 输出高和低电平阶段分别对应着 AMOLED 像素电路的数据输入(补偿)过程和发光过程。图 3.43 是一种典型的 AMOLED 显示用 LTPS TFT 集成的 EMscan 电路、时序及工作示意图。EMscan 电路的上拉管为 T7(用来产生 EM 电路输出的高电平)，下拉管是 T8(用来下拉以及维持 EM 电路输出的低电平)。T7 和 T8 的导通态分别与节点 N6 和 N5 的电平状态密切相关，因此需重点关注节点 N5 和 N6 的电平状态及其变化过程。该 EM 驱动电路的工作过程也可以分为 4 个阶段，分别描述如下：

　　第一阶段(P1)：前级脉冲信号 EM[n-1]转变为高压 V_{GH}，ECKB 处于低压 V_{GL}，于是节点 N5 被充电上拉到 V_{GH}，下拉管 T8 被关断。与此同时 T3 处于导通态，节点 N7 也被拉低到低压 V_{GL}，进而 T4 导通，节点 N8 为高压 V_{GH}。此阶段，在存储电容 C3 的作用下，节点 N6 保持为高压 V_{GH}，因此上拉管 T7 也保持着关闭状态。电路的输出节点 EM[n]则通过负载电容保持着低压 V_{GL}。

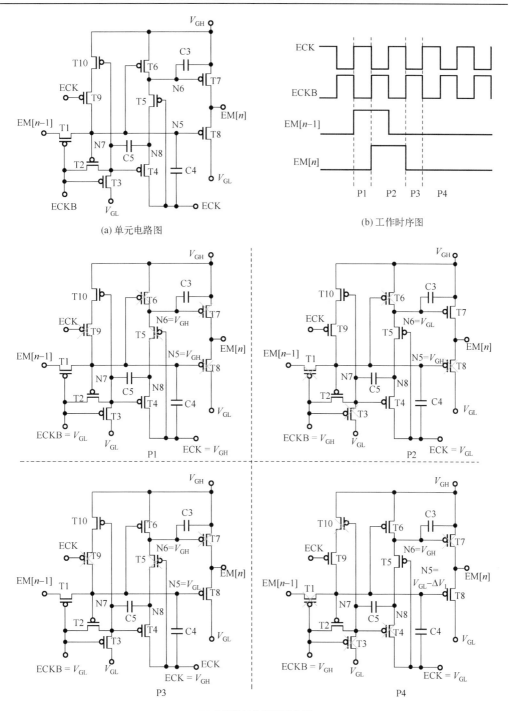

(a) 单元电路图

(b) 工作时序图

(c) 电路的工作过程示意图

图 3.43　AMOLED 显示用 LTPS TFT 集成的 EMscan 电路、时序及工作过程示意图

第二阶段(P2)：时钟信号 ECK 变为低压 V_{GL}，而互补时钟信号 ECKB 则转变为高压 V_{GH}。由于 T4 在 P1 阶段已经预先导通，通过 T4 的栅电容的耦合作用，节点 N7 被自举下拉到比低压 V_{GL} 还低的电位：$V_L - \Delta V$，于是节点 N8 被满幅度地下拉至低压 V_{GL}。在这个阶段，T5 因栅极电位在 ECK 控制下被拉低而开启，于是节点 N6 被下拉到低压 V_{GL}，这样，T4 和 T5 构成的上拉控制支路导致 EM 驱动电路的上拉管 T7 被开启，驱动电路输出节点 EM[n] 被上拉到高电平 V_{GH}。同时在 T9 和 T10 的作用下，节点 N5 被连接到高压 V_{GH}，使得下拉管 T8 在 P2 阶段保持着断开状态。

第三阶段(P3)：前级脉冲信号 EM[n-1] 和互补时钟信号 ECKB 都变成为低压 V_{GL}，节点 N5 被下拉至 V_{GL}，下拉管 T8 和 T6(上拉控制支路的复位管)均打开。于是，输出节点 EM[n] 被下拉到低压 V_{GL}，同步地节点 N6 被充电到高压 V_{GH}，上拉管 T7 被关闭。

第四阶段(P4)：时钟信号 ECK 变为低压 V_{GL}，由于 C4 的耦合作用，节点 N5 被拉低到比 V_{GL} 更小的值($V_{N5} = V_{GL} - \Delta V1$)，使得下拉管 T8 的驱动能力得到进一步地增强，输出节点 EM[n] 可以快速满幅度地达到低压 V_{GL}。在输出节点 EM[n] 电平由高变为低后，由于 C4 的保持和耦合作用，以及 T9 和 T10 支路在时钟信号 ECK 作用下，节点 N5 周期性地被连接到低压 V_{GL} 或被耦合到比 V_{GL} 更低的电压，使得下拉管 T8 保持着开启状态。与此同时，因 T6 保持开启，N6 维持着高压 V_{GH}，上拉管 T7 维持着断开的状态。因此，输出节点 EM[n] 可保持着低电平 V_{GL}。

3.4.2　氧化物 TFT 集成行驱动电路

氧化物 TFT 集成行驱动电路技术目前已经在 AMLCD 上得到应用，但在 AMOLED 上的应用还面临诸多挑战。就 AMOLED 显示而言，无论是像素内补偿还是像素外部补偿，行驱动电路都要求输出两种以上不同波形的扫描信号。对于不同种类的 OLED 像素电路及各种补偿驱动方法，TFT 集成行驱动电路的输出时序应具有强的适应性以配合像素电路的工作[3,31,35,36]。因此，TFT 集成行驱动电路应与 AMOLED 显示像素电路协同设计。另一方面，相较于 LTPS TFT，氧化物 TFT 的迁移率较低且长时间工作稳定性不佳，所以电路设计时要充分考虑如何提升电路速度，以及如何保证即使在氧化物 TFT 阈值电压呈现出一定的不均匀或者漂移时，电路仍能稳定可靠工作。

1. 内部补偿型 AMOLED 显示用 GOA

如 3.3.2 节所述，基于氧化物 TFT 背板的 AMOLED 像素的数据写入和补偿过程，以及发光控制过程，分别需要行驱动电路产生正脉冲扫描信号 Scan[n] 和负脉冲扫描信号 EM[n]。一般来说，EM 信号与 Scan 信号的相位是相反的，针对不同的 AMOLED 像素补偿方法，EM 信号的脉冲宽度也不相同。如果可以输出不同宽度的 EM 信号，行驱动电路就具有更强的通用性，可支持更多的不同结构的像素电路。

图 3.44 所示的是一种典型的用于 AMOLED 显示的氧化物 TFT GOA 的单级电路图及其工作时序[37]。如图 3.44(a)所示,行驱动电路单元包括两个基本模块:①晶体管 T1~T6 与电容 C1 构成的 SCAN 信号产生模块;②晶体管 T7~T10 与电容 C2 构成的 EM 信号产生模块。SCAN 模块和 EM 模块呈紧密耦合的关系:SCAN 模块由 EM 模块的输出信号维持于低电平状态,同时本级单元电路的 EM 模块由前一级单元电路的 SCAN 模块输出下拉到低电平。具体说来,T5 和 T6 为低电平维持晶体管,由 EM 信号驱动,用于维持 V_Q 和 V_{SCAN} 的低电平。T7 为高电平维持晶体管,用于维持 EM 信号的高电平。其中,SCAN 信号产生模块的工作过程分为:预充阶段(P1)、上拉阶段(P2)、下拉阶段(P3)和低电平维持阶段(P4)。这部分的工作原理与 AMLCD 的行驱动电路类似,相关细节可以参考上一章的 2.3 节,在此不再赘述。下面主要分析 EM 信号产生模块的具体工作过程。

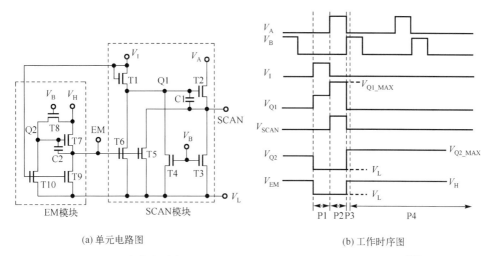

(a) 单元电路图　　　　　　　　　　(b) 工作时序图

图 3.44　像素内补偿型 AMOLED 显示用氧化物 TFT GOA 方案[37]

如图 3.44(b)所示,在 P1 期间,V_I 为高电平,T9 和 T10 导通并将 V_{Q2} 和 V_{EM} 下拉至低电平。由于 T7 和 T8 处于关闭状态,V_{Q2} 和 V_{EM} 被下拉至 V_L。在 P2 期间,虽然 T9 和 T10 关断,但 V_{Q2} 和 V_{EM} 的低电平保持不变。在 P3 阶段,V_B 为高电平,T8 导通,V_H 通过 T8 对 T7 的栅极(Q2)快速充电,之后 T7 导通,V_{EM} 的电压开始上升。需要说明的是,与 SCAN 模块输出类似,EM[n]信号的输出端连接到显示面板中第 n 行像素电路的发光控制 TFT 的栅电极,因此具有大的负载电阻和负载电容。为了加快 EM 脉冲信号的上升时间,该电路方案采用自举效应提高晶体管 T7 的驱动能力。具体过程是:当 V_{Q2} 的电压上升到 V_H-V_{T8} 时,T8 关断,Q2 端处于浮空状态。在 V_{EM} 上升的过程中,通过电容 C2 耦合,V_{Q2} 可以被自举到比 V_H+V_{T7} 更高的电压(V_{Q2_MAX})。因此,V_{EM} 可以快速地上升到 V_H。在 P4 期间,由于 T9、T10 关断,

V_{Q2} 的电压保持在 V_{Q2_MAX}。于是，T7 处于导通状态，V_{EM} 始终维持在 V_H。

至此，单元电路完整输出了 AMOLED 像素电路所需的 SCAN 信号以及 EM 信号。EM 信号为具有一定驱动能力的负向脉冲信号，其低电平脉冲宽度为 SCAN 信号高电平脉宽的 2 倍，符合 3.3.2 节氧化物 TFT 基板 OLED 显示像素电路的时序要求。

此外，如 3.3.2 节所述，基于氧化物 TFT 背板的 AMOLED 显示像素电路的工作，往往需要 EM[n]信号的上升沿晚于 SCAN[n]的下降沿的到来，以保证数据写入/阈值电压提取的时间更充裕。图 3.44 所示的行驱动方案，只需要在外部调整时钟信号 V_A 和 V_B 的时序，就可以使 EM 和 SCAN 模块的输出满足新的时序要求。

图 3.45 示意了上述氧化物 TFT 行驱动电路的另一种工作时序。通过外部时序的调整，让时钟信号 V_B 的上升沿和 V_A 的下降沿之间错开一个脉冲宽度。与此同时，单元电路工作的 P3 期间，SCAN 输出端的负载电容可以通过导通的 T2 快速放电，因此 SCAN 模块的输出信号下降沿时间变短。由于 V_{EM} 的电压是跟随着 V_B 的上升沿而上升，而 V_B 的上升沿滞后于 V_A 的下降沿一个脉冲宽度，因此 V_{EM} 的上升沿相较于 V_{SCAN} 的下降沿滞后一个脉冲宽度。

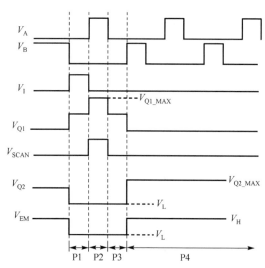

图 3.45　像素内部补偿型 OLED 显示用氧化物 TFT 行驱动电路的另一种工作时序图[37]

综上所述，氧化物 TFT 的行驱动电路设计的几个重要因素为：①合理应用电压自举效应，提升发光控制模块 EM 的负载驱动能力；②EM 模块和 SCAN 模块之间的配合度要高，在不显著增加电路复杂度情况下，通过外部时序的调整，使 EM 和 SCAN 模块的输出实现不同的时序关系，以满足 OLED 像素编程及补偿的要求。

以上的调整中，SCAN[n]和 EM[n]基本上还是呈现反相关系，只是在 SCAN[n]的下降沿和 EM[n]的上升沿之间的延迟时间做出一些修改。但是 AMOLED 像素电路具有多样性,对信号时序的需求也不尽相同,如何让氧化物 TFT 行驱动电路具有更强的通用性是一个重要的研究课题。尤其是氧化物 TFT 技术本身还处在不断进步中,在可预见的未来还会提出更多更好的像素电路方案。

这里将介绍一种通用的 EM 信号产生模块,该模块可方便调整 EM 信号的脉冲宽度。图 3.46 给出了这种脉宽可调的 EM 信号产生模块的电路图和工作时序图[37]。如图 3.46(a)所示,该模块包括 4 个晶体管(T1~T4)和 1 个电容 C,2 路控制信号 V_{I1} 和 V_{I2}。

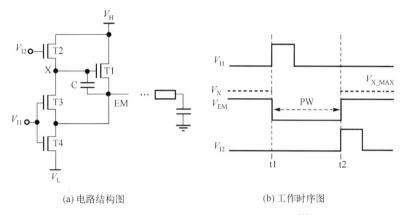

(a) 电路结构图　　　　　　　　　　　(b) 工作时序图

图 3.46　脉宽可调的 EM 信号产生模块[37]

该通用型 EM 信号产生模块的工作原理如下:

如图 3.46(b)所示,在 t1 时刻,V_{I1} 信号由低电平变为高电平,T3 和 T4 导通。由于 T2 关断,因此 X 端和 EM 信号输出端的电位被下拉至低电平 V_L。然后,V_{I1} 变为低电平,T3 和 T4 关断,V_X 和 V_{EM} 均保持为低电平。

在 t2 时刻,V_{I2} 由低电平变为高电平,T2 导通并对 X 端充电。与此同时,T1 导通,V_{EM} 从低电平开始上升。由于输出端 EM 连接着较大的负载电容,V_{EM} 的上升速度要慢于 V_X。当 V_X 上升为 V_H-V_{T2} 时,T2 关断。随着 V_X 的上升,V_Q 会被自举到比 V_H+V_{T1} 更高的电压(V_{X_MAX}),使 V_{EM} 可以满幅度地上升至 V_H。需要注意的是,在 V_{I2} 下降为低电平之后,X 端处于浮空状态,但 V_X 的电压可以长时间保持为 V_{X_MAX}。这主要是因为 V_{EM} 上升为 V_H 之后,T2 关断,T3 由于源极的电压被抬升也被关断,因此 X 端的电荷泄漏极小。此外,由于 T5 处于导通状态,故 V_{EM} 的电压一直保持为 V_H,直至 V_{I1} 的下一个上升沿到来。

从以上描述不难看出,V_{EM} 的脉冲宽度(PW)实际是由 V_{I1} 和 V_{I2} 的上升沿间距决定的,只要调整两个上升沿(t1 和 t2)的相对位置,就可以方便地改变 V_{EM} 的脉冲宽度。在实际 OLED 显示应用中,只需要相应地修改 EM 模块和 SCAN 模块的行间映射关系即可。

2. 外部补偿型 AMOLED 显示用 GOA 电路

对于大尺寸 AMOLED 电视显示,采用外部补偿的方法可使得像素电路结构简洁、补偿效果全面和精确,因此有利于实现高分辨率和高画质的显示。外部补偿型 AMOLED 显示驱动电路的工作一般包括显示驱动和关键参数检测这两个模式。为了配合像素电路的参数检测和补偿工作,集成行驱动电路除了需要提供传统的逐行扫描信号,还需要提供满足检测和补偿操作的扫描驱动信号[38]。如 3.1.3 节所述,虽然外部补偿型像素电路大都采用 3T1C(开关管、驱动管、反馈管和存储电容)的结构,但由于开关管和反馈管在行驱动控制上的差异,故存在不同的外部补偿方法。例如,开关管和反馈管的栅电极可分别由行扫描信号 Scan 和检测控制信号 Sense 控制,或同时由行扫描信号 Scan 控制。

根据外部补偿过程与显示帧的相对关系,可以把 AMOLED 显示的外部补偿分为三类:①帧外补偿;②帧间补偿;③帧内补偿。无论哪一类外部补偿,反馈检测都需要较长的时间用于反馈线电容的充放电,老化检测时行扫描信号 Scan 和检测控制信号 Sense 的脉宽达到 0.1ms 到几个 ms,而显示驱动时的行扫描信号 Scan 的宽度一般是几个 μs。由于脉冲宽度的增加,长时间的电流泄漏有可能造成行驱动电路性能退化甚至失效,这是一个需要考虑的问题。

外部补偿型 AMOLED 显示也要求行驱动电路可以工作于不同的模式和输出不同类型的驱动时序。对于显示驱动模式,一般要求相邻的行扫描信号 Scan[n] 和 Scan[n−1] 脉冲之间形成交叠,使数据电压 V_{data} 有充分的时间被写入像素电路,以及行驱动电路有充裕的预充电时间和电压自举时间等。与此同时,在显示驱动时,检测驱动信号 Sense 应相应输出单脉冲扫描波形,使 OLED 阳极复位到低电平,以避免数据写入阶段 OLED 的发光,提升像素编程控制的精度。Scan 和 Sense 信号分别连接到一行 OLED 像素的开关管和反馈管的栅极。由于布线方式相似,它们的负载电阻和负载电容值也接近。而在老化检测时,相邻的行扫描信号 Scan[n] 和 Scan[n−1] 之间以及 Sense[n] 和 Sense[n−1] 之间则不允许交叠,否则近邻的第 n 行和第 (n−1) 行 OLED 像素之间提取到的阈值电压、迁移率或者 OLED 退化信息会相互干扰,导致补偿精度降低。以上分析表明外部补偿型 AMOLED 显示的行驱动电路能够输出不同类型的驱动信号组合。此外,由于氧化物 TFT 阈值电压侦测和补偿、迁移率的侦测和补偿,以及 OLED 的光电特性退化的侦测补偿等在过程上存在较大的差异,故行驱动电路还需要具有一定的可编程性,以更好地支持多维度器件特性的检测和补偿。

这里将以补偿效果较好和硬件开销也较小的显示帧间补偿为例,分析一种典型的用于外部补偿型 AMOLED 显示的氧化物 TFT 的行驱动电路[39]。其他类型的外部补偿型驱动电路,在结构和工作原理上类似,其分析方法大致可参考以下内容。

外部补偿型 AMOLED 的行驱动电路的特点在于,它需要一种非侦测期电荷存储 CM(charge memory) 模块。在显示模式时，CM 模块采样得到行选通相关的信号电荷 Q_{sel}，并进行较长时间的存储(一帧时间)。进入侦测模式，信号电荷 Q_{sel} 再转移到行驱动电路的使能端。根据各行的 CM 模块内信号电荷 Q_{sel} 的有/无，AMOLED 显示的该行像素将进行/不进行侦测和补偿。这就是非侦测期电荷存储模块的基本功能，下面参照具体电路进行分析和讨论。

图 3.47 示意了一种典型的非侦测期电荷存储模块。图(a)和(b)分别为电路结构图与其工作时序图[40]。该电路模块包括了 9 个 TFT(T401～T405、T501 和 T502、T301 和 T302)和 1 个电容 C3。在显示过程中，通过外部时序控制，让全局行选通信号 SEL 与行驱动信号 CR[$n-3$]同步地变为高电平脉冲，于是存储模块的内部节点 M 将被充电到高电平，其他非选通级的存储模块内部节点则被复位到低电平。然后，全局行选通信号 SEL 维持低电平，各行的存储模块将维持着内部节点的电荷状态。由于氧化物 TFT 极低的泄漏电流，各行存储模块的电荷量可以被保持一帧甚至几百帧时间以上。而且，通过 T401 和 T403 这个正反馈环节，行存储模块可以较好地维持原电位，较少受到电压馈通或者噪声的干扰等。

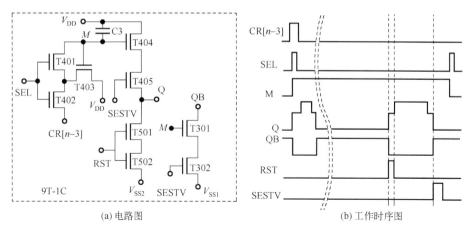

(a) 电路图　　　　　　　　　(b) 工作时序图

图 3.47　一种典型的非侦测期电荷存储模块[28]

然后进入侦测补偿阶段，以显示帧间进行检测补偿为例。侦测启动信号 SESTV 由低电平跳变为高电平，由于第 n 行存储模块的内部节点 M[n]保持着高电平，于是上拉管 T404 和 T405 都被打开，相应行的行驱动电路自举节点 Q 被预充为高电平，其相应的低电平维持节点 QB 被下拉至低电位。于是，第 n 行的 OLED 像素启动侦测补偿过程。与此同时，其他行的存储模块内部节点都为低电平，模块输出 Q 点保持着低电平，因此其他 OLED 像素不得进入侦测补偿过程。在侦测补偿阶段结束后，全局复位信号 RST 由低电平跳变为高电平，行驱动电路的自举节点 Q 被下拉至低电位，于是行驱动电路的各级输出端都维持于低电平。

对于非侦测期电荷存储模块，存储节点 M 为关键节点，它在一帧时间内仅充电/放电一次。对于帧间补偿，存储节点 M 的电荷需要保持一帧时间；对于帧外补偿，节点 M 的电荷则需要保持数百帧的时间。为了避免长时间泄漏电流的影响，对可能引起 M 节点电流泄漏的晶体管采用了 STT 结构，例如串联的 T401 和 T402，以及用于正反馈的 T403。通过以上分析不难得到，存储节点 M 的充电电位和帧间检测时自举节点 Q 预充电最高可以达到的电位满足如下关系

$$V_M < \min\{V_{SEL} - V_T, V_{CR_{n-3}}\} \tag{3-57}$$

$$V_Q < \min\{V_M - V_T, V_{SESTV} - V_T\} \tag{3-58}$$

可见，如果氧化物 TFT 阈值电压较大，或长时间工作后阈值电压增加，则存储节点 M 和自举节点 Q 所能达到的预充电电位都会变低，而且自举节点 Q 的预充电电位至少存在 $2V_T$ 的损失。这将会导致在侦测补偿阶段，行驱动电路的输出脉冲幅度降低，或者侦测驱动脉冲的上升下降变慢，有效的侦测补偿时间缩短。

下面介绍一种改进的非侦测期电荷存储模块[32]，可解决前述存储模块中存在的两个充电过程中的 V_T 损失问题。该模块设计思想是让存储电容参与自举充电过程，该电容不仅可以维持电荷，还能通过电压自举方式实现存储电荷的转移并输出高电位。此外，该模块通过合并预充电路径与自举节点下拉路径，可有效地简化电路结构。

图 3.48 所示的是这种改进型电荷存储模块的电路结构，含有 7 个晶体管和 1 个电容，改进之处主要是晶体管 T404 和 T405 构成帧间检测自举节点充放电路径，T404 漏极接到动态帧间预充控制信号 SEVDD，而非恒定高电平 V_{DD}。存储电容 C3 一端接到存储节点 M，另一端接 T404 的源极。存储节点 M 的选通充电仍然由外部时序控制器编程全局行选通信号 SEL 与级联输入信号 CR[n-3]完成。

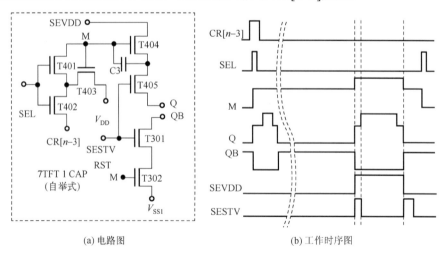

(a) 电路图　　　　　　　　　　(b) 工作时序图

图 3.48　具有自举功能的非侦测期电荷存储模块[28]

对于该改进型的电荷存储模块，在进入到探测补偿模式时，全局探测启动信号 SESTV 和全局预充控制信号 SEVDD 由低电平跳变为高电平，仅存储节点 M 为高电平的行驱动电路单元的自举节点 Q 被预充为高电平。在节点 Q 的预充过程中，通过存储电容 C3 内部节点 M 被自举至更高的电位，从而抵消存储节点 M 上的阈值电压损失，并提高了晶体管 T404 的驱动能力。侦测补偿阶段结束后，全局探测启动信号 SESTV 和全局预充控制信号 SEVDD 再转为低电平，于是自举节点 Q 被下拉至低电平。

该改进型电荷存储模块能够用简单的电路结构，解决存储节点 M 上的 V_T 损失问题。这里可以重新写出存储节点 M 和自举节点 Q 的预充电电压限制关系

$$V_M < \min\{V_{SEL} - V_T, V_{CR[n-3]}\} \tag{3-59}$$

$$V_Q \leqslant \min\{V_M - V_T + \Delta V_M, V_{SESTV} - V_T\} \tag{3-60}$$

由于自举后存储节点 M 的电压将高于控制信号最高电压，即式(3-58)第一项值大于第二项，因此自举节点 Q 预充电电位与存储节点 M 电压无关。自举节点 Q 较高的预充电电压增强了驱动管的驱动能力，使得侦测补偿阶段行驱动电路输出脉冲的上升/下降速度加快。

图 3.49 示意了一个完整的基于上述改进型电荷存储模块构建的高性能外部补偿型 AMOLED 显示用氧化物 TFT 的行驱动电路方案[34, 41]。该行驱动电路的输入部分以及低电平维持部分，采用了多个 STT 结构以及三个低电位电源，以解决氧化物 TFT 可能存在阈值电压偏负时电路内部的电荷泄漏问题。与 AMLCD 的氧化物 TFT 行驱动电路的相同之处不再赘述。不同之处在于，该行驱动电路采用了 12 路时钟控制信号，除了用于产生 Scan[n]信号的占空比小于 50%的 4 相时钟信，还有用于产生级联传递信号的 4 相时钟以及用于产生侦测补偿驱动信号的 4 相时钟。

该行驱动电路的工作主要分成三个阶段，包括初始化阶段、显示驱动阶段、侦测补偿阶段，下面将对照图 3.49 对每个阶段进行分析。

第一阶段是初始化阶段。在每一个显示帧的初期，将行驱动电路内部的关键节点都复位到适当的电位，以避免不同显示帧之间的干扰。各级行驱动电路的低电平维持模块的使能端 QB 被初始化至高电平，相应下拉管开启，电路的自举节点 QC 和 QS 以及输出端都在一帧的开始阶段被下拉到低电平。与此同时，全局行选通信号 SEL 为高电平，存储模块里 T401 和 T402 被打开，各级行驱动电路的存储节点 M 上可能的残存电荷都在初始化阶段被统一清空。同步地，侦测起始脉冲信号 SESTV 也为高电平，T405 也被打开，非侦测阶段存储模块的电容 C3 的两个端子都被下拉到低电平，彻底清除掉 C3 上可能残存的电荷。

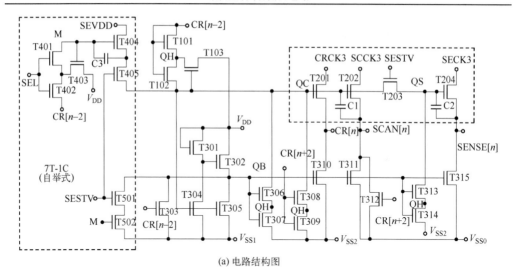

(a) 电路结构图

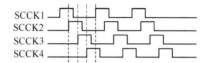

(b) 行驱动电路的驱动时钟信号相位关系，占空比小于50%的四相时钟

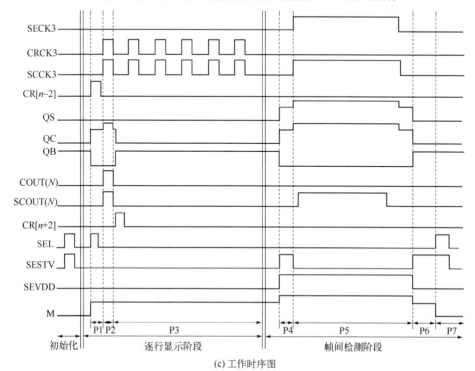

(c) 工作时序图

图 3.49 用于外部补偿型 AMOLED 显示的氧化物 TFT 集成的行驱动电路方案[28]

第二阶段是显示驱动阶段。在此阶段，行驱动电路输出逐行扫描信号，同时同步更新存储模块的状态。第 n 个行驱动电路的存储节点 M 是否被充电至高电位取决于全局的行选通信号 SEL 和 CR[$n-2$] 的"逻辑与"运算的结果。各级行驱动单元顺次地经历四个工作过程：预充电过程(P1)、上拉过程(P2)和下拉与低电平维持过程(P3)。

预充电过程(P1)：第 ($n-2$) 级的级联信号 CR[$n-2$] 为高电平，对行驱动电路内自举节点 QC 进行充电，级联管 T201 和驱动管 T202 提于上拉自举过程被预先打开；由于级联时钟 CRCK3 和行扫描时钟 SCCK3 都为低电平，级联输出端 CR[n] 和行驱动输出端 SCAN[n] 都被下拉至低电位。预充电阶段，T303 开启，低电平维持节点 QB 先于时钟 SCCK3 的高电平脉冲被下拉到低电平，避免了后续自举上拉过程中的直流电流泄漏，确保输出端 SCAN[n] 高电平脉冲的产生。

与此同时，侦测补偿的电荷存储也在 P1 阶段完成。仅在行选通信号 SEL 与 CR[$n-2$] 都为高电平时，第 n 个行驱动电路的存储节点 M 才被充电至高电平。行选通信号 SEL 在 P1 阶段为低电平，或其他行的输入信号 CR[$n-2$] 为低电平，故存储节点 M 维持在低电平。

上拉过程(P2)：随着级联时钟 CRCK 和行扫描时钟 SCCK 由低电平跳变为高电平，行驱动电路的输出 SCAN[n] 电压被上拉。由于节点 QC 悬浮，电容 C1 以及与之呈并联关系的驱动管 T202 的栅源电容(C_{gs})，在 P2 阶段因电荷守恒形成电压自举。随着 SCAN[n] 电位的抬升，自举节点 QC 的电位也随之被抬举到更高的值 $V_{GH}+\Delta V$。这使得级联管 T201 和驱动管 T202 一直工作在线性区，因而具有强的驱动能力，快速将 SCAN[n] 上拉到高电位 V_{GH}。电压自举过程的细节描述可参考本书的 2.3 节。为了实现较高的电压自举效率，自举节点 QC 在 P2 阶段应该尽可能地维持在悬浮状态。在所分析的行驱动电路中，QC 节点相关的 TFT 支路都设置了 STT 结构，以抑制泄漏电流产生和提高电压自举效率，同时确保即使在氧化物 TFT 为耗尽型器件(V_T 为负值)时行驱动电路仍可正常工作。

下拉与低电平维持过程(P3)：此时级联时钟 CRCK 和行扫描时钟 SCCK 跳变为低电平。由于自举节点 QC 在 P3 阶段的初期仍维持在高电位，故较大尺寸的驱动管 T202 也参与了输出 SCAN[n] 的下拉过程。然后，第 ($n+2$) 行的级传信号 CR[$n+2$] 变为高电平，T312 接力对 SCAN[n] 进行下拉。在级传信号 CR[$n+2$] 的作用下，串联着的 T308 和 T309 进入导通态，自举节点 QC 被下拉至低电平，且低电平维持节点 QB 恢复至高电平。于是在低电平维持晶体管 T306 和 T307，T311 等作用下，输出节点 SCAN[n]、自举节点 QC 等维持在低电平，一直到下一个显示帧的预充电(P1)来临。

第三阶段是侦测补偿阶段。这里仅以帧间侦测补偿为例进行分析，其他的侦测补偿模式，如帧内侦测补偿、帧外侦测补偿等模式的分析可参照进行。帧间侦测补偿指在相邻的两个显示帧之间进行像素元件(TFT 和 OLED 等)的老化侦测和补偿，即在显示驱动阶段结束之后，显示器进入到帧间空白时段(blanking time)，这个时段显示驱动电路并不提供显示信息，而是进行像素元件老化信息的提取和补偿。由于显示像素阵列的规模较大，老化信息提取时间相对较长，而显示帧间的间隔时间通常有限，因此在帧间空白时段只能完成一行像素元件特性老化的侦测及补偿。与显示驱动阶段类似，行驱动电路在侦测补偿阶段的工作也可分为四个过程：预充电过程(P4)、上拉过程(P5)、自举节点下拉过程(P6)和行选通清空过程(P7)。

预充电过程(P4)：侦测启动信号 SESTV 和侦测控制预充电控制信号 SEV$_{DD}$ 都跳变为高电平，存储模块的电荷信息决定行驱动电路的自举节点 QC 是否被充电上拉至高电位。若存储模块节点 M 为高电平，则 T404 和 T405 均导通，而且由于存储电容 C3 的电压自举，悬浮节点 M 被抬升到更高的电平，SEVDD 的高电位通过 T404 和 T405 管被满幅度地传递到自举节点 QC 和侦测控制节点 QS。与此同时，在存储节点 M 和全局信号 SESTV 控制下，T501 和 T502 为导通状态，低电平维持节点 QB 被下拉至低电位。相反地，如果存储模块节点 M 为低电平，由于 T404 被关断，即使 T405 导通，自举节点 QC 和侦测控制节点 QS 也无法被充电上拉。此时，T502 也处于关断状态，低电平维持节点 QB 保持着高电平。综上，对于各级行驱动电路，只有存储模块 M 节点电位为高的这一级才能在 P4 阶段将节点 QC 和 QS 充电上拉，而其他级在 P4 阶段则维持着节点 QC 和 QS 的低电平状态。

上拉过程(P5)：侦测补偿启动信号 SESTV 跳变至低电平，行扫描时钟信号 SCCK 和侦测补偿控制时钟信号 SECK 由低电位跳变至高电位。于是，第 n 级行驱动电路自举节点 QC 若在先前的 P4 阶段被预充电到高电平，则在电容 C2 以及驱动管 T204 的栅源电容(C_{gs})的电压自举作用下，驱动管 T202 和 T204 一直工作在线性区，并且以增强的驱动能力将行扫描信号 SCAN[n]和侦测控制节点 SENSE[n]上拉至高电平。类似地，当行扫描时钟信号 SCCK 和侦测补偿控制时钟信号 SECK 再由高电位变成低电位时，行扫描信号 SCAN[n]和侦测控制节点 SENSE[n]再通过各自的驱动管下拉至低电平。

自举节点下拉过程(P6)：当完成了帧间的侦测补偿之后，全局信号侦测起始脉冲 SESTV 信号再度变为高电平，并且全局信号 SEVDD 由高电平变为低电平，自举节点 QC 和 QS 分别通过晶体管 T404、T405 被下拉至低电位。为了充分利用帧间有限的时间间隙进行像素元件的老化检测及补偿，P6 和后续的 P7 过程一般都设置在帧间检测的剩余时间，即下一帧起始脉冲到来之前。

行选通清空过程(P7)：全局信号 SEL 再度跳变为高电平，并且全局信号侦测起始脉冲 SESTV 也保持着高电平，故存储电容 C3 的两个端子同步地被下拉至低电平，于是存储模块的内部节点 M 被拉低，C3 上的存储电荷被清空。至此，行驱动电路的侦测补偿驱动过程结束，开始进入下一个显示驱动帧的初始化过程，并为下一帧的显示驱动做准备。

3.4.3　LTPO TFT 集成行驱动电路

如 3.3.3 节所述, 采用 LTPO TFT 的 AMOLED 显示像素技术结合了 LTPS TFT 的高迁移率以及 a-IGZO TFT 的超低泄漏电流优势, 不仅能够实现高分辨率的 AMOLED 显示, 而且还可以实现宽刷新频率的低功耗 AMOLED 显示。不仅如此, LTPO TFT 背板技术还能够在显示面板周边集成高性能的行驱动电路。由于 LTPO TFT 可以形成 CMOS 电路架构, 故其集成的行驱动电路与 LTPS 或氧化物 TFT 技术相比, 潜在地具有速度更快和功耗更低的优势[42]。

LTPO TFT 技术与 LTPS TFT 类似, 适合中小尺寸 AMOLED 显示产品的制造。如前文所述, 中小尺寸 AMOLED 显示一般采用内部补偿方式, 需要多类型扫描驱动信号以支持显示信号写入、TFT V_T 提取、OLED 发光控制等诸多功能。相应的行驱动电路的结构较为复杂, 需要产生行扫描信号 Scan[n]、发光控制信号 EM[n] 等。对于 LTPO TFT 的 AMOLED 显示, 由于 P 型的 LTPS TFT 和 N 型 IGZO TFT 的行扫描信号电极性相反, 行驱动电路的结构往往更为复杂。此外, LTPO TFT 的 AMOLED 显示还要求支持宽的显示刷新率, 对行驱动电路功能提出了更多的要求。在实现上述功能的同时, 行驱动电路的结构还应该尽可能地简洁, 以获得理想的窄边框显示。就 LTPO TFT 的 AMOLED 显示而言, 其行驱动电路既可采用 LTPO TFT 技术集成, 也可采用 LTPS TFT 技术集成。本节首先介绍一种 LTPO TFT 集成的行驱动电路, 然后再介绍一种仅 LTPS TFT 集成的行驱动电路。

LTPO TFT 的 AMOLED 像素电路中含有 P 型和 N 型两类 TFT, 故需要两种类型的行扫描驱动信号, P[n] 用于 P 型 LTPS TFT 的寻址, 为低电平脉冲信号; N[n] 用于 N 型氧化物 TFT 的寻址, 为高电平脉冲信号。针对动态实时显示或静态提示显示, 行驱动电路分别以高帧率和低帧率模式工作。

典型的 LTPO TFT 集成的行驱动电路的架构如图 3.50 所示[32], 第一级是逐行传递的移位寄存器, 第 n 行的移位寄存器 SR(n) 不仅用于产生 P[n] 信号, 还通过一个反相器产生氧化物 TFT 的寻址信号 N[n]。移位寄存器 SR(n) 的输出为 Q[n], 其经过缓冲器 Buf 放大后成为具有强驱动能力的 P[n] 信号, 将第 n 行上用于显示数据写入的 LTPS TFT 的栅电位快速拉到低电平, 使得这一行像素并行地进行显示数据刷新。与此同时, Q[n] 由一路反相器转换成同样具有强驱动能力的 N[n] 信号, 将第 n 行像素的氧化物 TFT 的栅电位也上拉到高电平, 使得氧化物 TFT 参与到 OLED 像素电路的数据写入、阈值电压提取和补偿等过程。该 LTPO TFT 行驱动电路架构, 相比于 3.4.1 节描述的仅采用 LTPS TFT 的架构, 没有显著增加时钟信号及起始脉冲信号等的数量, 从而时钟线的负载和走线间的交叠电容仍然较小, 行驱动电路的速度不会明显降低。

图 3.51 所示的为基于图 3.50 的电路架构的一种具体的 LTPO TFT 集成的行驱动

电路的单级电路及工作时序图。如图 3.51(a)所示，N 型氧化物晶体管 M7 和 P 型
LTPS 晶体管 M4 构成标准的 CMOS 反相器，输入端是行驱动单元电路内部自举节
点 Q1[n]，它的高压源和低压源分别是 V_{GH} 和 V_{GL}，输出为正脉冲信号 N[n]，用于
寻址 AMOLED 显示像素阵列的氧化物 TFT。

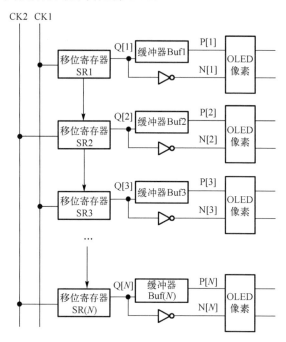

图 3.50　LTPO TFT 技术集成的 AMOLED 显示的行驱动电路架构示意图

如图 3.51(b)所示，该 LTPO TFT 行驱动电路的工作过程分为预充电、电压自
举、内部节点复位和状态维持这 4 个阶段。其中预充电和电压自举与 3.3.1 节讨论
的全 LTPS TFT 的行驱动电路相同，这里不做赘述。

在(2)电压自举阶段，随着第二时钟信号 CK2 跳变为低电平，负脉冲输出信号
P[n]则也开始下拉。自举节点 Q[n]和 Q1[n]都为低电平，驱动管 M2 的栅极节点 Q[n]
因电容 C1 和驱动管 M2 的栅电容的电压自举效应被下拉到更低电位
(Q[n]=V_{GL}–ΔV)。这里，传输管 M4 的栅极电位为 V_{GL}，同时 Q[n]自举到更低电位，
Q1[n]维持着低压 V_{GL}，故 M4 截止，助力节点 Q[n]维持于悬浮态，避免了行驱动电
路自举效率的损失。

在内部节点复位阶段的初期，由于自举节点 Q[n]维持着低压，驱动管 M4 仍为
开态并参与了对输出脉冲 P[n]的上拉，行驱动电路的负脉冲扫描信号 P[n]随着 CK2
的上升沿上升为高电平 V_{GH}。到复位阶段的末期，第一时钟 CK1 信号再度变成低电
平，输入信号(即前一行的负脉冲扫描信号 P[n–1])此时为高电位 V_{GH}，于是内部节

点 Q1[n]和 Q[n]都被上拉到高电平 V_{GH}，使驱动管 M2 关断。与此同时，M7(N 型的氧化物 TFT)开启，高电平脉冲信号 N[n]被下拉到低电平，上拉管 M3(高电平维持管)被打开。

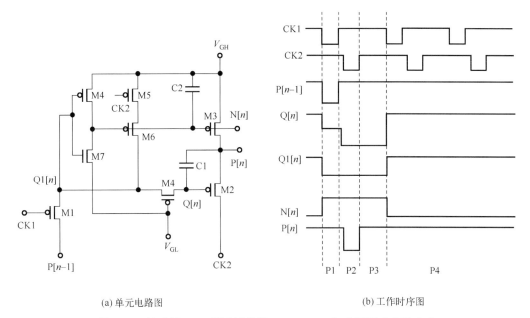

(a) 单元电路图　　　　　　　　　(b) 工作时序图

图 3.51　基于图 3.50 所示架构的 LTPO TFT 集成行驱动电路方案

　　进入状态维持阶段之后，内部节点 Q1[n]和 Q[n]都应维持着高电平，使 N[n]维持着低电平，驱动管 M2 维持在断开状态，上拉管 M3 持续将 P[n]上拉到高电平。一方面，自举节点 Q[n]连接着稳压电容 C1，上拉管 M3 的栅极连接着稳压电容 C2，它们都起到电压维持作用，在较长时间内维持着 M2 和 M3 的电压状态，以抑制 LTPS TFT 的电流泄漏带来的电压扰动/噪声。另一方面，在第二时钟信号 CK2 的作用下，由于此时 M5 和 M6 处于导通状态，内部节点 Q1[n]和 Q[n]都被周期性地连接到高电压电压源 V_{GH}。这种动态刷新可以有效避免泄漏电流的干扰，帮助自举节点 Q[n]电位在维持阶段保持稳定。此外，在自举阶段由于 M6 呈断开状态，该动态刷新支路能避免其他过程对电压自举过程的干扰。

　　综上所述，基于 LTPO TFT 的 CMOS 驱动架构具有高速度、低功耗、低噪声等潜在优点。但是，LTPO TFT 结构中的氧化物 TFT 在高压、高温和长时间偏置后不可避免地存在性能退化问题。为了避免总体 GOA 电路性能的劣化，LTPO TFT 的集成电路一般要预留更多的冗余结构和面积，以处理氧化物 TFT 的退化问题。因此，虽然电路结构简单，但是在降低驱动电路设计复杂度和节省电路面积方面，LTPO TFT 的集成行驱动电路在实际情况下并不一定占明显的优势。而全 P 型 LTPS TFT

架构的 GOA 电路经过多年的发展,方案已经非常成熟,并且广泛地应用到 AMOLED
显示的手机产品中。相较于 LTPO TFT 集成 GOA,全 P 型 LTPS TFT 集成的 GOA
电路的性能更好,这主要体现在稳定性更强,电路复杂度更低。

　　图 3.52 所示的是由 P 型 LTPS TFT 集成的 LTPO OLED 显示用的行驱动电路
(GOA)方案[43],其中,图(a)为行驱动单元电路,图(b)为 LTPO 像素电路,图(c)
为行驱动单元电路的工作时序,图(d)为行驱动电路级联框图。如图 3.52(a)所示,
该行驱动单元电路包含移位寄存器单元和分别用于寻址像素中的 P-TFT、N-TFT 和
EM-TFT 的 P-scan、N-scan 和 EM-scan 单元。其中,移位寄存器提供逐行扫描脉冲,
即 S[n]在高/低显示帧率都进行逐行扫描。移位寄存器的内部 A 节点被复用于驱动
EM-scan 部分。由于驱动能力更高,带有电压自举结构的 P-scan 部分可以满幅度地
传输低电平,避免了驱动输出脉冲的电压损失。N-scan 和 EM-scan 部分采用了相同
结构的动态反相器,因此,N[n]和 EM[n]的输出波形分别与 P[n]和 A 节点的极性相
反。首先来分析移位寄存器部分涉及的几个工作阶段。

　　(1)复位阶段(P1):因为 S[n-1]的电平较低,CK/XCK 的电平分别为高/低,所
以 T1a 和 T2a 都打开。A 节点和 C 节点同时被放电到 $V_L + |V_T|$,其中 V_T 为阈值电压。
因此,T3a 和 T4a 打开,移位寄存器的输出 S[n]保持为高电平(V_H)。由于 T10a 和
T11a 的上拉作用,D 节点为高电平,T5a 和 T6a 关闭。

　　(2)自举阶段(P2):CK 和 XCK 分别切换为低/高电平。由于 T1a 和 T5a 都关闭,
自举节点 A 处于悬空状态。通过 C1 和 C3 的电压自举,A 节点和 B 节点的电平都
被拉低到低于 V_L。因此,T4a 保持工作在线性区,以快速并充分降低 S[n],避免 S[n]
存在阈值电压损失。由于电容 C2 的存储作用,D 节点保持在高电平。由于 T7a 将 C
节点的电位上拉,T3a 关闭。

　　(3)等待阶段(P3):在此期间,尽管 S[n-1]和 S[n+1]都是低电平(V_L),但 T10a
的上拉强度大于 T8a 和 T9a 两管串联结构的下拉强度,因此 D 节点仍保持在高电平。
然后,T5a 和 T6a 关闭。与复位周期(P1)类似,T1a 和 T2a 同时打开,将 A 节点和
C 节点的电位分别拉到 $V_L+|V_T|$。在 P3 期结束后,由于 CK 和 XCK 的电平分别切换
到低电平和高电平,移位寄存器重新启动 P2 阶段。

　　(4)上拉阶段(P4):在 P2 阶段之后,如果 S[n-1]为高电平且 S[n+1]为低电平,
则移位寄存器进入 P4 阶段。由于时钟信号 CK2 此时为低电平,T2a,T8a,T9a 和
T11a 被打开以分别拉低 C 节点和 D 节点的电位。因此,T3a,T5a 和 T6a 被打开以
拉高 S[n]和 A 节点的电位。在 P4 之后,S[n]和 A 节点保持在 V_H,用于后续的显示
帧时间。

　　与上述移位寄存器工作过程相对应,图 3.52 所示的行驱动电路的工作过程可以
分别用高帧率显示和低帧率显示来描述。

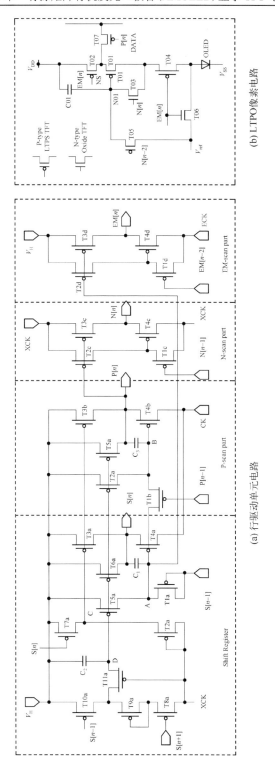

(a) 行驱动单元电路

(b) LTPO像素电路

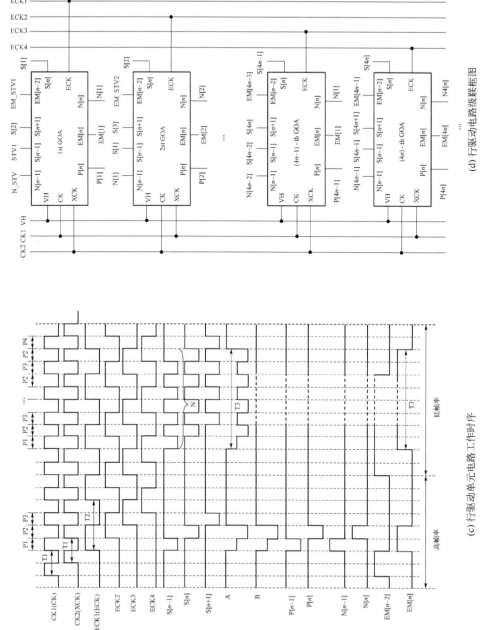

(d) 行驱动电路级联框图

(c) 行驱动单元电路工作时序

图 3.52 P-LTPS TFT 集成的 LTPO OLED 显示用行驱动电路 (GOA) 方案[43]

对于高帧率显示,移位寄存器单元依次经历 P1→P2→P4 过程。与移位寄存器状态相对应,P-scan、N-scan 和 EM-scan 部分并行工作,输出高帧率显示所需要的驱动波形。由于在 P1 周期 T1b 开启,P-scan 部分启用并将 P[n]并行输出到移位寄存器单元。N-scan 部分是一个带有 P[n]输入的动态反相器,而上拉晶体管的源极连接到 XCK 以降低功耗。此外,由于 EM-scan 部分本质上也是一个动态反相器,A 节点的负脉冲信号被反相,形成 EM[n]的正脉冲波形。

对于低帧率显示,移位寄存器的输入端 S[n-1]会连续出现 N 个脉冲(N 是大于 1 的奇数)。接下来,移位寄存器部分将经历 P1→(P2→P3)$_1$→···(P2→P3)$_k$→P2→P4 的周期工作状态,即中间经历 k 次 P2 和 P3 循环的过程。换言之,多个自举过程(P2)和等待过程(P3)被周期性地插入到低帧率显示的工作时序中,以调整 OLED 显示像素的有效发光显示时间。EM[n]波形的脉冲宽度可以表示为 T3 = $N \cdot$ T1,其中 T1 是 CK1 和 CK2 时钟的周期。

于是通过改变输入脉冲的数量,可以调整 EM[n]的宽度。同时,为了在常开显示(AOD)模式下节省刷新周期的功耗,P[n]和 N[n]的电平应分别保持高和低,以维持 AMOLED 像素的恒定驱动电流。在这里,由于 T1b 被 P[n-1]关闭,A 节点和 B 节点被隔离,因此通过 T3b 维持 P[n]的电平高,通过 T1c 和 T4c 维持 N[n]的电平低。换言之,P-scan 和 N-scan 部分独立于 EM[n]脉冲宽度调制。因此,通过改变 EM[n]脉冲的宽度,可以调整 AOD 模式下 AMOLED 显示的整体亮度。由于数据驱动电路以及数据线的刷新率降低,AMOLED 面板的动态功耗可以较大幅度地降低。

3.5　集成列驱动电路

如上一章所述,在中小尺寸 AMLCD 产品中已经实现了一定程度的 TFT 集成的列驱动电路。尽管集成化的程度还不高,但它减少了列驱动芯片与显示面板的连接端子数量,简化了显示模组的制造工艺,从而提升了显示器的分辨率和降低了显示器的制造成本。列驱动电路实现的挑战在于其工作频率相较于行驱动电路提升了 3 个数量级以上,目前只有 LTPS TFT 能勉强满足这一要求。而且,由于 AMOLED 是自发光显示,显示灰阶/亮度与数据电压一般呈二次方关系,因此,TFT 集成的列驱动电路需要解决的问题很多,面临的困难很大。目前阶段能够集成到中小尺寸 AMOLED 显示产品上的主要是 LTPS TFT 列线选择开关模块,其他更高阶的 TFT 集成的列驱动模块和系统还一直处于研究开发之中。

3.5.1　多晶硅 TFT 集成列驱动电路

在列驱动电路中,列驱动数据信号先经过两级锁存器电路实现串行数字信号到并行数字信号的转变,然后经数模转换电路(DAC)将多位的数字图像信号转化为模拟的图像信号(代表了图像灰阶的模拟电压),再通过输出缓冲放大器增强带负载能力。因此,实现多晶硅 TFT 集成的列驱动电路必须实现数字逻辑控制电路、数模转换电路以及输出缓冲放大器电路的集成。此外,在实际的 AMOLED 外部补偿应用中,列驱动电路还要实现像素退化的检测与反馈补偿功能。这里以一个 3T1C 的电流反馈外部补偿的像素结构为例[44, 45],原理同 3.32 节所述,并以此搭建多晶硅 TFT 集成的电流反馈系统,将检测的像素电路中的电流与外部输入的控制数据比较,并相应调节像素电流,从而补偿 TFT 的迁移率和阈值电压的变化以及 IR-drop 效应。

　　该系统的实现需要多种典型的模拟电路,如运算放大器、数模转换器等。多晶硅 TFT 具有高的迁移率和成熟的 CMOS 工艺,在列驱动电路的实现上具有一定的潜力。图 3.53(a)所示的为一多晶硅 TFT 集成的运算放大器。在输出级 M6、M7 之后级联 LTPS CMOS 放大器以增加整体增益,C_M 是用于放大器频率补偿的米勒电容,以保证运放的稳定性。高精度运算放大器最重要的参数是偏置电压,然而多晶硅 TFT 的不均匀性限制了运算放大器的精度。该电路采用了较大的 TFT 几何尺寸来提高 TFT 的匹配度[44]。此外,可调电压 Vb1 和 Vb2 作为运放电流源的偏置信号,可用于补偿不同面板之间的不均匀性,该运放结构也可应用于列驱动电路的高速缓冲器。

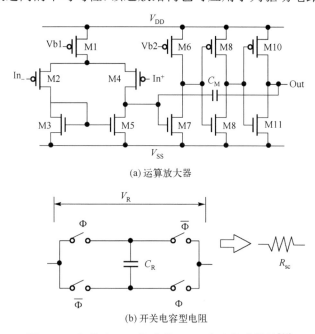

(a) 运算放大器

(b) 开关电容型电阻

图 3.53　多晶硅 TFT 集成的 DAC 电路构成模块[44]

　　图像数据通常以数字灰阶信号的形式提供给显示面板,因此,数模转换电路(DAC)是列驱动电路中不可或缺的一部分。通过电阻网络执行数模转换是一种非常简单的方法,但电阻网络 DAC 要求电阻值十分均匀且足够大,以保证 D/A 转换的准确性和低功耗。但多晶硅 TFT 技术难以获得大而均匀的电阻，而金属电阻将消耗非常大的面积。对于多晶硅 TFT 集成的 DAC，电阻可以用开关电容(SC)电路代替，如图 3.53(b)所示。如果时钟信号 Φ 的频率足够高，以至于可认为一个周期内两个端口电压基本不变，此时当时钟信号 Φ 从高电平变为低电平时，C_R 从 V_R 充放电电至$-V_R$，导致电容上存在 $2V_RC_R$ 的电荷变化，从而可以得到该过程的等效电流。因此，整个网络的等效电导即可用时钟信号频率和电容 C_R 的乘积来表示。

由于电容的比值可以非常精确地产生，因此可以构建高精度 SC 网络来代替电阻网络。开关可以通过 LTPS CMOS 传输门来实现。由于开关电容网络是时域离散电路，需要一些低通滤波器来获得平滑响应，而 AMOLED 面板上的寄生 RC 正好可以起到滤波的作用。因此，基于此电阻网络即可实现列驱动电路中的高精度数模转换器。另外，在电流反馈系统中，对于像素电路反馈电流的检测和随后的调节，也需要使用电阻来产生线性的电流电压关系，在此也使用了开关电容电路以实现高精度的电阻网络。

整个外部补偿电流反馈系统如图3.54所示。开关电容电阻R_0到R_4形成4位DAC，

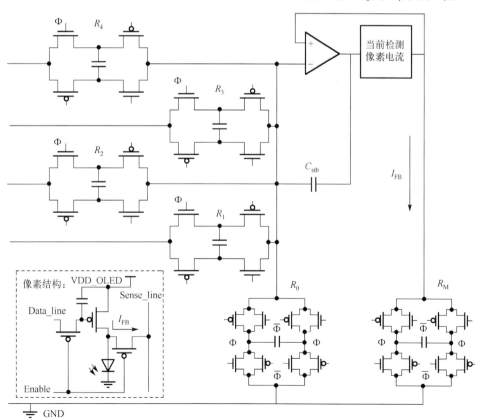

图 3.54　多晶硅 TFT 集成的电流反馈外部补偿系统[44]

R_M 是反馈电阻。如果当前检测的像素电路的反馈电流 I_{FB} 上升，运算放大器正输入的电压上升，导致输出电压增加，数据电压的增加又会导致反馈电流的降低，从而形成了负反馈环路。反馈电容 C_{stb} 在保证电路的稳定性上起到了重要的作用，若没有反馈电容 C_{stb}，运放将进入比较器工作模式，整个电路会产生振荡并变得不稳定。此外，多晶硅 TFT 工艺本质上是一种绝缘体上硅(SOI)工艺，其具有较小的寄生电容，由于避免了大的寄生电容带来的额外零极点，总体电路的环路稳定性较高。

除了以上提到的模拟电路模块以外，列驱动电路系统还包括了一些数字电路模块，以实现灰阶信号串行到并行的转换功能。列驱动电路的数字模块由移位寄存器、采样保持电路和动态锁存器三部分构成。图 3.55 所示的为一多晶硅 TFT 集成的列

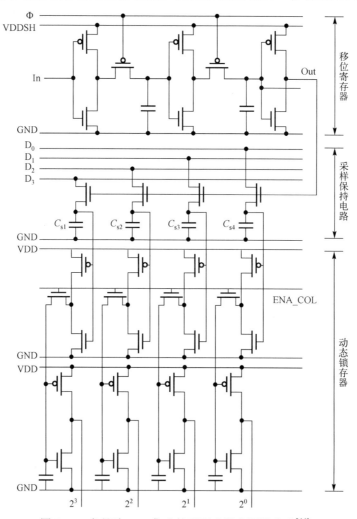

图 3.55　多晶硅 TFT 集成的列驱动数字逻辑电路[44]

驱动数字逻辑电路,其架构与硅基 CMOS 工艺下的逻辑电路架构相似。动态移位寄存器本质上是级联的 LTPS CMOS 反相器,其存储电容由动态信号控制的 TFT 隔开,移位寄存器的输出信号作为后续电路的使能信号。采样保持电路将数据总线($D_0 \sim$ D_3)的当前状态存储到电容 C_{sx}(x 表示各自的数据线)。采样保持电路之后是一个动态锁存器,一旦所有列都接收到下一行的灰阶数据,就由信号 ENA_COL 触发,将锁存的数据作为当前列驱动电路 DAC 网络的输入。简言之,LTPS CMOS 技术有潜力较完整地实现 AMOLED 显示面板的像素电路、行列驱动电路以及其他相关的集成电路,并且能很好地实现电流反馈外部补偿的功能。

3.5.2　多晶硅 TFT 集成列线选择开关模块

相比于上一节所介绍的各种多晶硅 TFT 集成的列驱动电路模块,多晶硅 TFT 集成列线选择开关则是一种比较成熟的技术。该集成技术具体是指将列驱动芯片与显示面板直接相连部分的多路选择器用 LTPS TFT 集成在显示背板上,替代了原先外置列驱动芯片的相关功能。传统的列驱动芯片通过列选择开关将显示灰阶相关的模拟电压信号通过列数据线送入到显示阵列的像素中。为了减少 AMOLED 显示列线上的灰阶电压损失,列选择开关应该工作在线性区,且导通电阻越小越好。当集成于外置的列驱动芯片时,列选择开关需选用中高压的器件工艺来实现,通常比源驱动电路的其他部分占据更多面积,且芯片与显示面板连接的管脚数量较多。如果列选择开关可以集成在 AMOLED 显示背板的周边,则列驱动芯片里中高压开关管的使用量可以明显减少,这有利于减少芯片面积,节约芯片成本和提升芯片可靠性。更重要的是,列选择开关在 AMOLED 显示背板的集成,使得驱动芯片与 AMOLED 显示的连接端子数量成倍地减少,显示模组更加紧凑,有助实现四边均为窄边框的显示器。

这里以一个 AMOLED 显示产品使用的 1 对 6 的列选择开关(1~6 de-mux)为例[46],说明这种电路的设计思路和工作原理。如图 3.56(a)所示,列驱动芯片的输出端 Source(电压范围 0~6.5V),通过 6 个并联的开关管 Mux1~Mux6,与 AMOLED 显示阵列中 6 根近邻的列线(Data1~Data6)分别相连。Mux1~Mux6 的栅极分别由 Mux1~Mux6 的 6 个选通信号控制,一个行选通时间分为 6 份,于是列驱动芯片分别在 1/6 行时间内通过开关管将列驱动信号分别送到对应的列线上。这里采用的像素电路是典型的 7T1C 结构,其细节详见 3.3.1 节。对各像素电路,数据线 Data 通过开关 TFT2 连接到驱动 TFT5 的源极。由此可见,像素阵列与列驱动电路的连接端子数量被显著减少了。若显示像素阵列的列线数量为 M,采用 1~6 de-mux 列选择开关后,列驱动芯片与显示面板的接口数量减少到 M/6 个。

此外,从图 3.56(b)的工作时序图也可以看到,在 1 对 6 的列选择开关和行选通开关集成后,分配到每一个列选择开关的时间将会缩短,从而列驱动芯片的运行速度(主要是数模转换电路的速度)需要提升到没有列选通开关时的 6 倍。

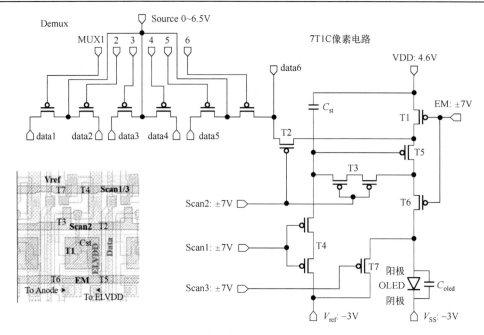

(a) 列选择器的连接关系示意

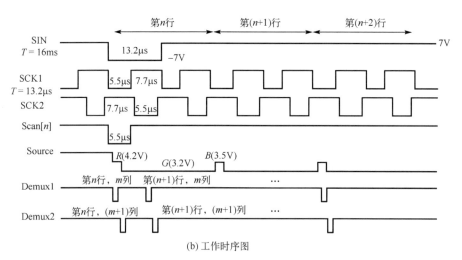

(b) 工作时序图

图 3.56　AMOLED 显示用多晶硅 TFT 集成的列线选择器实现方案[46]

3.6　本 章 小 结

　　AMOLED 显示存在的主要问题包括像素内 TFT 及 OLED 特性的不均匀和不稳定，以及电源线和控制线上的各种寄生效应。这些问题通常引起 OLED 发光电流的不均匀，从而导致显示屏的亮度不均匀。因此，AMOLED 显示的驱动技术必须具有补偿功能，以消除这些负面因素的影响，确保较好的显示均匀性。本章首先论述了四种补偿方法的基本原理，包括电流编程补偿、电压编程补偿、外部电路补偿，以及电流电压混合编程补偿等，并通过电路实例分析了不同补偿方法的优劣。接着分析和讨论了多晶硅 TFT、氧化物 TFT 和硅氧混合（LTPO）TFT 集成的 AMOLED 显示用像素电路的工作原理和电路实例。最后介绍和分析了面向 AMOLED 显示的多种不同 TFT 技术集成的行驱动电路以及若干 LTPS TFT 技术集成的列驱动模块。

参 考 文 献

[1] 范佳. AMOLED 驱动电路的电流检测方法研究[D]. 北京：北京大学，2017.

[2] 易水平. AMOLED 像素补偿技术及高性能基准源研究 [D]. 北京：北京大学，2019.

[3] 邱赫梓. 面向 AMOLED 显示和 TFT-APS 的电压反馈补偿技术研究[D]. 北京：北京大学，2021.

[4] 王翠翠. 有源矩阵有机发光二极管显示的驱动技术研究[D]. 北京：北京大学，2017.

[5] Liang Y, Liao C, He C, et al. Error current effects in current-programmed pixel circuits for AMOLED[C]//The 11 th Asian Symposium on Information Display（ASID'09），2009: 152.

[6] Nathan A, Kumar A, Sakariya K, et al. Amorphous silicon thin film transistor circuit integration for organic LED displays on glass and plastic[J]. IEEE Journal of Solid-State Circuits, 2004, 39（9）: 1477-1486.

[7] Nathan A, Chaji G R, Ashtiani S J. Driving schemes for a-Si and LTPS AMOLED displays[J]. Journal of Display Technology, 2005, 1（2）: 267.

[8] 刘晓明. TFT OLED 像素驱动电路研究[D]. 北京：北京大学，2012.

[9] 梁逸南. a-Si TFT OLED 像素驱动电路研究[D]. 北京：北京大学，2010.

[10] Meng X, Wang C, Leng C, et al. A current source free separate frame compensated voltage - programmed active matrix organic light emitting diode pixel circuit[C]//SID Symposium Digest of Technical Papers, 2016, 47（1）: 1282-1285.

[11] 林兴武. AMOLED 显示驱动的外部补偿技术研究[D]. 北京：北京大学，2021.

[12] 冷伟利. 有源矩阵 OLED 像素电路及其驱动技术研究[D]. 北京：北京大学，2015.

[13] Kim D, Kim Y, Lee S, et al. High resolution a-IGZO TFT pixel circuit for compensating threshold voltage shifts and OLED degradations[J]. IEEE Journal of the Electron Devices Society, 2017, 5（5）: 372-377.

[14] 杨方方. AMOLED 数据信号驱动的预充电方法研究[D]. 北京：北京大学，2017.

[15] 吴继祥. 低温多晶硅 TFT OLED 像素电路及驱动放大器研究[D]. 北京：北京大学，2019.

[16] 王龙彦. AMOLED 用薄膜晶体管技术研究[D]. 北京：北京大学，2014.

[17] Jin Y, Ao W, Liu B, et al. Systematic investigation on anode etching residue widely generated in

manufacturing of low - temperature polycrystalline - Si active matrix organic light - emitting diode[J]. Journal of the Society for Information Display, 2022, 30(4): 271-291.

[18] Wang L, Liao C, Liang Y, et al. A new four-transistor poly-Si pixel circuit for AMOLED[C]//2010 10th IEEE International Conference on Solid-State and Integrated Circuit Technology, 2010: 1453-1455.

[19] Wu J, Wang Y, Huo X, et al. An AMOLED LTPS-TFT pixel circuit using mirror structure to compensate Vth variation and voltage drop[C]// International Conference on Electron Devices and Solid State Circuits (EDSSC), 2018.

[20] Wu J, Yi S, Liao C, et al. New AMOLED pixel circuit to compensate characteristics variations of LTPS TFTs and voltage drop[C]//2018 25th International Workshop on Active-Matrix Flatpanel Displays and Devices (AM-FPD), 2018: 1-4.

[21] Lin C L, Chen P S, Deng M Y, et al. UHD AMOLED driving scheme of compensation pixel and gate driver circuits achieving high-speed operation[J]. IEEE Journal of the Electron Devices Society, 2017, 6: 26-33.

[22] Leng C, Liao C, Wang L, et al. An a-IGZO TFT pixel circuit for AMOLED with simultaneous V T compensation[C]//2012 IEEE 11th International Conference on Solid-State and Integrated Circuit Technology, 2012: 1-3.

[23] Lin C L, Lai P C, Shih L W, et al. Compensation pixel circuit to improve image quality for mobile AMOLED displays[J]. IEEE Journal of Solid-State Circuits, 2018, 54(2): 489-500.

[24] Wang C, Hu Z, He X, et al. One gate diode-connected dual-gate a-IGZO TFT driven pixel circuit for active matrix organic light-emitting diode displays[J]. IEEE Transactions on Electron Devices, 2016, 63(9): 3800-3803.

[25] 赵强. AMOLED 外围补偿驱动电路快速编程方法研究[D]. 北京: 北京大学, 2018.

[26] Wang C, Meng X, Lam H M, et al. A new AC biased pixel circuit for active matrix organic light-emitting diode displays[C]//2016 23rd International Workshop on Active-Matrix Flatpanel Displays and Devices (AM-FPD), 2016: 85-88.

[27] Keum N H, Hong S K, Kwon O K. An AMOLED pixel circuit with a compensating scheme for variations in subthreshold slope and threshold voltage of driving TFTs[J]. IEEE Journal of Solid-State Circuits, 2020, 55(11): 3087-3096.

[28] 黄杰. 基于氧化物 TFT AMOLED 集成栅极驱动电路研究[D]. 北京: 北京大学, 2020.

[29] Fan J, Wang C, Lam H M, et al. A high accuracy current comparison scheme for external compensation circuit of AMOLED displays[C]//SID Symposium Digest of Technical Papers, 2016, 47(1): 1261-1264.

[30] 谢锐彬. 数字闭环型 AMOLED 外围补偿电路研究[D]. 北京: 北京大学, 2018.

[31] Chang T K, Lin C W, Chang S. 39-3: Invited paper: LTPO TFT technology for

AMOLEDs[C]//SID Symposium Digest of Technical Papers, 2019, 50（1）: 545-548.

[32]　Yonebayashi R, Tanaka K, Okada K, et al. High refresh rate and low power consumption AMOLED panel using top‐gate n‐oxide and p‐LTPS TFTs[J]. Journal of the Society for Information Display, 2020, 28（4）: 350-359.

[33]　彭志超. 基于薄膜晶体管的图像传感像素电路研究[D]. 北京: 北京大学, 2021.

[34]　Qiu H, An J, Wang K, et al. A low power and IR drop compensable AMOLED pixel circuit based on low-temperature poly-Si and oxide（LTPO）TFTs hybrid technology[J]. IEEE Journal of the Electron Devices Society, 2021, 10: 51-58.

[35]　Wang Y, Liao C, Zhang S. A depletion‐mode compatible gate driver on array for a-IGZO TFT-OLED displays[C]//SID Symposium Digest of Technical Papers, 2019, 50: 119-121.

[36]　Wang Y, Liao C, Ma Y, et al. Integrated a-IGZO TFT gate driver with programmable output for AMOLED display[C]//SID Symposium Digest of Technical Papers, 2018, 49（1）: 1377-1380.

[37]　胡治晋. 大尺寸显示面板用薄膜晶体管集成栅极驱动电路研究[D]. 北京: 北京大学, 2016.

[38]　Liu C, Lin Y Z, Wu W J, et al. A scan driver including light emission control integrated by metal-oxide thin-film transistors[J]. Semiconductor Science and Technology, 2020, 36（2）: 025006.

[39]　Su Y, Geng D, Chen Q, et al. Novel TFT-Based emission driver in high performance AMOLED display applications[J]. Organic Electronics, 2021, 93: 106160.

[40]　Kim I J, Noh S, Ban M H, et al. Integrated gate driver circuit technology with IGZO TFT for sensing operation[J]. Journal of the Society for Information Display, 2019, 27（5）: 313-318.

[41]　Huang J, Liao C, Lei T, et al. IGZO TFT gate driver with independent both bootstrapping and control units for AMOLED mobile display[C]//SID Symposium Digest of Technical Papers, 2019, 50（1）: 1275-1278.

[42]　王莹. 基于氧化物 TFT 的 AMOLED 集成行驱动电路研究[D]. 北京: 北京大学, 2019.

[43]　An J, Liao C, Zhu Y, et al. Gate driver on array with multiple outputs and variable pulse widths for low-temperature polysilicon and oxide（LTPO）TFTs driven AMOLED displays [J]. IEEE Transactions on Circuits and Systems II: Express Briefs, 2023, 70（3）: 934-938.

[44]　Schalberger P, Herrmann M, Hoehla S, et al. A fully integrated 1-in. AMOLED display using current feedback based on a five-mask LTPS CMOS process[J]. Journal of the Society for Information Display, 2011, 19（7）: 496-502.

[45]　Wang C, Lam H M, He X, et al. A high‐voltage analog adder based on class‐b amplifier for source driver of AMOLED external compensation scheme[C]//SID Symposium Digest of Technical Papers, 2017, 48（1）: 1442-1445.

[46]　Jin Y, Ao W, Liu B, et al. Systematic investigation on anode etching residue widely generated in manufacturing of low-temperature polycrystalline-Si active matrix organic light-emitting diode[J]. Journal of the Society for Information Display, 2022, 30（4）: 271-291.

第 4 章　有源矩阵微型发光二极管(AM-MLED)显示 TFT 电路

目前主流的显示技术有主动发光和被动发光两种方式。原理上，主动(自)发光显示方式潜在具有更高的性价比，且更符合显示产品的结构要求。上一章详细描述了自发光的 AMOLED 显示面板的 TFT 集成电路技术。AMOLED 不仅是一种自发光显示技术，而且易于实现柔性显示，故有望超越自身不发光的依赖背光源的 AMLCD，成为显示技术和产品的主流。然而，由于有机材料的一些固有缺点，OLED 本身在发光亮度、寿命和能量转换效率等一些关键性能的提升上受到限制。同时，AMOLED 对 TFT 背板的技术要求也较 AMLCD 严苛很多。因此，尽管过去十年 AMOLED 显示技术有了显著的进步，但仍然难以撼动 AMLCD 的主流地位。

近年来，一种称之为微型发光二极管(包括 Micro-LED 和 Mini-LED，本书统称为 MLED)的主动发光显示技术开始得到极大的关注。MLED 显示可规避 OLED 显示固有的主要问题，不仅具有高亮度、宽色域、快响应、高可靠和可大尺寸化等诸多优点，而且可全面覆盖大中小各种尺寸的应用场景，以及更适合制造异形、透明、柔性等各种形态的显示产品。因此，MLED 显示有望超越 LCD 和 OLED 显示，成为更具竞争力的下一代显示技术。

高性能大信息量的 MLED 显示同样需要采用有源矩阵(AM)的驱动方式。AM-MLED 显示的核心技术包括 MLED 芯片的巨量转移技术，以及 TFT 驱动背板技术等，而本章聚焦于后者的 TFT 电路技术。由于 MLED 的电流-电压特性曲线的斜率非常陡直，且发光效率和波长往往与驱动电流有关，因此 AM-MLED 显示通常不宜直接采用 AMOLED 的模拟驱动方法，需采用脉冲宽度调制(PWM)的驱动方法，或 PWM 与脉冲幅度调制(PAM)的混合驱动方法等。目前，AM-MLED 显示可选的驱动背板有低温多晶硅(LTPS)TFT 技术、非晶氧化物半导体(AOS)TFT 技术以及多晶硅与氧化物混合(LTPO)TFT 技术等。

本章将系统描述面向 AM-MLED 显示的像素电路、行(栅)驱动 TFT 电路的结构和工作原理以及设计方法，并给出了若干可在 AM-MLED 显示中应用的 TFT 集成电路设计实例。

4.1　AM-MLED 显示简介

上一章描述的 AMOLED 显示技术，目前仍然存在发光效率不够高，蓝色 OLED

发光寿命不够长等问题。而相比之下，基于氮化镓(GaN)单晶半导体的 LED 则在寿命、可靠性、发光效率和响应速度(纳秒量级)等方面的表现非常优异。LED 显示可追溯到 1962 年，那年美国科学家首次成功制造出红色 LED，为现代 LED 显示打下了基础。在 20 世纪七八十年代，研究人员成功制造出了其他颜色的 LED，如绿色和黄色，扩大了 LED 显示的颜色选择范围，单色 LED 显示开始应用于数字显示器、指示灯和钟表等各种简单的显示设备。20 世纪 80 年代后期，研究人员开发出了全彩 RGB(红、绿、蓝)LED 技术，使 LED 显示屏可以显示更多的颜色和图像，因而在室内和户外广告、体育场馆和舞台等场合得到广泛应用。

近年来，随着 LED 制造工艺和封装技术的不断进步，LED 尺寸不断缩小，LED 显示的分辨率和细腻程度得到大幅度提高，应用领域也不断拓宽，使得小间距 LED 甚至 MLED 显示技术应运而生。如图 4.1 所示，一般把尺寸介于数微米至 100 微米之间的 LED 称为 Micro-LED，而把尺寸介于 100 微米至 200 微米之间的 LED 称为 Mini-LED。Micro-LED 显示有望超越 LCD 和 OLED 等显示技术而成为下一代的主流显示技术。正因为 MicroLED 具有理想的显示发光效果[1]，该显示技术甚至被誉为显示的终极技术。

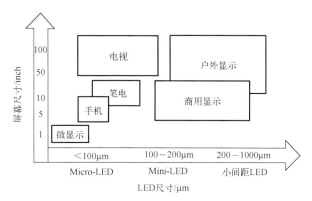

图 4.1　LED 尺寸及其显示应用示意图

与 LCD 和 OLED 显示类似，Micro-LED 显示也可采用无源矩阵(PM)或有源矩阵(AM)的驱动方式。但高性能大信息量的 Micro-LED 和 Mini-LED 显示须采用 AM 驱动方式。AM 驱动具有以下明显的优势：①可实现高分辨率显示；②能精准控制每个像素的电流，消除像素之间的电流串扰；③可实现高色阶深度显示；④驱动功耗低。本章的内容主要围绕有源矩阵的微型发光二极管(AM-MLED)显示而展开。

AM-MLED 显示面板的结构如图 4.2 所示。在 AM-MLED 像素电路中，通常将 RGB 三色 LED 的阳极共同连接到电源线，或阴极共同连接到地线，与之对应分别称为共阳极或共阴极连接。AM-MLED 与 AMLCD 和 AMOLED 的综合比较列于表 4.1。

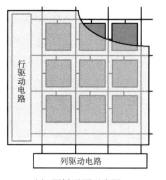

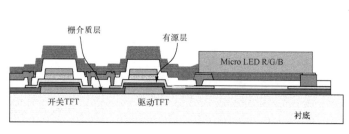

(a) 面板平面示意图   (b) 面板像素剖面结构示意图

图 4.2 AM-MLED 显示面板结构示意图

表 4.1 AMLCD、AMOLED 和 AM-MLED 的对比

比较内容	AMLCD	AMOLED	AM-MLED	
			Mini-LED	Micro-LED
发光类型	背光源+滤光片	自发光	自发光	自发光
对比度	中	高	高	超高
响应时间	毫秒	微秒	纳秒	纳秒
显示器寿命	长	中	长	长
显示模组厚度	厚	薄	薄	薄
成本	低	中	较高	高
可视角度	中	宽	宽	宽
产业化进程	20 世纪 90 年代量产	2010 年量产	2023 年开始小规模量产	处于研发阶段

    尽管 AM-MLED 显示具有明显的优势，但 AM-MLED 显示在实现产业化之前，仍有大量的关键科技问题亟待解决。其中，MLED 芯片的巨量转移一直被认为是一个技术难点。近年来，世界各国已经对此开展了大量的研发工作，并取得一些突破，其中，激光转移技术表现出可量产的潜能。TFT 背板技术是另一个有待攻克的核心技术。相比于 AMLCD 和 AMOLED 显示，AM-MLED 显示对 TFT 的驱动能力和稳定性有更高的要求。

    AM-MLED 显示的驱动目前可采用的背板技术有单晶硅 CMOS、低温多晶硅（LTPS）TFT 和氧化物 TFT 等，具体选择取决于显示器的尺寸和应用场合。单晶硅 CMOS 技术具有高迁移率、良好均匀性和低功耗等优势，可以将显示像素尺寸缩小到 1~10 μm 范围，因此适合制造 AR/VR 用的 AM-MLED 微显示器。

    而对于手机、平板电脑等中小尺寸 AM-MLED 显示，LTPS TFT 背板更为适用。LTPS TFT 的迁移率较高，有望实现像素尺寸在数十 μm 到 300 μm 的 AM-MLED 显示。虽然 LTPS TFT 的均匀性较差，且大面积制备成本较高，但对于手机等小尺寸的高端显示产品，LTPS TFT 较高的制造成本是可以接受的。

对于电视、商用等大尺寸 AM-MLED 显示，氧化物 TFT 是更好的选项。与 LTPS TFT 相比，氧化物 TFT 背板制造所需的掩模数量较少，工艺周期较短，因而制造成本较低。此外，氧化物 TFT 的泄漏电流极低，可实现低帧率显示，以降低动态刷新功耗。随着氧化物 TFT 技术的不断进步，未来高迁移率氧化物 TFT 技术可望应用于像素尺寸 100~500 μm 的高清大尺寸 AM-MLED 显示面板的制造。

4.2　AM-MLED 显示驱动原理

MLED 与 OLED 相同，是一种电流驱动发光型器件，流过的电流大小决定其发光亮度。原理上 AM-MLED 像素电路只需要由 2 个晶体管和 1 个存储电容构成即可，但实际的像素电路结构及其驱动方法要复杂得多。与 AMOLED 显示相比，AM-MLED 显示除了对 TFT 的均匀性有同样高的要求外，对 TFT 的稳定性和驱动能力则有更高的要求。因此，前述 AMOLED 显示所面临的各种 TFT 补偿问题，在 AM-MLED 显示中也同样存在。而在另一方面，尽管 MLED 的发光亮度、稳定性和寿命要远远好于 OLED，但 MLED 自身存在一些特殊的电光特性，这给 AM-MLED 的像素电路和驱动方法设计带来了新的挑战。

如图 4.3 所示，MLED 光电特性的特殊性主要表现为：①MLED 的光量子效率(主要指外量子效率，External Quantum Efficiency，EQE)随电流变化而改变，尤其在小电流时，光量子效率随着电流降低而急剧下降[1]；②MLED 的发光波长随发光电流变化，尤其是绿光、红光 MLED 的发光波长在小电流段呈明显的波长移动；③MLED 的伏安特性(I-V 曲线)陡峭，难以通过电压来精准和均匀地调控小电流对应的显示灰度。因此，常用于 AMOLED 显示的模拟式驱动方法，即常规的脉冲幅度调制(Pulse Amplitude Modulation，PAM)的驱动方法难以直接用于 AM-MLED 显示。

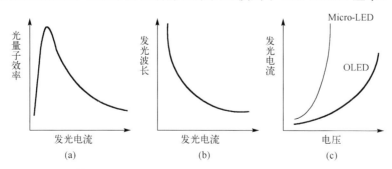

图 4.3　MLED 电的光特性：(a)光量子效率在小电流时下降；(b)发光波长随发光电流移动(wavelength shift)；(c)伏安特性(I-V 曲线)陡峭[1]

如图 4.4 所示，在 PAM 型驱动模式下，显示灰阶是通过控制流过 MLED 的电流大小来实现的。显然，灰阶越低，相应地 MLED 的发光电流越小。而小电流时，MLED 的发光效率下降，发光波长偏移。在 Mini-LED 显示和有源动态背光情况下，LED 的工作电流总体较大，EQE 衰减和波长偏移问题并不明显，故 PAM 模式仍然勉强可以采用。但在 Micro LED 情况下，上述小电流效应相当明显，若采用 PAM 驱动，则面临低灰阶(小电流)时 EQE 降低和发光波长严重偏移的问题，难以同时实现精准的高灰阶和低灰阶显示。

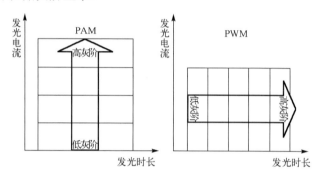

图 4.4　PAM 型与 PWM 型驱动方法的示意图

对于上述小电流效应带来的问题，脉冲宽度调制(Pulse Width Modulation, PWM)驱动方法是一个可行的解决方案。在 PWM 驱动方式下，Micro-LED 工作于一个较大的恒定电流状态，不同的显示灰阶则通过控制 MLED 的发光时间来实现。显然，这种恒定大电流的 PWM 驱动方法可以使 MLED 工作于能量转化效率较高(甚至最高)和发光波长恒定的状态，从而能实现高精度的灰阶控制和低功耗的显示。为了给 MLED 提供高的驱动电流，像素电路的驱动 TFT 应具有高的迁移率，一般认为要求大于 $50\mathrm{cm^2V^{-1}s^{-1}}$。这就使得 LTPS TFT 成为目前阶段 AM-MLED 显示背板技术更好的选项。不过，氧化物 TFT 的迁移率也在不断提高，量产技术也有望在不久的将来突破 $50\mathrm{cm^2V^{-1}s^{-1}}$。

PWM 模式下的 AM-MLED 显示驱动的重要技术还包括数字子帧分配、电压时间转化(Voltage to Time)、亮度补偿和 GOA 等技术，这些技术的综合运用可以有效提高 MLED 显示的品质和性能。

4.2.1　PAM 驱动原理

尽管 PAM 驱动方法难以实现高画质的 AM-MLED 显示，但在一些对显示质量要求不高的场合，如在 Mini-LED 显示和有源动态背光的场合，PAM 驱动方式也经常被采用。理想情况下 PAM 型 AM-MLED 像素电路也可以由 2T1C 构成，即一个开关 TFT(T1)，一个驱动 TFT(T2)和一个存储电容(C_S)。LED 像素阵列可以采用共阳极、共阴极或阴阳极分别接出等不同方式。图 4.5 示意了原理性的 2T1C 型 AM-MLED 像素电路及其驱动时序，其中，MLED 采用了共阳极连接。该电路结构及其驱动方式与前述的 AMOLED 是相同的。当本行扫描线(Scan[n])为高电平时，整行像素被选中，像素的开关管 T1 开启，数据线电压(V$_{DATA}$)通过 T1 对 C$_S$ 充电，将 V$_{DATA}$ 存储于 C$_S$，即驱动管 T2 的栅极上。这时 T2 导通，产生与 V$_{DATA}$ 相对应的电流驱动 MLED 发光。当选通扫描结束后，扫描线上的电位由高变低，T1 关断，T2 的栅源电压依靠 C$_S$ 存储效应保持不变，T2 持续提供与数据电压对应的电流，使得 MLED 在一帧内稳定地发光。通常要求电源电压 V$_{DD}$ 足够高，使得 T2 工作于饱和区，这有利于维持 MLED 驱动电流的稳定。

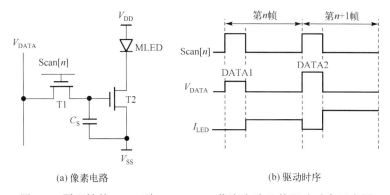

图 4.5　原理性的 PAM 型 AM-MLED 像素电路及其驱动时序示意图

由于 T2 工作于饱和区，流经 T2 和 MLED 的电流 I_{LED} 可以表示为

$$I_{LED} = I_{T2} = \frac{1}{2}\mu C_I \frac{W}{L}(V_{DATA} - V_{SS} - V_T)^2 \tag{4-1}$$

其中，μ、V_T、W、L 和 C_I 分别为 T2 的载流子迁移率、阈值电压、沟道宽度、沟道长度和单位面积栅介质层电容。从式(4-1)可知，MLED 的电流与 T2 的几何尺寸和电学参数直接相关，而这些参数不可避免地存在空间离散性和时变漂移特性，这与第 3 章所述的 AMOLED 显示驱动存在的问题相同。因此，实际应用中 PAM 型 AM-MLED 像素电路及其驱动方式要复杂得多，需要对这些非理想效应进行检测并针对性地补偿。

对式(4-1)的 I_{LED} 进行微分运算，可以得到 I_{LED} 的相对变化率 $\Delta I_{LED}/I_{LED}$ 与阈值电压变化 ΔV_T 和迁移率变化 $\Delta\mu$ 的关系为

$$\frac{\Delta I_{LED}}{I_{LED}} = \frac{2\Delta V_T}{V_{DATA} - V_{SS} - V_T} + \frac{\Delta\mu}{\mu} \tag{4-2}$$

由式(4-2)可知，对于低灰阶显示，驱动管栅源电压($V_{DATA}-V_{SS}$)较低，数值接近于 V_T，此时$\Delta I_{LED}/I_{LED}$ 的值将变得非常大，这意味着低灰阶显示时的不均匀现象

比高灰阶显示时更严重。而从另一方面来看，无论高、低灰阶显示，TFT 迁移率的变化 $\Delta\mu/\mu$ 对 LED 电流变化率的影响是一致的。

　　此外，由于电源线上寄生电阻的分压作用，电流驱动型的自发光显示通常都存在电源 V_{DD} 端的 IR drop 和电源 V_{SS} 端的 IR rise 问题，即像素电路实际的电源阳极端电位低于 V_{DD}，以及电源的阴极端电位高于 V_{SS}。这与第 3 章所述的 AMOLED 显示的情形类似，但在 AM-MLED 显示应用中，电源线上寄生电阻的分压问题更为严重，这是因为，为了获得高的电光转化效率和恒定的发光波长，通常使 MLED 工作于较大的驱动电流，这势必导致像素电路存在更大的 IR drop 和 IR rise。例如，Micro-LED 的驱动电流通常在数 μA 至数十 μA 量级(R、G、B 三色 LED 发光电流取值不同)，而 Mini-LED 的工作电流更是大到 mA 量级。根据式(4-1)，V_{SS} 线上的 IR rise 会直接降低 MLED 的电流，而当 V_{DD} 的 IR drop 量较小时并不会明显影响 MLED 电流的大小，但如果过大会导致驱动管脱离饱和工作区。此外，需要指出的是，背板上不同位置处的像素电路的 IR drop 和 IR rise 的量显然是不同的，因此，IR drop 和 IR rise 效应还会引起比较严重的显示非均匀问题，这使得 PAM 型像素电路必须具备 IR drop/rise 补偿功能。

　　综上，在 PAM 驱动模式下为了获得均匀高质量的 AM-MLED 显示效果，像素电路的 TFT 的阈值电压和迁移率必须保持一致和稳定。然而，正如第 1 章所述，目前主流的 TFT 均不可避免地存在 V_T 和迁移率不均匀(如多晶硅 TFT)或 V_T 不稳定(如非晶氧化物 TFT)等问题。因此，上述简单的 2T1C 像素电路无法满足 AM-MLED 显示的驱动要求，必须开发具有补偿功能的像素电路及其驱动技术以获得高品质的显示。

4.2.2　PWM 驱动原理

　　PWM 是通过调节开关的通断时间比(占空比)来进行器件状态控制的技术。该技术出现于 20 世纪 60 年代，当时主要应用于电机驱动和电力电子领域。随着数字信号处理技术的发展，PWM 驱动技术不断进步，现今 PWM 驱动技术已被用到 LED 驱动，并成为 LED 亮度调制的主要技术。早期的 LED 调光采用模拟方式，该方式存在能量利用率低和调光范围窄等问题。而 PWM 调制通过开关信号占空比精准调节 LED 在一帧内的导通时长，进而控制一帧内等效驱动电流大小，从而实现更加精确和稳定的 LED 亮度调制。随着 LED 显示技术的发展，PWM 技术逐渐取代模拟调制技术。

　　在 PWM 驱动过程中，虽然 LED 并不持续发光，但由于人眼的视觉暂留效应，人眼实际感受到的发光亮度取决于一帧内 LED 的平均发光亮度。PWM 信号占空比越大，则一帧内平均电流就越大，人眼感受到的亮度就越高。PWM 调光方式的最大优点是调节精度高、范围宽、颜色一致性好，而且也与外围数字控制系统的匹配性好，易于实现智能调光。PWM 调光技术的高精度和稳定性根源于数字驱动内在的强抗噪声能力，因为只有噪声量大到影响高低电平的识别时才会影响显示灰阶精度，因此数字式驱动方法可以显著降低信号传输过程或者显示阵列内部的噪声干扰。

目前，根据数据信号的类型(数字信号或模拟信号)，PWM 驱动可分为数字和模拟两种模式。数字式 PWM 驱动的显示原理是用二进制对灰阶信息进行编码，再通过切分子帧和根据数据信号对多子帧进行组合，实现解码和还原灰阶信息。若需实现 n 位的灰阶分辨率，则灰阶值被编码为 n 位的二进制数，并在一帧内切分出 n 个子帧，将 n 位二进制数的每一位依次送入像素，分别用于控制每一个子帧像素是否发光。例如，灰阶分辨率为 8bit 时，其中灰阶 10 可以转化为二进制数 00001010，即像素在第二、第四子帧发光，其他子帧不发光，这样就能够表达灰阶 10。数字 PWM 驱动又分为子帧等切和子帧不等切两种方式。如图 4.6(a)所示，子帧等切式的控制简单，但在常见的显示屏灰阶规格下，1 帧中用于发光时间一般只有 1/4，这就存在亮度损失的问题。而图 4.6(b)所示的子帧不等切的数字 PWM 驱动方式，其亮度损失量则较小，但其控制时序比较复杂。

模拟式 PWM 驱动则不需要对灰阶大小进行编码以及划分多个子帧，而是将输入的模拟电压量转化为 MLED 的发光时间控制信号，即直接通过调节发光时间的长短来实现不同的显示灰阶，如图 4.6(c)所示。图中 Gy1 代表灰阶 1，Gy2 代表灰阶 2，以此类推。

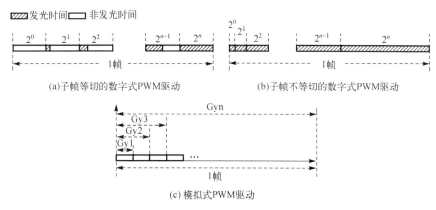

(a)子帧等切的数字式PWM驱动　　　(b)子帧不等切的数字式PWM驱动

(c) 模拟式PWM驱动

图 4.6　PWM 驱动模式示意图

数字式 PWM 驱动模式的像素电路结构比较简单，但行列驱动电路的工作频率成倍增加，因此对驱动芯片的速度要求较高，产生的动态功耗也相对较高。另一方面，模拟式 PWM 驱动则不仅需要在像素电路内产生恒定的 LED 驱动电流，同时，还需要实现数据电压 V_{DATA} 到 PWM 驱动波形的转换，因此像素电路的结构较为复杂。此外，对非理想因素，如背板行列驱动线上的 RC 延迟以及 TFT 特性的不均和漂移等，PWM 像素电路必须具有足够补偿能力，其补偿原理与 PAM 的像素电路类似。

4.2.3　数字式 PWM 驱动原理

数字式 PWM 驱动的原理可以通过图 4.7 所示的 MLED 显示像素电路来说明。图 4.7(a)和(b)分别是像素电路及其驱动时序示意图。该像素电路的设计关键在于，通过调节发光信号 EM 的持续时间来确定各个子帧的时间，从而分为权重不同的多个显示子帧。数据线 V_{DATA} 上的信号只需要高/低两种电压(逻辑 1 和 0)。通过各个显示子帧的组合，就可以实现一个具有完整灰度信息的显示画面。

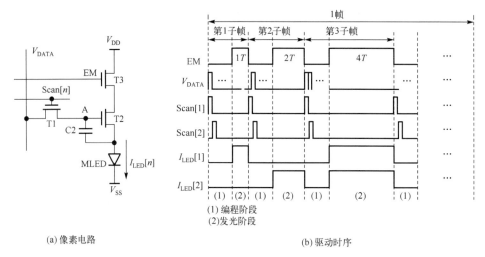

(a) 像素电路　　　　　　　　　　　　　　(b) 驱动时序

图 4.7　基于多子帧切分的数字式 PWM MLED 显示像素电路方案

在该像素电路中，驱动管 T2 工作在饱和区以提供恒定的驱动电流，开关管 T1 和 T3 则工作在线性区。值得注意的是，流经 MLED 的电流应由驱动管 T2 决定，而不受开关管 T1 和 T3 特性参数的影响。为了保证全屏全时段 T2 都输出恒定的电流，实用的电路应对 T2 的阈值电压不均匀或漂移进行补偿，从而提高显示的均匀性。

如图 4.7(b)所示，该数字型 MLED 显示像素电路的工作包括多个显示子帧的配合。这里以 8 个显示子帧为例，各个显示子帧的时间长度分别是 T、$2T$、$4T$、$8T$、$16T$、$32T$、$64T$ 和 $128T$。对于各个显示子帧，显示数据分别是 b_1, b_2, b_3,…, b_8，这些显示数据可以分别是高电平"1"(该子帧时像素发光)或者低电平"0"(该子帧时像素不发光)，这些显示数据将在对应的编程阶段由 T1 写入 A 点，即 T2 的栅极，并由 C2 进行存储。因此一帧的完整显示的亮度 L 可表示为

$$L = b_1 \times 2^0 \times L_0 + b_2 \times 2^1 \times L_0 + \ldots + b_8 \times 2^7 \times L_0 \qquad (4\text{-}3)$$

这里，L_0 是最小子帧的显示发光亮度。从式(4-3)可知，这 8 个子帧最多能够实现的灰阶数达到 256。对应到像素电路中，各个显示子帧的权重由 EM 信号高电位的时间长短来确定。

通过以上分析可以看到，数字式 PWM 驱动的优点在于像素电路的结构比较简单，驱动时序也不复杂，可获得高的显示灰阶精准度。在该显示模式下，显示灰阶主要取决于多个数字子帧的线性组合，各个子帧时长由外围驱动电路精准控制，像素电路本身的电流分散性对显示灰阶的影响力就变得相对较弱，换言之，像素电流的有或无比电流本身的数值大小更为重要。由于具备简单的像素电路结构及其驱动时序，数字 PWM 的外部驱动电路结构也相对简单。数字 PWM 通常采用集中发光的驱动模式，不同行像素可以共用 EM 驱动电路。

数字式 PWM 驱动的主要问题在于难以实现高分辨率显示。这是由于每个数字子帧都需要一定的寻址时间，使得总的寻址时间相当长，故在总的帧时间一定情况下，可驱动的行数就变得非常有限。

4.2.4　模拟式 PWM 驱动原理

模拟式 PWM 驱动则是将输入的与发光亮度对应的模拟电压量转化为 MLED 的发光时间控制信号，即直接通过调节发光时间的长短来获得不同的显示灰阶。之所以称之为模拟式 PWM，是因为输入到像素的灰阶信号在时域上是连续的和模拟的，与传统的 PAM 方法相同。图 4.8 示意了这种模拟式 PWM 驱动的 MLED 显示像素电路的结构框架及其工作原理[2,3]。其像素电路由发光时间控制(Emmision Time Control, ETC)模块和恒定电流产生(Constant Current Generation, CCG)模块构成，其中 CCG 模块与数字式 PWM 驱动情形相同，这里不再赘述。

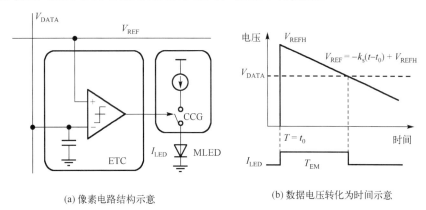

(a) 像素电路结构示意　　　　　　　(b) 数据电压转化为时间示意

图 4.8　模拟式 PWM 驱动的 AM-MLED 像素电路方案[2, 3]

这里的 ETC 模块将数据电压值转化为驱动管栅电压脉冲的宽度，以此来决定驱动管维持于恒定电流的时间。目前一个常用的发光时间控制方法是将数据电压值 V_{DATA} 与一参考电压 V_{REF} 做比较，而各个像素的数据电压值各不相同，参考电压 V_{REF} 为像素阵列共用，且随着时间单调变化(增加或者减少)。根据 V_{REF} 和 V_{DATA} 的比较

结果可以建立 V_{DATA} 与 MLED 导通时间的映射关系。如图 4.8(b) 所示,当 V_{REF} 值大于 V_{DATA} 时,有恒定电流经过 MLED,即 MLED 发光;反之,当 V_{REF} 小于 V_{DATA} 时,没有电流经过 MLED,即 MLED 不发光。这样便可以得到 MLED 发光时间与数据电压的映射关系。

这里的参考电压 V_{REF} 为斜坡信号,以此为例具体说明数据电压与 LED 发光时间的映射关系。在发光阶段,V_{REF} 值随时间线性减小,则 LED 发光时间长度(T_{EM})可表示为

$$T_{\text{EM}} = \frac{V_{\text{REFH}} - V_{\text{DATA}}}{k_S} \tag{4-4}$$

其中,V_{REFH} 是斜坡信号的最大值,k_S 是斜坡信号斜率的绝对值(因为是下斜坡信号,斜率为负值)。于是,依据各像素采样到不同的数据电压 V_{DATA} 值,可相应地线性调节 MLED 的发光时间。原理上,参考电压 V_{REF} 并不局限于为斜坡信号,只要在发光阶段 V_{REF} 是时间的单调线性函数,那么数据电压就能够线性地调节 MLED 的发光时间。

由以上分析可见,模拟式 PWM 驱动是基于输入的模拟电压与 MLED 发光时间的映射关系,直接通过控制发光时间的长短来实现不同的显示灰阶,原理上对行列驱动电路的速度没有很高的要求,因此,显示阵列的行列数量不太受限制,故可实现高分辨率显示。

模拟式 PWM 驱动的主要问题是像素电路结构比较复杂,所需的晶体管的数量和控制信号的种类比较多,这使得像素的面积不易缩小,能实现的显示像素的密度(PPI)较低。同时,ETC 模块中数据电压信号到发光时间的转化速度较慢,这往往导致低灰阶区段显示灰阶量的损失。此外,其转化精度还受到驱动背板上 TFT 迁移率大小和稳定性的影响。TFT 迁移率越高,则 PWM 转换速度越快,显示精度越高。同时还要求 TFT 有较好的稳定性,以保持显示数据到灰阶的对应关系不随时间而漂移。

4.2.5　数模混合式 PWM 驱动原理

如上所述,就 MLED 显示而言,PWM 是一种更为可取的驱动方法。PWM 又分数字式(D-PWM)和模拟式(A-PWM)两种类型。D-PWM 的优势在于像素电路结构和驱动时序简单,但编程和寻址时间过长可能导致 MLED 显示分辨率受限。而 A-PWM 驱动有望实现高分辨率 MLED 显示,但存在数据信号到发光控制信号(PWM)的转化速度较慢、精度较低,显示灰阶量损失等问题。因此,在实现高分辨率与高灰阶 MLED 显示方面,D-PWM 和 A-PWM 驱动方法均存在着技术瓶颈。对此,一种数字和模拟混合的脉宽调制 (Digital and Analog Hybrid PWM, DAH-PWM) 驱动方法被提出[3]。

DAH-PWM 是通过将 D-PWM 的子帧控制方案集成到使用多级参考电压的 A-PWM 的驱动架构中来实现的。与传统的 D-PWM 方法相比,DAH-PWM 像素电

路只需要一半的数据编程时间。此外，由于采用了多级参考电压技术来抬升像素内 ETC 模块驱动管的过驱动电压，PWM 转换时间得到显著缩短。

图 4.9 示意了 DAH-PWM 驱动的 AM-MLED 像素电路框图和时序。如图 4.9(a) 所示，该像素包含 ETC 和 CCG 模块。如图 4.9(b) 所示，一个完整显示帧共包含 k 个子帧(SF(1)到 SF(k))，每一个显示子帧时长(T_{SF})被切分成 $(m-1)$ 个 ΔT_{SF} 的时间步长。和模拟 PWM 采用的斜坡式 V_{REF} 不同，DAH-PWM 采用的 V_{REF} 为阶梯波形，每个台阶的持续时间为 ΔT_{SF}，每个台阶的高度为 ΔV，即参考电压 V_{REF} 包含了多个 m 个电平。参考电压 V_{REF} 为分段函数，可表示为

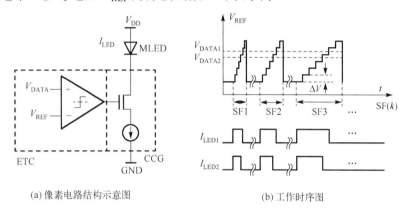

(a) 像素电路结构示意图　　　　(b) 工作时序图

图 4.9　DAH-PWM 驱动的 AM-MLED 像素电路方案[3]

$$V_{REF}(t) = n \cdot \Delta V,$$
$$(n-1)\Delta T_{SF} < t < n\Delta T_{SF} \tag{4-5}$$

其中，n 的取值范围是 1 到 $m-1$，代表每个子帧内的灰阶数。

MLED 的发光时间长度是由 V_{DATA} 与参考电压 V_{REF} 的比较结果来确定。参考电压 V_{REF} 电平范围需足够大，以保证 V_{DATA} 落在 V_{REF} 的两个相邻电平之间，即

$$V_{DATA} = (n-\alpha)\Delta V, \quad (1 \leqslant n \leqslant m) \tag{4-6}$$

其中，系数 α (0~1)表示比较器状态翻转点附近输入信号差($V_{REF} - V_{DATA}$)。α 越大，则比较器的两个输入信号之间的电压差越大，比较速度也越快。由于共有 m 级参考电压，则每个子帧比较器可输出 m 个子帧灰度，从 0 到 $(m-1)\Delta T_{SF}$。

可见，与 A-PWM 相比，DAH-PWM 用阶梯波形代替了 A-PWM 中的斜坡波形，使得比较器翻转点附近输入信号的差值明显增加，从而减少 PWM 的转换时间，提高了显示灰度控制精度。

MLED 显示时间是 k 个子帧发光时长的线性组合，可表示为

$$T_{EM} = (m^{k-1}x_k + m^{k-2}x_{k-1} \ldots + m^0 x_1) \cdot T_{LSB} \tag{4-7}$$

其中，T_{LSB} 是最小的发光时间单元，m 表示进制基数（例如当 $m=2$，表示采用二进制），x_k 表示第 k 个子帧灰度数，取值范围为 $0 \sim (m-1)$，m^{k-1} 表示第 k 个子帧的权重系数。换言之，MLED 显示灰度数 G 可表示为

$$G = m^{k-1}x_k + m^{k-2}x_{k-1} \ldots + m^0 x_1 \tag{4-8}$$

通过以上分析可以看到，与常规 D-PWM 相比，DAH-PWM 可显著减少子帧的数量，从而可明显缩短数据编程时间并延长有效发光时长 T_{EM}。与常规的 A-PWM 相比，DAH-PWM 可显著减少 PWM 转化时间。高分辨率显示通常需要大于 8 位（bit）的位深度。这里以 9 位 PWM 为例进行说明 DAH-PWM 在减少子帧数量方面的优势。高分辨率显示通常需要大于 8 位（bit）的位深度。根据式（4-8），对于 DAH-PWM，一帧发光时间只需要分为三个子帧，分别持续 $7T_{LSB}$、$56T_{LSB}$ 和 $448T_{LSB}$，这三个子帧的线性组合就可以呈现出从 $0T_{LSB}$ 到 $511T_{LSB}$ 的所有灰阶，从而实现了 9 位（bit）显示。而传统的 D-PWM 方式需要的子帧数量较多，需要 9 个子帧以实现 9 位显示，8 个子帧以实现 8 位显示。

4.2.6　脉冲混合调制（PHM）驱动原理

以上对 MLED 显示的 PAM 和 PWM 的驱动原理分别进行了分析，总体上 PWM 方式是一种更为可取的驱动方法，但也存在着发展瓶颈。而且，无论是 D-PWM 还是 A-PWM 驱动方式，都存在画面闪烁导致的观看不适和视觉疲劳等问题。虽然 A-PWM 的屏幕闪烁相较于 D-PWM 改善很多，但没有从根本上解决问题。

另一方面，虽然 PAM 驱动方法只能用于显示灰阶精度要求不高的 MLED 显示，但其优点在于对驱动电路速度的要求相对较低，受显示分辨率及灰阶数限制较少，且对人眼友好。当然，在低灰阶显示区段，由于 MLED 的发光效率低下和发光波长漂移，PAM 模式的显示质量较差。

于是，脉冲混合调制（Pulse Hybrid Modulation, PHM）驱动技术被提出[4]。该驱动方案将 PAM 和 PWM 两种驱动方法结合起来，充分发挥二者的优点并尽可能避免各自的缺点，从而能形成更优的 MLED 显示驱动技术。

具体说来，PHM 即分别利用 PAM 和 PWM 来实现高和低灰阶区段的调制，PAM 负责 n-bit 的高灰阶段调制，PWM 负责 m-bit 的低灰阶段调制。由于 MLED 在低灰阶段发光效率的衰减和发光波长的偏移问题较为严重，故采用 PWM 驱动模式。高灰阶段则采用 PAM 驱动模式，即通过发光电流的大小来区分高灰阶段。结合 PAM 模式后，PWM 模式仅需写入 m 次数据，便可实现 $(n+m)$ 比特的灰阶数，从而大大降低了对外围驱动芯片的工作频率和背板 TFT 迁移率的需求。同时由于降低了显示数据的写入次数，闪烁的问题也可以得到明显的改善。综上，PHM 驱动可以有效提升 MLED 的显示质量，兼顾实现高精度（多显示灰阶）和低功耗显示。

4.3　AM-MLED 显示像素电路

上一节介绍了 AM-MLED 显示的各种驱动方法的原理,本节将介绍和分析基于上述驱动原理的 AM-MLED 像素电路。如前所述,AM-MLED 显示可采用 PAM、PWM 和 PHM 等不同的驱动方法以适应不同的应用场景。

PAM 驱动方法适合于那些工作电流大、但对显示分辨率和显示精度要求较低的显示应用场景。在设计 PAM 像素电路时,关键的考虑因素包括如何对 TFT 的迁移率不均和 V_T 不均及其漂移予以补偿等问题。

PWM 驱动方法分数字式和模拟式两种。对于数字式 PWM 像素电路设计,主要考虑以下因素:①数据信号存储的准确性,避免因为泄漏电流而导致逻辑电平识别错误,进而导致误码,使得发光时间的控制精度下降。②由于 LTPS TFT 和氧化物TFT 的迁移率均有限,显示灰阶数与显示帧率呈相互制约的关系。因此,同时具有高灰阶和高帧率的显示像素电路的实现是相当困难的,需要准确评估驱动背板上的RC 延迟,合理规划驱动时序。

对于模拟式 PWM 像素电路设计,主要的考虑因素则包括:①发光时间控制模块的响应速度。数据电压转化到 PWM 灰阶信号(决定发光时长)的过渡时间应该尽可能短,否则会影响显示帧率和有效显示发光时间等。但目前受限于数据电压写入、发光时间控制及恒定电流模块的补偿等多个环节,总的 PWM 时间长度(即 MLED发光的时间)较短。②发光时间控制模块的稳定性。TFT 的阈值电压漂移、不均匀等非理想因素对发光时间控制模块的功能和性能的影响是主要考虑因素。

目前,AM-MLED 显示驱动的研究大都围绕 PWM 的驱动方法,而驱动背板主要是 LTPS TFT 和非晶氧化物(AOS)这 TFT 两种技术。本节将深入探讨 LTPS 和 AOS TFT 背板技术的 AM-MLED 显示像素电路的结构和工作时序,分析和讨论各种基于上述驱动原理的 AM-MLED 像素电路的设计思路和方法。

4.3.1　LTPS TFT 像素电路

对于 AM-MLED 显示驱动背板而言,TFT 载流子迁移率是一个关键的性能指标,LTPS TFT 是目前首选的背板技术。它可以提供大的驱动电流和快的电路速度,从而全面支持实现包括 PAM、PWM 及 PHM 等在内的各种驱动模式。此外,LTPS TFT的寄生电容较小,这对于提升 MLED 显示驱动速度、减少显示背板驱动阵列的动态功耗都是有利的。然而,LTPS TFT 存在阈值电压和迁移率不均匀、关态泄漏电流较大等缺点,这可能会导致显示不均匀和功耗较大等问题。为实现高性能和高画质的AM-MLED 显示,上述缺点和问题需要在像素电路设计时重点考虑。

本节将首先介绍基于 LTPS TFT 的 PAM 型像素电路,这是大驱动电流和高亮度显示的 Mini-LED 显示通常采用的电路结构。之后，将介绍适合于高分辨率 AM-MLED 显示的 PWM 驱动模式的像素电路的设计和实例。

4.3.1.1 PAM 型 LTPS TFT 像素电路

PAM 驱动方法通常被认为不适合于阵列规模大、分辨率高的 AM-MLED 直接显示，这主要是由于在低灰阶(小电流)时，PAM 驱动存在严重的灰阶失真问题。不过，某些应用场合虽然对高亮度显示时的均匀性要求较高，但对显示灰阶的数量以及低亮度显示的画质要求并不高，比如，在将 AM-MLED 显示用作 TFT-LCD 的动态背光源时，情况便是如此。此时，通常采用尺寸比较大的 Mini-LED 作为发光器件，LED 也大都工作于大电流状态，故可采用像素电路结构较精简的 PAM 驱动方法。与 AMOLED 的情形类似，PAM 型 AM-MLED 像素电路也需要对 TFT 的迁移率、V_T 等参数的不均匀予以补偿。AM-MiniLED 动态背光源的像素驱动电流通常为 mA 量级，像素电路的驱动管由于工作于大电流以及所产生的较高温度影响，易导致较大的 V_T 漂移，因此要求像素电路具有更宽的可补偿电压/电流范围。此外，Mini-LED 显示驱动的电源线上 IR drop/rise 问题也更突出，这些都与 AMOLED 显示驱动的要求有所不同。

图 4.10 示意了一由 N 型 LTPS TFT 集成的 AM-MiniLED 像素电路架构及其驱动时序[5,6]。该像素电路由 8 个 TFT 和 3 个电容构成，LED 采用共阳极连接方式，控制信号为 5 个扫描脉冲信号和 1 个全局发光控制信号 EM。其中，T1 是驱动管，为 Mini-LED 提供发光电流，T2~T8 是开关管，C2 和 C3 是存储电容，C1 是耦合电容。T7、T8 和 C3 形成电压自举结构，用于提升 T2 的栅极电压，以降低 T2 的源漏电压(减小内阻)，从而减少像素电路的热损耗。该像素电路的工作时序如图 4.10(b)所示，分为 5 个阶段：复位、补偿、编程、发光和关断，描述如下。

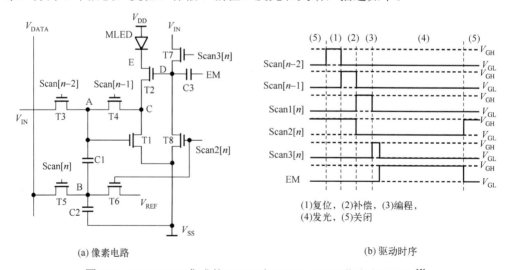

(a) 像素电路 (b) 驱动时序

图 4.10 LTPS TFT 集成的 PAM 型 AM-MiniLED 像素电路方案[5]

(1)复位阶段：Scan1[n-2]和 Scan2[n]为高电平，T1、T3、T6 和 T8 打开，节点 A 被重置到复位电压。由于 T1 打开，节点 C 被放电到 V_{SS}。与此同时，节点 B 通过 T6 被充电到参考电位 V_{REF}，节点 D 通过 T8 被放电到 V_{SS}，使得 T2 在复位阶段为断开状态，防止由于 Mini-LED 导通而降低显示的对比度。

(2)补偿阶段：Scan1[n-2]变为低电平以关断复位管 T3。由于 Scan1[n-1]变为高电平，开关管 T4 开启，使得驱动管 T1 的栅极和漏极短接，形成了二极管式连接。T1 的栅电容通过 T4 放电，节点 A 的电位被下拉到 $V_{SS}+V_{T1}$，V_{T1} 为 T1 的阈值电压。这样，各像素电路的 V_{SS} 以及驱动 TFT 的 V_T 值都被提取并存储于电容 C1。

(3)编程阶段：Scan1[n-1]和 Scan2[n]都变低电平，T4、T6 和 T8 关断。而信号 Scan1[n]变为高电平，T5 导通，节点 B 的电位从参考电平 V_{REF} 上升到数据电压 V_{DATA}。根据电荷守恒定律，节点 A 的电压 V_A 变为

$$V_A = V_{SS} + V_{T1} + (V_{DATA} - V_{REF}) \tag{4-9}$$

于是，节点 A 的电压值包含了数据电压信息。T1 的 V_{GS} 可表示为

$$\begin{aligned} V_{GS} &= V_{SS} + V_{T1} + (V_{DATA} - V_{REF}) - V_{SS} \\ &= V_{T1} + (V_{DATA} - V_{REF}) \end{aligned} \tag{4-10}$$

(4)发光阶段：在该阶段之初，Scan3[n]变高电平，由于 T7 导通，节点 D 被初始化到复位电压 V_{INIT}，致使 T2 打开。之后，发光控制信号 EM 从 V_{GL} 变为 V_{GH}，节点 D 通过 C3 被进一步抬升到 $V_{INIT} + (V_{GH} - V_{GL})$。由于 T2 的 V_{GS} 增加，其等效阻抗变小，压降更低，像素电路的电源 V_{DD} 的值可以更小。此时，T1 提供给 LED 驱动电流可表示为

$$\begin{aligned} I_{LED} &= \frac{1}{2} k (V_{GS} - V_T)^2 \\ &= \frac{1}{2} k [V_{T1} + (V_{DATA} - V_{REF}) - V_{T1}]^2 \\ &= \frac{1}{2} k (V_{DATA} - V_{REF})^2 \end{aligned} \tag{4-11}$$

其中，$k = \mu C_I \dfrac{W}{L}$，为导电因子。从式(4-11)可知，LED 的驱动电流与驱动管 T1 的 V_T 无关，和电源电压 V_{DD} 和 V_{SS} 的值也无关，因此，LED 的电流不受 V_T 的不均匀和电源线上电压升降效应的影响。

(5)关断阶段：此时，Scan2[n]再次变高以打开 T6 和 T8。节点 D 被重置为 V_{SS} 以关闭 T2，以抑制关断阶段 Mini-LED 的泄漏电流。需指出的是，由于节点 B 通过 T6 被放电到 V_{REF}，因而节点 A 的电压降低到 $V_{SS}+V_{T1}$ 致使 T1 关断。于是，LED 进入关断状态。

在 Mini-LED 显示制备过程中，涉及大量 LED 的转移和不良 LED 的修补，因此需要像素电路支持 Mini LED 显示制备的中间检测，以提高制备良率。为了实现这一

目的，可以通过在关断阶段观察放电过程中 LED 的亮度变化来检测像素是否正常工作，并以此决定 LED 质量是否合格，以及是否需要进行修补。此外，关断阶段还用于清除 LED 像素电路内的残余电荷，以确保下一帧显示的发光调控过程的准确性不受影响。该关断阶段是 MiniLED 显示所特有的，AMOLED 显示一般不需要这个阶段。

上述 PAM 型像素电路可以全面补偿 V_T 的漂移，V_{DD} 的 IR drop 和 V_{SS} 的 IR rise，保证了驱动电流的准确性与一致性，从而能获得亮度均匀的 Mini-LED 背光源。并且，该像素电路的驱动电流路径上开关 TFT 的数量较少，故所需的电源电压较低，这意味着背光源的功耗较低。

4.3.1.2　PWM 型 LTPS TFT 像素电路

如前所述，要实现高画质的 AM-MLED 显示，像素电路应采用 PWM 驱动模式，而 PWM 又分数字式（D-PWM）和模拟式（A-PWM）两种模式。前文的 4.2.3 节已经对基于 LTPS TFT 的 D-PWM 驱动模式进行了介绍与分析，其中的图 4.7 所示的像素电路是由 N 型 TFT 构成，若采用 P 型 TFT，则其控制信号作相应的极性转换和相位调整即可。前文已指出，D-PWM 模式只适用于行数较少的显示，难以实现高分辨率显示，而高分辨率显示则需要采用 A-PWM 模式，故本节主要介绍和分析基于 LTPS TFT 的 A-PWM 型像素电路。

图 4.11 示意了 P 型 LTPS TFT 集成的 A-PWM 型 AM-MLED 显示像素电路的结构及其工作时序[7]。该像素电路由恒定电流产生模块（CCG）和发光时间控制（ETC）模块这两部分组成，共含有 13 个 TFT 和 2 个电容（13T-2C）。

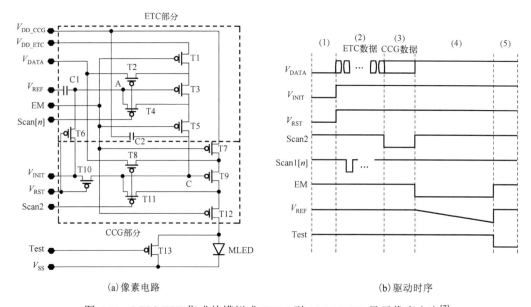

图 4.11　LTPS TFT 集成的模拟式 PWM 型 AM-MLED 显示像素方案[7]

如图 4.11(a)所示,像素电路内节点 A 和节点 C 分别控制着 T3(ETC 驱动管)和 T9(CCG 驱动管)的通断。V_{DD_ETC} 和 V_{DD_CCG}、分别为 ETC 模块和 CCG 模块的电源电压,典型值为 11V 和 12.4V。V_{SS} 为电源低电平,一般为 0V。其他各扫描信号的高电平取值为 15V,低电平取值为 $-5V$。该像素电路采用逐行编程同时发光的工作模式,其完整的工作过程可以分为五个阶段:初始化、ETC 模块的阈值电压提取与数据写入、CCG 模块的阈值电压提取与数据写入、发光,以及放电。

(1)初始化阶段:节点 A 和 C 分别通过初始化晶体管 T6 和 T10 连接到复位信号 V_{INIT},并通过 C1 和 C2 存储于 ETC 模块和 CCG 模块。

(2)ETC 模块的阈值电压提取与数据写入阶段:Scan1[n]为低电平,T2 和 T4 都被打开,ETC 模块的驱动晶体管 T3 形成二极管连接方式(其栅极和漏极相连)。于是,T3 的源极被连接到数据电压 V_{DATA},而节点 A(即 T3 的栅极)则被充电上拉到 $V_{DATA}-|V_{T3}|$。因此,电容 C1 上存储着 T3 的阈值电压信息,在后续的 PWM 转化过程中,发光时间仅取决于 C1 的电压耦合量($V_{DATA}-V_{REF}$),与 T3 的阈值电压无关。ETC 数据写入及 T_{PWM} 的 V_T 提取过程是逐行扫描进行的,即同一行不同列像素并行提取,避免了不同行像素间的数据写入及 V_T 提取过程的串扰。因此,各个像素的ETC 信号数据以及各个驱动管的 V_T 都被存入到节点 A(C1),并在后续的发光阶段调节 LED 的发光时间。

(3)CCG 模块的阈值电压提取与校准阶段:Scan2 信号为低电平,开关管 T8 和 T11 被打开,于是驱动管 T9 的栅极和漏极通过 T11 短接,形成二极管连接。因此,驱动管 T9 的源极被连接到数据电压 V_{DATA},而其栅极电压则变为 $V_{DATA}-|V_{T9}|$。PWM驱动模式下,流经所有像素的 LED 的驱动电流是相同且保持恒定,即屏幕中的所有像素点使用相同的数据电压,所以并不需要执行逐行扫描,即可全屏同时完成 CCG模块的阈值电压提取与数据写入。

(4)发光阶段:Scan2 和 EM 信号分别变为高和低电平,T3 和 T9 开始时分别处于关断和开启状态。由于 ETC 中电容 C1 的耦合作用,C1 左端节点的参考电压 V_{REF}随发光时间而线性减少($-\Delta V_{REF}$),C1 右端节点 A 将相应地降低 $V_{DATA}-|V_{T3}|-\Delta V_{REF}$。参考电压 V_{REF} 采用全局斜坡信号,即随着发光时间而线性减少。

当节点 A 的电压减小到低于 $V_{DD\_PWM}-|V_{T3}|$ 时,则驱动管 T3 从断开状态变为导通状态。于是,节点 C 被充电到 V_{DD_PWM},进而 T9 被关断,MLED 停止发光。因为斜坡信号 V_{REF} 的下降速率是 $k(V/s)$,所以在数据电压为 V_{DATA} 时,MLED 发光的时长 T_{EM} 为

$$T_{EM} = \frac{V_{DATA} - V_{DD\_PWM}}{k} \tag{4-12}$$

即 MLED 的发光时间受数据电压 V_{DATA} 调控,并为线性正相关的关系。

(5)放电阶段:此时,放电信号 Test 变成低电平,通过 T_{TEST} 对 MLED 进行放电。这一阶段与前述 PAM 模式的放电阶段相同,主要用于像素阵列的内部测试,

以及像素电路内的残余电荷清除等。

上述 A-PWM 驱动模式的 AM-MLED 像素电路是基于单斜坡信号比较来实现数据电压到 PWM 信号的转化，其 CCG 及 ETC 模块都采用二极管放电结构来提取 V_T 并进行器件非理想效应补偿。因此 A-PWM 模式不仅可以产生精确和恒定的 LED 驱动电流，而且能提供高的数据电压到 PWM 信号的转化精度。但是，基于单斜坡信号比较的 MLED 像素电路的缺点也很明显。由于 MLED 发光时间唯一地取决于数据电压 V_{DATA} 和单斜坡信号的比较结果，各个像素的斜坡信号的一致性就非常关键。但是，随着显示像素阵列规模的增加，斜坡信号的波形不可避免地受到 RC 延迟的影响，使得阵列上不同位置像素的 PWM 转换参考源出现差异，从而不可避免产生显示不均匀问题。

图 4.12 示意了一种改进型的 A-PWM 型 AM-MLED 像素电路方案[8]，图 4.12（a）为电路结构，图 4.12（b）为其驱动时序。其特点是全局参考信号为多斜坡电压信号，且在发光显示阶段，该多斜坡参考电压信号同时包括了上升沿和下降沿。

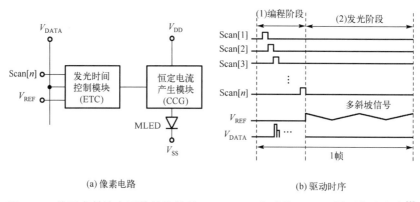

(a) 像素电路　　　　　　　　　　　　(b) 驱动时序

图 4.12　基于多斜坡电压信号比较的 LTPS TFT 集成的 MLED 显示像素方案[8]

如图 4.12（a）所示，像素电路同样包括两个部分：发光时间控制模块（ETC）和恒定电流产生模块（CCG）。由于 MLED 像素阵列的参考电压（V_{REF}）为多斜坡波形，发光时间长度就不再取决于单次比较结果，而是像素内多次比较结果的累积效果。ETC 和 CCG 这两部分电路结构都可以参照图 4.10 所示的像素电路结构去具体实现。

如图 4.12（b）的工作时序所示，该像素电路的工作过程包括编程阶段和发光阶段。在编程阶段，显示数据写入是逐行进行的，即同一行、各个列的像素是并行写入显示数据信号，而不同行的像素分时并顺次写入数据信号。

在发光阶段，根据数据电压 V_{DATA} 和全局参考电压 V_{REF} 相对大小的差异，各个像素电路产生出不同的 PWM 驱动波形。当参考电压 V_{REF} 大于数据电压 V_{DATA} 时，MLED 保持着发光状态。随着发光阶段时间的推移，只有当参考电压 V_{REF} 变得小于 V_{DATA} 后，MLED 才转为截止态而停止发光。

与前述单斜坡比较型 PWM 像素电路不同，现电路的参考电压 V_{REF} 在发光阶段可周期性上升和下降，这就意味着 MLED 像素电路可在一个显示帧内完成多次的比较操作。于是，可以通过调控双斜坡信号的频率、斜率及幅值来提升 MLED 像素性能，使得像素电路设计变得更加灵活。此外，可通过高低灰阶显示子帧的组合，增加有效显示灰阶数量，减轻 RC 延迟对显示均匀性的影响，从而实现高的显示质量。

以上描述的 LTPS TFT 集成的 MLED 显示像素电路都是由单极型 TFT，主要是 P 型所构成。通常情况下，单极型 TFT 电路的等效输出阻抗都比较低，一般为 $1/g_m$，从而导致比较器的增益不够高，数据信号到 PWM 信号的转化速度不够快，从而限制了 MLED 显示的灰阶数量。原理上，采用互补型 TFT(C-TFT，同时包含 P 型和 N 型 TFT) 构建的 MLED 显示像素电路具有更大的优势。C-TFT 的比较器的输出阻抗值可远远大于 $1/g_m$，因此比较器的增益大幅提高、PWM 转化速度也显著加快，从而可实现高精度 PWM 模式的 MLED 显示。此外，C-TFT 的电路结构更加紧凑，功耗更低，这些都有利于提升 MLED 显示的性能。

图 4.13 示意了基于 LTPS C-TFT 的 AM-MLED 显示像素电路图和驱动时序图[9]。如图 4.13(a) 所示，驱动晶体管 T1 决定着 MLED 的电流。T2 为补偿晶体管，用于补偿 T1 的 V_T 非均匀或者漂移，其电学特性希望与 T1 尽可能接近，因此 T2 和 T1 不仅具有相同的宽长比，而且在物理位置上相邻。此外，在 MLED 的驱动支路上只有驱动 TFT，没有开关 TFT，这使得像素电路所需要的电源电压降低，从而有利于减少像素电路的功耗。电路中的 C1、C2 和 C3 为存储电容。电路的驱动信号包括 Scan1、Scan2、EM 和 V_{SWEEP}，其中，V_{SWEEP} 是一个随驱动时间线性下降的斜坡信号。该像素电路的工作过程如图 4.13(b) 所示，分为 4 个阶段，描述如下。

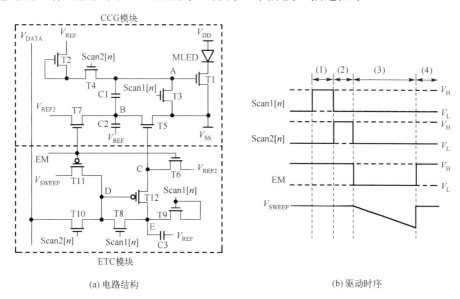

(a) 电路结构　　　　　　　　(b) 驱动时序

图 4.13　基于 LTPS C-TFT 的 PWM 型 AM-MLED 显示像素方案 [9]

(1)复位阶段：Scan1[n]和 EM 为高电平，开关管 T3、T6、T7、T8 和 T9 打开；Scan2[n]为低电平，T4 和 T10 截止。由于 T1 的栅极电位通过 T3 被重置为 V_{SS}，故 T1 呈断开状态，MLED 无导通电流。同时，像素内节点 B 和 C 的电位分别通过 T7 和 T6 被放电到 V_{REF2}。V_{REF2} 的取值应该小于 V_{SS}，使 T5 在复位阶段为断开状态。像素的 ETC 部分，节点 D 和 E 都被充电到 V_H 以断开 T12。

(2)补偿和数据写入阶段：在该阶段，扫描信号 Scan1[n]变为低电平，Scan2[n]则变为高电平，T4 和 T10 打开，而 T3、T8 和 T9 关闭。因镜像管 T2 为二极管连接，故节点 A 电位被放电到 $V_{REF} + V_{T2}$，其中 V_{T2} 是 T2 的阈值电压。存储在电容 C1 上的电压为

$$V_{C1} = V_{REF} + V_{T2} - V_{REF2} \tag{4-13}$$

MLED 的发光时长由 T12 决定，因此，T12 的电学特性不稳定会导致像素的显示灰阶的不均匀。数据电压 V_{DATA} 通过 T10 存储于像素内节点 D，从而对应于 MLED 的不同显示灰阶。与此同时，为了补偿 T12 的 V_T 漂移，T12 在此阶段形成源跟随的结构，通过 T6 和 T12 对节点 E 放电，直到 E 点的电位变为 $V_{DATA}+|V_{T12}|$。于是，T12 的阈值电压 V_T 被检测并存储于节点 E 处的电容 C3。

(3)发光阶段：开始发光之后，Scan1[n]和 Scan2[n]为低电平，EM 变为高电平。CCG 模块的 T5 起始为断开，节点 A 和 B 均为较高电位，驱动管 T1 提供给 LED 的导通电流可表示为

$$\begin{aligned} I_{LED} &= \frac{1}{2}k(V_{GS} - V_T)^2 = \frac{1}{2}k(V_{REF} + V_{T2} + V_{SS} - V_{REF2} - V_{SS} - V_{T1})^2 \\ &= \frac{1}{2}k(V_{REF} - V_{REF2})^2 \end{aligned} \tag{4-14}$$

此时，ETC 模块的开关 TFT 除 T11 外都被断开，于是斜坡信号 V_{SWEEP} 被加载到节点 D。由于斜坡信号 V_{SWEEP} 是所有像素电路共用，故各个像素都是依据与 V_{SWEEP} 相比较的结果呈现出不同的显示灰阶。由于斜坡信号 V_{SWEEP} 是线性降低的，因此节点 D 上电压 V_D 在显示发光阶段逐渐下降，最终，驱动管 T12 从断开状态切换到导通状态。当 T12(P 型 LTPS TFT)导通后将提供出较大的充电电流给节点 C，而且 C3 的电容值远大于 C 点上寄生电容，故节点 C(也就是 T5 的栅极)的电压值将迅速上升至 V_E。因此，级联着的 T5(N 型 LTPS TFT)被开启，像素节点 B 的电位被拉低到 V_{SS}。由于节点 A 是悬浮的，故 V_A 的值受到 C1 电容的耦合而拉低，其表达式为

$$V_A = (V_{REF} + V_{T2}) + (V_{SS} - V_{REF2}) \tag{4-15}$$

于是 MLED 迅速地从导通变成关断态。综合上述分析，在该像素电路的 PWM 转换过程中，T11 和 T12(P 型 LTPS TFT)构成了斜坡信号 V_{SWEEP} 为输入的第一级预放大模块，而 T5(N 型 LTPS TFT)和 C1 构成了第二级动态放大模块，且这两级放大器耦合到一起可形成高增益的 CTFT 比较器，又加之 LTPS TFT 本身就具有高迁移率，最终可以达到快速的 PWM 转换效果。

此外，上述 PWM 转换条件为

$$V_{SG} = V_E - V_D > |V_{T12}| \tag{4-16}$$

代入节点 E 和 D 的电压值，可得到

$$(V_{DATA} + |V_{T12}|) - V_{SWEEP} > |V_{T12}| \tag{4-17}$$

$$V_{DATA} > V_{SWEEP} \tag{4-18}$$

从以上公式可以看到，MLED 的 PWM 转换过程独立于比较管 T12 的阈值电压 V_{T12}，这就消除了阈值电压漂移对 PWM 转换速度及精度的影响。从上述 MLED 像素显示发光的过程可以看到，MLED 电流的值与驱动管 T1 的 V_T 和 V_{SS} 均无关，故像素电路可以补偿 V_T 漂移以及电源 V_{SS} 的 IR 上升。

(4) 关闭阶段：该阶段用于 MLED 光电特性的监控和修补等。在此阶段，扫描信号 Scan1[n] 和 Scan2[n] 保持在低电平，而 EM 为高电平，于是开关管 T6 和 T7 被打开，而其他开关管都处于断开状态，使得像素内节点 B 和 C 电位被重置为 V_{REF2}。在电容 C1 的耦合作用下，节点 A 的电位再度变为 $V_{REF} + V_{T2}$。驱动管 T1 因其栅源电压小于其阈值电压而处于关断状态，MLED 也相应截止。

根据以上分析，相比于单级型 TFT，C-TFT 构成的像素电路的主要优势为：①像素电路结构和控制时序都更加精简。C-TFT 的像素电路的 TFT 数量少，而且，EM 控制信号可同时用于 CCG 的 N-TFT 和 ETC 的 P-TFT，故控制信号的数量也少。②电源电压更低和控制信号更简约。C-TFT 的像素电路的驱动支路上只有 1 个 TFT，而单极型 TFT 电路通常有多个 TFT 串联，因此 C-TFT 情况下电源电压和静态功耗比较低。同时，控制信号的简约化也能节约显示器的动态功耗。

4.3.2　非晶氧化物(AOS)TFT 像素电路

非晶氧化物(AOS)TFT 技术是 AM-MLED 显示驱动背板的 TFT 技术的另一个选项。相比于 LTPS TFT，AOS TFT 具有较好的大面积制备均匀性和极低的关态泄漏电流，潜在适用于大尺寸高分辨率的 AM-MLED 显示，并且也可以实现高性能的 PAM 和 PWM 等多种驱动模式。AOS TFT 的泄漏电流远低于 LTPS TFT，因此无论对于 PAM 或者 PWM 驱动模式，MLED 显示的数据刷新速率可以显著降低，从而可兼顾实现宽刷新帧率和低功耗息屏(AOD)的 MLED 显示模式。

AOS TFT 与 LTPS TFT 相比的主要劣势是其迁移率还不够高。这会导致其构成的像素电路的内部补偿精度不高且可补偿范围有限。目前阶段，基于 AOS TFT 的纯 PWM 模式很难在有限的版图面积内实现高精度显示。再加之 AOS TFT 仍具有电学特性不够稳定的问题，长时间工作后，PWM 的功能可能退化，甚至会失效。不过，混合型的 PHM 驱动模式能够以较精简的像素结构实现较好的驱动性能。此外，可以通过采用像素外部补偿电路来达到高的显示精度，弥补 AOS TFT 自身迁移率和像素内部补偿精度偏低的不足。

本节将分别介绍和分析氧化物 TFT 集成的 PAM、PWM、PHM 及内外部补偿结合的 AM-MLED 像素电路，主要关注点是如何克服氧化物 TFT 的不足来实现高性能的像素电路，并对不同驱动方法的优劣及其适合的应用场景进行讨论。

4.3.2.1　PAM 型像素电路

如前所述，PAM 驱动模式适合于对分辨率、显示灰阶的数量以及低亮度显示时的画质等要求不高的场景，例如智能手表、Mini-LED 背光源等。在这些应用中，MLED 的工作电流较大，其发光效率衰减及波长偏移等现象并不严重。同时，手表显示和 Mini-LED 背光等应用都希望更低的功耗，这样，具有超低泄漏电流的 AOS TFT 集成的 PAM 型 AM-MLED 显示则有望展现出其优势。此外，AOS TFT 背板技术也有利于制造低成本的 PAM 型 AM-MLED 显示器。

AOS TFT 集成的 PAM 像素电路的设计，主要关注如何对 TFT 的 V_T 漂移进行高精度的补偿。相较于 LTPS TFT，氧化物 TFT 在较大驱动电流及较高工作温度下的 V_T 漂移量较大，以及 V_T 在高温下往往呈现负值，这些都要求 PAM 像素电路对 V_T 具有宽的可补偿电压/电流范围。第 3 章所介绍的 OLED 像素电路的补偿方法，如二极管连接、源跟随结构等，在 PAM 的 MLED 像素设计中都可以借鉴和采用。

图 4.14 示意了一种二极管连接补偿 V_T 的氧化物 TFT 集成的 PAM 型 AM-MLED 像素方案[10]，其中，图 4.14(a) 和 (b) 分别为像素电路及其驱动时序。该像素电路构成于 1 个驱动管 T1，5 个开关管(T2～T6) 和 1 个存储电容 C_{ST}。其工作分为五个阶段：初始化、补偿、发光、重置和反向偏置。相比于 LTPS TFT，氧化物 TFT 的 PAM 电路增加了反向偏置阶段，用于抑制 TFT 的老化。如图 4.14(b) 所示，电路的具体工作过程如下。

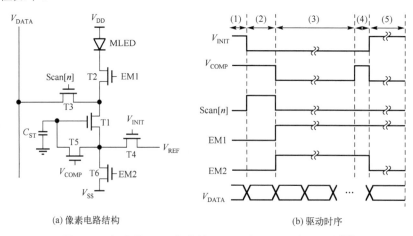

(a) 像素电路结构　　　　　　　　　(b) 驱动时序

图 4.14　氧化物 TFT 集成的 PAM 型 MLED 像素方案[10]

(1)复位阶段:复位信号 V_{INIT} 和补偿信号 V_{COMP} 为高电平,开关管 T4 和 T5 打开。而扫描信号 Scan[n]、发光信号 EM1 和 EM2 均为低电平,开关管 T2、T3 和 T6都关断。于是,驱动管 T1 的栅极电压通过 T4 和 T5 被充电上拉到 V_{DD},也即 T1 的栅极电位在后续补偿阶段之前均被复位到较高电位,这是后续二极管放电式补偿的前提条件。

(2)补偿阶段:此时两个发光控制信号 EM1 和 EM2 均为低电平, V_{INIT} 也变为低电平,故开关管 T2、T4 和 T6 都处于关态。与此同时, V_{COMP} 和 Scan[n]为高电平,T3 和 T5 打开。于是,驱动管 T1 的栅极和漏极通过导通的 T5 短接,形成了二极管连接,同时它的源极通过 T3 连接到数据电压 V_{DATA}。因此,通过 T5 和 T1的放电通路,最终 T1 的栅极电压被调整为 $V_{DATA}+V_{T1}$,并被存储于 C_S。这样,T1的栅源电压含有 V_T,故其过驱动电压($V_{GS}-V_T$)与 V_T 无关,即无论 V_T 呈现何种不均匀或者是随着时间发生改变,其过驱动电压值都保持着相对稳定,从而达到补偿的效果。

(3)发光阶段:此时,发光控制信号 EM1 和 EM2 都变为高电平,使得 LED 的驱动支路上串联着的开关管 T2 和 T6 都被打开。而复位阶段和补偿阶段的其他控制信号 V_{COMP}、V_{INIT} 和 Scan[n]则为低电平,故开关管 T3,T4 和 T5 均处于关态。对于驱动管 T1,其栅极电容 C_S 保持着电压 $V_{DATA}+V_{T1}$,而其源极电压则下降到V_{DS6}。于是,T1 的栅源电压变为 $V_{DATA}+V_{T1}-V_{DS,T6}$。这样,流过 LED 的电流 I_{LED}可表示为

$$
\begin{aligned}
I_{LED} &= \frac{1}{2}k\left[\left(V_{DATA}+V_{T1}-V_{DS,T6}\right)-V_{T1}\right]^2 \\
&= \frac{1}{2}k(V_{DATA}-V_{DS,T6})^2
\end{aligned}
\tag{4-19}
$$

可见,LED 的驱动电流主要受到数据电压 V_{DATA} 的调制,而与驱动管 T1 的阈值电压几乎无关。

(4)重置阶段:进入到该阶段后,EM1、EM2 和 V_{COMP} 都为高电平,T2、T5 和 T6均打开。与此同时,扫描信号 Scan[n]和 V_{INIT} 为低电平,T3 和 T4 被关断。驱动管 T1的栅极通过 T5 和 T6 被放电到低电位,而它的漏极则被充电上拉到 $V_{DD}-V_{LED}$。驱动管 T1 由于栅极电位被拉低,故随后完全进入到反向偏置状态,这有利于抑制长时间正偏置后 T1 的阈值电压漂移。

(5)反向偏置阶段:这个是针对氧化物 TFT 特点而新增的阶段,主要是为了抑制氧化 TFT 及 MLED 的老化。进入该阶段,仅 EM1 和 V_{INIT} 为高电平,T2 和 T4开启。而其他扫描信号 Scan[n]、V_{COMP} 和 EM2 均为低电平,T3、T5 和 T6 都随之关闭。对于驱动管 T1,其栅极由于 C_S 的保持作用而维持在低电平,而其源极和漏极都被充电上拉到接近于高电平 V_{DD}。由于 T1 的反向偏置,该阶段有望让 T1 恢复

到初始的伏安特性，从而延长像素电路的稳定工作时间。

需要指出的是，驱动管 T1 的源/漏电极的极性在补偿和发光阶段发生了转换。因此，严格来说，T1 在补偿阶段和发光阶段的 V_T 值可能不相同，从而影响到 V_T 补偿的精准度。通过调整数据电压 V_{DATA} 的输入路径，可让驱动管 T1 的源/漏电极在 MLED 像素工作过程中保持相对恒定，从而避免 V_T 数值改变的问题。

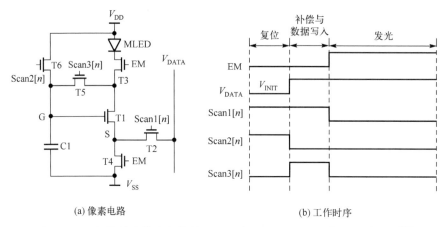

(a) 像素电路   (b) 工作时序

图 4.15 二极管放电的内部补偿 PAM 型 Mini-LED 显示像素电路方案[11]

图 4.15 示意了另一种采用二极管放电的内部补偿的 PAM 型 MLED 显示像素电路方案，其中图 4.15(a) 为像素电路，图 4.15(b) 为其驱动时序。如图 4.15(a) 所示，该电路由一个驱动 TFT(T1)、五个开关 TFT(T2～T6) 和一个存储电容 C1 构成。如图 4.15(b) 所示，电路的工作过程包括以下三个阶段[11]。

(1) 复位阶段：扫描信号 Scan1[n] 和 Scan2[n] 变为高电平 V_{GH}，于是寻址管 T2 和开关管 T6 进入导通态。驱动管 T1 的栅电极(G 点) 和源电极(S 点) 的电位分别被写入电位 V_{DD} 和复位电压 V_{INIT}。需要注意的是，为了确保复位阶段后驱动管 T1 能够进入开启状态，复位电压 V_{INIT} 的数值一般要求取低值。

(2) 补偿与数据写入阶段：此时，扫描信号 Scan1[n] 和 Scan3[n] 为高电平 V_{GH}，于是寻址管 T2 和开关管 T5 处于导通状态。同时，通过寻址管 T2 将数据电压 V_{DATA} 写入驱动管 T1 的源电极(S 点)。由于 T5 的导通，T2 的漏电极和栅电极短接在一起，并且这两端都没有外部电压信号输入，因此 T2 的漏极电位逐步下降，直到 T2 进入关闭状态。此时，T2 的栅电极电位变为 V_T+V_{DATA}，这意味着 T2 的 V_T 被检测到，并存储于电容 C1，可用于补偿后续的 LED 发光阶段。

(3) 发光阶段：发光控制信号 EM 变为高电平 V_{GH}，其他的三条扫描信号 Scan1[n]～Scan3[n] 变成低电平 V_{GL}。于是，S 点的电位被下拉至 V_{SS}，而由于电容 C1 的存储作用，G 点电位保持为 $V_{DATA}+V_T$。因此，在发光阶段，LED 的驱动电流值可以表示为

$$I_{\text{LED}} = \frac{1}{2}k \cdot (V_{\text{DATA}} + V_T - V_{\text{SS}} - V_T)^2$$
$$= \frac{1}{2}k \cdot (V_{\text{DATA}} - V_{\text{SS}})^2 \tag{4-20}$$

可见，最终 LED 的电流变得与驱动管的 V_T 无关，实现了对驱动 TFT V_T 的补偿。而且，该像素电路可使驱动管 T1 的源/漏电极极性在像素工作过程中保持不变，不会产生 T1 的 V_T 数值在补偿及显示这两个阶段不一致的问题。

以上两个 PAM 像素电路设计都是采用了二极管连接进行 V_T 提取及补偿的方法。然而，在高温大电流应力作用下，氧化物 TFT 的 V_T 可能负向漂移，或者 TFT 的初始 V_T 就是负值，此时，二极管连接方法难以提取 V_T，像素电路应该采用源跟随结构。图 4.16 所示的是基于源跟随结构提取 V_T 的氧化物 TFT 集成的 MLED 显示像素电路方案[12, 13]，其中，图 4.16(a) 为像素电路结构，图 4.16(b) 为工作时序。该电路可容许的 TFT V_T 范围较宽，V_T 的取值正负皆可。

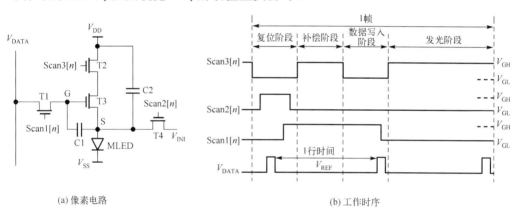

(a) 像素电路　　　　　　　　　　　　　　(b) 工作时序

图 4.16　源跟随结构的内部补偿 PAM 型 MLED 电路[12, 13]

如图 4.16(b) 所示，该源跟随结构的内部补偿 PAM 型 MLED 电路的工作包括 4 个阶段，描述如下。

(1) 复位阶段：行扫描信号 Scan2[n] 和 Scan1[n] 依次切换为高电位 V_{GH}，于是复位管 T4 和寻址管 T1 被打开，分别将驱动管 T3 的栅电极(G 点)、源电极(S 点)复位为 V_{REF} 和 V_{INI}。V_{REF} 和 V_{INI} 之差需设定为较大值，以保证驱动管 T3 处于打开状态，而 V_{INI} 较低，使得 LED 在复位阶段为关闭态。

(2) 补偿阶段：行扫描信号 Scan2[n] 变为低电位 V_{GL}，于是复位管 T4 关闭，同时行扫描信号 Scan3[n] 切换为高电位 V_{GH}，发光控制管 T2 于是被打开。由于在复位阶段，驱动管 T3 已打开，因此高压源 V_{DD} 将通过发光控制管 T2 向驱动管 T3 的源极(S 点)充电，使 S 点电位抬升直至驱动管 T3 关闭，此时 S 点的电压接近 $V_{\text{REF}} - V_T$，即通过上述"源跟随"过程提取得到驱动管 T3 的阈值电压 V_T，并存储于内部节点 S。

(3) 数据写入阶段：行扫描信号 Scan3[n] 再次切换至低电压 V_{GL}，将发光控制管 T2 关闭，而行扫描信号 Scan1[n] 维持为高电位 V_{GH}，保持寻址管 T1 为开启态，将数据电压 V_{DATA} 写入到驱动管的栅电极（G 点）。根据电荷守恒原理，S 点电位为

$$V_S = (V_{REF} - V_T) + (V_{DATA} - V_{REF}) \times \frac{C_1}{C_{SUM}} \tag{4-21}$$

其中，C_{SUM} 为 S 点相关的总电容。

(4) 发光阶段：行扫描信号 Scan3[n] 变为高电平，其他扫描信号为低电平，发光控制管 T2 打开，其余晶体管关闭。于是驱动管 T3 提供给 MLED 的驱动电流 I_{LED} 可表示为

$$I_{LED} = \frac{1}{2}k(V_{GS} - V_T)^2 = \frac{1}{2}k\left[(V_{DATA} - V_{REF}) \times \left(1 - \frac{C_1}{C_{SUM}}\right)\right]^2 \tag{4-22}$$

从上式可见，LED 电流与驱动管的阈值电压无关，从而达到了补偿 V_T 的效果。

根据上述工作过程，可以推算出源跟随结构的内部补偿 PAM 型 MLED 电路允许的阈值电压可补偿范围。在 (2) 补偿阶段和 (3) 数据写入阶段，如果 S 点电位高于 LED 阈值电压，LED 将形成漏电，使得提取到的驱动管的 V_T 信息丢失，从而造成负向 V_T 漂移补偿功能的失效。为了避免该问题发生，在 (4) 发光阶段前的各个阶段，像素 S 点的电位都应低于 LED 的阈值电压。对此，应该满足如下约束关系

$$(V_{REF} - V_T) + (V_{DATA} - V_{REF}) \times \frac{C_1}{C_{SUM}} < V_{LED} \tag{4-23}$$

另一方面，若初始阶段 $V_{REF} - V_{INI}$ 不能够保证驱动管 T3 充分打开，正向 V_T 漂移补偿功能将失效。因此，要求 V_{REF}、V_{INI} 应该满足如下约束关系

$$V_{REF} - V_{INI} > V_T \tag{4-24}$$

否则，在补偿阶段 S 点得不到充电，导致 V_T 信息无法正常写入 S 点，补偿无法进行。综上所述，这种 4T-2C 的 MLED 像素电路可补偿的 V_T 范围为

$$(V_{REF} - V_{LED}) + (V_{DATA} - V_{REF}) \times \frac{C_1}{C_{SUM}} < V_T < V_{REF} - V_{INI} \tag{4-25}$$

例如：$V_{REF} = 0V$，$V_{INI} = -2V$，$V_{DATA} = 5V$，$C_1 = 0.3fF$，$C_{SUM} = 1.5pF$，$V_{LED} = 2V$（绿色 LED 开启电压的典型值），则理论上，该像素电路可补偿的 V_T 范围为 $-1V < V_T < 2V$。值得一提的是，实际的补偿效果还会受到显示面板内多种寄生电容的影响，更精确的结果可通过 EDA 分析工具取得。

4.3.2.2 数字式 PWM 像素电路

如前文所述，相比于 PAM 驱动，PWM 驱动更适合实现高精度显示要求的

AM-MLED 应用，而 PWM 驱动又有数字和模拟两种方式，其中数字式 PWM 的像素电路结构通常比较简单。然而，在采用氧化物 TFT 集成的情况下，由于载流子迁移率较低，数字式 PWM 的驱动速度受到限制。因此，要实现高性能的氧化物 TFT 集成的 AM-MLED 显示，一方面要努力提高氧化物 TFT 迁移率，另一方面要在电路上进行创新设计。此外，氧化物 TFT 的 V_T 漂移造成的驱动电流不稳定也是数字 PWM 像素电路需要解决的问题。本节首先给出了一个氧化物 TFT 集成的多子帧切分的数字式 PWM 型 AM-MLED 像素电路，通过分析指出氧化物 TFT 集成的像素电路的问题，接着再给出一种双栅氧化物 TFT 集成的多模式数字 PWM 型 AM-MLED 像素电路方案，该方案可以一定程度提升数字 PWM 的驱动速度。

图 4.17 示意了上述氧化物 TFT 集成的数字式 PWM 型 AM-MLED 显示像素方案[14]，其中 (a) 和 (b) 分别为像素电路结构及其驱动时序。该像素电路构成于 6 个 TFT(T1~T6) 和 2 个电容(C1 和 C2)。对于该数字驱动方式，各显示子帧的时长由发光控制信号 EM 的持续时间来确定，EM 的持续时间与帧时间的比值表示该显示子帧所占权重。数据线 V_{DATA} 上只需要高/低电压(0 和 1)，通过各个显示子帧的组合来显示一个完整的画面。这和传统的采样模拟数据进行显示调制的方法存在着较明显的区别。该像素中，驱动管 T2 应工作在饱和区以提供恒定的驱动电流，而 T4 和 T6 工作于线性区。为了使各子帧内 T2 都输出恒定的电流，需对 T2 的阈值电压漂移进行补偿以获得均匀的显示。流经 MLED 的电流由驱动管 T2 决定，与开关管 T4 和 T6 的阈值电压基本无关。

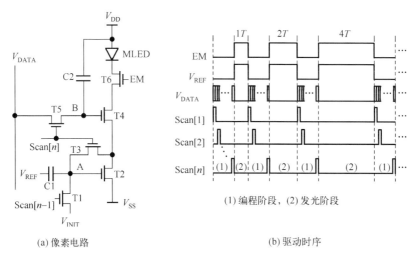

(a) 像素电路　　　　　(b) 驱动时序

图 4.17　氧化物 TFT 集成的多子帧切分的数字式 PWM 型 AM-MLED 显示像素方案[14]

该电路的灰阶编程原理已在 4.2.3 节中进行了描述，是将一帧时间切分为多个子帧，每个子帧权重不同，利用子帧的组合实现多位灰阶。对应到像素电路，各子帧的权重主要由 EM 信号的时长来确定。每一个子帧也都包括了各自的编程阶段和发光阶段,以下分别介绍。

(1)各子帧的编程阶段:参考线 V_{REF} 上电位为 V_0。首先,扫描线 Scan[n-1]为高电位,同时 Scan[n]和 EM 信号为低电位,使得节点 A 的电位复位为 V_{INIT}。然后,扫描线 Scan[n-1]变为低电位,而 Scan[n]变为高电位,晶体管 T3 打开。于是,驱动管 T2 的栅极节点 A 和漏极短接,形成二极管连接结构,这使得节点 A 电位由于放电到降到 $V_{SS}+V_{T2}$。这样,T2 的阈值电压(V_{T2})信息被提取,并被存储于电容 C1。与此同时,T5 也处于导通态,显示信号 V_{DATA} 从数据线传递到像素节点 B,并存储于电容 C2。为提供恒稳电流,驱动管 T2 应工作在饱和区,而为了减少 MLED 像素上电压损失,T4 应工作在线性区。

(2)各子帧的发光阶段:各子帧的各行像素的 V_T 提取及数据写入是分时地逐行扫描进行的。当上述所有行的编程工作都完成之后,像素阵列进入发光阶段。参考线的电压从 V_0 跳变至 V_{REF},由于电容 C1 的耦合作用,节点 A 的电压变为 $V_{SS}+|V_{T2}|+V_{REF}-V_0$。在显示发光阶段,EM 信号为高电平。如果该显示子帧的数字信号为 0,即编程阶段存储到节点 B 是低电平,则 MLED 的串联支路上由于 T4 的截止而无电流流过。反之,若该显示子帧的数字信号为 1,即编程阶段存储到节点 B 是高电平,则 MLED 的串联支路上各个晶体管均为导通状态。由于 T4 工作于线性区,T2 于饱和区,则 MLED 上的电流由 T2 的饱和电流所决定,可表示为

$$
\begin{aligned}
I_{LED} &= \frac{1}{2}k(V_{GS}-V_{T2})^2 \\
&= \frac{1}{2}k(V_{SS}+|V_{T2}|+V_{REF}-V_0-V_{SS}-|V_{T2}|)^2 \\
&= \frac{1}{2}k(V_{REF}-V_0)^2
\end{aligned}
\tag{4-26}
$$

正如图 4.17(b)所示,由于需要进行多个数字子帧切分,各个子帧的逐行扫描编程时间累积起来就很长。此外,相比于 LTPS TFT,氧化物 TFT 的迁移率较低,需要的行扫描时间明显加长。同时,MLED 采用了集中发光模式,编程和发光阶段是顺序串行进行,过长的编程时间将挤占 MLED 的有效发光时间。因此,MLED 显示阵列行数增加到一定的量(典型值 200 行,8 个子帧)时,行扫描编程需要的时间将接近于帧时间(对于帧率 60Hz,帧时间为 16.6ms),则显示发光时间几乎接近于 0。由此可见,基于数字式 PWM 驱动的 MLED 显示能够达到的显示行数(分辨率)受到了严格的限制。

针对上述数字式 PWM 存在的问题,一种改进策略是根据长、短时间子帧的不同,相应配置集中发光和逐行发光模式,即多模式数字 PWM 驱动。图 4.18 示意了一种双模式的基于多子帧切分的数字式 PWM 型 AM-MLED 显示像素方案[15,16],其

中图 4.18(a)为像素电路结构，图 4.18(b)和(c)分别为其逐行发光(Progressive Emission, PE)模式的驱动时序和同时发光(Simultaneous Emission, SE)模式的驱动时序。该像素电路采用了 5 个双栅结构的氧化物 TFT，没有设置额外的存储电容。其中，电容 C1 为 T5 的下栅极和源极金属的交叠而产生的电容，可用于存储数据电压。与图 4.17 所示像素电路相同，该电路同样是通过调节发光信号 EM 的持续时间来区分各个显示子帧的权重，数据线上的信号 V_{DATA} 也是高/低电压(1/0)，并通过各个显示子帧的组合来实现不同的灰阶。

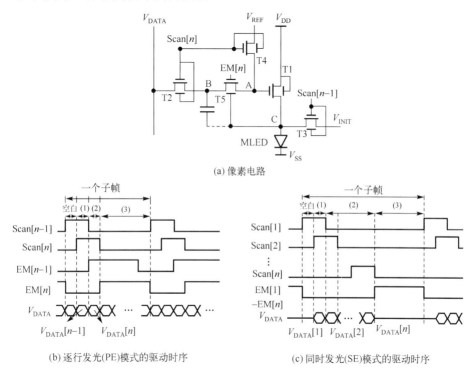

(a) 像素电路

(b) 逐行发光(PE)模式的驱动时序　　　　(c) 同时发光(SE)模式的驱动时序

图 4.18　氧化物 TFT 集成的双模数字式 PWM 型 AM-MLED 显示像素方案[15,16]

AM-MLED 显示的 SE 模式已经在前面讨论过，下面仅对照图 4.18(b)来说明 PE 模式下数字式 PWM 型 AM-MLED 显示像素电路的工作过程。

(1)复位阶段：扫描信号 Scan[n−1]和 Scan[n]为高电平，开关管 T2、T3 和 T4 导通。同时，EM[n]为低电平，T5 关断。于是，节点 A、B 和 C 的电位分别通过 T4、T2 和 T3 复位至 V_{REF}、$V_{DATA}[n-1]$ 和 V_{INIT}。由于 V_{INIT} 小于 MLED 的导通电压(V_{LED})，所以在此阶段不会有电流流经 MLED。

(2)阈值电压提取及数据写入阶段：扫描信号 Scan[n−1]切换到低电平，T3 断开，节点 C 处于浮动状态。同时，扫描信号 Scan[n]保持在高电平，T2 和 T4 仍处于导通状态，节点 B 电位通过 T2 被充电至 $V_{DATA}[n]$。在节点 A 的相关电容作用下，节点

A 电位在该阶段保持在 V_{REF}。由于 T1 的栅源电压大于其阈值电压，T1 开始对 C1 充电，直到节点 C 的电平达到 $V_{REF} - V_{T1}$。

(3)发光阶段：扫描信号 Scan[n–1]和 Scan[n]都变为低电平，且发光控制信号 EM[n]变为高电平。故此时，除 T5 处于开态，其他的开关 TFT 都被断开，T1 的栅极通过 T5 与 C1 相连。根据电荷守恒定律，可以得到节点 A 和 B 的电压关系为

$$V_A = V_B = V_{DATA}[n] - V_{REF} + V_{T1} \tag{4-27}$$

因 T1 工作在饱和区，所以流过 MLED 的电流可表示为

$$I_{LED} = \frac{1}{2}k(V_{GS,T1} - V_{T1})^2 = \frac{1}{2}k(V_{DATA}[n] - V_{REF})^2 \tag{4-28}$$

由式(4-28)可知，MLED 的电流与 V_{DD}、V_{T1} 和 V_{LED} 无关。换言之，该 MLED 像素电路可以实现均匀性高且稳定性好的显示。而且该电路的鲁棒性较好，对阈值电压正漂和负漂都有补偿作用。SE 模式下电路的工作原理与 PE 模式下的相似，不同之处在于，在 SE 模式情况下，逐行数据写入完成后，所有行同时开始发光。

图 4.19 示意了传统数字 PWM 和双模式数字 PWM 驱动方法的区别。图 4.19(a)是传统驱动方案，即同时发光(SE)的 PWM 驱动模式，要求在完成所有行的数据编程后才进行发光，这导致编程时间较长，一帧内发光时间较少。图 4.19(b)是双模式 PWM 驱动方法，它将 8 个子帧分为两个阶段，高位子帧采用逐行发光的 PE 模式，低位子帧采用同时发光的 SE 模式。可以看到，相比于传统的单一驱动模式，这种双模式的基于多子帧切分的数字式驱动方案可以有效提高一帧内发光时间占比，从而一定程度增加可驱动行数和提升显示分辨率。

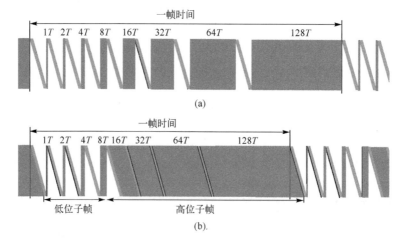

图 4.19　(a)传统的 SE 模式数字 PWM 驱动方法和(b)双模式数字 PWM 驱动方法[15]

4.3.2.3　模拟式 PWM 像素电路

如上文所述，数字式 PWM 虽然可通过多模驱动方式一定程度提高 AM-MLED 的显示分辨率，但因受限于内在的长寻址编程时间，有效的显示驱动时间仍然较短，不能显著提升显示的分辨率。原理上，模拟式 PWM(A-PWM)驱动能获得高分辨率的 AM-MLED 显示，是更有前途的驱动方式。不过，模拟式 PWM 驱动需要在像素电路内同时实现数据信号到 PWM 显示信号的转换和对 ETC 及 CCG 模块的补偿，这对于迁移率不够高的氧化物 TFT 来说仍然是一个挑战。目前阶段，为弥补迁移率的不足，可采用双栅结构的氧化物 TFT 来构建模拟式 PWM 型的 AM-MLED 像素电路。这是因为双栅 TFT 在相同面积下具有两倍甚至更高的驱动能力，而且具有阈值电压可线性调制、稳定性更佳等优势。因此，与单栅 TFT 相比，双栅 TFT 可帮助 AM-MLED 显示获得更为简洁的像素电路结构和更高的分辨率。

图 4.20 示意了一个基于双栅氧化物 TFT 的模拟式 PWM 型 AM-MLED 像素方案[16]，其中图 4.20(a)为像素电路，图 4.20(b)为驱动时序。如图 4.20(a)所示，该像素电路由 1 个驱动 TFT(T1)、1 个比较 TFT(T2)、3 个开关 TFT(T3~T5)和 2 个存储电容(C1 和 C2)构成。

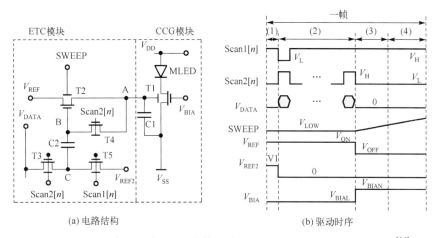

(a) 电路结构　　(b) 驱动时序

图 4.20　基于双栅氧化物 TFT 的模拟式 PWM 型 AM-MLED 像素电路[16]

参照图(b)所示的驱动时序，该电路的工作分以下几个阶段。

(1)复位阶段：扫描信号 Scan1[n]为高电平，T5 导通，V_{REF2} 信号线上的高电位 V1 传送到节点 C。由于 B 点悬空，C 点电位变化耦合到 B 点，使得 B 点电位高于 V_{REF} 信号线上的 V_{ON} 电位，于是，比较晶体管 T2 在复位阶段被开启，节点 A 的电压被初始化为 V_{REF}。

(2)补偿和数据写入阶段：参考电压 V_{REF2} 变为 0 电位。对于第 n 行像素，由于 Scan2[n]在选通期间为高电平，T2 管的栅漏短接形成二极管连接，于是节点 B 通过串联的 T4 和 T2 开始放电。同时, 数据电压 V_{DATA} 通过 T3 传输到节点 C。该阶段结束时, 节点 A 和节点 B 点的电位接近 $V_{\text{ON}}+V_{\text{T2}}$。对于第 n 行像素写入阶段之后, 扫描信号 Scan2[n] 变为低电位, 扫描信号 Scan1[n] 变为高电位。相应地, T3 管关断, T5 管开启, C 点电位变为 V_{REF2} 信号线上的 0 电位。此时 B 点悬浮, 其电位被耦合到 $V_{\text{ON}}+V_{\text{T2}}-V_{\text{DATA}}$。至此, T2 的阈值电压和数据电压等信息均写入电容 C1。

(3) 发光阶段: 待所有行的数据信息都写入像素后, 偏置线的电位 V_{BIA} 由 V_{BIAL} 变为 V_{BIAH}。于是驱动晶体管 T1 导通, MLED 开始发光。此时发光电流大小为

$$I_{\text{LED}} = \frac{1}{2}k\left[V_{\text{BIAH}} + (V_{\text{ON}} + V_{\text{T2}} + \Delta V_{\text{T2}}) - (V_{\text{T1}} + \Delta V_{\text{T1}})\right]^2 \tag{4-29}$$

该像素的版图绘制, 要求 T1、T2 的位置接近, 使得它们的温度、漏光等情况基本一致。从而, 温度及漏光引发的 T1 和 T2 的阈值电压变化量可近似相同 (即 $\Delta V_{\text{T1}} = \Delta V_{\text{T2}}$), 则

$$I_{\text{LED}} = \frac{1}{2}k[V_{\text{BIAH}} + (V_{\text{ON}} + V_{\text{T2}}) - V_{\text{T1}}]^2 \tag{4-30}$$

这说明可以由 T1 和 T2 的这种"镜像"关系一定程度地消除温度、漏光等因素造成的像素间 LED 驱动电流的不均匀。

接着, SWEEP 信号线上的电位从低电平向高电平线性变化。在一段时间内, SWEEP 信号线上电位加上 B 点电位还不足以使 T2 管导通, 故比较管 T2 的电流维持在 I_{LED}, LED 呈现恒定的发光亮度。

(4) 关断阶段: 随着 SWEEP 信号的电位线性地提高, 比较管 T2 的等效阈值电压线性地减少, 于是 T2 的栅源电位差 ($V_{\text{B}}-V_{\text{REF}}$) 将在某时刻大于 T2 的阈值电压, 此时 T2 打开, 节点 A 电平被放电到参考线 V_{REF} 的 V_{OFF}。于是, 驱动管 T1 的阈值电压相应地抬高, 使得驱动管 T1 不再工作于导通态, 最终 T1 关断, MLED 停止发光。

值得注意的是, T2 管的辅助栅电极在阶段 (2) 写入了 T2 的阈值电压信息, 即节点 B 的电位值为 $V_{\text{ON}}+V_{\text{T2}} - V_{\text{DATA}}$。比较管的状态切换取决于线性增加的参考电压信号与 T2 阈值电压之间的大小关系, 计算式可以参考前面的式(4-4)。该像素电路的比较管 T2 的辅助栅电极连接着节点 B, 其数值随着 V_{T2} 的值改变。由于双栅 TFT 的线性阈值电压调制效应, T2 的过驱动电压 ($V_{\text{GS}} - V_T$) 保持恒定。这就解释了为什么 MLED 从发光到断开的转化时刻可以独立于 T2 的 V_T。

进一步地, 该像素驱动内秉地存在发光亮度的补偿机制。考虑显示面板上任意的两个 MLED 像素电路 (像素 1 和像素 2), 如果它们得到相同的 V_{DATA} 值, 那么这两个像素的平均亮度 (平均电流) 应该相等。如果像素 1 的比较管 T2 的退化比较小, 则斜坡信号不需要那么久就使得像素 1 的 T2 开启, 于是 LED 发光时间 (即阶段 (3)) 就比较短, 则该像素 1 的驱动管 T1 的退化必然就相对小, 相对于像素 2, 像素 1 的

LED 的电流值就相对较大。反之，如果像素 1 的驱动管 T2 退化较大，斜坡信号则需要比较久的爬坡时间才使得像素 1 的 T2 开启，于是像素 1 的 LED 发光时间(即阶段(3))就比较短，则该像素的驱动管 T1 的退化必然就相对小，LED 的电流值就相对较大。因此，最后任意的两个像素 1 和 2，它们的平均电流(恒定电流×PWM 宽度)都近似相等，从而达到了像素间亮度均匀的目的。总之，基于以上的"镜像"、双栅氧化物 TFT 的线性阈值电压调制效应以及自补偿机制，这种结构简单的双栅氧化物 TFT 的 MLED 像素电路也可以达到良好的 PWM 驱动效果。

4.3.2.4　外部补偿像素电路

与 AMOLED 类似，AM-MLED 显示的像素电路总是存在各种非理想因素，影响显示的均匀性。要获得高质量的显示必须对这些非理想因素进行补偿。前文提及的像素补偿均为像素电路内部补偿，内部补偿可对 TFT 阈值电压的非均匀和漂移等进行一定的补偿。不过，就氧化物 TFT 集成的像素电路而言，由于其迁移率不高，内部补偿的精度很难达到高的水平，特别是随着显示阵列规模的不断增大，可用于补偿阈值电压的时间相应缩短，补偿精度逐渐降低。此外，除了阈值电压的不均与漂移，TFT 的迁移率和 MLED 的光电特性的不均和退变等非理想因素对像素电路的内部补偿方法也是很大挑战。因此，与 AMOLED 显示类似，可采用像素外部的补偿的方法，即采用外部驱动电路来对 AM-MLED 显示进行更精准的补偿。外部补偿通常能准确检测到这些非理想因素并对此进行相应的校准补偿，可以获得比像素内补偿更好的效果[17-19]。

MLED 与 OLED 同属于电流驱动型元件，故 AM-MLED 显示像素的恒定电流产生电路原理上可采用与 AMOLED 相同的外部补偿方案。采用外部补偿后，像素电路本身的功能变得单一，显然不再需要复杂的电路结构，这有利于提高显示的密度(PPI)。

图 4.21 所示的是一个面向大尺寸显示应用的由氧化物 TFT 集成的 AM-MLED 显示像素的恒定电流产生(CCG)模块的外部补偿方案[18]，其中，图 4.21(a)为 CCG 模块及其外部补偿电路，图 4.21(b)为外部补偿时序。如图 4.21(a)所示，该 CCG 模块由数据写入晶体管(T1)、驱动晶体管(T2)以及检测晶体管(T3)组成。T1 通过 Scan1 来控制数据线上的图像数据写入；T2 根据来自 T1 的图像数据控制流过 LED 的电流，从而控制 LED 的发光亮度；T3 用以侦测 T1 的特性参数信息，如 V_T 漂移/不均匀、迁移率不均匀等，并通过外部系统进行补偿。该外部补偿电路的具体工作过程与第 3 章的 AMOLED 外部补偿电路相同，在此不再赘述。

图 4.22 所示的是外部补偿的模拟式 PWM 型氧化物 TFT 集成的 AM-MLED 像素方案[18]，其中，图 4.22(a)是像素电路结构，图 4.22(b)是驱动时序。如图 4.22(a)所示，该像素电路由 1 个驱动 TFT(T1)、6 个开关 TFT(T2～T7)和 2 个存储电容(C1 和 C2)组成，形成了恒电流产生(CCG)和发光时间控制(ETC)两个模块。这两个模

块共用数据线 V_{DATA}，分别在扫描信号 Scan1 和 Scan2 控制下分时地从 V_{DATA} 线采样得到 CCG 和 ETC 模块所需要的控制电压。其工作过程如图 4.22(b)所示，包括三个阶段。

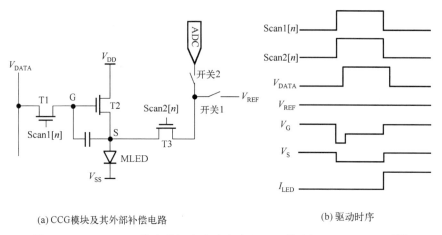

(a) CCG 模块及其外部补偿电路　　　　　　　(b) 驱动时序

图 4.21　AM-MLED 像素的恒定电流产生(CCG)模块的外部补偿方案[18]

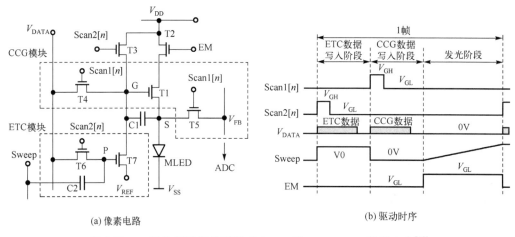

(a) 像素电路　　　　　　　　　　　(b) 驱动时序

图 4.22　一种外部补偿的模拟式 PWM 型 AM-MLED 像素方案[18]

(1)ETC 数据写入阶段：行扫描信号 Scan2[n]变为高电位，T3 打开，节点 G 被置于高电平 V_{DD}。同时，开关管 T6 也打开，数据线 V_{DATA} 提供 ETC 数据电压于 T7 的栅极(节点 P)。该 ETC 数据电压将线性控制 MLED 的发光时长，后面的分析将指出，写入的数据电压值越大，MLED 的发光时间越短。所有像素 P 点的 ETC 数据电压存入完成后，比较用的斜坡信号 Sweep 从 V0 降低到 0V。由于电容 C2 的耦合作用，P 点电位将降低到 V_{DATA} – V0。为保证放电晶体管 T7 初始为关闭状态，参考电压 V_{REF} 应满足：$V_{DATA} - V0 - V_{REF} < V_{T7}$。

(2)CCG 数据写入及外部补偿阶段：行扫描信号 Scan1[n]变为高电位，开关管 T4 打开，数据线上的 CCG 数据电压写入 T1 的栅极（G 点）。同时，反馈支路的开关管 T5 也打开，节点 S 通过外部补偿的反馈读出线 V_{FB} 连接到外部 ADC（模数转换器），进行读出及外部补偿。CCG 数据电压主要用来控制 MLED 的发光电流大小，其取值主要由 MLED 的发光亮度决定。此外，为使得外部补偿驱动电路较容易实现，还须将 MLED 的阴极电压 V_{SS} 和外部补偿电路的工作电压范围落在合理区间。

(3)显示发光阶段：当显示阵列所有像素的 G 点电压写入完成后，发光控制信号 EM 切换为高电位，于是各像素的发光控制晶体管(T2)打开，MLED 开始发光。同时 Sweep 信号从 0V 开始随时间线性增加，在电容 C2 耦合下，P 的电压也逐渐抬升。当升至 T7 打开后，G 点的电压值下降到 V_{REF}(通常为 0V)，导致驱动管 T1 关闭，MLED 停止发光。开关管 T7 的开启时间与第一阶段写入 P 点的 ETC 数据电压相关，即 ETC 数据电压越低，T7 被打开的时间点越晚，MLED 发光时间越长，显示灰阶就越高。

4.3.2.5　内外混合补偿像素电路

如上所述，受限于氧化物 TFT 较低的迁移率，AM-MLED 像素内部补偿很难达到高的精度，且可补偿的项目较少。而外部补偿可借助外置驱动芯片的强算力优势，理论上可获得更精准和更全面的补偿效果。但是，就单纯的外部补偿方法而言，其补偿能力和效果也会受到一些因素的限制，以下对此作一分析。

外部补偿能力受限的第一个因素是 ADC 本身的探测能力有限。如图 4.23(a)所示，V_T 的探测及外部补偿主要利用 ADC 对 T2 的源端电位进行探测来判定 V_T 的大小，并依据 V_T 的值由 SDIC(Source Driver IC)校准偏置电压 V_{BIAS}[18]。由 TFT 的电流-电压关系可知，偏置电压 V_{BIAS} 含有 V_T 项时，I_{LED} 的值将独立于 V_T，即不受到 V_T 变化的影响。然而 ADC 本身可探测的电压范围最多达到电路的供电电压，而且待探测电压接近电源电压时 ADC 的精度较差，实际的 ADC 可探测电压小于供电电压值。目前，常用 ADC 的探测的电压范围是 3V，因此 V_T 可漂移的范围不可超过±3V。

外部补偿能力受限的第二个因素是数据驱动芯片 SDIC 的电压范围有限。根据前节讨论的外部补偿，像素电路提取得到的 V_T 需要与数据电压 V_{DATA} 在 SDIC 实现相加，这就涉及 SDIC 输出电压范围的问题。现有 SDIC 的输出电压范围最大一般是 0~18V。如图 4.23(b)所示，SDIC 的输出电压区间，约有 9V 用于灰阶区分（即 V_{DATA} 的最大值和最小值差约为 9V)。迁移率补偿需要的电压范围约 2.5V(迁移率补偿的原理可参考第 3 章的外部补偿部分)。此外，还需考虑到 SDIC 输出电压裕量，即供电电压下 0.5V 和地电压上 0.5V 范围内不可用，以及像素电路的参考电压 V_{REF} 约为 1V 和 V_T 的初始值为 1.5V。综合分析可以得出，受到 SDIC 输出电压范围的限制，外部补偿方式可补偿的 V_T 范围约为：−2V ~ + 4V。

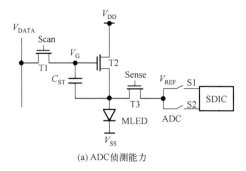

(a) ADC侦测能力

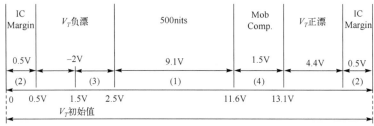

(b) SDIC的电压范围

图 4.23　外部补偿能力影响因素分析[18]

(注：IC Margin 指显示驱动 IC 工作电压裕量；Mob comp 指考虑到迁移率补偿所需要的工作电压裕量)

　　根据上述分析可知，单独采用像素内部或外部补偿都难以实现高性能的 MLED 显示。若采用像素内部和外部混合的补偿方法，有可能发挥各自的优点和规避两者的问题，从而实现更高的补偿性能。具体来看，像素的 ETC 部分主要涉及瞬态电流，其驱动管 V_T 漂移量相对较小，所带来的误差率也较小，故内部补偿应可很好地满足要求。而 CCG 部分是负责提供恒定驱动电流，其驱动管承受恒定电流应力，V_T 漂移量相对较大，所带来的误差率也大，故适合采用外部补偿。

　　图 4.24 给出了一种内外部混合补偿的 AM-MLED 显示像素方案。其中，图 4.24(a) 为像素电路结构，图 4.24(b) 和图 4.24(c) 为其工作时序[17]。该像素电路由 7 个 N 型 TFT 和 2 个电容组成(7T-2C)，其中，T1、T3、T5、T6 和 T7 为 5 个开关 TFT，T2 和 T4 为 2 个驱动 TFT，C1 和 C2 为 2 个存储电容。该电路分为两个模块，CCG 模块和 ETC 模块。在 CCG 部分，T1 和 T3 为选择开关，C1 用于存储节点 G 和 S 之间的电压差。T2 为 CCG 模块中的驱动管，直接为 LED 提供发光电流。在 ETC 部分，T4 为下拉管。数据线 V_{DATA} 分时地为 CCG 和 ETC 模块提供数据信号。

　　为了缩短非发光阶段占据的时间以及提高 CCG 模块的驱动 TFT 的补偿能力，该电路采用外部补偿提取及校准驱动 TFT(T2)电学参数，而采用像素内补偿校准 ETC 模块中 T4 的电学参数。对应于上述两种补偿模式，电路的驱动有两种时序，即图 4.23(b) 示意的用于 T2 补偿的工作时序，以及图 4.24(c) 示意的用于 T4 补偿的工作时序。

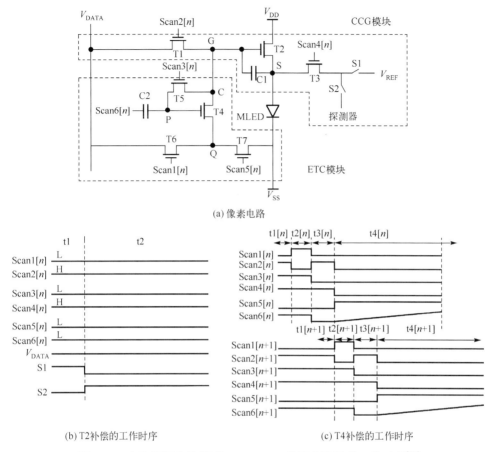

(a) 像素电路

(b) T2 补偿的工作时序

(c) T4 补偿的工作时序

图 4.24　内外部混合补偿型 AM-MLED 像素电路及其工作时序[17]

该内外部混合补偿型像素电路的具体工作过程说明如下。

1) T2 补偿过程

图 4.24(b) 示意了混合补偿型 MLED 像素第一驱动管 T2 补偿过程的工作时序。该工作过程为一外部补偿过程，可分为复位阶段和 T2 的 V_T 侦测阶段。

(1) 复位(RST)阶段：如图 4.24(b) 所示，在 t1 周期内，扫描信号 Scan2[n] 和 Scan4[n] 信号为高电平(H)，CCG 模块的 T1 和 T3 打开。驱动管 T2 的栅极(即节点 G) 通过数据线被预充电到特定电压值。与此同时，外部补偿电路的开关 S1 闭合，驱动管 T2 的源极(即节点 S) 被设置为参考电压 V_{REF}。由于 V_{REF} 的值较低， MLED 未开启，为不发光状态。

(2) T2 的 V_T 侦测阶段：首先，扫描信号 Scan2 和 Scan4 保持为高电平，外部补偿电路的开关 S1 断开，而 S2 闭合。然后，在驱动管 T2 的充电下节点 S 的电位逐步抬升，直到 T2 的栅源电压降低到 V_{T2}，T2 关断。至此，作为驱动管的 T2 的阈值电压(V_{T2})存储于电容 C1。外部补偿电路的检测器通过 S2 检测到 V_{T2}，并计算得到 V_{T2} 的漂移值(ΔV_{T2})，再校准接下来发光阶段中 CCG 模块的偏置电压 V_{BIAS} 的值，让 V_{BIAS} 跟随 V_{T2} 变化。这样，即使 T2 发生了 V_T 漂移，MLED 的电流仍可保持稳定。

2)T4 补偿过程

图 4.24(c)示意了混合补偿型 MLED 像素第二驱动管 T4 补偿过程的工作时序，即发光工作时序。这里采用的是像素内部补偿方式。T4 的补偿过程可分为复位阶段、T4 阈值电压侦测阶段、CCG 偏置电压输入阶段和发光阶段。

(1)复位阶段，即 t1[n]阶段。

在此阶段，首先扫描信号 Scan2[n]、Scan3[n]和 Scan4[n]被设置为高电平，T1、T5 和 T3 打开。于是，复位电压 V_{INIT} 通过 T1 和 T5 写入 G 节点，并且将 V_{REF} 的电压写入 S 节点，保证 T2 的电流不流过 LED。

(2)T4 阈值电压侦测阶段，即 t2[n]阶段。

扫描信号 Scan3[n]和 Scan4[n]保持高电平，Scan2[n]变为低电平以关闭 T1。同时，Scan1[n]变为高电平，以保持数据电压 V_{DATA} 写入 Q 点。由于 T5 仍然导通，P 点和 C 点短接，T4 为二极管连接，其栅极电压被放电直到 T4 关断。至此，驱动管的 T4 的阈值电压(V_{T4})被存储于 C2。此时，$V_P = V_{T4} + V_{DATA}$，$V_Q = V_{DATA}$。

(3)CCG 偏置电压输入阶段，即 t3[n]阶段。

Scan4[n]和 Scan2[n]仍为高电平，维持 T1 和 T3 导通，这样 CCG 偏置电压 V_{BIAS} 输入到 T2 的栅极，V_{REF} 电压仍保持在 S 节点。此时扫描信号 Scan6[n]的电压下降 V_{sweep}，由于电容耦合效应，T4 的栅极电压也等量地下降。于是，P 节点的电压变为 $V_{T4} + V_{DATA} - V_{sweep}$，这使得 T4 处于关断状态。此外，CCG 偏置模块的驱动电压值($V_{BIAS} - V_{REF}$)则存储在 C1，其决定驱动管 T2 在发光阶段提供给 LED 的电流值。

(4)发光阶段，即 t4[n]阶段。

Scan1[n]、Scan2[n]、Scan3[n]和 Scan4[n]均为低电压，T1、T3、T5 和 T6 关断。Scan5[n]变为高电压以打开 T7，V_{SS} 写入 Q 点。同时，Scan6[n]的电压逐渐升高，通过电容耦合使 T4 栅极电压升高，升高电压的步长为 ΔV_{sweep}/微秒。在此期间，由于 S 点悬空，V_{DD} 通过 T2 对其充电，此时流过 T2 的电流将流入 LED。随着 T4 栅极电压从 $V_{T4} + V_{DATA} - V_{sweep}$ 逐步上升到 V_{T4}，T4 导通，G 节点电位降低到 V_{SS}，于是驱动管 T2 关闭，MLED 停止发光。因此，MLED 在发光阶段的驱动电流值为

$$
\begin{aligned}
I_{LED} &= \frac{1}{2}k(V_{GS2} - V_{T2})^2 \\
&= \frac{1}{2}k(V_{BIAS} - V_{REF} - V_{T2})^2
\end{aligned}
\tag{4-31}
$$

如前所述，经过外部补偿阶段后，偏置电压 V_{BIAS} 包含 V_{T2} 的信息，即随着 V_{T2} 的变化，V_{BIAS} 也等量地随着变化，使得 I_{LED} 的值保持恒定。

此外，发光时间 T_{EM} 可表示为

$$T_{EM} = \frac{V_{GS4} - V_{T4}}{\Delta V_{SWEEP}}$$
$$= \frac{V_{T4} + V_{DATA} - V_{SWEEP}(t) - V_{T4}}{\Delta V_{SWEEP}} \tag{4-32}$$

根据上式，MLED 的发光时间长度主要由数据电压 V_{DATA} 决定，其值越小则发光时间 T_{EM} 就越长。由于在 t2 周期内提取并补偿了 V_{T4}，故能保证准确的 LED 发光时间。另外，V_{DATA} 电压在 t4 阶段不再输入，所以第 $(n+1)$ 行扫描信号 Scan 可以在第 n 行的 t3[n]阶段结束后便开始工作，如图 4.24(c)的时序所示。在这种工作时序情况下，t4[n]过程的时间较长，MLED 因而具有长的发光时间。

利用电路模拟仿真对上述电路的功能进行了验证。仿真采用的 a-IGZO TFT 的迁移率和初始阈值电压值分别为 $15\mathrm{cm^2V^{-1}s^{-1}}$ 和 1.5V。C1 和 C2 分别取 1pF 和 0.5pF。控制信号的高电平为 25V，低电平为−8V。初始电压 V_{INIT} 的值为 10V，CCG 模块偏置电压 V_{BIAS} 和数据电压 V_{DATA} 的取值范围分别是[0V, 6V]和[1.3V, 7.5V]。扫描信号 Scan6 的高和低电压值分别为 7V 和 0V，整个时序的时长为 200μs，斜坡信号步长(ΔVsweep)约为 5mV/μs。此外，V_{DD}、V_{REF} 和 V_{SS} 分别设置为 15V、0V 和 0V。

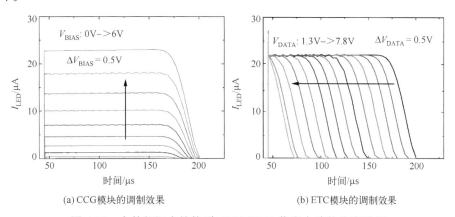

(a) CCG模块的调制效果　　　　(b) ETC模块的调制效果

图 4.25　内外部混合补偿型 AM-MLED 像素电路的仿真结果

图 4.25 给出了在输入不同 CCG 偏置电压 V_{BIAS} 和 ETC 数据电压 V_{DATA} 时，仿真获得的 LED 电流与时间的关系。如图 4.25(a)所示，当 V_{BIAS} 的变化范围是 0~6V，步长为 0.5V，以及数据电压 V_{DATA} 固定为 1.3V 时，电流值随着 CCG 偏置电压 V_{BIAS} 的增加而增加。因此，该电路可以通过改变偏置电压 V_{BIAS} 调整 LED 的驱动电流，根据 LED 的光电特性确定最佳的 LED 偏置电流。例如，R/G/B LED 的电流电压特性各不相同，最佳外量子效率 EQE 是在不同驱动电流时达到。如图 4.25(b)所示，

当 V_{DATA} 的变化范围是 1.3~7.5V，步长为 0.5V，V_{BIAS} 的值固定为 6V 时，MLED 发光的时间随着 V_{DATA} 的值的提高而线性地缩短。因此，该电路可以通过改变 t2 周期内的输入 V_{DATA} 的值来控制 LED 的发光时长，从而调节 LED 的显示灰阶。

上述分析表明，这种内外部混合补偿型像素电路设计灵活性较强。不仅可以调整 LED 驱动时间的长短，还可以改变偏置电压 V_{BIAS} 量，以多种方式调整 LED 的显示灰阶。例如，如果仅依靠 PWM 模式调整 LED 的驱动时长来实现显示灰阶，则不可避免地存在闪烁现象，而内外部混合补偿的像素电路，则可以在低灰阶时保留 PWM 驱动模式，在高灰阶时则通过调整 V_{BIAS} 的量以控制灰阶，以抑制显示画面的闪烁现象。而且，混合式驱动模式，不仅可以提高 PWM 的转换精度，而且可以缩短非发光阶段，使得 CCG 模块中的驱动 TFT 有更长的补偿时间。

4.3.2.6　脉冲混合调制(PHM)的像素电路

4.2.5 节指出，AM-MLED 的 PAM 驱动方式适合高灰阶区段的驱动，而 PWM 驱动方式适合低灰阶区段的驱动[18-23]。因此，PAM 和 PWM 两种方法相结合的脉冲混合调制(PHM)驱动，可发挥各自的优势，获得更好的驱动效果。

图 4.26 给出了一种氧化物 TFT 集成的 PHM 型 AM-MLED 显示像素方案，其中图 4.26(a) 为像素电路，图 4.26(b) 为其驱动时序。如图 4.26(a) 所示，该像素电路包括 PAM 和 PWM 两个部分，分别用于高灰阶和低灰阶控制[4,18]。电路由 11 个 TFT 和 4 个电容组成，包括了一个 PAM 驱动 TFT(T2)，一个 PWM 驱动 TFT(T4)，9 个开关 TFT。开关 TFT 和电容配合完成 T2 和 T4 的 V_T 提取及补偿。PAM 及 PWM 部分都采用源跟随结构提取和补偿 V_T，对正值或负值的 V_T 均具有补偿功能。

如图 4.26(b) 所示，该 PHM 型 AM-MLED 像素电路的工作过程描述如下。

(1)复位阶段：复位管 T3 和 T11 的栅电极 V_{RST} 为高电平，像素内部节点 S2 和 P 的电位 V_{S2} 和 V_P 均被复位到 V1，故此时 LED 关断，前一帧可能残存于电容 C2 的电荷被清空。

(2)补偿阶段：首先，补偿控制信号 Com 变为高电平 V_{GH}，这使得开关管 T6 和 T8 导通，像素内部节点 G2 和 G4 电压 V_{G2} 和 V_{G4} 分别达到参考电压 V_2 和 V_3。随后，发光控制信号 EM 在该阶段的后半段也变为高电平 V_{GH}，于是 T7 开启，使得 T2、T4 和 T9 均开启。由于 PAM 驱动管 T2 和 PWM 驱动管 T4 提供了对各自源电极的充电电流，并且 T2 和 T4 的栅源电压等于各自的阈值电压时自动关断，故节点 S2 和 S4 在补偿阶段结束时将分别达到的电位为 $V_{S2}=V_2-V_{T2}$ 和 $V_{S4}=V_P=V_3-V_{T4}$，其中 V_{T2} 和 V_{T4} 分别是 T2 和 T4 的阈值电压。可见，该像素电路的 PAM 及 PWM 模块都采用了源跟随结构来提取并补偿 T2 和 T4 的 V_T 漂移。

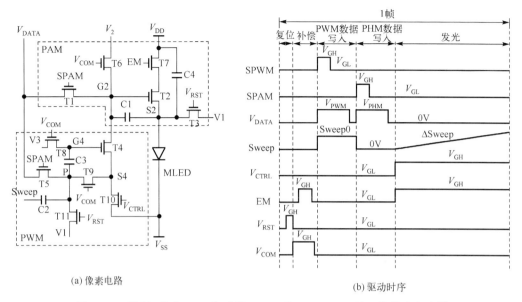

(a) 像素电路　　　　　　　　　　　(b) 驱动时序

图 4.26　采用氧化物 TFT 集成的 PHM 型 AM-MLED 显示的像素方案[4]

（3）PWM 及 PAM 数据写入阶段：首先，扫描信号 SPWM 变为高电平 V_{GH}，寻址管 T5 打开，数据信号 V_{PWM} 传输到像素内 P 点。由于电容 C3 的耦合，写入 V_{PWM} 后，将通过 V_{Sweep0} 使 V_{G4} 从 V_3 抬升为 $V_{PWM} - V_{Sweep\_0} + V_{T4}$。随后，扫描信号 SPWM 变为低电平 V_{GL}，扫描信号 SPAM 则变为高电平 V_{GH}，寻址管 T1 打开，数据信号 V_{PAM} 传输到内部节点 G2，并存储于电容 C2。可见，数据线分时地提供 PWM 和 PAM 信号到 PHM 像素的节点 P 和 G2，以分别控制 PWM 和 PAM 模块。

（4）发光阶段：发光控制信号 EM 和 PWM 控制信号 V_{CTRL} 切换为高电平 V_{GH}，于是发光控制支路和 PWM 转换支路都进入导通态，LED 开始发光，发光电流(I_{LED})与 V_{PAM} 关系可以表示为

$$\begin{aligned} I_{LED} &= \frac{1}{2}k(V_{GS2} - V_{T2})^2 \\ &= \frac{1}{2}k\left[(V_{PAM} - V_2)\frac{C4}{C1+C4}\right]^2 \end{aligned} \tag{4-33}$$

然后，斜坡信号 Sweep 的电压从 0V 开始线性地增加到 ΔV_{Sweep}。由于电容 C3 的电压耦合，T4 的栅极 G4 节点的电位也线性地增加。当 $V_{G4}-V_{S4}$ 的值超过 V_{T4} 时，T4 打开，节点 G2 的电位被下拉。当 $V_{G2}-V_{S2}$ 的值小于 V_{T2} 时，T2 被关闭，LED 停止发光。LED 的发光时间 T_{EM} 可以参照式(4-16)确定，其中 $V_{GS4}-V_{T4}$ 可表示为

$$V_{GS4} - V_{T4} = V_{PWM} - V_{Sweep0} - V_{SS} + \Delta V_{Sweep}(T_{EM}) = 0 \tag{4-34}$$

综上所述，该 PHM 像素电路通过 V_{PAM} 或 V_{PWM} 来控制 MLED 显示屏一帧内的灰阶，同时支持 PAM 和 PWM 模式。此外，驱动晶体管 T2 和 T4 的 V_T 漂移都可以得到补偿，从而保证了显示亮度的高精度和高稳定。

采用上述 11T-4C-PHM 像素电路，基于 a-IGZO TFT 玻璃基板技术制作了 AM-MLED 显示面板，其分辨率为 160 × RGB × 160。对所制备的 MLED 显示面板进行了测试，其中像素电路采用的偏置参数列于表 4.2。测试结果表明，该显示面板实现了亮度稳定的显示，在 240 小时的老化试验后，其亮度均匀度仍保持在 90% 以上。实验结果很好地证明了 PHM 方法可以提高 AM-MLED 显示的均一性，并避免其在小电流时的亮度不均匀和不稳定等问题[24, 26]。

表 4.2　PHM 型 AM-MLED 像素电路的偏置参数

参数	V_{GH}	V_{GL}	V_1	V_2	V_3	V_{Sweep_0}	ΔV_{Sweep}	V_{DD}	V_{SS}
电压/V	15	−10	−6	−2	−4	7	0~7	12	0

4.3.3　LTPO TFT 像素电路

如前所述，相比于单极性 TFT，C-TFT(N-和 P-TFT 互补)集成的 MLED 显示像素电路具有更高的比较器增益和更快的 PWM 转换速度等优势，因而具有实现高精准显示灰阶的能力。而且，C-TFT 的像素电路更加紧凑，功耗更低。而采用 P-LTPS TFT 与 N-AOS TFT 混合的 LTPO TFT 技术不仅可基本保留 C-TFT 像素电路的优势，还可进一步发挥氧化 TFT 超低泄漏电流和高输出饱和特性等特点，以实现更高精度和更低功耗的 AM-MLED 显示。值得一提的是，LTPO TFT 可形成三维堆叠结构，因此，像素电路的占地面积较小，有利于实现高密度(PPI)的 AM-MLED 显示。

图 4.27 给出了一种基于 LTPO TFT 技术的 PWM 模式的 AM-MLED 显示像素方案[19]。如图 4.27(a) 所示，该像素电路包含 8 个 P 型的 LTPS TFT，2 个 N 型的 AOS TFT，以及 2 个存储电容(C1、C2)和一个 MLED。像素电路的脉冲宽度(发光时间)控制(ETC)模块由 T2、T3、T4、T5、T6 和 C1 组成。像素电路的恒流产生(CCG)模块则是由 T1、T7、T8、T9、T10 和 C2 构成，为 LED 提供恒定的发光电流。其中，开关管 T3 和 T7 是 AOS TFT，驱动管 T5 和 T8 是 P-LTPS TFT，其他开关管均是 P-LTPS TFT。该像素电路的特点在于，氧化物 TFT 的采用使得存储在 C1 和 C2 的数据电压信息保持能力大为提高，即使在超低帧率下(例如 1Hz，甚至更低)AM-MLED 的显示效果仍然良好，这使得显示器的动态刷新功耗显著降低。

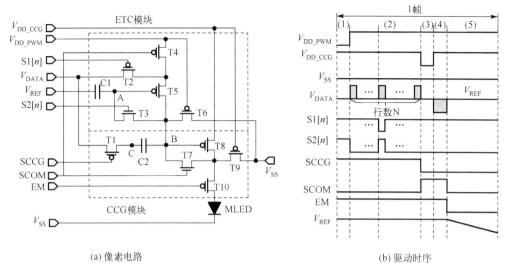

(a) 像素电路　　　　　　　　　　　　　　　(b) 驱动时序

图 4.27　一种基于 LTPO TFT 的 AM-MLED 显示像素方案[19]

如图 4.27(b)所示，该 AM-MLED 显示像素电路的工作分为以下五个阶段。

(1) 第一复位阶段：扫描信号 S2[n]为高电平，电压源 V_{DD_PWM} 为低电平，于是开关管 T3(N 管)和 T6(P 管)被打开，A 点通过 T3 和 T6 连接到低压源 V_{SS}，即节点 A 被复位为 V_{GL}。ETC 模块的节点 A 通过存储电容 C1 维持着 V_{GL}，并且该模块的驱动管 T5 因栅极被拉低而预开启。

(2) ETC 模块的补偿及数据写入阶段：扫描信号 S1[n]变为低电平，S2[n]变为高电平，T2(P 管)和 T3(N 管)都被打开。驱动管 T5(P 管)的栅电极和漏电极通过导通的 T3 相连，形成二极管连接结构。T5 的源电极输入数据电压 V_{DATA}，其栅电极因此被上拉至 $V_{DATA}+V_{T5}$，于是，T5 的阈值电压 V_{T5} 被提取并保持于存储电容 C1。重复上述过程，所有像素都完成 T5 的阈值电压补偿和 V_{DATA} 写入。

(3) 第二复位阶段：控制信号 SCOM 变为高电平，T7(N 管)打开，T8(P 管)的栅极和漏极通过 T7 短接而形成二极管结构。同时，V_{DD_CCG} 也变为低电平，节点 B 于是通过 T7 和 T8 被复位到较低的电位 $V_{GL}+|V_{T8}|$。B 点的电位存储于 C2，并打开 CCG 的驱动管 T8。此时，SCCG 也为低电平，T1 导通，C 节点通过 T1 连接到 V_{DATA} 线。由于 V_{DATA} 在第二复位阶段电压为 V_{REF}，故节点 C 电位可保持为 V_{REF}。

(4) CCG 模块补偿阶段：SCOM 仍为高电平，SCCG 仍为低电平，T1 和 T7 仍然开启，而驱动管 T8 保持为二极管连接。电压源 V_{DD_CCG} 由低电平切换到高电平，于是节点 B 电位通过 T8 充电被上拉。在该阶段结束时，T8 接近于断开状态，节点 B 电位升至 $V_{DD\_CCG}-|V_{T8}|$，并存储于 C2。

(5) CCG 模块数据写入及发光阶段：SCOM 变为低电平，T7 关闭。T1 保持开启，数据线上电压从 V0 降低为 V_{BIAS}，通过 C2 的耦合，B 节点电压跟随着降低为

$V_{\mathrm{DD\_CCG}} - V_{\mathrm{T8}}| + \mathrm{V0} - V_{\mathrm{BIAS}}$。因此，B 节点电位包含着偏置电压 V_{BIAS} 及阈值电压信息，实现了对 CCG 模块的数据写入以及 T8 阈值电压的补偿。以上的提取及驱动过程使得 MLED 的电流 I_{LED} 主要由 V0$-V_{\mathrm{BIAS}}$ 决定,弱化了 T8 阈值电压的不均或漂移对 I_{LED} 的影响。进入发光阶段后，比较参考电压源 V_{REF} 线性降低 ΔV_{REF},通过 C1 的耦合，A 节点电压也相应降低到 $V_{\mathrm{DATA}} - |V_{\mathrm{T8}}| - \Delta V_{\mathrm{REF}}$。这里以典型情况举例，$V_{\mathrm{REF}}$ 从+5V 逐渐降低到 0V，当 A 节点电压降低到 $V_{\mathrm{DD\_PWM}} - |V_{\mathrm{T5}}|$ 以下后，T5 从关闭变为导通，从而节点 B 电位被上拉到 $V_{\mathrm{DD\_PWM}}$，驱动管 T8 断开，MLED 进入关断状态。由以上分析可知，可以通过控制 V_{DATA} 的值来线性调节 MLED 的发光时间，从而实现对 MLED 亮度的调制。

上述 LTPO 像素电路存在一些不足，首先是使用了较多的 LTPS TFT 和较少的氧化物 TFT，没有充分发挥具有极低泄漏电流氧化物 TFT 的作用。像素内部更多的节点应该连到氧化物 TFT，以减少像素内部节点电容的电荷泄漏，从而获得高性能的低帧率和低功耗显示。此外，上述 LTPO 像素的 PWM 转换速率主要取决于 T5 的驱动能力和电容 C2 的充电上拉速度，即 C2 越快被充电到高压，PWM 转化速率越高。而 T5 在转化时工作于亚阈值区，严重限制了 PWM 转换速率。因此，上述 LTPO MLED 显示像素方案还需要进一步的改进。

图 4.28 示意了一种改进型的 LTPO TFT 集成的 AM-MLED 显示像素方案，其中图 4.28(a)为电路图，图 4.28(b)为其驱动时序[20-22]。该电路方案的特点在于，不仅尽可能多地采用氧化物开关 TFT 以减少电路节点的电荷泄漏，而且还用 LTPO TFT 构建 CMOS 反相器结构，进行自调零式比较，以提升 PWM 转化速度。如图 4.28(a)

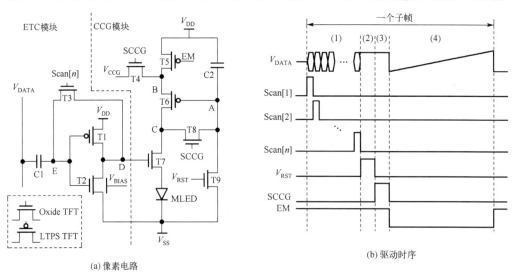

(a) 像素电路　　　　　　　　　　　　　　　　　(b) 驱动时序

图 4.28　基于自调零 CMOS 比较器的 LTPO TFT 集成的 AM-MLED 显示像素方案[20]

所示,该像素电路由 3 个 P 型 LTPS TFT,6 个 N 型氧化物 TFT 和 2 个存储电容(C1、C2)组成。为充分利用氧化物 TFT 超低泄漏电流的优势,与存储电容 C1、C2 相连的晶体管 T3、T4、T8 和 T9 全部为氧化物 TFT,这使得驱动 TFT 的栅极,即 A、E 节点电压可在长的时间内呈稳定状态,进而恒流产生(CCG)模块和发光时间控制(ETC)模块有高精度输出。ETC 模块由 T1、T2、T3 和 C1 构成,CCG 模块由驱动管 T6、开关管 T4、T5、T7、T8、T9 和电容 C2 组成。此外,T1、T2 和 T3 以及 C1 构成动态比较器,将数据电压 V_{DATA} 转化为 MLED 的发光时间长度。其中,T1 为 LTPS TFT,T2 和 T3 为氧化物 TFT。为提高比较器的增益,下拉管 T2 采用了双栅结构的氧化物 TFT。

如图 4.28(b)所示,该 AM-MLED 显示像素电路的工作共分为四个阶段,下面分别进行描述。

(1)ETC 模块的数据写入和反相器自调零阶段。第 n 行寻址信号 Scan[n]为高,T3 导通,数据电压 V_{DATA} 写入到电容 C1 的左极板。在数据电压写入的同时,由 C1、T1、T2 与 T3 组成的比较器进入校准过程:比较器的输入与输出端通过 T3 管相连,D、E 节点的电压会逐渐接近直至等于比较器的转折电压值 V_{TR}。值得注意的是,无论是 LTPS TFT 的 V_T、迁移率和 SS 不均匀,还是氧化物 TFT 的 V_T 漂移等,最终都会影响到比较器的转折电压值 V_{TR}。而经过这里自归零校准后,V_{TR} 被提取并存储于 C1,后续的发光控制过程则可以抵消 V_{TR} 的影响,从而补偿了 TFT 的特性漂移及分散性。也就是说,通过这种反馈校准后,当输入为零时,比较器的输出就为零,正是因为这个原因,将 T1、T2 与 T3 组成的结构称为"自调零"比较器。在此期间,此过程重复 N 次(N 为行数),所有的比较器完成补偿,C1 存储的电压为 $\Delta V = V_{TR} - V_{DATA}$。

(2)复位阶段。复位电压 V_{RST} 为高电平 V_{GH},T9 管导通,于是 A 点电压通过 T9 放电,被复位为低电位 V_{SS}。这样可以确保在下一阶段到达时,T6 管保持导通,从而保证像素电路正常工作。

(3)CCG 模块的补偿和数据写入阶段。像素阵列 CCG 模块的全局补偿信号 SCCG 变成高电平,T4、T8 管导通,CCG 模块的偏置电压 V_{CCG} 通过 T4 管被传输至 T6 管的源端 B 点。同时,开关管 T8 的导通使得 A、C 两点短接,于是 CCG 模块的驱动管 T6 形成二极管连接,A 点的电压被 T6 管充电,逐渐上升。最终,驱动管 T6 截止,A 点电压 V_A 变为 $V_{CCG} - |V_T|$,T6 的阈值电压提取完成。得益于氧化物 TFT 的低泄漏电流,V_A 的值可在长时间保持不变。

(4)发光阶段。发光控制信号 EM 变为低电平,于是 T5 管导通,B 点电位被上拉至 V_{DD}。此时驱动管 T6 的电流可表示为

$$I = \frac{1}{2}k(V_{CCG} - |V_T| - V_{DD} - V_T)^2$$
$$= \frac{1}{2}k(V_{CCG} - V_{DD})^2 \tag{4-35}$$

由式(4-35)可见，电流表达式中不含有 V_T，表明驱动管 T6 的阈值电压变化不对电流产生影响。此时，MLED 的通断取决于施加于 T7 栅极的 PWM 信号。对于比较模块而言，假设斜坡信号的高低电平分别为 L_{sweep} 与 H_{sweep}，此时由于 C1 电容的耦合效应，节点 E 处的初始电压为 $V_E = V_{TR} - V_{DATA} + L_{sweep}$，当 $L_{sweep} < V_{DATA}$ 时，$V_E < V_{TR}$，即比较器的输入小于转折电压，此时比较器的输出为高，MLED 通路打开，LED 开始发光。随着斜坡信号的上升，当 $V_{sweep} = V_{DATA}$ 时，$V_E = V_{TR}$，即比较器的输入等于转折电压，比较器的输出开始进行反转。随着斜坡电压的进一步上升，比较器的输出变为低，T7 管关闭，LED 通路关闭。假设斜坡信号的斜率为 k，则发光时间 T_{EM} 为

$$T_{EM} = \frac{V_{DATA} - L_{sweep}}{k} \tag{4-36}$$

由式(4-36)可知，发光时间长度是通过斜坡信号与数据电压的大小关系确定的，故其准确性一方面取决于数据的写入与存储的准确性，另一方面取决于比较器输出电压翻转的速度和准确度。

综上，自调零 CMOS 比较器结构的 LTPO MLED 像素电路，具有快速的数据电压与斜坡信号的比较速度，从而能提高 MLED 发光时长的精度。同时，该电路的 CCG 部分不仅对 V_T 有很好的补偿效果，而且 CCG 驱动管栅电极均采用了氧化物 TFT 开关管，从而保证了 MLED 发光电流稳定可靠。

总之，以上设计实例都表明 LTPO TFT 集成 MLED 显示像素电路具有高密度(PPI)、高精度、低功耗优势。LTPO TFT 像素电路的结构简单，驱动信号数量少、时序简单，这些都有利于提升 MLED 的显示密度(PPI)。LTPO TFT 像素电路的 PWM 转化精度高，尤其是采用自调零比较器后，可以较明显地减少 PWM 的转换时间。此外，LTPO TFT 像素电路技术还可有效地减小存储电容上的泄漏电流，即使在超低的显示帧率下，泄漏电流造成的显示灰阶损失也很小，因而能明显减少静态显示模式的功耗。

4.4 AM-MLED 显示的 TFT 集成行驱动电路

如前文所述，为了实现窄(无)边框、高分辨率显示，同时节省外置驱动芯片并提升显示器可靠性，在驱动背板周边采用与像素阵列相同的 TFT 技术集成行驱动电

路以代替外置的行驱动芯片，已经成为现代显示的主流技术。很显然，AM-MLED 显示也应追求同样的目标。和 AMOLED 显示相比，AM-MLED 对 TFT 集成行驱动电路的速度和可靠性要求更高。AMOLED 显示的像素电路通常采用 PAM 的驱动方式，故像素阵列是逐行寻址、逐行发光的工作模式。而 AM-MLED 显示主要采用 PWM 的驱动方式，像素阵列通常是逐行寻址、集中发光模式，若要有效发光时间达到帧时间 50%以上，则扫描电路驱动速度需提升 2 倍以上。而对于商业和户外显示等高亮度应用场景，AM-MLED 显示器的驱动电路往往处在重负载和长时间的高压高温应力条件下，故对可靠性有很高的要求。对于不同种 TFT 背板技术，AM-MLED 显示的像素电路的构建思路是不同的，像素电路的扫描信号类型、驱动时序以及工作电压范围也不相同。而且，AM-MLED 显示的行驱动电路必须与显示像素电路协同设计。本节将主要介绍多晶硅 TFT 和氧化物 TFT 的行驱动电路。

4.4.1　多晶硅 TFT 集成行驱动电路

多晶硅 TFT 的迁移率高，所构建的 PWM 模式的像素电路在驱动速度和精度上可较好地满足 MLED 显示的要求。PWM 驱动模式通常要求行驱动电路(GOA)输出多种类型的扫描和驱动信号。因为要和像素电路同基板集成，行扫描和驱动电路通常也是由 P 型 LTPS TFT 来实现。

AM-MLED 显示的行驱动电路(GOA)应围绕其像素电路的驱动要求来协同设计。本节将围绕 4.3.1 节所述的像素电路来讨论其 GOA 的设计，这些电路具有一定的普适性，电路结构请参考图 4.10 或图 4.12。如前所述，AM-MLED 显示的像素电路至少需要两路行扫描控制信号，对此，其 GOA 电路也需要至少产生两路输出信号，其中一路(EM-GOA)控制像素电路的发光支路，而另一路(Scan-GOA)则控制像素电路的复位和数据信号 V_{DATA} 向像素的写入。若采用多晶硅 TFT 来集成该 GOA 电路，则 GOA 需要输出上述两路扫描信号：EM[n]和 Scan[n]。该两种扫描驱动信号可以是两个 GOA 电路分别输出，也可以是同一个 GOA 电路输出。为降低电路设计难度，并同时得到优化的 EM 和 Scan 驱动效果，一般是采用两个 GOA 电路分别输出 EM[n]和 Scan[n]信号，即 EM-和 Scan-GOA 电路是相对独立的[22]。

与 AMOLED 显示相似，AM-MLED 显示的 Scan-GOA 电路由 P 型 LTPS TFT 组成，每帧输出一次低电平扫描脉冲，采用逐行开启方式完成 MLED 像素电路的数据信号输入。而 EM-GOA 电路则输出 EM[n]信号，控制着 MLED 发光支路的通断，可以是全局统一开启(对应于集中发光)模式，也可以是逐行开启(对应于逐行发光)模式。无论集中发光还是逐行发光，EM-GOA 电路的输出在每帧大部分时间为低电平，而在像素寻址及补偿阶段为高电平。

对于 P 型 LTPS TFT 背板的 MLED 显示，以 A-PWM 驱动模式为例，在 ETC 和 CCG 数据写入阶段，EM-GOA 应输出 V_{GH}，而 Scan-GOA 则应输出低电平扫描脉冲。

无论是集中还是逐行发光模式，EM-GOA 电路则长时间维持输出低电平 V_{GL}，每帧输出 1 次或者多次高电平脉冲(单帧驱动则输出 1 次高电平脉冲，而多子帧驱动则需要输出多个高电平脉冲)。而 Scan-GOA 电路则长时间维持输出高电平 V_{GH}，每帧输出 1 次或者多次低电平脉冲(类似地，脉冲个数取决于是单帧还是多子帧驱动)。

　　原理上，P 型 LTPS TFT 可满幅度输出高电平 V_{GH}，而传输低电平 V_{GL} 时则存在电压幅度损失问题。当输出高电平 V_{GH} 时，P 型 TFT 的 V_{GS} 值更负，器件的导通要求($V_{SG} > |V_T|$)易于满足。反之，P 型 TFT 在传输低电平 V_{GL} 时，输出的低电平高于 V_{GL}。此外，P 型 LTPS TFT 的 Scan-GOA 电路输出低电平时段较短，大部分时间维持输出高电平 V_{GH}。而 P 型 LTPS TFT 的 EM-GOA 电路则需要长时间维持输出低电平 V_{GL}。相比较而言，高性能 EM-GOA 电路的实现难度更大。

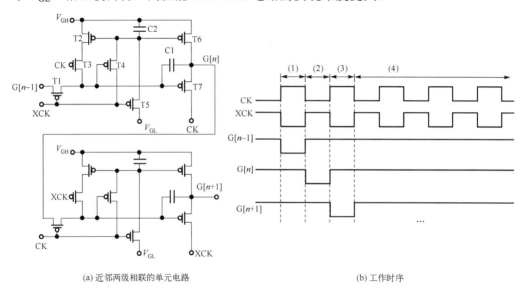

(a) 近邻两级相联的单元电路　　　　　　　　　(b) 工作时序

图 4.29　P 型 LTPS TFT 集成的 AM-MLED 显示用 Scan-GOA 电路方案[21]

　　图 4.29 示意了 P 型 LTPS TFT 集成的面向 AM-MLED 显示的行扫描 GOA(Scan-GOA)电路方案，其中图 4.29(a)为近邻两级相联的 GOA 单级电路，图 4.29(b)为其工作时序[21]。单级 Scan-GOA 电路包括了 7 个 LTPS TFT(T1~T7)、2 个电容(C1 和 C2)，其中驱动管为 T7，其他 TFT 是开关管，C1 是自举电容，C2 为存储电容。每级 Scan-GOA 电路需要互补的两个时钟信号 CK 和 XCK，高压源 V_{GH} 和低压源 V_{GL}。近邻两级电路选取不同的时钟组合，这里第 n 级电路的主时钟信号为 CK，连接到驱动管 T7 的漏电极，辅助时钟信号为 XCK，则近邻的($n+1$)级电路的主时钟/辅助时钟信号就切换为 XCK/CK。

　　(1)预充电阶段。前级输出信号 G[$n-1$]和时钟信号 XCK 都变低电平 V_{GL}，驱动管 T7 的栅电极被拉低到 $V_{GL} + |V_T|$。由于 T7 的源极连接着的时钟信号 CK 为高电平

V_{GH}，T7 的源栅电极电压 $V_{SG} > |V_T|$，因而进入导通状态。与此同时，上拉管 T6 因其栅极为低压 V_{GL}，故也保持为开启态，将高压源 V_{GH} 连接到输出 G[n]。

（2）输出阶段。在本阶段，前级扫描信号 G[n−1] 和时钟信号 XCK 切换为高电平 V_{GH}，时钟信号 CK 则切换为低电平 V_{GL}。由于驱动管 T7 已经在预充电阶段进入开启态，而且随着时钟信号 CK 由高电平切换到低电平，根据电荷守恒关系，驱动管 T7 的栅电极电压将下拉到比低电平 V_{GL} 更低的值。于是，驱动管 T7 保持着较低的导通阻抗，满幅度地将时钟信号 CK 的低电平 V_{GL} 传递到输出 G[n]。由于 T4 的栅电极（即 T7 的栅电极）在输出阶段耦合到低电平，T4 进入开启态，这就将 T6 的栅电极上拉到时钟信号 XCK 的高电平 V_{GH}，从而上拉管 T6 被关断。

（3）上拉阶段。当时钟信号 CK 切换为高电平 V_{GH}，而时钟信号 XCK 切换为低电平 V_{GL}，同时前级扫描信号 G[n−1] 为高电平。于是输入管 T1 被开启并提供了充电电流，T7 的栅电极被上拉到高电平，从而驱动管 T7 被关断。同样地，也是由于栅电极电位抬升到 V_{GH}，开关管 T4 也被关断。而与 T4 呈反相关系的 T5 在本阶段被开启，T5 提供了放电电流，T6 的栅电极电位被拉低到 V_{GL}，于是 T6 进入导通态，Scan-GOA 电路的输出 G[n] 的电位被上拉至 V_{GH}。

（4）维持阶段。当时钟信号 CK 周期性地切换为低电平 V_{GL}，时钟信号 XCK 周期性地切换为高电平 V_{GH}，同时前级扫描信号 G[n−1] 为高电平。于是 T3 进入开启态，并且上拉管 T6 的栅电极在电容 C1 作用下保持着低电平 V_{GL}，T6 也就保持着开启态，此时输出节点 G[n] 通过 T6 连接到高电平 V_{GH}。由于 T2 和 T3 都进入开启态，T7 的栅电极通过 T2 和 T3 串联支路连接到高电平 V_{GH}，从而 T7 在维持阶段一直处于断开状态。因此，输出 G[n] 维持着高电平 V_{GH}。

以上完整解释了 Scan-GOA 设计及其工作原理。图 4.30 示意了 P 型 LTPS TFT 集成的 AM-MLED 显示用发光时间控制 GOA(EM-GOA)电路方案，其中图 4.30(a) 为 GOA 单级电路，图 4.30(b) 为其工作时序[22]。该 EM-GOA 单级电路由 10 个 TFT 和 3 个电容(10T-3C)构成，其输出 EM[n] 在一帧时间内较长时间维持低电平 VGL，有效电平为高电平 VGH。EM-GOA 的单元电路也需要两个互补时钟信号 CK 和 XCK。为了简化外围时序及电源电路设计，EM-GOA 和 Scan-GOA 可以采用相同的 CK 及 XCK 信号。该 EM-GOA 电路的工作过程简述如下。

（1）EM[n] 的高电平脉冲阶段。时钟信号 CK 和 XCK 分别为低电平 V_{GL} 和高电平 V_{GH}，前级 EM[n−1] 为低电平。因此，栅电极连接着 XCK 的开关管 T1 和 T5 被关断，而栅电极连接 CK 的 T7 被开启。T6 的栅电极悬浮，在电容 C1 的耦合效应作用下，T6 的栅电极被耦合到较低电位，因而 T6 进入开启态。因 T6 和 T7 导通，T9 的栅电极被拉低到低电平 V_{GL}，于是 EM[n] 通过 T9 被上拉到高电平 V_{GH}。与此同时，由于 T2 和 T3 处于导通态，T10 的栅电极电位被抬高到 V_{GH}，故开关管 T4 和下拉管 T10 都被关闭。

（2）EM[n]的低电平维持阶段。时钟信号 CK 和 XCK 分别切换为高电平 V_{GH} 和低电平 V_{GL}。因此，栅电极连接着 XCK 的 T1 和 T5 开启，而栅电极连接 CK 的 T7 关断。由于 T1 导通和 T3 关断，T10 的栅电极电位被拉低到 $V_{GL}+|V_T|$，故 T4、T8 和 T10 都进入开启态。EM[n]通过导通的 T10 被下拉到低电平 V_{GL}。由于 T4 和 T5 的导通，电容 C1 的左侧电位被下拉到 V_{GL}，右侧则因 T6 的导通被上拉到高电平 V_{GH}。而导通着的 T8 则提供充电电流，把 T9 的栅极电位稳定在高电平 V_{GH}，使得 T9 保持在断开状态。于是，输出节点 EM[n]维持着低电平 V_{GL}。

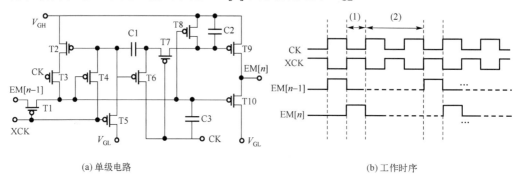

(a) 单级电路

(b) 工作时序

图 4.30 P 型 LTPS TFT 集成的 AM-MLED 显示用 EM-GOA 电路方案[21]

综合这两个阶段来看，电容 C1 一直保持着左低右高的电位差，因此在（1）EM[n] 的高电平脉冲阶段，T6 的悬浮栅电极被耦合到比 V_{GL} 更低电位，从而使得 T6 更充分地导通。

以上所述的 Scan-GOA 及 EM-GOA 电路原理与第 3 章 AMOLED 的 GOA 有相似之处，在电路设计上可以相互参照。但需要注意的是，在 4.3 节所述的 MLED 显示像素的驱动过程中，GOA 电路输出的各路寻址脉冲时间会挤占 MLED 显示的有效发光时间，这与 AMOLED 显示逐行寻址和逐行发光的情形存在明显区别。因此，MLED 显示的 GOA 电路设计更应该关注电路的速度，Scan-GOA 和 EM-GOA 输出的脉冲越窄，则寻址时间越短，有效发光时间可以越长。

4.4.2 氧化物 TFT 集成行驱动电路

氧化物 TFT 为背板的 AM-MLED 显示潜在可应用于大尺寸的商用和户外等需要高亮显示的场景，而在此类应用场合，显示器通常工作在持续的高压高温条件，因此，驱动电路稳定性是 GOA 电路的重要研究课题。氧化物 TFT 的 MLED 显示用 GOA 电路，Scan-GOA 和 EM-GOA 可以独立设计，也可以集成一体，本节后面将给出一种可输出多种扫描信号的 GOA 设计。

图 4.31 示意了一种具有高稳定性的氧化物 TFT 集成的 Scan-GOA 电路[23-25]，其中图 4.31（a）为单级电路，用以产生 AM-MLED 显示的逐行扫描信号 G[N]，图

4.31(b)为该 GOA 的工作时序。如图 4.31(a)所示，该单元电路由 23 个 TFT 和 1 个电容构成了 4 个功能模块，即：输入模块、输出模块、下拉模块和低电平维持模块。电路的控制信号包括 2 个高频时钟信号 CK 和 XCK，以及 2 个低频时钟信号 LC1 和 LC2。下面将对照图 4.31(b)所示的工作时序，分析该 Scan-GOA 电路的工作过程。

（1）预充电阶段。当上一级的输出信号 G[N−1]为高电位时，T11 开启，高电平信号 G[N−1]传输至节点 Q[N]，驱动管 T21 和级传驱动管 T22 都被开启，由于时钟信号 CK 处于低电位 V_{GL}，输出节点 G[N]也为低电位 V_{GL}。由于 T11 的打开，自举电容 C_B 会在输出阶段之前被预充电。

（2）自举上拉阶段。时钟信号 CK 由低电位 V_{GL} 变为高电位 V_{GH}，驱动管 T21 提供出充电电流给第 N 行 GOA 的负载，输出节点 G[N]的电位被抬高至 V_{GH}。与此同时，与驱动管 T21 并联的 T22 也同时被打开，级传信号 ST[N]的高电位也被抬升至 V_{GH}。随着输出节点 G[N]的电位由 V_{GL} 增加到 V_{GH}，在自举电容 C_B 的作用下，GOA 电路内部的悬浮节点 Q[N]的电位增加到高于 V_{GH}。由于节点 Q[N]上除开自举电容 C_B，还连接着其他 TFT 的寄生电容，故自举上拉阶段的 Q[N]电压值不超过 V_{GH} 电压值的 2 倍。

（3）下拉阶段。时钟信号 CK 由高电位 V_{GH} 变成低电位 V_{GL}，此时 XCK 由低电位 V_{GL} 变成高电位 V_{GH}，下级 GOA 的级传信号 ST[N+1]也变成高电位。于是，开关管 T31、T41、T41_1 均被打开，输出节点 G[N]被下拉至第一低电位 V_{SSG}，Q[N]被下拉至第二低电位 V_{SSQ}。要保证驱动管 T21 在后续的低电平维持阶段为关闭状态，则 T21 的 V_{GS} 应该为负压，因此$|V_{SSQ}|{\geqslant}|V_{GL}|{\geqslant}|V_{SSG}|$且 V_{SSQ}、V_{SSG}、V_{GL} 均为负压。

（4）维持阶段。低电平维持模块由 2 组相同架构的电路组成，分别由低频时钟信号 LC1 与 LC2 驱动。当其中一组低电平维持模块工作时，另一组低电平维持模块则处于关闭状态，以此避免 TFT 处于长期电压应力而导致电学特性过快的衰减。LC1 和 LC2 的时钟周期一般取 100 个显示帧时间长度。

假设当前工作帧内，低频时钟 LC1 这组低电平维持电路进入工作模式，当 Q[N]节点为高电位时，T52、T54 打开，此时 T53 的栅电极电位被下拉至低电位 V_{SSQ}，于是 T53 关闭，而 T54 处于开启状态。根据分压关系来看，T32、T42、T42_1、T72 的栅电极电位都被下拉至低电位 V_{SSQ}。当 Q[N]被 T41、T41_1 下拉至低电位时，T52、T54 关闭。由于此时 LC1 为高电位，在电路的分压关系作用下，T53 为开启状态，T32、T42、T42_1、T72 均被打开，以确保 G[N]、ST[N]、Q[N]这三个节点持续地处于低电位状态。

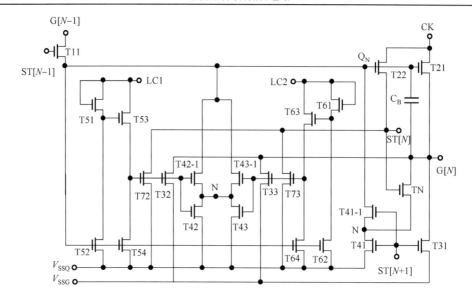

(a) GOA单级电路

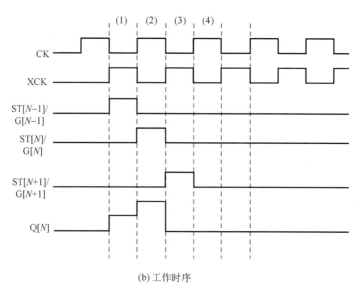

(b) 工作时序

图 4.31　基于氧化物 TFT 的 MLED Scan GOA 电路[24, 25]

此外，还需要注意到开关管 TN，该晶体管的源电极连接到 T41 和 T41-1 的耦合端子，漏电极和栅电极分别连接到 G[N] 和 ST[N]，从而形成 STT 结构。得益于 TN 构成 STT 结构的正反馈作用，可降低 T41 和 T41-1 串联支路泄漏电流对 Q[N] 电压的影响，克服氧化物 TFT 可能出现的 V_T 偏负而造成的 GOA 电路失效问题。

　　在新产品开发应用时，为了提升产品的可靠性，整机厂一般会设置多种测试项目来确认产品各个构成部分的可靠性。针对 GOA 的基本功能及可靠性会设计特定的测试项目。比如，不断变换 GOA 产品的工作环境温度，从高温 60℃到低温–15℃，而后维持低温–15℃环境让 GOA 电路持续工作一段时间，而后再升温到 60℃，如此冷-热冲击几个循环之后，以此来检查 GOA 电路的可靠性。

　　再比如，有些整机厂会进行快速地断电然后上电。在这个测试条件下，Scan-GOA 能否快速放电至关重要。若断电后，Scan-GOA 电路的内部节点及输出节点不能够及时地放电，最终将导致电路无法正常工作。例如 Scan-GOA 电路多行误开启，导致 MLED 显示驱动背板产生大电流，极端情况下可能会发生烧屏现象。因此，为了提升 MLED 显示的稳健性，有必要在 GOA 设计中增加放电支路，图 4.32 就示意了一种增强了上/下电复位功能的 MLED 显示用 Scan-GOA 单元电路。

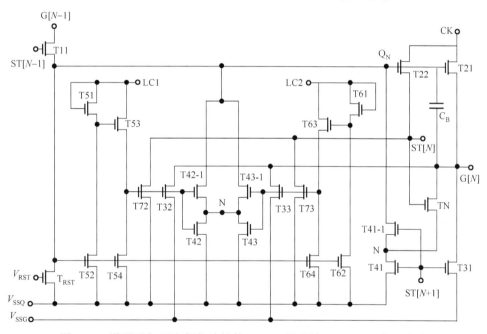

图 4.32　增强了上/下电复位功能的 MLED 显示用 Scan-GOA 单元电路

　　相比于图 4.31 的常规电路，图 4.32 所示的 Scan-GOA 电路中增加了 T_{RST} 器件针对 Q_N 节点进行放电。因为 Q_N 在电路正常工作时，最高可能达到的电压的值约为 $2×(V_{GH}–V_{GL})+V_{GL}$，而且该节点还连接着自举电容 C_B，该电容的存储电荷量较大。复位阶段 T_{RST} 一般在一帧开始前以及一帧开始后的空闲时段里面。这里 V_{RST} 的相位可以比 STV 更早，或者与 STV 相位相同。前者的优势是时序配置灵活、各级 GOA 的结构可以保持一致，而它的问题在于需要一个独立的 V_{RST} 信号，增加了外围 TCON 的复杂度及电平移位器。而采用 STV 作为 RST 管的栅电极控制信号，即 STV 与 V_{RST}

同相位,则 GOA 前几级不能够包含 T_{RST}。否则 GOA 的前几级存在竞争冒险及直流功耗,一方面 T11 的漏电极通过 STV 给 Q[N]节点充电,另一方面则是 T_{RST} 给 Q[N]节点放电。因此,V_{RST} 的选取应该综合考虑到这两方面的因素,使得方案更符合实际情况。

此外,在下拉维持单元模块中,由于需要电路进行分压,因此构成反相器结构的晶体管(如 T51 与 T52)尺寸比例设计尤为重要。我们希望 T53 在开启时,T53 的栅电极电压足够高,以更好地打开 T53,而在 T53 关闭时,又需要 T53 的栅电极电压足够低,以更好地关闭 T53。因此,需要通过 SPICE 仿真以确定 T51 及 T52 的 $T51_{(W/L)}/T52_{(W/L)}$ 比例,使得 GOA 电路的工作状态达到最优。

图 4.33 给出了 EM-GOA 的单级电路和时序图[26]。该模块由上拉晶体管(T1 和 T2)和下拉晶体管(T3~T6)组成。T3 和 T4 的栅极都连接到 G[$n-1$],T5 和 T6 的栅极则由 G[n]控制,从而控制输出信号 EM[n]的下拉过程。由于 Scan-GOA 和 EM-GOA 模块的信号复用,电路结构得以简化。该电路的工作过程描述如下。

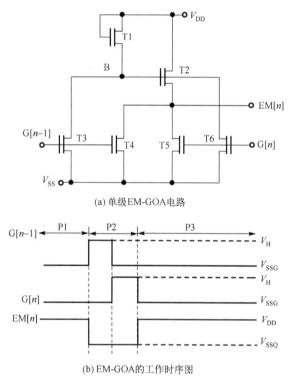

(a) 单级EM-GOA电路

(b) EM-GOA的工作时序图

图 4.33　基于氧化物 TFT 的 MLED EM-GOA 电路[26]

(1)高电平维持阶段(P1)。扫描信号 G[$n-1$]和 G[n]为低电平,于是所有的下拉管均断开。上拉管 T1 和 T2 分别将内部节点 B 和输出节点 EM[n]上拉到高电位

V_{DD}-V_{T5} 和 V_{DD}。由于前述的电压自举效应，EM[n]可以满幅度地提升到 V_{DD}，而不存在电压幅度损失问题。

(2)低电平脉冲阶段(P2)。扫描信号 G[n-1]变成高电平，于是 G[n-1]控制的第一组下拉管 T3 和 T4 分别把内部节点 B 和输出节点 EM[n]下拉到低电平 V_{SSQ}。然后，扫描信号 G[n]变成高电平，于是 G[n]控制的第二组下拉管 T5 和 T6 分别把内部节点 B 和输出节点 EM[n]下拉到低电平 V_{SSQ}。

(3)复置高电平阶段(P3)。扫描信号 G[n-1]和 G[n]都变为低电平，于是所有的下拉管再次断开。和 P1 阶段类似，上拉管 T1 和 T2 分别将内部节点 B 和输出节点 EM[n]上拉到高电位 V_{DD}-V_{T5} 和 V_{DD}。扫描信号 G[n-1]和 G[n]的低电平 V_{SSG} 要低于 EM-GOA 的电压 V_{SSQ}，这样才能保证 P1 和 P3 阶段，下拉管都可以正常地断开，而不引起额外的泄漏电流。

以上介绍的行驱动电路，其行扫描和发光控制信号是由不同的电路分别产生的。而同一个 GOA 电路可输出多种扫描信号更有利于减少 MLED 显示的边框，提升显示屏占比。为了达到最佳 MLED 能量转化效率，MLED 显示的 EM 扫描脉冲宽度需要一定的可调整范围，即要求 GOA 输出的 EM 信号宽度可调。下文介绍和分析一个能产生多种输出信号的 GOA 电路，且其所输出的 EM 信号宽度可以灵活地调整，从而实现了对多种 AM-MLED 显示驱动模式的支持。

图 4.34 示意了一个可同时输出 Scan 和 EM 信号的 GOA 单元电路[27]，该电路可以支持 PWM 型像素电路的逐行发光工作模式，且其 EM 脉冲信号的宽度可调。如图 4.34(a)所示，该 GOA 单级电路由 26 个 TFT 和 3 个电容组成，构成了三个功能模块，即移位寄存器模块、行扫描信号 Scan[n]产生模块和发光控制信号 EM[n]产生模块。移位寄存器模块产生逐行级传脉冲信号 C[n]，C[n]脉冲的数量决定了自举节点 Qa 的高电平持续时间。而 Qa 点的电压又作为两级静态反相器的输入，生成脉宽可调的 EM[n]信号。此外，还引入了双低电平(V_{SSL} 和 V_{SS})电源和串联的双晶体管(STT)结构，以扩展电路可工作的阈值电压范围，使得电路即使在氧化物 TFT 初始阈值电压为负时，仍能正常工作。图 4.34(b)为电路工作时序，这里主要对移位寄存器的工作过程做介绍，行扫描 Scan 和 EM 产生的原理与前面的例子相似，这里不做赘述。

(1)预充电阶段(P1)：上一级移位寄存器模块输出(C[n-1])变为高电平(V_{DD})。同时，CK1 和 CK2 分别变为高和低电平，T1a 和 T2a 导通，Qa 和 Qc 节点被预充电至高电平。该阶段，T3a 和 T4a 也处于导通态，C[n]和 Scan[n]都保持为低电平。此外，本电路设计中 T10a 尺寸远大于 T12a，且 T11a 导通，Qd 节点将被下拉为低电平 V_{SSL}。

(2)自举阶段(P2)：C[n-1]和 C[n+1]均为低电平，CK1 和 CK2 分别切换为低和高电平，在电容 C1 的耦合下，Qa 节点电压被抬升，并超出 VDD。于是，T4a 进入深线性区，C[n]快速上升至高电平，而不会出现电压损失。同理，Scan[n]也会快速上升至高电平。此外，T11a 关断，由于 C2 的存储作用，Qd 节点的电平保持在低电平。

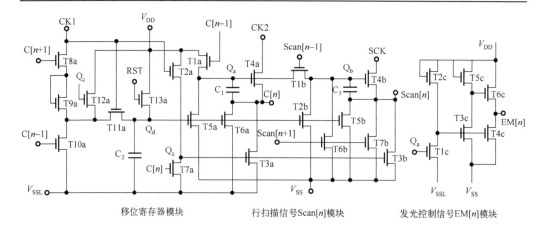

(a) 单级GOA电路

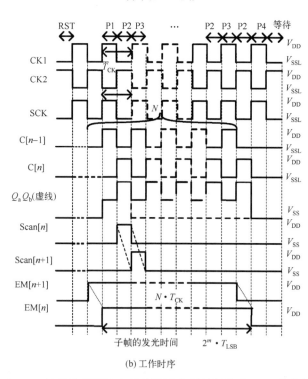

(b) 工作时序

图 4.34　用于 AM-MLED 显示的用可输出多路脉冲信号的氧化物 TFT 集成的 GOA 电路[27]

(3)编程阶段(P3)：C[n−1]和 C[n+1]均为高电平，由于 T10a 的下拉强度大于串联着的 T9a 和 T8a 的上拉强度，故 Qd 节点保持低电平。随着 CK1 和 CK2 的高/低电平的周期性切换，在 P3 之后将重复 P2 和 P3 过程，直到 C[n−1]为低电平，C[n+1]为高电平时进入 P4 阶段。在此期间，Qa 节点的电压波形呈现一个"台阶波"形式，保持着较高的电平。

（4）下拉阶段（P4）：P2 阶段之后，若此时 C[n−1]为低电平，且 C[n+1]为高电平，则 GOA 进入下拉阶段。Qc 和 Qd 节点被上拉至高电平，此时 T3a、T5a 和 T6a 导通，将 C[n]和 Qa 电位以及 Scan[n]下拉至低电平并保持一段时间，直到下一次编程阶段。

从上述分析可以看到，Qa 和 EM[n]的高电平脉冲宽度取决于 GOA 的起始信号 C[n−1]的脉冲个数。于是，通过调整输入信号就可以使得 GOA 电路满足 PWM 逐行发光和 EM 宽度可调等不同 MLED 工作模式的需求。而且该 GOA 电路不仅同步地输出了 Scan[n]和 EM[n]信号，而且还具有较宽的阈值电压范围。电路的 STT 结构、双低电平设置，可很好地稳定 Qd 节点的电位，减少 Qb 节点的泄漏电流，即使 TFT 的阈值电压较负，电路仍然可以稳定可靠地工作。故这种氧化物 TFT 的 GOA 电路可以很好地支持 PWM 驱动的 MLED 显示。

4.5　本 章 小 结

AM-MLED 显示技术因其高亮度、宽色域和快速响应等优势被誉为终极显示技术，有望全面超越 TFT-LCD 和 AMOLED 等传统显示技术。然而，由于 AM-MLED 的电学性能的特殊性，其驱动需要采用 PWM 等新的驱动方式。MLED 特有的电学和电光特性包括陡峭的电流-电压关系曲线、随驱动电流变化的发光效率和发光波长等。这导致 AM-MLED 显示需要采用 PAM、PWM 与 PHM 等不同的驱动方式，以适应各种显示分辨率、显示密度（PPI）、显示亮度、显示尺寸以及显示灰阶等的要求。

本章分析了低温多晶硅（LTPS）TFT 技术、非晶氧化物半导体（AOS）TFT 技术以及多晶硅与氧化物混合（LTPO）TFT 技术在实现 AM-MLED 显示驱动电路方面的挑战，并详细描述了面向 AM-MLED 显示的像素 TFT 电路和行驱动 TFT 电路的工作原理和设计思路。此外，本章还给出了若干有望应用到 AM-MLED 显示的 TFT 集成电路实例。

参 考 文 献

[1] Um J G, Jeong D Y, Jung Y, et al. Active-matrix GaN μ-LED display using oxide thin-film transistor backplane and flip chip LED bonding[J]. Advanced Electronic Materials, 2018. DOI:10.1002/aelm.201800617.

[2] Kim J H, Shin S, Kang K, et al. PWM pixel circuit with LTPS TFTs for micro-LED displays[J]. SID Symposium Digest of Technical Papers, 2019, 50（1）: 192-195.

[3] 宋志邦. 高精度 Micro-LED 显示像素电路研究 [D]. 北京: 北京大学, 2024.

[4] Xiao J, Huo W, Yuan D, et al. A new pixel circuit for micro-light emitting diode displays with pulse hybrid modulation driving and compensation[J]. IEEE Journal of the Electron Devices Society, 2024, 12（Early Access）.

[5] Deng M Y, Hsiang E L, Yang Q, et al. Reducing power consumption of active-matrix mini-LED backlit LCDs by driving circuit[J]. IEEE Transactions on Electron Devices, 2021, 68（5）: 2347-2354.

[6] 邵志博. 基于氧化物 TFT 的 Mini-LED 显示像素电路研究[D]. 北京: 北京大学, 2024.

[7] Oh J, Kim J H, Lee J, et al. Pixel circuit with p-type low-temperature polycrystalline silicon thin-film transistor for micro light-emitting diode displays using pulse width modulation[J]. IEEE Electron Device Letters, 2021, 42（10）: 1496-1499.

[8] Wang T, Chen R, Zhou H, et al. A new PWM pixel circuit for micro-LED display with 60Hz driving and 120Hz lighting[J]. SID Symposium Digest of Technical Papers, 2020, 51（1）: 1707-1710.

[9] Lin C L, Chen S C, Deng M Y, et al. AM PWM driving circuit for mini-LED backlight in liquid crystal displays[J]. IEEE Journal of the Electron Devices Society, 2021, 9: 365-372.

[10] Shin W S, Ahn H A, Na J S, et al. A driving method of pixel circuit using a-IGZO TFT for suppression of threshold voltage shift in AMLED displays[J]. IEEE Electron Device Letters, 2017, 38（6）: 760-762.

[11] Liu B, Liu Q, Liu J, et al. A new compensation pixel circuit based on a-Si TFTs [C]. Proceedings of the 2020 IEEE 3rd International Conference on Electronics Technology（ICET）, 2020.

[12] Jang Y H, Kim D H, Choi W, et al. Internal compensation type OLED display using high mobility oxide TFT[J]. SID Symposium Digest of Technical Papers, 2017, 48（1）: 76-79.

[13] Jeon D H, Jeong W B, Lee S W. Novel active-matrix micro-LED display with external compensation featuring fingerprint recognition[J]. IEEE Electron Device Letters, 2022, 43（9）: 1483-1486.

[14] Lin Y Z, Liu C, Zhang J H, et al. Active-matrix micro-LED display driven by metal oxide TFTs using digital PWM method[J]. IEEE Transactions on Electron Devices, 2021, 68（11）: 5656-5661.

[15] Fu J, Liao C, Qiu H, et al. Two‐mode PWM driven micro‐LED displays with dual‐gate metal‐oxide TFTs[J]. SID Symposium Digest of Technical Papers, 2022, 53（1）: 1070-1073.

[16] 付佳. 氧化物 TFT 的 Micro-LED 显示像素电路研究 [D]. 北京: 北京大学, 2023.

[17] Huo W, Xiao J, Xu F, et al. A new pixel circuit for active matrix mini&micro light emitting diodes[C]. IEEE 5th International Conference on Electronics Technology（ICET）, Chengdu, China, 2022: 152-155.

[18] 肖军城. 氧化物 TFT-MLED 显示的补偿型脉冲混合调制（PHM）驱动技术研究 [D]. 北京: 北京大学, 2024.

[19] Xu H, Liu B, Zheng F, et al. A compensation pixel circuit with high bits using PWM method for AMLED[J]. Energy Reports, 2023, 9: 194-199.

[20] Jung K, Hong Y H, Hong S, et al. A new pixel circuit based on LTPO backplane technology for micro‐LED display using PWM method[J]. SID Symposium Digest of Technical Papers, 2021, 52(1): 876-879.

[21] Liu Y, Que S, Liao C, et al. LTPO TFTs based PWM pixel circuit for AM-Micro-LED display with falling-time <10μs[J]. SID Symposium Digest of Technical Papers, 2023, 54(1): 1810-1813.

[22] 刘云飞. 基于 CMOS 背板的 Micro-LED 驱动电路研究 [D]. 北京: 北京大学, 2024.

[23] 阙姗. Micro-LED 显示外部补偿驱动电路研究 [D]. 北京: 北京大学, 2024.

[24] 肖军城. 一种扫描驱动电路[P]. ZL201410650257.1.

[25] 肖军城. 基于 IGZO 制程的栅极驱动电路[P]. ZL 201410457921.0.

[26] Zheng X, Liao C, Jin S, et al. Emit signals reused gate driver design for ultra‐narrow‐Bezel micro‐LED display based on metal‐oxide TFTs[J]. SID Symposium Digest of Technical Papers, 2022, 53(1): 1074-1077.

[27] Zhu Y, Song Z, Zheng X, et al. Oxide TFTs integrated gate driver for progressive emission PWM μLED display[C]. Proceedings of the International Display Workshops, Niigata, 2023.

第5章 X射线成像探测器 TFT 电路

以上各章描述了 TFT 集成电路技术在先进显示领域的应用。TFT 集成电路技术的另一个重要应用分支是大尺寸 X 射线成像系统中的图像传感器。目前，TFT 集成的像素阵列式图像传感器已广泛应用于各类 X 射线成像设备，涵盖医学影像、安全检查、科学仪器装备和工业设备内部探伤等领域。X 射线成像传感器的原理是用光敏元件阵列将透过探测对象的 X 射线信号转化成电信号，再通过 TFT 电路将此信号读取、放大和传输到外部的图像处理系统，并在终端显示器呈现出被探测对象内部结构的信息。图像传感器与前述各章的有源矩阵显示（AMD）相比，它们的主要目标和应用不同，一个用于图像捕捉，另一个用于图像显示，但 TFT 电路结构和工作原理有许多共同之处。

目前，平板式 X 射线成像传感器主要是基于非晶硅（a-Si）光电二极管（PD）和 TFT 集成的像素阵列。尽管这类传感器因像素电路结构简单而可实现高密度像素阵列，但由于 a-Si PD 的灵敏度和 TFT 的迁移率偏低，以及 TFT 的泄漏电流偏高等因素，其 X 射线成像技术难以兼顾高空间分辨率、高信噪比和高帧率的要求，无法实现高质量的动态 X 射线成像。新涌现的氧化物 TFT 具有迁移率高、泄漏电流低、光响应度高以及大面积均匀性好等优势，有望在高空间分辨率下实现高信噪比的信号处理和读出阵列，从而能显著提升平板 X 射线医疗成像设备的品质。因此，氧化物 TFT 有望成为未来大尺寸 X 射线成像传感器的新一代技术。

本章将围绕 X 射线成像传感器的 TFT 像素电路的原理和设计展开，主要包括基于 a-Si-TFT、氧化物 TFT、多晶硅 TFT，以及 LTPO TFT 的像素电路。此外，还分析和讨论行驱动及外围读出电路。

5.1 X 射线成像技术概述

1895 年，德国物理学家伦琴发现了 X 射线。随后，X 射线成像技术在医学诊断领域开始被广泛应用，1896 年出现了第一张手内部骨架的 X 射线照片。1972 年，英国工程师 Godfrey Hounsfield 和美国物理学家 Allan Cormack 独立发明了一种利用旋转 X 射线和计算机重建技术来获取物体的三维结构的计算机断层扫描（Computed Tomography，CT）。CT 技术的广泛应用对医疗科技的发展起到了重要推动作用。随着计算机技术的不断进步，X 射线探测技术的数字化和图像处理能力取得了显著的提升，使得传统的 X 射线胶片逐渐被数字 X 射线探测器所取代。这些探测器能够直接将 X 射线图像转换为数字信号，并通过先进的图像处理算法进行增强、重建和分析，从而提升了医学影像诊断的准确性和效率。

　　基于图像传感(探测)器的数字化 X 射线成像(Digital Radiography，DR)系统的实现标志着医用 X 射线成像系统进入到数字化时代。数字化 X 射线成像系统由 X 射线源、图像传感器和计算机(及其图像处理软件)组成，其基本系统结构如图 5.1 所示。X 射线成像传感器(阵列)将穿过探测对象的 X 射线转化为数字信号并输出至计算机(信息处理系统)进行成像。与传统的 X 射线成像技术相比，数字化 X 射线成像技术不需要胶片或者影像存储板，且所需的 X 射线剂量也较低。此外，数字化 X 射线成像系统形成的图像也易于保存和传输，还可以实现实时成像。因此，数字化 X 射线成像已成为目前 X 射线医学成像技术的主流。

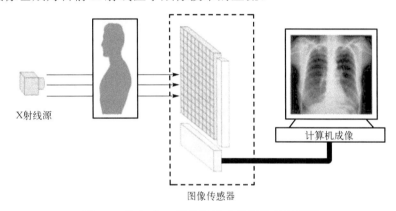

图 5.1　数字式 X 射线医学成像系统的示意图

　　数字化 X 射线成像的图像传感器技术的发展经历了多个阶段，从早期的电荷耦合器件(Charge Coupled Device, CCD)、互补金属氧化物(Complementary Metal Oxide Semiconductor, CMOS)器件构成的图像传感器、线阵扫描探测器，到 20 世纪 90 年代出现的平板探测器，再到新近涌现的光子计数探测器。CCD 与 CMOS 成像技术是通过光敏元件如光电二极管将光信号转换成电荷、电压等电信号，再由 CCD 线阵或者 CMOS 阵列组成的二维平面传感器进行逐行扫描、依次读出。由于采用单晶半导体衬底材料，CCD 与 CMOS 技术适合制作高分辨率和高像质的小尺寸传感器或者线阵探测器，例如口腔齿科数字成像器(CBCT)、数字乳腺成像器(DBT)等。然而，在许多 X 射线成像技术的应用中，需要大尺寸的探测器。但是，受到硅片尺寸和成本的限制，难以采用单晶硅 CMOS 技术制备大尺寸平板探测器。大尺寸的平板探测器(Flat Panel Detectors, FPD)的发明和发展得益于薄膜晶体管(TFT)技术的兴起和成熟。相比于晶体硅 CMOS 技术，TFT 技术具有一些明显的优势，如能在大尺寸基板上低温制造，且制造成本低等，因此成为制造大尺寸平板 X 射线成像传感器面板的首选技术。

平板探测器的传感和读出阵列由像素电路和外部驱动电路构成。像素电路大都由光电元件和 TFT 构成。光电元件通常为光电二极管或光电导，用于将光信号转化为电信号，而 TFT 电路则对所产生的电信号进行采集、处理和输出。外部驱动电路负责对像素电路的输出信号进行读取、放大、处理和图像构建。通过像素电路和外部驱动电路的协同作用，平板探测器可以高效地转换 X 射线信号，并生成高质量的数字图像。

5.2　X 射线成像原理

5.2.1　直接与间接探测成像

图 5.2 示意了 X 射线成像探测器将 X 射线信号转换为电信号的两种主要方式：直接探测和间接探测方式。图 5.2(a) 和 (b) 为两种探测方式对应的单元像素的截面结构示意图，图 5.2(c) 和 (d) 分别为两种探测像素单元的等效电路图。

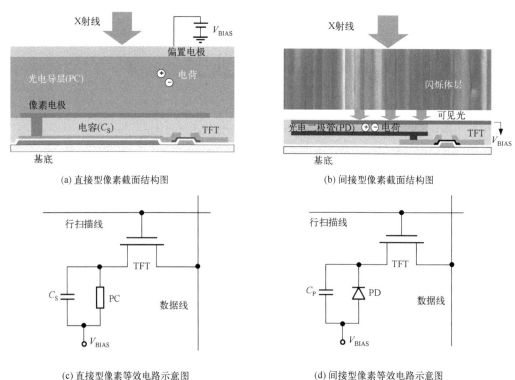

图 5.2　两类 X 射线平板探测器结构示意图

如图 5.2(a) 和 (c) 所示，直接探测是指光电导元件直接将入射的 X 光信号转变成电信号，再由 TFT 像素电路阵列采集和输出。目前，主要采用的光电转换元件为非晶硒 (Amorphous Selenium, a-Se) 光电导体 (Photo Conductor, PC)[1]。a-Se 在 X 射线的激发下，产生出电子-空穴对，其数目与 X 射线强度成正相关。X 射线激发的电子-空穴对在电场作用下分别向两电极处漂移，并由存储电容收集，从而将 X 射线信号转换成为电荷信号。

如图 5.2(b) 和 (d) 所示，间接探测是指 X 射线不直接照射到探测面板的传感器上，而是先通过光电转化层 (闪烁体) 转换为可见光波段，然后该可见光照射到探测面板上的光电元件，产生相应的光电流。通过对该光生电流进行积分得到相应的电荷量，从而完成从 X 射线到电荷的转换。目前，间接探测方式的光电元件大都采用非晶硅 p-i-n 光电二极管 (Photo-Diode, PD)[2]。

从以上描述可以看到，直接和间接两种探测方式的差别在于它们的光电元件转换 X 射线的方式不同。直接型探测的光电元件直接将 X 射线转换为电信号，而间接型探测的光电元件是将 X 射线激发闪烁体产生的可见光信号转化为电信号，然后再采集和读出可见光产生的电信号。在电信号的读出原理和读出方式方面，两者则是相同的，都是在一定的时间段内对光电传感信号进行积分并保存起来，然后再通过有源探测阵列逐行地将各个像素存储的光电信号读出到外围驱动电路。对于此类积分式图像传感读出阵列，基本的像素单元是由一个光电转化元件 (直接型为 a-Se 光电导体，间接型为非晶硅 p-i-n 光电二极管等)、一个存储电容和一个寻址开关管所构成。其中，直接型结构中的 a-Se 层比较厚，可达数百微米，自身的电容很小，像素内必须配置一个存储电容 C_S，如图 5.2(c) 所示。而对于间接型结构，由于非晶硅 p-i-n 光电二极管自身的结电容值 C_P 较大 (通常为 pF 量级)，可作为像素的存储电容，因此一般不再配置额外的存储电容，如图 5.2(d) 所示。

直接型探测技术具有下列优势：

(1) 空间分辨率高。因无需中间层转换，而是直接进行从 X 射线到电荷信号的转换，故直接探测的散射效应甚微。而且，a-Se 层垂直方向的电场强度较高，故几乎只存在垂直方向的电荷移动，因此在图像捕捉期间，a-Se 层水平方向载流子扩散效应造成的空间分辨率损失可以忽略不计。

(2) 制备工艺兼容性好。如图 5.2(a) 所示，入射的 X 射线直接与光电导层 (a-Se) 相互作用产生电子空穴对，TFT 阵列顶层与 a-Se 层底部的接触面仅需要设置绝缘介质层和金属电极层即可，而存储电容通过像素电极与 a-Se 光电导体连接。因此，TFT 与存储电容可同步制备，探测器与 a-Si:H TFT 的制备工艺兼容度高。

基于以上优势，直接型探测技术适用于对成像空间分辨率和细节辨别要求高的场合，例如乳腺 X 射线摄影 (Mammography) 等。不过，直接探测方法也存在一些明显的缺陷，使其技术和应用的发展受到限制。主要缺陷和不足如下：

(1) 光电元件驱动电压高。在采用 a-Se 光电转化元件的情况下，其驱动电路通常工作在 10kV 以上。高压会导致 a-Se 暗电流增大，使像素的开关 TFT 与电容连接的源漏极电压升高，关态泄漏电流增大，甚至击穿等。因此，需要设置额外的保护电路，这使得读出面板及读出电路的结构都变得复杂。

(2) 光电元件热稳定性差。非晶硒材料在长时间 X 射线的照射下，容易被诱导结晶，而晶化后的 a-Se 的导电性会增强，即暗电流增大，等效暗电流噪声增加，探测器的信噪比下降。

(3) 读出速度难以提高。直接型探测器每次信息采集之后，必须在下一次曝光之前对探测器进行修整复位。该过程包括用光照射探测器层以清除捕获在 TFT 背板与 a-Se 界面处的电子，这一般需要几十秒的时间，显然不适用于读出帧率高的动态 X 射线摄影场合，例如荧光透视(Fluoroscopy)等。

随着便携式无线平板探测器技术的发展，上述直接型探测技术的问题，特别是高压偏置需求，成为大的挑战。另一方面，间接型探测器和技术适合于更多的应用场景，故成为目前 X 射线医学影像的主流技术。间接型 X 射线探测的应用场景包括：胸透 X 射线影像、骨科 X 射线影像、牙科 X 射线影像等。间接型探测技术的主要优势如下：

(1) 闪烁体稳定性高、寿命长。间接型探测器采用闪烁体，如碘化铯(CsI)等材料进行 X 射线到可见光的转换，其工作温区宽，可在高温环境下使用，且不需要高压偏置和控制，故具有较长的使用寿命。而直接探测所需的 a-Se 光电导材料易受温度变化影响，且光记忆效应需要擦除等。

(2) 成像速度快、噪声小。间接型探测器虽然也有残影等问题，但通过中间插帧消除的方法可以快速（毫秒级）清零，比 a-Se 的休整时间(秒级)要短的多。而且 a-Si p-i-n 光电二极管的暗态电流要比 a-Se 的暗态电流小很多，故探测器的噪声性能更优。

不过，间接型探测器仍存在不足及待改进之处，主要包括：

(1) 探测量子效率(DQE 值)较低。传统的闪烁体往往会存在 X 射线散射和吸收不完全等问题，导致系统的探测量子效率(DQE 值)较低。对此，需提升闪烁体材料的工艺技术水平，将闪烁体材料的有效密度提高到 80%以上。近年来，闪烁体的蒸镀工艺取得了明显的进步，通过直接在 TFT 面板上蒸镀一层细小针型柱状的碘化铯晶体，可以显著提高 X 射线的吸收量和光子转换率。

(2) 间接型探测器的生产制备周期较长。如图 5.2(b)所示，基于 a-Si 技术的平板探测器的 TFT 阵列与 p-i-n 光电二极管阵列的制备工艺是串行的，即在基板上首先完成 TFT 阵列制备之后，再在 TFT 之上进行 p-i-n 二极管阵列的制备，而且 p-i-n 光电二极管层的 i 层通常较厚(微米量级)，故生长时间较长，导致探测器整体的制作周期偏长。

尽管上述直接型和间接型探测器的工作原理有所不同，但是这两类探测器的外围读出电路和成像系统的总体结构是大致相同的。图 5.3 示意了 X 射线平板探测的系统架构，包括探测阵列、栅极驱动电路、电荷放大器、模拟/数字转换器（ADC）和时序控制电路等。

探测器的感光区域是一个二维光敏像素阵列，由百万级别以上的等间距探测像素构成。像素的光电传感元件接收 X 射线光电信号。对于直接探测，像素传感单元接收的是通过光电导材料转化而来的光生电荷信号。对于间接探测，像素传感单元接收的是经过闪烁体转化的可见光信号。通过 TFT 有源矩阵可以独立地采集和处理各个像素单元的感光信息，因此，原理上有源矩阵式图像传感器可以实现高通量的图像传感。

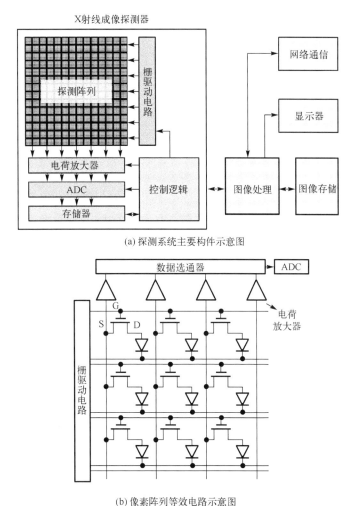

(a) 探测系统主要构件示意图

(b) 像素阵列等效电路示意图

图 5.3　X 射线平板探测器系统架构示意图

外围的栅极驱动电路负责探测阵列的寻址，一般以逐行扫描的方式打开 TFT 阵列，分时地读出各行像素中的光电信号。列读出电路则并行地将不同列像素光电信号读出，通过列读出电路的多路选择器、电荷放大器、ADC 等转化为时间上串行的数字信号，送到外部设备的计算机系统进行计算、校正、图像重构及存储等，再通过外部显示器将被探测对象内部结构的影像展示出来，并呈现出相应的分析结果。

5.2.2　无源和有源像素探测

图像传感器的像素电路通常有两种结构，即无源像素探测（Passive Pixel Sensing, PPS）和有源像素探测（Active Pixel Sensing，APS）结构。前者的像素电路（PPS）是将光电探测元件产生的光电信号直接读出至输出端，故称之为无源探测。而后者的像素电路（APS）具有在像素内对光电探测元件产生的光电信号进行放大甚至处理的功能，故称之为有源探测。就基于 TFT 有源矩阵的 X 射线图像传感器而言，PPS 技术已经比较成熟，已实现产业化多年，而 APS 技术仍处于研究和开发之中，尚未能实现量产。以下介绍 PPS 和 APS 探测的基本原理。

5.2.2.1　无源像素探测（PPS）

图 5.4 示意了 X 射线成像传感器用 PPS 电路的基本结构。该电路由一个光电探测元件（Sensor）和一个开关 TFT 构成。探测元件将接收的光信号转化为电信号，并将之存储于电容器。然后，开关 TFT 打开，将电容器上存储的电荷（电压）信号输送到外部的读出电路。由于读出过程是把输入信号直接转移到输出端，因此 PPS 电路的电荷增益值不可能大于 1，换言之，PPS 电路不具有信号放大能力。而且，电荷从像素到外部读出电路的完全转移需要较长的时间，这在后续的电路实例部分将有详细分析。

目前，大尺寸平板 X 射线成像探测大都采用 PPS 技术。PPS 技术具有电路结构简单和工艺技术较为成熟的优势。得益于 AMLCD 和 AMOLED 显示技术和产业的稳步发展，TFT 的有源阵列背板设计和制造技术已经非常成熟，工业基础齐备。然而，就 X 射线成像探测器的 PPS 阵列而言，需要在 TFT 阵列制备之后再在其上制造 a-Si 的 PD 阵列，这就使得 PPS 探测阵列的制备难度又明显高于显示驱动用的 TFT 阵列。

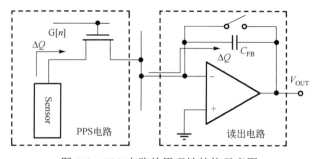

图 5.4　PPS 电路的原理性结构示意图

5.2.2.2　有源像素探测（APS）

上述 PPS 技术具有像素结构简单和工艺成熟的优势，是目前 X 射线成像传感器采用的主流技术。但是，PPS 电路信噪比低、电荷转移时间长，这限制了其在高帧率、高动态范围 X 射线影像场景的应用。如果有源矩阵的像素电路具有信号放大功能，这就不仅能提高 X 射线探测的灵敏度，还能大幅提高其信噪比。APS 探测技术是在像素内构建信号放大器，使得像素本身就具有信号放大能力。

图 5.5 为 TFT 集成的 APS 电路的原理性结构示意图[3-5]。像素电路由一个光电探测元件（Sensor）和一个内部集成的放大器构成。光电探测元件产生的信号电荷在像素内部被转化为电流，并由放大器将该电流放大后再输送至像素外部的读出电路。

APS 技术可以将低剂量 X 射线产生的微弱小信号放大读出，可提升探测信噪比。相比于 PPS 的电荷读出方式，APS 电路采用电流读出的方式，而读出电流通常恒定，不会在读出过程中越来越小，故可获得快得多的读出速度。这种技术非常适合于低剂量 X 射线成像，例如口腔、乳腺组织成像，也适合于 CT 等实时医用影像，使 X 射线技术从静态成像扩展到动态成像应用。这一技术的应用有望推动 X 射线成像领域的进一步发展，为实时医学影像等领域提供可靠和高效的大面积和低成本解决方案。不过，TFT 集成的 APS 技术目前还很不成熟，仍处于研发之中，要实现真正的产业化，还需攻克诸多技术难题，对此，本章的后续部分将有详细的分析与讨论。

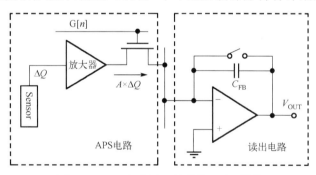

图 5.5　APS 电路原理性结构示意图[3-5]

5.2.3　探测器主要性能参数

在分析了 X 射线成像的基本工作原理之后，以下简单说明 X 射线成像技术的主要性能参数，包括：探测器面积、空间分辨率、像素尺寸、动态范围、读出帧率、电荷增益、X 射线剂量等。

空间分辨率：空间分辨率反映了成像系统能够分辨和显示的最小细节，通常定义为一个图像内能够分辨出黑白相间线条的能力。一对黑白相间的线条被称为一个线对（line pair, lp），空间分辨率的单位为：线对数/毫米（lp/mm），即 1 毫米内能区分的线对数。该数值越大，则代表图像的空间分辨率越高。不同医学成像应用对空间分辨率的要求各不相同，以乳腺造影(Mammography)和数字乳腺摄影(Digital Breast Tomosynthesis，DBT)为例，它们的典型像素尺寸分别为 140 μm × 140 μm 和 50 μm × 50 μm，对应的空间分辨率分别是 3.5lp/mm 和 10lp/mm。

空间分辨率与像素的尺寸、像素排列方式、探测的灵敏度、动态范围以及信噪比等有着密切的关系。为了获得较高的空间分辨率，像素电路结构应该尽可能简单，TFT 的尺寸以及寻址线和读出线的线宽线距等都应该尽可能地小。

动态范围：动态范围(Dynamic Range，DR)是指成像传感器能够探知的 X 射线输入剂量的最大值(Dmax)和最小值(Dmin)之比，式(5-1)是它的具体表达式。动态范围越大，意味着所成图像的结构细节越丰富，图像的质量就越高。更大的动态范围还表示传感器可以探测到更低的辐射剂量，这在实际应用中具有重要意义。

$$DR = 20\lg\left(\frac{D_{max}}{D_{min}}\right) \tag{5-1}$$

帧率：帧率是用来衡量图像传感器响应速度的指标，又称为时间分辨率，它表示单位时间内能够捕获图像的帧数，通常以帧每秒(fps)为单位。对于需要实时成像的应用，如计算机断层扫描成像，高帧率至关重要。以人体软组织实时成像为例，要求帧率超过 30fps。帧率主要受限于 TFT 的响应速度，这与 TFT 的尺寸和迁移率紧密相关。

表 5.1　三个常用 X 射线成像技术的主要性能参数[1]

性能参数	骨骼检查	乳腺检查	心脑血管造影及肺部 CT
像素尺寸/μm	150	50	250
阵列尺寸/cm×cm	～43×43	～18×24	～20×20 / 40×80
曝光时间/s	0.35～4	0.1	0.01
帧时间/s	5	0.8	0.033
帧率/fps	0.2	1.25	30
X 射线剂量/mR	0.03~3	0.6~240	0.0001~0.01

电荷增益：电荷增益(Charge Gain)被定义为读出电荷量与输入电荷量之比。前文的分析表明，PPS 的电荷增益不会超过 1。而对于 APS 电路，由于内部具有放大功能，其电荷增益通常可远大于 1。

目前，医用 X 射线探测成像技术主要应用场景包括：高密度人体组织(如骨骼)检查的数字 X 射线成像(Radiography)、软组织细节的乳腺 X 射线成像(Mammography)以及动态实时的 X 射线荧光透视(Fluoroscopy)等。表 5.1 列出了这些应用对应的 X 射线成像探测器的指标参数。以乳腺造影(Mammography)为例，像素尺寸需减少到 50 μm，以便实现对微小病灶的高分辨率检测。而对于动态透射造影(Fluoroscopy)，要求成像帧率达到 30fps，即每帧图像的时间要小于 0.033s，以满足实时动态显示的要求。此外，需要注意的是 X 射线对人体的辐射可能会造成伤害，因此在 X 射线成像过程中，曝光剂量总是希望尽可能的低，以减少潜在的风险。

5.3　无源像素探测(PPS)TFT 电路

如前所述,间接型 PPS 技术仍是当前主流的大尺寸 X 射线成像传感器技术。PPS 电路结构相对比较简单，一般由一个光电探测元件和一个(或两个)开关晶体管构成。光电探测元件通常是光电二极管(PD)，而开关晶体管通常是各类薄膜晶体管(TFT)。目前商用的大尺寸平板探测器采用的 TFT 和 PD 都是由非晶硅材料制得。虽然非晶硅技术已经非常成熟，但非晶硅 TFT 的迁移率很低，限制了像素电路的读出速度。因此，近年来，有很多机构在研究氧化物和多晶硅的 PPS 技术，意图用高迁移率的氧化物或多晶硅 TFT 替代非晶硅 TFT，从而获得读出速度更快、可以实现高帧率动态成像的 PPS 技术。另一方面,开发新型的光电晶体管(Photo-Transistor, PT)来代替传统的 PD 以获得更佳的光电转化性能，也是一个重要的研究方向。

5.3.1　基于光电二极管(PD)的 PPS 电路

本节描述基于 PD 的 PPS 电路设计，内容包括：介绍电路结构和工作时序，分析其基本工作过程，推导 PPS 读出速率和阵列规模对 TFT 迁移率、泄漏电流等器件参数的要求。然后再分析和讨论 PPS 电路的噪声特性，以及相关双采样技术对 PPS 电路的噪声的抑制和其信噪比的提升。

图 5.6 给出了一种典型的基于 PD 的 PPS 电路方案，其中(a)为像素电路结构，(b)为其工作时序。该像素电路由一个 PD 和一个开关 TFT(T1)构成，其中，C_P 是 PD 自带的寄生电容，用于存储 PD 产生的电信号。外围读出电路包括电荷积分器和 ADC 等。电荷积分器是由放大器、反馈电容 C_{FB} 和开关 SW 构成，开关 SW 为高电平闭合(下文的开关 SW 无特殊说明均为高电平闭合)。像素内的电荷经由开关 TFT 读出到外部电荷积分器。该像素电路的工作时序图如图 5.6(b)所示，主要分为三个阶段：复位阶段、光照积分阶段和读出阶段。

(1)复位阶段：各行的行扫描信号 G[n]全为高电平，所有像素的 T1 打开。该阶段的主要作用是使像素内部节点 IN[n]和输出端电压 V_{OUT} 复位到参考电平 V_{REF}。V_{REF} 是一个高电平，使得像素 PD 工作在反偏状态。

(2)光照积分阶段：该阶段像素电路的 T1 关闭，工作在反偏状态的 PD 受 X 射线转换的光信号作用产生光电流 I_{PH}，C_P 上的电压因放电逐渐下降。设曝光时间为 t_{INT}，则导致的电荷减少量 ΔQ_{IN} 形成输入信号量，其值由下式给出：

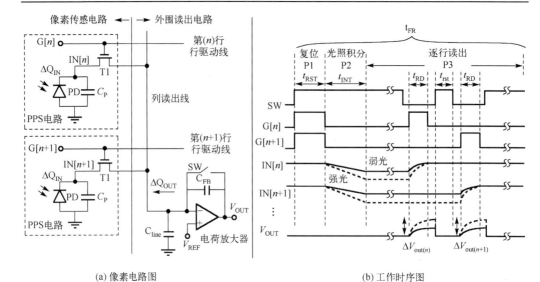

(a) 像素电路图   (b) 工作时序图

图 5.6   典型的基于 PD 的 PPS 电路方案

$$\Delta Q_{\mathrm{IN}} = \int_0^{t_{\mathrm{INT}}} I_{\mathrm{PH}} \mathrm{d}t \tag{5-2}$$

(3) 读出阶段：行扫描信号 G[n]逐行变为高电平，T1 打开。各个像素 C_{P} 上探测到的信号电荷量 ΔQ_{IN} 被逐行地被转移到列读出放大器的 C_{FB} 中。假设在读出过程中没有电荷损失，那么输出电压 ΔV_{OUT} 可以表示为

$$\Delta V_{\mathrm{OUT}} = \frac{\Delta Q_{\mathrm{IN}}}{C_{\mathrm{FB}}} \tag{5-3}$$

具体说来，读出阶段包含了顺序进行的三个操作，分别为反馈电容 C_{FB} 清零复位操作、$\mathrm{T_{RD}}$ 管开启操作和电容 C_{P} 复位操作，以下详细说明。

1) 反馈电容 C_{FB} 清零复位操作

在第 n 行像素 G[n]高电平脉冲到来之前，开关 SW 闭合将反馈电容 C_{FB} 短路，清除 C_{FB} 上电荷,避免第(n-1)行像素读出过程可能的残存电荷对第 n 行像素读出的影响。

2) $\mathrm{T_{RD}}$ 管开启操作

开关 SW 断开，于是放大器与 C_{FB} 构成电荷积分器。G[n]变为高电平，$\mathrm{T_{RD}}$ 管被打开。根据放大器的"虚短"和"虚断"特性，反相输入端电位为 V_{REF}（"虚短"），输入端的输入电流几乎为 0（"虚断"）。而 PD 阴极节点电位低于放大器反相输入端，信号电荷从放大器反相输入端向 PD 阴极节点转移。即瞬态电流仅对反馈电容 C_{FB} 充电，对信号电荷进行积分运算。由于 C_{FB} 左侧极板电位基本保持不变，故右侧极板电位上升，即 V_{OUT} 上升。

3) 电容 C_P 复位操作

放大器通过 T_{RD} 将 C_P 复位。V_{OUT} 被 ADC 电路采样后会在 t_{RST} 时间内复位为 V_{REF}，直到第 $(n+1)$ 行的读出阶段。在整个读出阶段，以上的 3 个操作逐行进行，直至探测板阵列最后一行的信号量读完，即一帧的图像读出完成。

上述 PPS 电路工作的复位阶段，要求所有的像素电路同时复位，而这个复位是由每一列线上的放大器来完成的，这可能存在放大器驱动能力不够而导致复位不完全的问题。如果复位时间过长，又将影响传感器读出帧率的提升。因此，在实际应用中，像素内往往会增加一个复位晶体管，由此增加了一条复位路径以增强复位功能，从而缓解复位不完全的问题。

图 5.7 给出了由 2 个开关 TFT 构成的 PPS 电路方案，其中 (a) 为像素电路图，(b) 为其工作时序图。如图 (a) 所示，该像素电路由一个 PD 和两个开关 TFT(T1、T2) 构成。该电路的工作同样分为三个阶段：复位阶段、光照积分阶段和逐行读出阶段。

(1) 复位阶段：所有行的 RST 与 G[n] 信号均为高电平，各个像素的 T1 和 T2 均开启，将 PD 的阴极复位至 V_{REF}。这样可以清除前一探测帧时像素阵列中的电荷残留，避免不同读出帧之间的干扰。与上述的 1-T 方案不同的是，该电路复位过程中每个像素内都有两条复位路径，保证 PD 的阴极被完全复位。

(2) 光照积分阶段：RST 及各行扫描信号 G[n] 都为低电平，T1 和 T2 关闭，工作在反偏状态的 PD 受 X 射线转换的光信号作用产生光电流 I_{PH}。C_P 上的电压因放电逐渐下降。

(3) 逐行读出阶段：在该阶段，行扫描信号 G[n] 变为高电平，T1 逐行打开，而 T2 保持关闭。储存在 C_P 上的电荷 ΔQ_{IN} 被转移到反馈电容 C_{FB}。读出阶段与 1-T 方案相同，这里不做赘述。

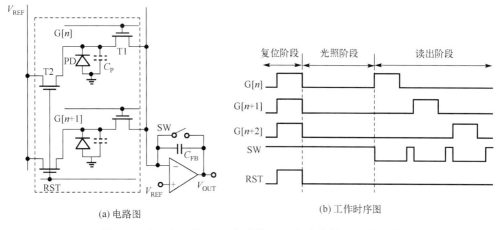

(a) 电路图　　　　　(b) 工作时序图

图 5.7　由 2 个开关 TFT 构成的 PPS 电路结构和工作时序

接下来分析对 PPS 电路的 TFT 和 PD 的性能要求。首先从读出速度(帧率)的角度分析对 TFT 迁移率的要求。在 PPS 电路中，信号的读出取决于电荷从探测节点转移到运放的反馈电容 C_{FB} 过程。其读出速度受 TFT 的导通电阻 R_{ON}、像素阵列的列读出线电阻 R_L 以及 PD 的电容 C_P 的影响。图 5.8 示意了 PPS 电路的读出阶段的等效电路模型。

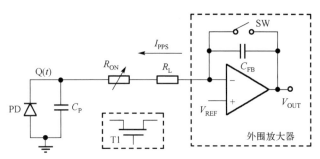

图 5.8　PPS 电路在读出阶段转移电荷的等效电路模型

在 PPS 电路的读出阶段，T1 导通且工作于深线性区，其等效阻抗值 R_{ON} 受到栅源电压 V_{GS} 的调制，可表示为

$$R_{ON} = \frac{1}{\mu C_{OX} \dfrac{W}{L} (V_{GS} - V_T)} \tag{5-4}$$

即 TFT 的导通电阻大小与迁移率成反比。

读出过程中，PPS 的瞬态电流 I_{PPS} 等于单位时间内 PD 的电荷变化量，即 $dQ(t)/dt$，也等于串联阻抗 R_{ON} 和 R_L 上的电流值，而电阻串上的压降值为 $V_{REF} - Q(t)/C_P$，故有以下方程式

$$I_{PPS} = \frac{dQ(t)}{dt} = \frac{V_{REF} - \dfrac{Q(t)}{C_P}}{R_{ON} + R_L} \tag{5-5}$$

求解上述方程，可以得到 $Q(t)$ 的表达式为

$$Q(t) = Q_{IN} + (V_{REF} \times C_P - Q_{IN})(1 - e^{-\frac{t}{\tau}}) \tag{5-6}$$

其中，Q_{IN} 为读出阶段之初(即光电积分阶段完成后)C_P 上的电荷量，τ 为读出时间常数，$\tau = R_T C_P$，其中 R_T 为 R_{ON} 和寄生线电阻 R_L 之和。当读出时间足够长之后($t \to \infty$)，C_P 上电荷量的变为 $V_{REF} C_P$。不难算出，当电荷转移比例要求达到 99% 以上时，即电荷变化量 $\Delta Q = Q(t) - Q_{IN} \geqslant 0.99 \times (V_{REF} C_P - Q_{IN})$，读出时间 $\geqslant 5\tau$。因此，电荷转移率 99% 的读出时间 t_{RD} 可以表示为

$$t_{\mathrm{RD}} = 5 \times (R_{\mathrm{ON}} + R_{\mathrm{L}}) \times C_{\mathrm{P}} \tag{5-7}$$

于是图像传感读出的帧时间可以表示为

$$t_{\mathrm{FR}} = t_{\mathrm{RST}} + t_{\mathrm{INT}} + N \times (t_{\mathrm{RD}} + t_{\mathrm{hold}}) \tag{5-8}$$

式中，t_{RST} 为复位时间，t_{INT} 为光照时间，t_{hold} 为行读出后信号被后端电路采集的时间以及放大器的复位时间。若成像帧率为 F，帧时间的主要部分是 TFT 阵列的逐行读出时间，若忽略复位时间、光照时间等，则 $\mathrm{Nt_{RD}} \leqslant 1/F$。于是，综合式(5-4)、式(5-7)和式(5-8)可以得到

$$\mu \geqslant \dfrac{1}{C_{\mathrm{OX}} \dfrac{W}{L} (V_{\mathrm{GS}} - V_T) \left[\dfrac{1}{5 \times N \times F \times C_{\mathrm{P}}} - R_{\mathrm{L}} \right]} \tag{5-9}$$

这里以荧光透视 X 射线影像为例，其探测帧率要求是 30fps 以上，帧时间 t_{F0} 则为 33ms。TFT 探测面板尺寸取 43cm×43cm，探测阵列规模 3000 行×3000 列，数据线电阻 R_{L} 的典型值取 13kΩ。其他典型参数包括，栅介质(300 纳米厚 SiNx)单位面积电容 C_{I} 约 12nF/cm^2，行扫描电压为 15V。TFT 宽长比取值为 5，考虑到像素面积、填充因子和工艺水平等因素，这个取值已经最大化。则根据式(5-9)可以推算到，TFT 的迁移率需高于 0.5cm^{2}V^{-1}s^{-1} 才可能满足探测帧率 30fps 及以上的 X 射线成像要求。这已是目前 a-Si TFT 技术能达到的最高水平，因此 a-Si TFT 技术要实现大信息量和高帧率探测是很困难的。

其次，分析 PPS 电路对 PD 和 TFT 的泄漏电流的要求。为了实现较高的成像对比度，电路的动态范围应该大于 60dB，即 $\mathrm{DR} = 20\lg(Q_{\max}/Q_{\min}) > 60\ \mathrm{dB}$。电路可探测的最大电荷量 $Q_{\max}$ 由具体的应用场景决定，其典型值约为 1pC，由动态范围可推算出最小可探测的电荷量 $Q_{\min}$ 约 1fC。由于 PPS 电路逐行读出的特点，泄漏电流对最后一行读出信号量的影响最大，因此考虑到最坏的情况，泄漏电流的最大值也不能够造成最后一行的信号量损失。即 TFT 泄漏电流应该满足的约束条件：$I_{\mathrm{OFF}} \times t_{\mathrm{FR}} < Q_{\min}$。在帧率为 30fps 时，每帧时间 t_{FR} 约为 30ms，可估算得到 TFT 的泄漏电流应小于 33fA。

从图 5.8 所示 PPS 电路偏置可以看出，PD 的漏电流对 C_{P} 而言是放电效应，而 TFT 的漏电流对 C_{P} 而言是充电效应，似乎两种漏电对电容节点的作用可以抵消。但考虑到极端情况，PD 和 TFT 的漏电都应小于 33fA。

虽然基于 PD + TFT 的 PPS 电路具有像素结构简单因而适用于高分辨率成像的特点，但它存在电荷增益低和噪声大等缺点。

1)电荷增益低

从式(5-6)和(5-7)可以得到 PPS 电路的电荷增益 G 的表达式为

$$G = \dfrac{\Delta Q_{\mathrm{OUT}}}{\Delta Q_{\mathrm{IN}}} = \dfrac{\Delta Q_{\mathrm{IN}} - \Delta Q(t)}{\Delta Q_{\mathrm{IN}}} = 1 - \mathrm{e}^{-\frac{t}{R_{\mathrm{T}} C_{\mathrm{P}}}} \tag{5-10}$$

由上式可知，PPS 电路的电荷增益在时间无限长时才能达到 1，故通常总是小于 1。如果要求电荷增益达到 0.99，则需要的行读出时间约 $5R_TC_P$。对于低剂量 X 射线探测，信号量 ΔQ_{IN} 更微弱，PPS 电路电荷增益低的问题会更为突出。尤其对于动态 X 射线探测，行读出时间变短，读出电荷损失量更大，电荷增益更低。虽然可以通过外围的电荷放大器将信号量放大到较高的水准，从而进入 ADC 的线性工作区间，但在 PPS 阵列和外围读出电路的连接线数量多且长的情况下，PPS 阵列会产生较大的噪声量。上述电荷增益低的问题，会导致探测器的信噪比低，成像效果差。

2)噪声量大

PPS 电路存在大的输入参考电子噪声(Input Referred Noise)。输入参考噪声即在传感器输入端的等效电子噪声，其定义为输出参考噪声除以直流增益，一般用电子数 e^- 来表示。TFT 集成的 PPS 电路的输入参考噪声通常大于 $1000e^-$，不适用于低剂量探测，这些噪声包括了 PD 的暗电流噪声、复位噪声和外围读出电路噪声(运算放大器的噪声、列线寄生电容 C_{line} 的噪声等)。PPS 电路中较大的等效参考噪声量对噪声敏感的医疗成像，特别是对实时成像(如荧光透视检查)应用来说是一个不利因素。在实时探测成像时，等效参考噪声量要求小于 $1000e^-$。PPS 电路的直流增益小于 1，故对外围读出电路的噪声抑制能力很弱。

图 5.9 为 PPS 电路及其等效噪声源的小信号电路模型示意图[6]，其忽略了复位管的热噪声和闪烁噪声。

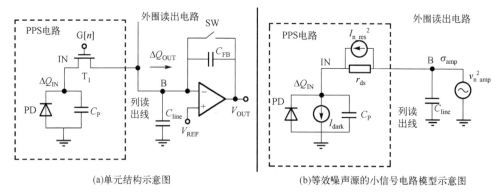

(a)单元结构示意图   (b)等效噪声源的小信号电路模型示意图

图 5.9　PPS 电路的单元结构示意图和等效噪声源的小信号电路模型示意图[6]

(1)PD 和 TFT 的暗电流噪声 σ_{PD} 为

$$\sigma_{PD} = \sqrt{\frac{I_{dark}t_{FR}}{q}} \tag{5-11}$$

式中，I_{dark} 为 PD 和 TFT 的暗电流值，q 为电子电荷量(1.6×10^{-19}C)，t_{FR} 为帧时间，在帧频为 30fps 时，t_{FR} 约为 33ms。

（2）复位噪声 σ_{reset}。如图 5.9 所示，复位噪声主要是由 T1 的等效电阻 R_{ON} 和 C_{P} 在复位过程产生的噪声，其表达式为

$$\sigma_{\text{reset}} = \frac{\sqrt{kTC_{\text{P}}}}{q} \tag{5-12}$$

式中，T 为温度，k 为玻尔兹曼常数，其值为 $1.38\times10^{-23}\text{eV/K}$。

（3）外围读出电路噪声 σ_{amp}。对于大面积 X 射线探测器而言，外围读出电路会引入比较大的噪声量，主要来源于运算放大器和列读出线的寄生电容 C_{line}。σ_{amp} 的典型值为 $1000e^-$。假定读出像素的电荷增益为 G，则折算到输入端的外围读出噪声量为 σ_{amp}/G。

由于这些噪声都是非相关噪声，于是探测节点的总的输入参考噪声量 σ_{pps} 为

$$\sigma_{\text{PPS}} = \sqrt{\sigma_{\text{PD}}^2 + \sigma_{\text{reset}}^2 + \left(\frac{\sigma_{\text{amp}}}{G}\right)^2} \tag{5-13}$$

可见，减少 PPS 电路噪声的方法有：①减少 PD 和 TFT 的暗电流，或者帧时间 t_{RF}，从而减少暗电流噪声 σ_{PD}；②减少像素内电容 C_{P} 的值，以及在较低的温度下工作，以减少复位噪声 σ_{reset}；③减少列线上寄生电容 C_{line}，或者增加像素的电荷增益 G，以减少外围读出电路噪声 σ_{amp}。

以上减少 PPS 电路的噪声量的方法理论上是有效的，但实际使用时会遇到各种限制。例如，PPS 电路的 PD 和 TFT 的泄漏电流应尽可能低，但受工艺水平的限制，上述漏电减少的空间非常有限。再例如，可通过减少帧时间 t_{FR} 来抑制暗电流噪声，但这会导致电荷转移不充分和电荷增益降低。此外，减少像素内存储电容 C_{P} 可抑制复位噪声，但这会降低 PPS 探测的动态范围。

对于像素尺寸 $140\mu\text{m}\times140\mu\text{m}$ 的 PPS 电路，C_{P} 的典型值为 1pF，代入公式后可算得 $\sigma_{\text{reset}} = 402e^-$，输入参考噪声 $\sigma_{\text{pps}}=1525e^-$。就动态成像应用而言，输入参考噪声在小于 $1000e^-$ 时才能获得好的成像效果。PPS 电路很难达到这样的水平，故难以用于动态成像领域。

为增加 PPS 电路下 X 射线成像的信噪比和扩大其动态范围，读出电路系统端常采用相关双采样（Correlated Double Sample，CDS）的方法来有效地降低 PPS 阵列的噪声。图 5.10 示意了基于 CDS 方法的 PPS 电路及其外围读出电路和其工作时序[6]。PPS 像素阵列的读出线依次耦合到电荷积分器和 CDS 电路，电荷积分器包括运算放大器和反馈电容，其将微弱的输入信号电荷量转换为电压变化量输出。通过 CDS 电路可消除像素阵列性能分布不均匀而引起的固定图案噪声（Fixed Pattern Noise，FPN）。

下面以第 n 行为例来说明 CDS 电路的工作过程。曝光积分过程（Ⅰ）完成后，进入逐行读出阶段（Ⅱ），开关 SW 闭合，反馈电容 C_{FB} 短接，以清除第 $(n-1)$ 行像素读

出后可能残存的电荷。随后，开关 SW 断开，反馈电容 C_{FB} 与运算放大器构成积分器，为第 n 行像素信号电荷的读出做准备。

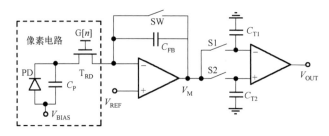

(a) 像素及其片外读出电路

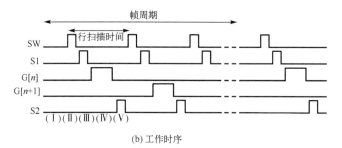

(b) 工作时序

图 5.10   PPS 电路的相关双采样(CDS)读出方法示意图[6]

在(Ⅲ)阶段进行第一次采样，在第 n 行读出之前开关 S1 闭合，将此时积分器的输出值 V_0 存储于 S1 支路的电容 C_{T1}，得到"暗态"下的输出电压。

在(Ⅳ)阶段，G[n]变为高电平，读出开关管 T_{RD} 被打开。存储电容 C_P 上电荷转移到反馈电容 C_{FB}，引起的输出端的电压变化量 ΔV 可表示为

$$\Delta V = -\frac{Q_{INT}}{C_{FB}} = -\frac{\int_0^{t_{INT}} I_{PH} \mathrm{d}t}{C_{FB}} = -\frac{C_P}{C_{FB}} \Delta V_A \tag{5-14}$$

随后 G[n]的电位拉低，T_{RD} 管关断，反馈电容 C_{FB} 上存储了电荷量 $C_{FB} \cdot \Delta V$，此时，积分器输出端电压 $V_1 = V_0 + \Delta V$。

在(Ⅴ)阶段进行第二次采样。此时，积分器的输出 V_1 存储于 S2 支路的电容 C_{T2}。于是，AMP 的正相输入端 V_1 和负相输入端 V_0 的差值就仅包含着光照信息，而相关的噪声量被作差减掉。

5.3.2   基于光电晶体管(PT)的 PPS 电路

与传统的 a-Si 光电二极管相比，光电晶体管(PT)潜在地具有诸多优势。PT 在结构上与常规的晶体管类似，所以 PT 可以和开关 TFT 同时制备。PT 和常规 TFT

的不同之处在于，PT 的有源区同时也是光探测区域。当光照射到 PT 的有源区时，光子将激发产生出电子-空穴对，光生载流子在源漏电压驱动下形成光生电流。与 PD 不同，PT 可以通过栅电压对光电流进行调制，故潜在具有一定的光信号放大能力。此外，PT 与开关 TFT 可以采用同一类沟道层，即像素电路的 PT 与开关 TFT 可同时制作，这可大大缩短探测器面板的制作周期，从而降低制造成本。不过，PT 在响应速度和频率响应范围上相比于 PD 还处于劣势，需要进一步改进。目前，非晶硅 PT 和金属氧化物 PT 是有应用前景的 PT。

5.3.2.1　非晶硅 PT 型 PPS 电路

图 5.11 为一组实测的非晶硅 TFT 的光电特性曲线，其中(a)为在不同光功率密度下的转移特性曲线，(b)为光电流与光功率密度关系的曲线[7]。入射光的波长为 520nm，非晶硅 TFT 的沟道宽长比为 240μm/5μm。暗态下器件的阈值电压 V_T 约为 0V，亚阈斜率为 $0.8V \cdot dec^{-1}$。当栅电压 V_G 在 -10V 到 -5V 区段，器件的泄漏电流与输入光功率密度呈现出较高的线性度。目前，非晶硅 PT 的一个有待改进之处是其光响应(灵敏)度目前还不是很高，甚至低于非晶硅 PD 的响应度。

图 5.12 示意了基于非晶硅 PT 的 PPS 电路方案，其中(a)为像素电路和片外积分器电路，(b)为电路的工作时序[6]。如图 5.12(a)所示，该 PPS 电路由一个光电晶体管(T_{PH})，一个开关管(T_{RD})和一个存储电容 C_P 组成。与 PD 的情况不同，这里的 C_P 是额外设置的。此外，开关晶体管因与 PT 在同一层，故需在其上制备遮光层，以避免光信号对其电特性的影响。该像素电路的栅驱动信号有两组，分别为 R[n]和 G[n]。此外，V_{BIAS} 是全局动态偏置信号。如图 5.12(b)所示，该电路的工作分为复位、曝光积分和读出阶段，下面具体叙述。

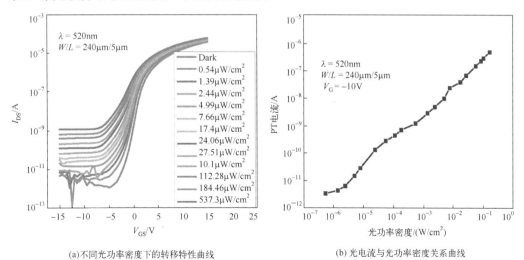

(a)不同光功率密度下的转移特性曲线　　　　(b) 光电流与光功率密度关系曲线

图 5.11　非晶硅 TFT 的光电特性[7]

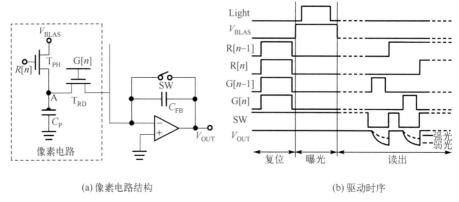

(a) 像素电路结构   (b) 驱动时序

图 5.12　基于 PT 的 PPS 电路方案 [6]

（1）复位阶段：全局信号 V_{BIAS} 为低电平，复位信号 R[n] 为高电平，T_{PH} 打开，将 A 点复位。扫描信号 G[n] 与 SW 控制信号为高电平，SW 闭合，T_{RD} 打开，为 A 点提供另一条复位路径，减小 V_{BIAS} 全局复位的压力。

（2）曝光阶段：全局偏置电压 V_{BIAS} 为高电平，R[n] 和 G[n] 信号都切换到低电平，T_{PH} 与 T_{RD} 关断。因 A 点为低电位且 V_{BIAS} 为高电位，故光照下 T_{PH} 产生的光生电流 I_{PH} 对存储电容 C_P 进行充电，节点 A 电位上升。若曝光时间为 t_{INT}，电容 C_P 存储的电荷量 ΔQ_{IN} 为

$$\Delta Q_{IN} = \int_0^{t_{INT}} I_{PH} \mathrm{d}t \tag{5-15}$$

在此期间，开关 SW 闭合，反馈电容 C_{FB} 被短接，电容极板上电荷被清零，为读出信号电荷做准备。此时，放大器构成电压跟随器，根据放大器的"虚短"特性，输出电压 V_{OUT} 为 0V。

（3）读出阶段：在全阵列曝光积分过程完成之后，V_{BIAS} 偏置到低电平，降低 T_{PH} 的源漏间电压差，从而减小 T_{PH} 的暗态漏电。进入读出阶段，栅极驱动信号 G[n] 逐行输出高电平脉冲，逐行打开 T_{RD} 管将像素电容 C_P 存储的信号电荷量 Q_{IN} 转移读出。

该方案利用了光电管 T_{PH} 的传感和开关复位两个功能，可及时复位存储电容 C_P。PPS 电路的读出方式为电荷的转移，在光照阶段结束后，首行像素内的电荷会被立即读出，而末行像素内的电荷需要等待几乎一帧的时间才会被读出。在此一帧期间，存储电容会因 T_{PH} 漏电持续放电，引起信号的失真，故需抑制 T_{PH} 的暗态泄漏电流对积分信号电荷量造成的噪声干扰，尤其在开关 TFT 具有较高的关态泄漏电流情况下。这里对于最低关态漏电流的要求可参考上一小节的相关分析。值得指出的是，在用光电 TFT 代替了 PD 时，若光电 TFT 与开关 TFT 采用同一制程，则泄漏电流主要来自光电 TFT，原因如下：①光电 TFT 的源漏电压通常高于开关 TFT。光电 TFT 的源漏电压通常为电源电压与地电位之差，约 10V，而开关管 TFT 的源漏电压

由光电流导致的像素电容上电压变化所决定，其值通常小于 1V。②光电 TFT 的尺寸通常要比开关管尺寸大得多。为了获得高响应度，光电 TFT 的尺寸通常占整个像素面积的 1/2 以上，而开关管的尺寸一般为最小尺寸的 2~3 倍。

图 5.13 给出了一个可减少暗态电流的 PT 型 PPS 电路方案[6]，其中，(a)为像素电路，(b)为驱动时序。相较于图 5.12 所示的电路，该 PPS 电路的 PT 支路上串联一个开关管 T_{INT}，该开关管可以是一个长沟道的小宽长比的器件，故具有低的关态泄漏电流。因此，即使 PT 的宽长比很大，其本身泄漏比较严重，但其支路的泄漏电流由 T_{INT} 决定，故仍可维持较低的量。工作时序方面，除增加了 T_{INT} 栅电极的控制信号外，其他部分则与 5.12(b)所示的基本相同。在光照积分阶段，T_{INT} 的栅极控制信号 INT[n]为高电平，使 T_{PH} 正常输出光电流给 C_P 充电；在读出阶段，信号 INT[n]为低电平，T_{INT} 断开，形成低漏电的 T_{PH} 支路。值得一提的是，T_{INT} 不仅可以起到减小关态泄漏电流的作用，而且还可在电荷转移读出完成后打开，及时对存储电容进行清零复位，消除可能的图像残影。

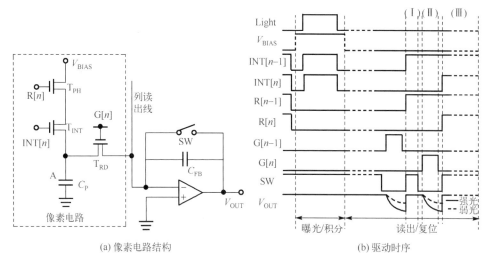

(a) 像素电路结构　　　　　　　　　　(b) 驱动时序

图 5.13　PT 支路串联一个开关 TFT 的 PPS 电路方案[6]

5.3.2.2　氧化物 PT 型 PPS 电路

氧化物半导体为宽带隙材料，通常对可见光是透明的。但是，非晶态的氧化物半导体的带隙中存在大量的氧空位缺陷态，并且在多元金属结构下，其带隙宽度有一定的可调节范围，故对较短波长的可见光有一定的响应度，可以用作光电探测材料[8-10]。与非晶硅 PT 相比，氧化物 PT 潜在具有更高的响应度，而与非晶硅开关 TFT 相比，氧化物开关 TFT 具有快得多的读出速率[11,12]。而且，氧化物 TFT 的关态泄漏电流(暗态电流)要比非晶硅 TFT 低很多，这有利于实现低噪声探测，再加上高的响应度，氧化物 PT 潜在可以实现高信噪比探测。

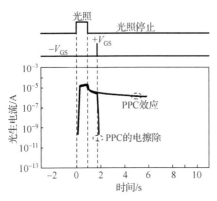

图 5.14 氧化物 TFT 的 PPC 效应
及其电擦除(来自作者实验室)[13]

但是,氧化物 TFT 存在持续光电导效应,这对光探测应用来说是不利的。氧化物半导体受到光照后,体内存在的中性氧空位受光子激发发生电离。由于晶格弛豫效应,电离的氧空位在光照停止后要经过很长时间才能恢复到原始中性状态,这使得光电导在光照停止后的一个相当长时间内继续存在。如图 5.14 所示,氧化物 TFT 在光照时产生光生电流,但当光照停止后,光生电流并没有消失,而是持续存在很长时间,这就是所谓的持续光电导(Persistent Photo-Conductivity,PPC)效应。对于 X 射线影像探测,PPC 效应会引起图像的残影,因此在使用氧化物 PT 时,要考虑如何在每次探测后能及时消除 PPC 效应。研究表明,可以通过对氧化物 TFT 的栅极施加一个正脉冲(如图中的 +Vgs 脉冲)来消除 PPC 电流,即施以一个脉宽很小(微秒量级)的正向电压作用后,TFT 的关态暗电流可恢复到光照之前的状态。进一步的研究表明,在双栅氧化物 TFT 情况下,PPC 可以得到理想的擦除[13-15]。

图 5.15 所示的为基于氧化物 PT 和开关 TFT 集成的全氧化物 PPS 电路方案[13],其中,(a)为电路结构,(b)为其工作时序。在电路结构上与前面介绍的非晶硅 PPS 电路(图 5.13 所示)基本相同。不同之处在于,在工作时序上增加了消除 PPC 效应的操作。考虑到氧化物 TFT 的 PPC 效应的完全消除需要在双栅驱动模式下进行,因此,在该全氧化物的 PPS 电路中,氧化物 PT 为双栅 TFT。如图 5.15(b)所示,该电路的工作可以分为 PPC 消除阶段,光照积分阶段和读出/复位阶段。

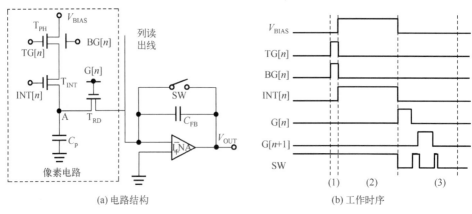

图 5.15 基于氧化物 PT 的 PPS 电路方案[13]

（1）PPC 消除阶段：顶栅和底栅控制信号，即 TG[n] 和 BG[n] 均为高电平，故 PT 处于开态。此时，V_{BIAS} 为低电平，同时 INT[n] 信号也为低电平将 T_{INT} 关断，故 PT 虽然处于开态，但其支路中没有电流对 C_P 充电。这一阶段主要是对 PT 施加正向脉冲，以消除其可能保持的光电导，避免前后帧图像的干扰。

（2）光照积分阶段：TG[n] 和 BG[n] 信号均换到低电平，PT 进入关态。V_{BIAS} 变为高电平，同时，INT[n] 信号切换为高电平打开 T_{INT}，使得 PT 产生的光电流可对电容 C_P 充电。此时 G[n] 信号保持为低电平，T_{RD} 保持关断，避免了读出前 C_P 上的电荷泄漏。

（3）读出/复位阶段：光照停止，V_{BIAS}、TG[n]、BG[n] 和 INT[n] 信号都为低电平。此时，由于 PPC 效应，PT 仍具有光电导，不过在双栅负偏置下，PT 呈现截止态的暗电流。即使 PPC 仍然存在，支路上有串联的并处于关态的 T_{INT}，这有效防止了电容 C_P 上电荷的泄漏。G[n] 逐行输出高脉冲信号，在高电平时间内将 C_P 上的电荷转移到外部读出电路，同时，对 C_P 的电压进行复位。

从上述工作过程可见，与之前的非晶硅 PT 型电路相比，该电路工作增加了消除氧化物 TFT 的 PPC 的操作，这一定程度上增加了驱动时序的复杂度。不过，也存在这样的可能性，即利用 PPC 效应构思出新颖的像素电路和工作模式，获得更高性能的探测技术。

图 5.16 给出了一种利用氧化物 PT 的 PPC 效应简化像素电路结构的 PPS 电路方案[16]。其中，(a) 为像素电路阵列示意图，(b) 为控制时序。如图 5.16(a) 所示，单个像素内仅由一个双栅结构的氧化物 TFT(T1) 构成，其兼具感光和开关功能。像素的驱动控制信号则包括了一个全局偏置信号 VB、一个全局控制信号线 TG、一个行扫描信号 BGn，以及数据线 DATA 等。TG 连接所有 T1 的顶栅电极，BGn 连接第 n 行像素的 T1 的底栅电极，VB 连接所有 T1 的漏极，DATA 线连接每一列像素的 T1 的源极。如图 5.16(b) 所示的时序，电路的一帧工作过程有三个阶段：初始化、光照和逐行读出。

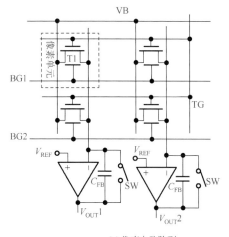

(a) 像素电路阵列

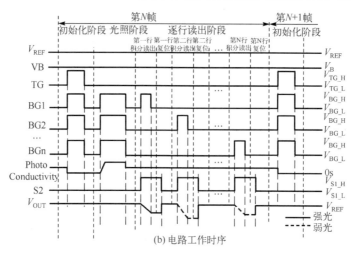

图 5.16　利用 PPC 效应的精简 PPS 电路方案[16]

（1）初始化阶段：该阶段用于消除 T1 的 PPC，使其复位到原始状态。在这一阶段，全局控制信号 TG 为高电平 V_{TG_H}，同时，所有行驱动信号 BGn 为高电平 V_{BG_H}。由于顶栅和底栅都施加了正向电压脉冲，T1 可能存有的上一帧的 PPC 信息被消除。此时，积分放大器的复位开关 SW 导通，根据放大器"虚短特性"，输出 V_{OUT1} 仍为放大器的正向输入端电压 V_{REF}。

（2）光照阶段：此时，所有的行驱动脉冲信号 BGn 变为高电平 V_{BG_H}，脉冲宽度为 t_{PH}，全局控制信号 TG 变为低电平 V_{TG_L}。由于顶栅电压对阈值电压的调制，此时 T1 处于关态。而外部放大器的复位开关 SW 仍导通，故 V_{OUT1} 输出仍为 V_{REF}。光照结束后，由于 PPC 效应，T1 仍然相当程度保持着光照阶段的光电导。但是，在顶栅与底栅电压均为低电平时，T1 不输出光生电流，仍为很低的关态泄漏电流。

（3）逐行读出阶段：在第 n 行进行读出时，BG(n) 信号变为高电平 V_{BG_H}，恢复到光照时的偏置状态。由于 PPC 效应，T1 输出和曝光强度相对应的电流 I_{PPC}，并通过 DATA 线输送至片外积分器。此时开关 S2 断开，若没有电荷损失，输出端电压产生的变化量 ΔV_{OUT} 为

$$\Delta V_{OUT} = \frac{\int_0^{t_{RD}} I_{ppc} dt}{C_{FB}} \tag{5-16}$$

其中，t_{RD} 为 BGn 电压脉冲宽度，也是本行的读出时间；C_{FB} 为积分放大器的反馈电容。当本行完成信号读出后，BG(n) 信号再次变为低电平 V_{BG_L}，SW 开关导通，将 DATA 线和输出端复位至 V_{REF}。整个阵列以逐行扫描的方式读出，直到所有行的积分读出和复位过程顺次完成。

上述电路方案利用氧化物 TFT 的 PPC 效应有效地简化了像素电路结构。单个

氧化物 TFT 兼具感光和开关控制功能，有利于实现高的空间分辨率。同时，这不仅减小了噪声源的个数，降低了噪声量，而且不需要存储电容来记忆光信息，从而可以达到高的信噪比。

在动态成像应用场景，X 射线影像探测还须工作于高的帧率。图 5.17 示意了一种利用 PPC 效应获得高读出帧率的全氧化物 TFT 集成的 PPS 电路方案[6]，其中，(a) 为像素电路结构，图(b)为其工作时序。该像素电路由一个光电晶体管(T_{PH})，两个开关管(T_{INT} 和 T_{RD})和一个存储电容 C_P 组成。如图 5.17(b)所示工作时序，该像素电路的工作包括复位、曝光和读出三个阶段。

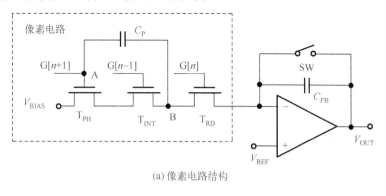

(a) 像素电路结构

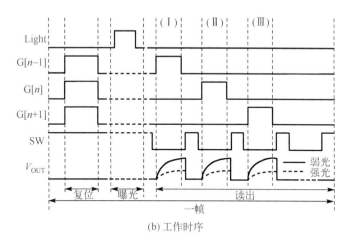

(b) 工作时序

图 5.17　一种利用 PPC 效应的高读出帧率全氧化物 TFT 集成的 PPS 电路方案[6]

(1)复位阶段：所有栅极驱动信号都为高电平，光电管和两个开关管都导通，A 点被偏置到栅极驱动信号的高电平 V_H，B 点被偏置到 V_{REF} 电平，电容 C_P 存储的初始电荷量 Q_0 为

$$Q_0 = C_P(V_H - V_{REF}) \tag{5-17}$$

　　对于外部读出放大器，SW 开关闭合，使反馈电容 C_{FB} 短路，以清除上一帧的残存电荷。此时，放大器的输出端与反相输入端短接，根据运放输入端"虚短"特性，放大器的输出 V_{OUT} 等于正相输入端电平 V_{REF}。

　　(2)曝光阶段：各个栅极驱动信号都切换到低电平，像素电路的光电管和开关管都截止，节点 B "悬空"。随着 A 点电位下拉到栅极驱动信号的低电平 V_L，B 点电位也被拉低到 $V_{REF}-V_H+V_L$。此时 V_{BIAS} 线和节点 B 之间电压为 V_H-V_L。T_{PH} 受光照，产生光电导信息。由于 PPC 效应，该光电导可在光照撤除后一段时间内(至少数十毫秒内)继续保持。外部放大器仍然保持复位的状态，即开关 SW 一直闭合，反馈电容 C_{FB} 保持清零，放大器的输出 V_{OUT} 仍然等于 V_{REF}。

　　(3)读出阶段：各栅极驱动信号逐行变为高电平脉冲，G[n]的高电平脉冲到来之前，SW 断开，放大器和反馈电容 C_{FB} 形成积分运算电路。在第 n 行像素电路信号电荷转移完毕，G[n]与 G[$n+1$]两个信号高电平脉冲之间，SW 闭合，使电容 C_{FB} 上的电荷清零，为转移读取第 $n+1$ 行像素电路的电荷信号做准备。如此重复，直到各行像素的光电信号都被读出。

　　以第 n 行像素为例，在读出阶段与第 n 行像素相关的驱动信号为 G[$n-1$]、G[n]和 G[$n+1$]。如图 5.17(b)所示，这 3 个信号依次为高电平的 3 个时段分别为(Ⅰ)、(Ⅱ)和(Ⅲ)。在 G[$n-1$]为高电平(Ⅰ)时，T_{INT} 打开，由于 T_{PH} 的 PPC 效应，V_{BIAS} 向电容 C_P 节点 B 进行充电，充电电流即为 T_{PH} 的光电流 I_{PH}，电容 C_P 上的电荷变化量 Q_C 为

$$Q_C = \int_0^T I_{PH}\mathrm{d}t \tag{5-18}$$

其中，T 是栅极驱动信号脉冲宽度。V_{BIAS} 对节点 B 点充电时，A 点电平保持在 V_L，所以此阶段后，电容 C_P 上存储的电荷量为 $Q_1 = Q_0 - Q_C$。

　　在阶段(Ⅱ)，G[n]变为高电平，T_{INT} 管截止，T_{RD} 管打开，存储电容 C_P 与反馈电容 C_{FB} 之间形成通路。根据放大器的"虚短"特性，反相输入端电平被"钳"在 V_{REF} 电平，而节点 B 一开始处于低电位，因此电荷从电容 C_{FB} 继续"转移"到存储电容 C_P。阶段(Ⅱ)涉及电容 C_P 和 C_{FB} 之间的电荷转移。当电荷转移完成后，B 点电位上升到 V_{REF}，此时 C_P 的电压为 V_L-V_{REF}，即此时 C_P 上存储的电荷量 Q_2 为

$$Q_2 = C_P \cdot (V_L - V_{REF}) \tag{5-19}$$

　　因此，C_{FB} 转移到 C_P 的电荷量 ΔQ 为

$$\Delta Q = Q_2 - Q_1 = Q_C + C_P \cdot (V_L - V_H) \tag{5-20}$$

　　于是，放大器输出端的电压变化 ΔV_{OUT} 为

$$\Delta V_{OUT} = -\frac{\Delta Q}{V_{FB}} = \frac{C_P}{V_{FB}} \times (V_H - V_L) - \frac{Q_C}{V_{FB}} \tag{5-21}$$

可见,输出电压包含了输入光强度的信息,像素电路完成了光信号向电信号的转换。在(Ⅱ)阶段的末尾,B 点电位也会逐渐复位到 V_{REF}。

当第 n 行像素电路完成读出时,G[n+1]信号变为高电平时(Ⅲ),在正栅压脉冲的作用下,光电管 T_{PH} 的 PPC 效应被擦除。由于此时 G[n-1]和 G[n]信号均为低电平,即 T_{RD} 和 T_{INT} 管关断,T_{PH} 管导通不会影响电容 C_P 上的电荷量,下一帧可以直接继续进行积分和存储信号电荷。

该像素电路实际上是一个并行化流水线结构。如图 5.17(b)所示,在整个读出阶段,行驱动信号不仅用于寻址像素阵列和控制像素的信号电荷转移,还同时用于消除近邻行像素光电管 PPC 效应。并行化流水线结构能够在每一行读出光电信号的同时,对上一行光敏单元及时复位。这种分时复位的操作避免了引入额外的时钟周期进行全局复位,可以实现连续帧的曝光和读出,有利于缩短帧时间,从而提高帧率。

由于巧妙地利用了氧化物 TFT 的 PPC 效应,该像素电路只需要栅极扫描信号来驱动,如第 n 行像素电路的驱动信号仅为本行和上下行的栅极扫描信号,即 G[n-1]、G[n]和 G[n+1]。上下行扫描信号的复用不仅减少了驱动信号线占用的面积,而且也大大简化了控制时序。

5.4　有源像素探测(APS)TFT 电路

PPS 技术虽具有像素电路结构简单和工艺成熟的优势,但电荷转移时间长、电路信噪比低,难以实现高帧率、高动态范围的探测成像。相比于 PPS 技术,APS 技术具有明显的优势。与 PPS 的电荷转移读出方式不同,APS 电路采用电流读出的方式,故读出速度大为提高,从而能实现高帧率成像。此外,因具有像素内放大能力,APS 技术不仅提高了探测灵敏度,也大幅提高了信噪比,故可实现低剂量的 X 射线探测成像。

早在 2000 年前后,就有研究者尝试用成熟的 a-Si TFT 技术来实现 APS 图像传感器。但是,该技术迄今没有实现商业化,其主要原因是 a-Si TFT 的迁移率过低(约为 0.5cm^{2}V^{-1}s^{-1}),要获得足够高的电路增益必须采用大尺寸的 TFT,这导致像素尺寸过大而不切实际。因此,若采用高迁移率 TFT,原理上可提高放大器的增益,同时可缩小 TFT 的尺寸,提高像素密度。LTPS TFT 和氧化物 TFT 的迁移率比非晶硅 TFT 高 1~2 个数量级,典型值分别为 100 和 10cm^{2}V^{-1}s^{-1} 左右,因此,高迁移的 LTPS TFT 和氧化物 TFT 潜在地可实现高密度和高增益的 APS 电路。

图 5.18 示意了原理性的 TFT 集成的 APS 电路结构,其中,(a)为源跟随(Source Follower,SF)型,(b)为共源(Common Source,CS))型[17]。如图所示,两种类型的像素电路均由三个晶体管 T_{RST}、T_{AMP} 和 T_{RD},一个存储电容,以及一个光探测元件(Sensor)组成。T_{RST}、T_{AMP} 和 T_{RD} 分别用作电路复位、信号放大和读出。光探测元

件(Sensor)用作采集和转化光信号,为光电二极管或光电晶体管等,电容 C_P 用以存储光探测元件生成的电信号。当光探测元件为光电二极管时,该电容一般为光电二极管自身的寄生电容。当光探测元件为光电晶体管时,C_P 则是一个额外设置的电容。由于光电元件的连接方式及电压偏置的不同,形成的光电流对电容 C_P 充电或放电。下面介绍两种类型的 APS 电路的工作过程和分析其主要性能。

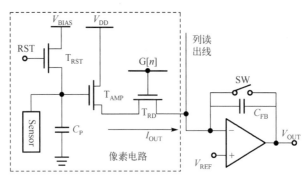

(a) 源跟随(SF)型

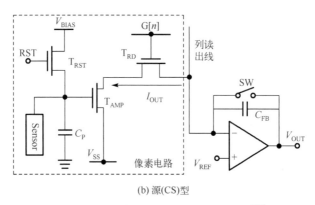

(b) 源(CS)型

图 5.18　原理性的 TFT-APS 电路结构[17]

1) 源跟随型(SF 型) APS 电路

如图 5.18(a) 所示,SF 型电路的特征是读出晶体管 T_{RD} 的源或漏连接到放大管 T_{AMP} 的源端,而 T_{AMP} 的漏端接电源高压。在电路的复位阶段,打开 T_{RST} 清除 C_P 上可能残存的上一帧的光电信息。在曝光阶段,通过光探测元件产生的电信号(电荷)对 T_{AMP} 的栅节点的电容(C_P 和 T_{AMP} 栅电容)充电,将光生电荷量存储于该栅极节点的电容,使得 T_{AMP} 的栅驱动电压由光信号强度决定。在读出阶段,T_{RD} 打开,T_{AMP} 的输出电流 I_{OUT} 在行读出时间 t_{RD} 内对 C_{FB} 充电。根据"虚断"特性,像素的输出电流 I_{OUT} 只能由 C_{FB} 收集,故电荷放大器的输出电压 V_{OUT} 可表示为

$$V_{\text{OUT}} = -\frac{1}{C_{\text{FB}}} \int_{0}^{t_{\text{RD}}} I_{\text{OUT}} \mathrm{d}t \qquad (5\text{-}22)$$

其中，负号表示像素的输出电压相位与 T_{AMP} 输出电流的相位相反。在读出时段 t_{RD}，I_{OUT} 是一个固定值，故 V_{OUT} 可由下式计算

$$V_{\text{OUT}} = \frac{I_{\text{OUT}} \times t_{\text{RD}}}{C_{\text{FB}}} \qquad (5\text{-}23)$$

I_{OUT} 的值取决于 T_{AMP} 的栅极电压的值，与光强直接相关。在读出阶段，T_{AMP} 和 T_{RD} 分别工作在饱和区和线性区。则 I_{OUT} 的计算公式如下

$$I_{\text{OUT}} = 1/2 K_{\text{A}} (V_{\text{GS}} - V_{\text{T}})^2 \qquad (5\text{-}24)$$

其中，K_{A}、V_{GS} 和 V_{T} 分别是 T_{AMP} 的导电因子、栅源电压和阈值电压。于是，T_{AMP} 的本征跨导 g_{m} 为

$$g_{\text{m}} = \frac{\mathrm{d}I_{\text{OUT}}}{\mathrm{d}V_{\text{GS}}} = K_{\text{A}} (V_{\text{GS}} - V_{\text{T}}) \qquad (5\text{-}25)$$

而 APS 电路的等效跨导 G_{m} 定义为输出电流变化量与对应的输入电压变化量的比值，即

$$G_{\text{m}} = \frac{\Delta I_{\text{OUT}}}{\Delta V_{\text{IN}}} \qquad (5\text{-}26)$$

APS 的电荷增益 G_{Q} 定义为输出电荷变化量与对应的输入电荷变化量之比，即

$$G_{\text{Q}} = \frac{\Delta Q_{\text{OUT}}}{\Delta Q_{\text{IN}}} = \frac{\Delta I_{\text{OUT}} t_{\text{RD}}}{C_{\text{P}} \Delta V_{\text{IN}}} = \frac{G_{\text{m}} t_{\text{RD}}}{C_{\text{P}}} \qquad (5\text{-}27)$$

可见，电荷增益 G_{Q} 正比于等效跨导 G_{m}。对于图 5.18（a）所示的 SF 型 APS 电路，输入电压信号变化量 ΔV_{IN} 可表示为

$$\Delta V_{\text{IN}} = \Delta V_{\text{GS}} + \Delta I_{\text{OUT}} R_{\text{ON}} \qquad (5\text{-}28)$$

其中，R_{ON} 是 T_{RD} 的导通电阻。对式（5-28）两端关于 ΔV_{IN} 求微分，并应用微分运算的链式法则，可得 SF 型 APS 电路的等效跨导 $G_{\text{m-SF}}$ 为

$$G_{\text{m-SF}} = \frac{\mathrm{d}I_{\text{OUT}}}{\mathrm{d}V_{\text{GS}}} = \frac{g_{\text{m}}}{1 + g_{\text{m}} R_{\text{ON}}} \qquad (5\text{-}29)$$

由上式可见，T_{RD} 的 R_{ON} 越大，APS 电路的等效跨导就越小，也即增益越小。反之，R_{ON} 越小则增益越高。另一方面，SF 电路中的读出晶体管起到源极负反馈的作用。当 $g_{\text{m}} R_{\text{ON}}$ 的值远大于 1 时，$G_{\text{m-SF}}$ 值近似等于 $1/R_{\text{ON}}$。此时，APS 电路具有高的线性度，g_{m} 随 ΔV_{IN} 变化而存在的各种非线性都被抵消。但此时 APS 电路的增益值偏小，适合于曝光剂量较高的场合。

2) 共源型 (CS 型) APS 电路

如图 5.18(b) 所示，CS 型电路的特征是读出晶体管 T_{RD} 的源或漏连接到放大管 T_{AMP} 的漏端，而 T_{AMP} 的源极接电源低压 (接地)，从而形成一个"共源放大"结构。此时，输入电压即为 T_{AMP} 的栅源电压，$\Delta V_{IN}=\Delta V_{GS}$，于是有

$$G_{m-CS} = g_m \tag{5-30}$$

即 APS 电路的等效跨导直接等于放大管的跨导，故 CS 型像素电路的电荷增益较高，适用于曝光剂量较低的成像场景。但 CS 型的线性度差于 SF 型，这是由于 T_{AMP} 的 g_m 随着 ΔV_{IN} 变化而存在各种非线性。

SF 和 CS 两种类型 APS 电路的跨导及不同增益参数列于表 5.2。

表 5.2 SF 和 CS 型 APS 电路参数[17]

参数	SF	CS
本征跨导	$\mu C_{OX}\dfrac{W}{L}(V_{GS}-V_T)$	
等效跨导	$\dfrac{g_m}{1+g_m R_{ON}}$	g_m
电荷增益	$\dfrac{g_m}{1+g_m R_{ON}}\dfrac{t_{RD}}{C_P}$	$g_m\dfrac{t_{RD}}{C_P}$
电压增益	$\dfrac{g_m}{1+g_m R_{ON}}\dfrac{t_{RD}}{C_{FB}}$	$g_m\dfrac{t_{RD}}{C_{FB}}$
电荷转换电流增益 (CtC)	$\dfrac{g_m}{1+g_m R_{ON}}\dfrac{1}{C_P}$	$\dfrac{g_m}{C_P}$

5.4.1 基于光电二极管 (PD) 的 APS 电路

上一节对 APS 电路做了总体描述。如前文的 PPS 部分所述，APS 电路的光敏器件主要有光电二极管 (PD) 和光电晶体管 (PT)，本节聚焦于 PD 型的 APS 电路，主要对各种 TFT(a-Si、AOS、LTPS、LTPO) 集成的 APS 电路进行分析与讨论。总体上，不论何种 TFT，所集成的 APS 电路在结构和工作时序上都基本相同，但由于各类 TFT 的特点不同，故各自的 APS 电路方案也相应有所不同。

5.4.1.1 a-Si TFT 集成的 PD 型 APS 电路

就 a-Si TFT 而言，因受限于低的迁移率，所集成的 APS 电路难以达到较高的性能，但其产品的制造工艺比较成熟，制造成本比较低，很适合大尺寸 X 射线成像传感器的制造。因此，一直以来，国际上 a-Si TFT 的 APS 电路的研究开发工作都在进行之中。

图 5.19 所示的为一种基于非晶硅 TFT 的 PD 型 APS 电路方案[5]，其中，(a) 为电路结构，(b) 为其工作时序。如图 5.19(a) 所示，该像素电路由 3 个 TFT(T_{RST}、T_{AMP}、T_{RD}) 和一个电容 C_P 构成，其中 C_P 为 PD 的寄生电容。V_{DD} 为高压电源，连接到复位

管 T$_{RST}$ 和放大管 T$_{AMP}$ 的漏电极。V_{BIAS} 为低压偏置电源，连接到 PD 的阳极。电路工作分为三个阶段：复位、光照和读出。

(1) 复位阶段：复位信号 V_{RST} 为高电平，T$_{RST}$ 管打开。存储电容 C_P 电压恢复到 V_{DD}。G[n] 为低电平，读出开关管 T$_{RD}$ 断开。SW 闭合，V_{OUT} 复位为 0，上一帧曝光数据被统一清除。复位信号 V_{RST} 的高电平应大于 V_{DD}，以避免 T$_{RST}$ 阈值电压引起的复位电压量损失。

(2) 光照阶段：复位信号 V_{RST} 转换为低电平，T$_{RST}$ 管断开。此时开始光照，PD 受光照产生相应的光电流，导致存储电容 C_P 的电荷量减少。

(3) 读出阶段：行扫描信号 G[n] 逐行变为高电平，读出开关管 T$_{RD}$ 打开，开关 SW 断开。T$_{AMP}$ 输出电流信号，并传输到外部的电荷积分器。

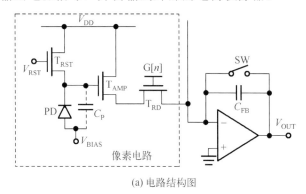

(a) 电路结构图

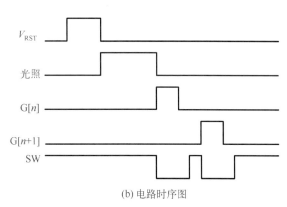

(b) 电路时序图

图 5.19　基于 PD 的非晶硅 TFT APS 电路方案[5]

该电路的增益可由式 (5-28) 和式 (5-30) 来计算。由于 a-Si TFT 低的迁移率，其集成的 APS 电路增益较低，典型值小于 10。为了提高 APS 电路的增益，需要增加像素面积和延长各行的读出时间。而且，a-Si TFT 的稳定性较差，需要采用补偿技术来消除 TFT 非理想因素的影响，这就进一步增加了像素面积，也增加了外部读出电路及其算法的复杂性。这些对于动态 X 射线医学影像应用而言是难以接受的。

5.4.1.2　氧化物 TFT 集成的 PD 型 APS 电路

相较于上述非晶硅 TFT，氧化物 TFT 的迁移率显著提高，故其集成的 APS 电路有望达到实用水平。图 5.20 示意了一种氧化物 TFT 的 PD 型 APS 电路方案[14]，其中，(a) 为像素电路，(b) 为其工作时序。V_1、V_{RST} 均为全局信号，G[n]为行驱动信号。相较于图 5.19 的 APS 结构，这里主要的不同在于复位管和放大管连接到可变偏置源 V_1，而不是固定高电压 V_{DD}。传统的 APS 电路通常为 SF 或者 CS 模式[18-20]，而随着 V_1 的极性由负变正，这种 APS 电路可以从 CS 模式转化到 SF 模式。正是由于氧化物 TFT 的高迁移率，APS 才可能实现高帧率的多工作模式，获得更大的动态范围。

如图 5.20(b)所示，该电路的工作过程主要分为三个阶段：复位、光照积分和逐行读出。

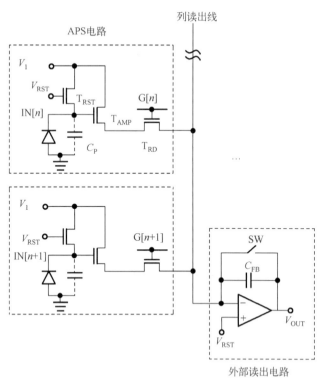

(a) 像素电路图

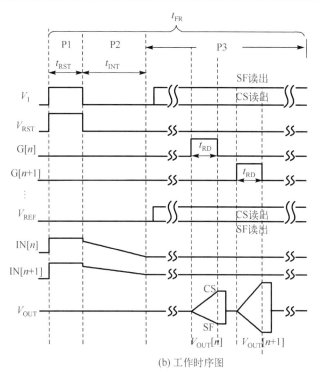

(b) 工作时序图

图 5.20　一种氧化物 TFT 集成的 PD 型 APS 电路方案[17]

　　(1) 复位阶段 (P1)：V_1 和复位信号 V_{RST} 均为高电平，复位管 T_{RST} 被打开。存储电容 C_P 复位为高电平。行扫描信号 G[n] 为低电平，T_{RD} 关断。SW 闭合，V_{OUT} 复位为 V_{REF}。于是，上一帧曝光数据被统一清除，等待下一阶段的光照积分。

　　(2) 光照积分阶段 (P2)：曝光时间为 t_{INT}。在该阶段，V_1、V_{RST} 和行扫描信号 G[n] 为低电平，T_{RD} 仍关断。此时 PD 处于反偏状态，产生的光电荷被电容 C_P 收集。

　　(3) 逐行读出阶段 (P3)：曝光结束，复位信号 V_{RST} 均维持在低电平，复位管 T_{RST} 关闭。行扫描信号 G[n] 为高电平，开关管 T_{RD} 打开，APS 电路逐行输出电流 I_{OUT}。在 P3 阶段最后一行像素被读出后，一帧的数据读出完成，下一帧的复位阶段开始，以此循环。根据 V_1 极性不同，APS 工作在 SF 或者 CS 模式，下面分别说明。

　　1) SF 模式

　　当 V_1 为高电平且 V_{REF} 为低电平时，APS 电路工作在 SF 读出模式。在第 n 行读出时，SW 打开，放大管 T_{AMP} 的栅电极电压受到 PD 光生电流调制，其漏电极连接着 V_1，其源电极连接着 T_{RD}。T_{AMP} 的输出电流为 $I_{OUT}=G_m V_{IN}$，该电流方向是从 V_1 流出，经过 T_{AMP} 后被电荷放大器积分。在行读出时间 t_{RD} 内，I_{OUT} 对 C_{FB} 充电，输出电压 V_{OUT} 逐步下降。此时 G_m 的值由式 (5-30) 决定。光强越大，则 PD 的光生电流值越大，则 T_{AMP} 的栅电极偏置电压值越小，I_{OUT} 值越小，V_{OUT} 的绝对值越小。

2) CS 模式

当 V_1 为低电平且 V_{REF} 为高电平时，APS 电路工作在 CS 读出模式。放大管 T_{AMP} 的栅电极电压受到 PD 光生电流调制，其源电极连接着 V_1，其漏电极连接着 T_{RD}。 T_{AMP} 输出电流 $I_{OUT}=G_m V_{IN}$，该电流方向是从电荷放大器流出，经过 T_{AMP} 后进入 V_1。 在行读出时间 t_{RD} 内，随着输出电流从运放流出，V_{OUT} 逐步升高。此时 G_m 值由式(5-31) 决定。类似于 SF 模式，光强越大，则 PD 的光生电流值越大，则 T_{AMP} 的栅电极偏置电压值越小，I_{OUT} 值越小，V_{OUT} 的绝对值越小。

与第 3 章和第 4 章所描述的 AMOLED 和 AM-MLED 显示情形类似，TFT 集成 的 APS 图像传感器也存在像素阵列特性的非均匀性问题，且该问题也主要来自 TFT 的非理想因素，如空间上电学参数(迁移率、V_T 等)的不均匀以及长时间工作后电学 参数(V_T、SS 等)的漂移和退变等。此外，PD 的特性不一致和退变也应该是一个影 响因素。由于 APS 的增益较高，像素之间的不均匀性会被放大。解决 TFT 非理想 因素造成的像素间不均匀问题的方法之一是在 APS 电路内部或者外部提取非理想 因素的参数并进行补偿。

图 5.21 示意了 APS 电路内部电压反馈补偿的原理[17]。首先，SW1 闭合，SW2 和 SW3 断开，此时 P 节点(放大管 T_{AMP} 的栅极)电位复位到 V_{INI}。然后，SW2 闭合， SW1 和 SW3 断开，T_{AMP} 形成二极管连接，进行 T_{AMP} 的阈值电压提取，提取的阈值 电压信息存储于电容 C_P。接着是光照积分，SW1 导通，SW2 和 SW3 断开。探测器 件(例如 PD)形成光生电流对内部节点 P 处电容进行充电或放电。最后 SW3 逐行导 通，APS 像素存储的光电信号被逐行读出。

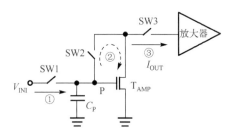

图 5.21　APS 电路内部电压反馈补偿的原理[17]

上述 APS 电路虽然可以较好地补偿阈值电压，但是存在输出信号量偏小的问 题。这是由于 V_T 提取后，T_{AMP} 的过驱动电压 $V_{OV}=V_{GS}-V_T$ 很小，读出过程中 T_{AMP} 往往工作在亚阈值区附近。

为解决这个问题，一个可行的方法是利用放大管栅极电压自举原理来增大 APS 电路的输出电流。图 5.22 示意了一个栅电压自举式内部电压反馈补偿的 APS 像素 电路方案[14]，其中(a)为像素电路，(b)为其工作时序。如图 5.22(a)所示，该像素 电路由三个 TFT、一个光电二极管 PD 和一个电容 C_B 构成。需指出的是，这里的

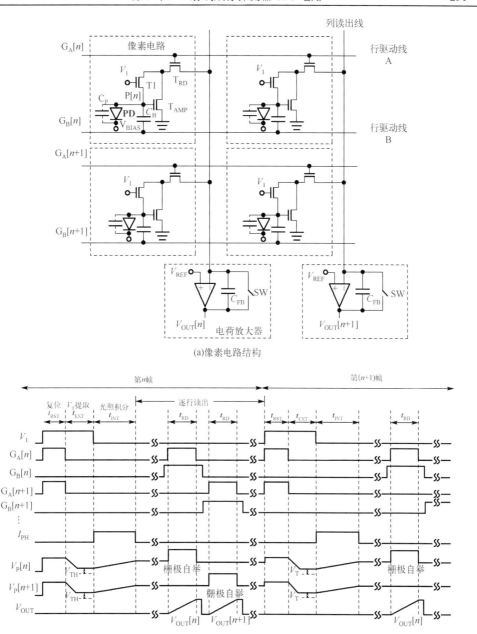

(a)像素电路结构

(b)其电路工作时序

图 5.22　栅电压自举式内部电压反馈补偿的 APS 像素电路方案[17]

C_B 为额外设置的自举电容，而非前文电路中 PD 的寄生电容 C_P。其中，T1、T_{AMP} 和 T_{RD} 分别为复位、放大和读出管。如图 5.22(b)所示，该像素电路的工作过程分为以下四个阶段：

(1)复位阶段：V1 和 $G_A[n]$ 均为高电平 V_H，T_{RD} 和 T1 打开。外部电荷放大器的开关 SW 导通，APS 的 P[n] 节点被复位至 V_{REF}。此时 $G_B[n]$ 处于低电平 V_L，C_B 存储着 V_{REF}，稳定 P[n] 的电位。经过复位时段 t_{RST}，存储在 C_P 和 C_B 的上一帧的残留信息被清除，等待下一个探测阶段。

(2)V_T 提取阶段：开关 SW 断开，$G_A[n]$ 为低电平 V_L，此时 T_{RD} 被断开。V_1 仍然为高电平，T1 维持导通态。于是，T_{AMP} 形成二极管连接，P[n] 节点通过 T1 形成一个放电通路。当放电截止时，P[n] 节点的电压即为 T_{AMP} 的阈值电压 V_T，即

$$V_{P[n]} = V_T \tag{5-31}$$

P[n] 点的阈值电压信息主要靠电容 C_P 和 C_B 来存储。

(3)积分阶段：此时，V_1 变为低电平 V_L，T1 关闭，T_{AMP} 管的栅极只与电容和探测元件连接。V_{BIAS} 为高电平，故 PD 流过的光生电流形成对放大管栅节点电容的充电。经过积分时间 T_{INT} 后，电容上的电压的变化量为 $\Delta Q_{sen}/(C_B+C_P)$，其中 $\Delta Q_{sen} = I_{PH} \times t_{INT}$，故放大管栅节点 P[n] 的电压 $V_{P[n]}$ 变为

$$V_{P[n]} = V_T + \frac{\Delta Q_{sen}}{C_B + C_P} \tag{5-32}$$

(4)电荷读出阶段：$G_A[n]$ 逐行变为高电平 V_H，T_{RD} 被逐行打开，打开时间为 t_{RD}。同时，$G_B[n]$ 也变为高电平 V_H，由于电容 C_B 的耦合作用，$G_B[n]$ 的电压增加量达到 V_H-V_L，放大管栅极电位 $V_{P[n]}$ 随之发生自举而升高 $\Delta V_P = (V_H-V_L) \times C_B/(C_B+C_P)$，故放大管 T_{AMP} 读出阶段的输出电流为

$$I_{OUT} = K_A \left[\left(V_T + \frac{\Delta Q_{sen}}{C_P + C_B} + \Delta V_P \right) - V_T \right]^2 = K_A \left(\frac{\Delta Q_{sen}}{C_P + C_B} + \Delta V_P \right)^2 \tag{5-33}$$

式(5-33)表明，该 APS 像素电路可以补偿放大管 V_T 的离散和漂移，输出电流与 V_T 无关。

读出阶段结束后，$G_A[n]$ 和 $G_B[n]$ 变为低电平，第 n 行 APS 像素的所有 TFT 关断，本帧操作结束，待下一帧到来，再开始新一轮的复位、阈值电压提取、积分和读出等操作。

上述的内部补偿方案是在像素内完成补偿过程，不增加外部读出系统的开销，因此，也就不增加传感器的制造成本。但是，内部补偿型 APS 电路只能补偿放大管的 V_T 漂移和不均，而对其他非理想因素难以补偿，如对 TFT 的迁移率、亚阈斜率等的不均和退化就无能为力。而且，对 V_T 补偿的精度也不够高。因此，要实现对非理想因素全面而高精度的补偿，采用片外芯片补偿的方法在原理上应是更好的选项，这可充分利用和发挥现代单晶硅集成电路强大的信息处理和驱动能力。图 5.23 示意了一个 APS 电路的外部补偿架构[21]。

外部补偿型 APS 像素电路的工作过程为：首先进行参数提取，这与前面章节的

AMOLED 外部补偿环节类似，在 FPGA 控制下，从存储器中调用偏置信号。SW1 和 SW3 闭合，给 T_{AMP} 的栅电极施加偏置电压 V_B。然后，通过外围的放大器和 ADC 等，将 T_{AMP} 的输出电流 I_{OUT} 数字化。多次给 TAMP 的栅电极施加大小不同的 V_B 就可以不同的 I_{OUT} 值，并数字化。于是通过 FPGA 可运算反推得到 T_{AMP} 的阈值电压、迁移率

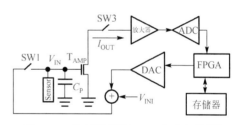

图 5.23　外部补偿型 APS 电路架构[21]

的漂移/分散量。再次，根据外部提取所得的 T_{AMP} 信息，更新存储器。最后，通过 DAC 调整 APS 电路的复位电压量 V_{INI}，SW1 导通时，输入到 T_{AMP} 栅电极的电压就包含着其阈值电压、迁移率的漂移/分散量等信息，于是可以补偿整个 TFT 探测面板的均一性。

　　基于以上外部补偿的思路，这里以双栅 TFT 为例，具体说明外部电压反馈补偿的 APS 电路的构建[22]。如图 5.24(a) 所示，为像素电路的结构示意图。像素电路由 3 个 TFT 晶体管构成，其中 T_{AMP} 是双栅 TFT。另外两个晶体管 T_{RD} 和 T1 是开关管，分别为读出开关和复位开关。随后通过像素内的电容 C_P 转为电压信号，并通过 T_{AMP} 转化为电流信号。该像素电路的工作过程，可分为以下四个阶段：

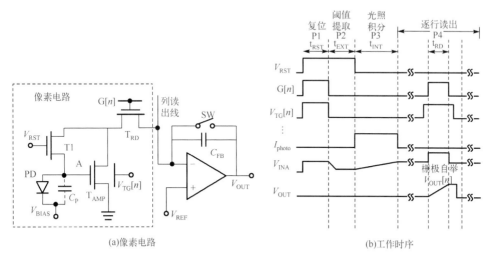

图 5.24　放大管为双栅结构的外部电压反馈型像素电路方案[22]

　　(1) 像素复位阶段：T_{RD} 管和 T1 管处于打开状态，V_{RST} 和 G[n] 均处于高电平。外部电路接成单位增益放大器接法，开关 SW 导通，将 V_{REF} 的电平通过运放输入到 T_{AMP} 栅极。此时 G[n+1] 处于低电平，探测器不工作，经过 t_{RST} 时间，存储在电容中的上一帧的残留数据被清除，等待下一个阶段。

(2)阈值电压提取阶段：开关 SW 断开，G[n]处于相对低电平，此时 T_{RD} 管为断开状态，T_{AMP} 管连接为二极管接法，A 节点通过 T1 形成一个放电通路，当放电截止时，留在 A 节点的电压即为 T_{AMP} 管的阈值电压。经过阈值电压提取后，在 A 点的电压记为 V_{GS}，该阈值电压存储在电容 C_P 中。

(3)积分阶段：X 射线进行光照积分，此时 V_{RST} 变为低电平，T_{AMP} 管的栅极只与电容和探测器连接。经过曝光时间为 t_{INT}，此时光电转换器将光信号转为电荷信号，此时电容的变化量为 $\Delta Q_{SEN}/C_P$，其中 $\Delta Q_{SEN} = I_{PH} \times t_{INT}$。

(4)电荷读出阶段：T_{RD} 管打开，存储在 C_P 的电压通过 T_{AMP} 管进行放大产生电流，电流流到外部读出电路进行积分。其中 G[n]为逐行进行打开进行积分，打开时间为 t_{RD}。在打开时，$V_{TG}[n]$节点通过外部反馈进行输入电压，并调节 T_{AMP} 管的阈值电压以实现外部电压反馈。在一行采样后，$V_{TG}[n]$电压会切换至下一个像素的阈值电压。

采样结束后，$V_{TG}[n]$电压和 G[n]变为低电平，此时所有晶体管关断，本帧的采样结束，重新开始下一帧的复位、阈值电压提取、积分、读出阶段。

以上对内部补偿及外部补偿 APS 电路的分析，主要是针对氧化物 TFT 集成的电路进行的。其中，双栅氧化物 TFT 的电路具有特别的优势，可与外部补偿电路很好地结合，不仅达到高的电荷增益，而且较全面地补偿 TFT 非理想效应。但是受制备工艺的限制，氧化物 TFT 的两个栅电极的调控能力可能有差异，这就需要在 APS 电路设计中，依据补偿电压及光电传感电压的比例系数进行适当调整。

5.4.1.3　多晶硅 TFT 集成的 PD 型 APS 电路

相比与非晶硅和氧化物 TFT，低温多晶硅(LTPS) TFT 具有高的多的迁移率，其 N 型 TFT 的迁移率目前可达 $100 \mathrm{cm}^2 \mathrm{V}^{-1} \mathrm{s}^{-1}$。因此，LTPS TFT 集成的 APS 电路具有快的工作速度，其增益可达 100 以上。而且，像素尺寸较小，具有较高的空间分辨率(探测阵列 10lp/mm)。不过，LTPS TFT 的固有缺陷带来的问题，如晶粒间隙引起的器件性能的离散性，在 APS 电路应用中须予以解决。这一点与前述各章的显示应用领域相似。此外，就 X 射线探测成像的传感器而言，虽然 X 射线的绝大部分被闪烁体(间接探测)或光电导层(直接探测)所吸收，仅仅少量的射线可能会进入到 TFT 像素，但这少量的辐射对 TFT 也可能产生一定的影响。已有研究指出，非晶硅和氧化物 TFT 对 X 射线的耐受性较强，而 LTPS TFT 则相对较弱。在 X 射线辐照累积作用下，LTPS TFT 的阈值电压往往会发生一定的漂移。因此，在设计 LTPS TFT 集成的 APS 电路时，不仅要考虑 TFT 特性初始的不均匀，还需考虑之后的漂移和退变。目前，大多数系统使用增益和偏移校正技术来提高输出信号的精度。

图 5.25 给出了一种具有补偿功能的 LTPS TFT 集成的 APS 电路方案[23]，(a)为像素阵列及其片外读出电路的示意图，(b)为该 APS 电路工作时序。如图 5.25 (a)

所示，像素单元电路由两个 P 型 TFT（T_{RST} 和 T_{AMP}）、一个电容（C_B）和非晶硅 PD 组成，控制信号线包括两条扫描线和一条数据线。T_{RST} 是复位管，为放大管 T_{AMP} 的栅极电压 V_G 复位。所有位于同一列的像素电路共用一根数据线，同一行的像素电路共用同一条扫描线。外部读出电路包含相关双采样（CDS）电路和模数转换电路（ADC）等。带有电阻负反馈的运算放大器将 APS 的电流转化为输出电压。由于 LTPS TFT 的高迁移率，APS 电路输出电流幅值较大，故采用电阻负反馈，而不是前面章节所示的电容负反馈结构。开关的作用是隔离列线与放大器，并在采样间隙补偿运算放大器及电阻相关的偏差电压影响。

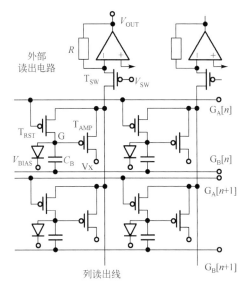

(a) APS电路阵列及其片外读出电路

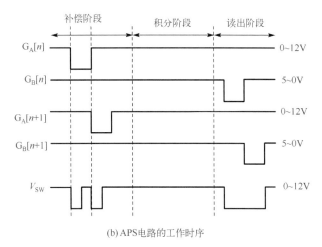

(b) APS电路的工作时序

图 5.25　一种具有补偿功能的 LTPS TFT 集成的 APS 电路方案[23]

如图 5.25(b) 所示，电路的工作过程如下：

(1) 补偿阶段：扫描信号 $G_A[n]$ 变为低电平，$G_B[n]$ 为高电平。在 $G_A[n]$ 的低电平脉冲阶段，V_{sw} 先低后高。因此，列线上的开关管 T_{sw} 先导通后关闭。于是 T_{AMP} 的栅极电位因为外部反馈回路被复位到 0V，然后逐渐充电抬升到 $V_{x}-|V_T|$。在补偿阶段结束时，T_{AMP} 关断，T_{AMP} 的阈值电压 V_T 信息存储于电容 C_B。

(2) 积分阶段：TFT 均关断，在 X 射线曝光作用下，PD 输出光生电荷并存储于电容 C_B。通过积分阶段建立了电压 V_G 与曝光量的关系。

(3) 读出阶段：扫描信号 $G_B[n]$ 从高压跳变到低压，由于电容 C_B 的耦合，T_{AMP} 的栅极电位被拉低而开启。同时，开关管 V_{SW} 开启，APS 电路的输出电流由外部放大器转化为输出电压。

可见，上述 APS 电路可以提取 LTPS TFT 的 V_T 并补偿其不均匀。然而，LTPS TFT 不仅仅存在 V_T 不均匀的问题，其他参数如迁移率、亚阈斜率等也存在不均匀现象，对于这些非均匀性问题，该电路就不能够很好地解决，只有采用前一节所描述的外部补偿方法才有可能全面解决好非均匀补偿问题。

5.4.1.4　LTPO TFT 集成的 PD 型 APS 电路

前述的单极型 TFT，无论的 N 型氧化物 TFT 或者 P 型 LTPS TFT，所构成的 APS 电路都存在一定的局限性。N 型氧化物 TFT 的电路的增益相对较小，使得 Q_{max} 较小，而 P 型 LTPS TFT 的泄漏电流过大，导致 Q_{min} 不够低，故这两种电路的动态范围都不够宽。相比之下，多晶硅硅和氧化物混合型(LTPS+Oxide，LTPO) 的 CMOS TFT 背板技术有望实现宽动态探测范围的高性能 APS 电路，而宽动态探测范围是高品质动态 X 射线成像的关键性能指标。

所谓 LTPO CMOS TFT 技术，是指将低温多晶硅的 PMOS TFT 与氧化物的 NMOS TFT 进行集成的技术，这样做可充分利用低温多晶硅 TFT 的高迁移率以及氧化物 TFT 的低漏电和大面积均匀性好的优势。相比于单一类型 PMOS 或者 NMOS 所形成的电路，LTPO CMOS TFT 集成的 APS 电路在保持高跨导值和高增益优势的同时，又发挥了氧化物 TFT 的超低泄漏电流和低噪声的优势，从而能有效扩大 X 射线图像传感器的动态范围。

图 5.26 示意了一种 LTPO CMOS TFT 集成的 APS 电路方案[24]，其中 (a) 是像素电路，(b) 是其工作时序。如图 5.26(a) 所示，放大管 T_{AMP} 是 P 型 LTPS TFT，复位管 (T_{RST}) 和开关管 (T_{SW}) 均是 N 型氧化物 TFT。T_{RST} 用作 T_A 的栅极电位 V_{IN} 的复位，而 T_{SW} 是扫描控制开关。图 5.26(b) 所示的工作时序，该 LTPO APS 电路的工作过程分为复位阶段 t_1，感光阶段 t_2 和读出阶段 t_3。

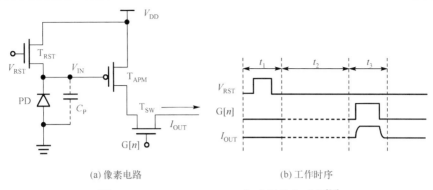

(a) 像素电路　　　　　　　　(b) 工作时序

图 5.26　LTPO CMOS TFT 集成图像传感器[24]

(1) 复位阶段 t_1：复位信号 V_{RST} 为高电平，行扫描信号 G[n] 为低电平。因此，复位管 T_{RST} 被开启，开关管 T_{SW} 被关闭。光电二极管 PD 的阴极电位因充电而复位至高电平 V_{DD}。由于内部节点 V_{IN} 被上拉到高电平，故放大管 T_A 被关闭。

(2) 积分阶段 t_2：复位信号 V_{RST} 和行扫描信号 G[n] 均为低电平，因此，T_{RST} 和 T_{SW} 均关闭。光电二极管 PD 因处于反偏状态，故在光照作用下，产生并输出相应的光电流，使得 V_{IN}（T_{AMP} 的栅极电位）相应降低。

(3) 读出阶段 t_3：复位信号 V_{RST} 维持低电平，复位管 T_{RST} 保持在关闭状态。因该 APS 电路为共源型连接，故放大管 T_{AMP} 工作于跨导值较高的饱和状态。此时，行扫描信号 G[n] 为高电平，T_{SW} 导通，输出相应的信号电流 I_{OUT}。

由此可见，该 LTPO CMOS TFT 集成的 APS 电路，以 P 型 LTPS TFT 为放大管，并采用共源放大结构，从而保持了高增益优势；以 N 型氧化物 TFT 为开关管，降低了 PD 节点和输出支路的泄漏电流，从而有效降低了电路的相应噪声量。得益于上述这两方面的优势，LTPO 的像素电路可获得宽的动态范围。

5.4.2　基于光电晶体管(PT)的 APS 电路

前面章节已经讨论了基于光电二极管(PD)的 APS 电路。就光电转化器件而言，光电晶体(三级)管(PT)也是一个重要分支。本节将讨论基于 PT 的 APS 电路。目前，可在 X 射线成像传感器上应用的 PT 主要有两种，一种是非晶硅 PT，另一种为氧化物 PT。考虑到工艺兼容性问题，在本节讨论中，基于非晶硅 PT 的 APS 电路都构成于 a-Si TFT，而基于氧化物 PT 的 APS 电路都构成于氧化物 TFT。当然，原理上也可构建混合型的 PT 型 APS 电路，如，PT 为非晶硅 TFT，而其他的器件均为氧化物 TFT 或多晶硅 TFT。虽然采用氧化物或多晶硅 TFT 的放大电路具有更高的增益，能实现更高性能的探测器件，但这需要开发非晶硅和氧化物或多晶硅 TFT 混合集成的工艺技术。

5.4.2.1 基于非晶硅 PT 的 APS 电路

图 5.27 给出了一个基于非晶硅 PT 的 APS 电路方案，其中，(a) 为像素电路，(b) 为电路工作时序[17]。该电路包含四个 TFT 和一个存储电容 C_P。其中，PT 与 T_{INT} 串联结构的用意在前文的 PPS 电路部分已做过说明，而非晶硅 PT 的特性也已在前文的 5.3.2 节做了分析，这里不再赘述。该电路的工作过程为三个阶段：复位、光照和读出。

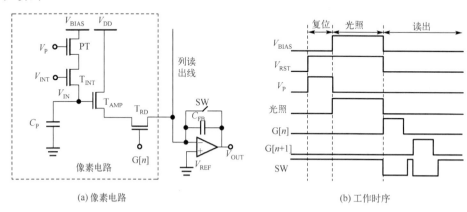

(a) 像素电路　　　　　　　　　　　　　　(b) 工作时序

图 5.27　基于非晶硅 PT 的 APS 电路方案[17]

(1) 复位阶段：G[n] 为低电平，读出管 T_{RD} 关断。V_P 和 V_{INT} 为高电平，光电管 T_{PH} 和串联管 T_{INT} 打开，使放大管 T_{AMP} 的栅极电位 (V_{IN}) 恢复到初始的低电位。同时，开关 SW 保持闭合状态，输出端电压 $V_{OUT} = 0$。

(2) 积分阶段：V_P 变为低电平，光电管 T_{PH} 进入关态。G[n] 为低电平，读出管 T_{RD} 关断，V_{BIAS} 偏置到高的电平。光电管在曝光时产生光电流 I_{PH}，对电容 C_P 充电，充电 (曝光) 时间为 t_{PH}，电荷的增加量为 ΔQ_{IN}，放大管栅极 (A 点) 的电压增量 ΔV_{IN} 为

$$\Delta V_{IN} = \frac{\Delta Q_{IN}}{C_P} = \frac{\int_0^{t_{PH}} I_{PH} dt}{C_P} \tag{5-34}$$

此时，由于 SW 保持闭合 (SW 高电平)，输出端电压 $V_{OUT} = 0$。

(3) 读出阶段：光照停止，V_P 和 V_{INT} 都为低电平，光电管 T_{PH} 和串联管 T_{INT} 均关断。G[n] 为高电平，读出管 T_{RD} 打开，输出电流 I_{OUT} 至片外放大器。此时，开关 SW 关断 (SW 低电平)，I_{OUT} 对反馈电容 C_{FB} 充电，输出端电压变化 ΔV_{OUT}。

图 5.28 给出了一个基于非晶硅 PT 的 APS 电路的电荷增益的模拟与测试结果。其中，电荷增益的模拟值 G_{sim} 和测试值 G_{mea} 分别为 3.8 和 3.5。受限于非晶硅 TFT 较低的迁移率，在像素面积一定以及读出帧率较高的情况下，非晶硅 PT 的 APS 电路的电荷增益值通常小于 10。

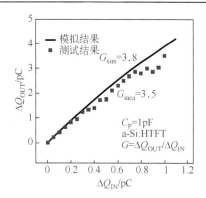

图 5.28　一个制备的非晶硅 PT 型 APS 电路的电荷增益的模拟和测试结果[17]

5.4.2.2　基于氧化物 PT 的 APS 电路

相比于非晶硅 TFT，氧化物 TFT 的迁移率显著提高，集成的 APS 电路的增益可望大幅增加。同时，氧化物光电 TFT 潜在地能获得更高的灵敏度。不过，氧化物 PT 的一个主要问题是其响应速度不够快。因此，如暂不考虑响应速度的问题，基于氧化物 PT 的 APS 电路理应可获得很高的探测性能。

图 5.29 给出了一个基于氧化物 PT 的 APS 电路方案[13]，其中 (a) 为像素电路，(b) 为其工作时序。像素电路包括存储电容 C_P 和三个 TFT，分别为放大管 T_{AMP}、读出管 T_{RD} 和光电管 T_{PH}。其中光电管兼顾光电转换和复位的功能，其源端与 T_{AMP} 的栅极以及 C_P 的一端相连，T_{AMP} 的源端连接到片外放大器的负相输入端(虚地)。偏置电压 V_{DD}、V_{REF} 以及 C_{ON} 为全局信号，G[n] 为行驱动信号。如图 (b) 的工作时序所示，该 APS 电路的一帧工作过程包含复位、积分和读出这三个阶段。

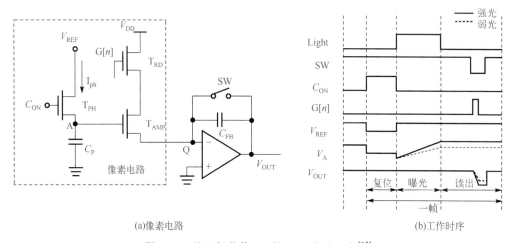

(a)像素电路　　　　　　　　　　　　　　　(b)工作时序

图 5.29　基于氧化物 PT 的 APS 电路方案[13]

(1)复位阶段：G[n]为低电平，读出管 T_{RD} 关断，C_{ON} 为高电平，光电管 T_{PH} 打开，放大管 T_{AMP} 的栅极（即 A 点）偏置到初始电位 V_{REF0}，C_P 存储的电荷量为 $C_P \cdot V_{REF0}$。值得指出的是，该复位操作同时也擦除了 T_{PH} 的 PPC 残留，使其关态特性恢复到原始状态。同时，开关 SW 保持闭合，输出端电压 $V_{OUT} = 0$。

(2)积分阶段：此阶段，G[n]为低电平，读出管 T_{RD} 关断，C_{ON} 为低电平，光电管 T_{PH} 处于关态，V_{REF} 偏置到更高的电平。光电管在光照和偏压的作用下产生光电流 I_{PH}，对 C_P 进行充电，A 点的电压升高。

(3)读出阶段：光照停止，G[n]变为高电平，读出管 T_{RD} 打开，T_{AMP} 输出电流 I_{OUT}。此时，积分放大器的开关 SW 断开（SW 低电平），I_{OUT} 经积分后产生的电荷信号量存储于反馈电容 C_{FB}。

输出电压 V_{OUT} 经 ADC 采样后，G[n]跳变为低电平，该行的读出管断开，意味着本行读出过程结束。整个探测阵列所存储的光生电荷信号在行脉冲信号驱动下被逐行读出，一直到最后一行 V_{OUT} 被 ADC 采样。然后，进入下一帧的操作，以此循环。

在该方案中，光电管兼作复位管，使得单个像素中所需的 TFT 数量减少，像素尺寸缩小，像素密度提高。此外，与传统 SF APS 电路不同的是，该电路的读出管 T_{RD} 与放大管 T_{AMP} 易位，即 T_{RD} 串联在 T_{AMP} 的漏电极，而不是在 T_{AMP} 的源电极。于是读出阶段放大管的源极电位可稳定为地电位，避免了传统 SF 模式读出管 T_{RD} 上压降问题，因此，T_{AMP} 的驱动电压更大。

但是该方案存在一定的局限性，如果 T_{PH} 为单栅氧化物 TFT，由于 PPC 效应，读出阶段光电流仍然可能继续对 C_P 充电。对此，T_{PH} 应最好采用双栅氧化物 TFT，或者在 T_{PH} 支路再串联一个开关管。

在介绍 PPS 电路时，PT 在某些电路中同时扮演开关和光电探测的角色，同样地，在 APS 电路中，PT 也可以发挥多重作用。图 5.30 示意了一种 PT 同时作为光电探测元件和放大晶体管的 APS 电路[21]，其中 T_{AMP} 为光电 TFT。它将当下光照强度直接转换为光电流输出，只要像素内的寻址管打开，则与光照强度相关的电流就会输出到外围读出电路。如图 5.30(b)所示的时序，该电路的工作过程主要分为如下两个阶段：

(1)非读出阶段。行扫描信号 G[n]为低电平，T_{RD} 断开，于是第 n 行的像素无输出电流到列读出线。同时，T_{AMP} 的顶栅电压 $V_{TG}[n]$ 也调整到低压。非读出阶段的时间相对较长，使得 T_{AMP} 有充分的时间建立光生电流。

(2)读出阶段。行扫描信号 G[n]变为高电平，T_{RD} 被打开。从而第 n 行的像素 T_{AMP} 的光生电流传输到列读出线上，通过外围放大电路转化为输出电压 V_{OUT}。与此同时，对 T_{AMP} 的顶栅同时施加相应的阈值电压补偿电压，即通过调整顶栅电压 $V_{TG}[n]$ 的值对光电放大管的阈值电压和迁移率漂移/不均匀等进行补偿。外部补偿和提取的原理及电路结构可参考前面的图 5.23 及其相关描述。

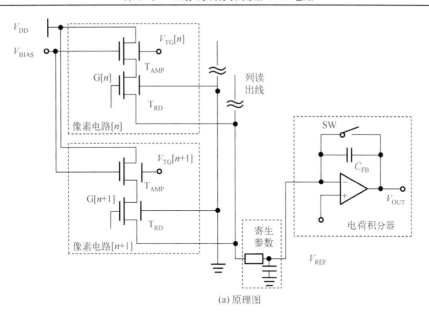

(a) 原理图

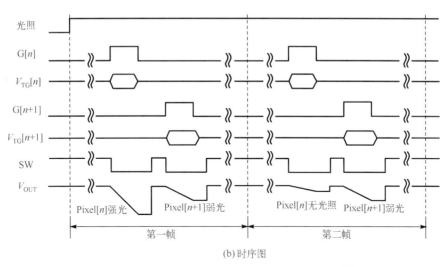

(b) 时序图

图 5.30　光电 TFT 传感的电流型 APS 电路方案[21]

　　该电路方案的优势在于：①像素电路非常紧凑，可实现很高的 X 射线探测分辨率。光电 TFT 同时还起到信号放大作用，这就缓解了光电管与放大管在面积上的冲突。并且该电路采用电流读出方式，无需存储功能，减少了像素内电容面积需求。②工艺优化的空间大，光电放大管和寻址开关管呈串联关系，在工艺上允许对光电放大管向高光响应度、高迁移率和高跨导方向优化，同时对开关管进行低漏电方向的优化，可以同时达到这两个器件的最优化。

　　如前所述，按照常规的思路，氧化物 TFT 的 PPC 效应对探测成像是一个负面因素，但如果进行一些巧妙的构思，这个负面的效应有可能得到正面的应用。图 5.31 给出了一个氧化物 PT 型的 APS 电路的方案[17]，其中，(a) 为像素电路阵列结构，(b) 为电路的工作时序。如图 5.31(a) 所示，该像素单元电路结构包含 4 个 TFT(T_{PH}、T_S、T_{AMP} 和 T_{RD}) 和一个电容 (C_P)，其中 T_{PH} 为光电 TFT，也兼作复位管。V1、V2、V3 是全局信号，G[n] 为行驱动信号，连接着 T_{RD} 管的栅极和 C_P 的一端。同一列每个像素的输出节点都由列读出线连接到电荷放大器的负相输入端。

　　如 5.31(b) 所示的电路工作时序，该电路的工作过程主要分为四个阶段：复位、光照积分、PPC 电流积分和逐行读出。

　　(1) 复位阶段 (P1)：在该阶段，V2 和 V3 信号均为高电平，因此，T_{PH} 和 T_S 均被打开。V1 信号为低电平，每个像素的输入节点 V_{IN} 在 t_{RST} 时间内复位为低电平。G[n] 为低电平，T_{AMP} 关闭。S2 闭合，V_{OUT} 复位为 V_{REF}。此时上一帧存储的数据被统一清除，等待下一阶段的光照积分。

　　(2) 光照积分阶段 (P2)：此时 V2 和 G[n] 为低电平，T_{AMP} 关闭，T_{PH} 处于负栅偏压状态。V1 和 V3 信号为高电平，T_{PH} 因 T_S 打开获得一个较高的 V_{DS}，产生的光电流 I_{PH} 给 C_P 充电。经过 t_{INT} 光照时间后，积分电荷量为 $\Delta Q_{IN1} = I_{PH} \times t_{INT}$，与 X 射线剂量相关，并存储于 C_P，等待下一阶段读出。在该过阶段，由于 V_{IN} 较低，T_{AMP} 工作在截止区，相比于前述的传统 3T1C APS 电路，其泄漏电流更小。

　　(3) PPC 电流积分阶段 (P3)：光照停止，但电路的工作状态与光照积分阶段相同。由于氧化物光电 TFT 的 PPC 效应，TPH 仍会有一个持续的电流 I_{PPC}。该电流会比光照时的光电流略小，同样与光照剂量相关。利用该段 PPC 电流可以有效减小曝光时间 (剂量)。若 PPC 电流积分时间为 t_{PPC}，则此阶段的积分电荷量为 $\Delta Q_{IN2} = IPPC \times t_{PPC}$。

　　(4) 逐行读出阶段 (P4)：在该阶段时，光照积分已完成。总的输入电荷变化量 ΔQ_{IN} 为

$$\Delta Q_{IN} = I_{PH} t_{INT} + I_{PPC} t_{PPC} \tag{5-35}$$

此时 V2、V3 均为低电平，T_S 管关闭。行扫描脉冲 G[n] 变为高电平，打开本行的读出管 T_{RD}，像素产生输出电流 I_{OUT}。片外电荷放大器的反馈支路 SW 断开，电流 I_{OUT} 由电荷放大器积分，在行读出时间 t_{RD} 内对 C_{FB} 充电，V_{OUT} 电压逐步下降，随后在 t_{HD} 时间内被保持并被后级 ADC 电路采样。输出电压被 ADC 采样后，该行的 G[n] 信号跳变为低电平，本行读出结束，G[$n+1$] 跳变为高电平，下一行的读出开始。

　　为了提高 APS 电路的增益，应尽量增大 T_{AMP} 过驱动电压。在该电路中，随着 G[n] 跳变到高电平信号，T_{AMP} 的栅极电压也发生自举效应，V_{IN} 在读出的过程中升高的量 ΔV_P，可由下式计算得到：

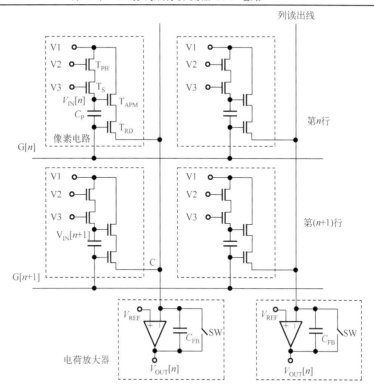

(a) 像素电路阵列结构

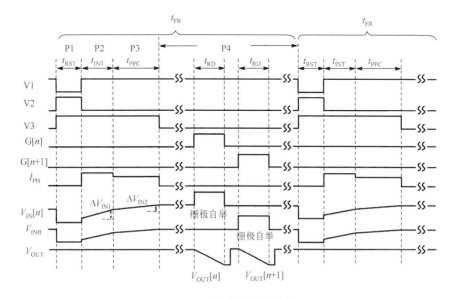

(b) 电路的工作时序

图 5.31　一个利用 PPC 效应的氧化物 PT 型的 APS 电路的方案[17]

$$\Delta V_{\mathrm{P}} = \Delta V_{\mathrm{RD}} \frac{C_{\mathrm{P}}}{C_{\mathrm{P}} + C_{\mathrm{GSA}} + C_{\mathrm{GS2}}} \tag{5-36}$$

其中，ΔV_{RD} 是 G[n]信号的脉冲幅度，C_{GSA} 和 C_{GS2} 分别是 T_{AMP} 和 T_{S} 的栅源寄生电容量，可由 $C_{\mathrm{GS}} = A_{\mathrm{O}} C_{\mathrm{ox}} / t_{\mathrm{ox}}$ 来计算，其中 A_{O} 为栅源交叠面积，t_{ox} 为栅绝缘层厚度。这样，可以把 V_{IN} 偏置在合适的值，以获得高的放大器增益。

在读出阶段，电路的输入节点应避免受到 PPC 电流的影响。在应用氧化物 PT 的场合，通常需采用一个栅极脉冲信号来擦除 PPC 残留。但是即使是短暂的栅极脉冲信号，也会使 PT 有一定程度的导通。在常规的 3T1C 电路情况下，PT 直接连接到输入节点，这会对其所存储的电荷量造成影响。而在上述 APS 电路中，T_{S} 起隔离 PPC 电流的作用，使得在读出阶段每个像素的输入节点电压保持稳定。

构建 PT 型 APS 电路时，还需要考虑其栅源寄生电容 C_{GS} 的馈通效应所引起的问题。PT 尺寸通常会设计得比较大，以提高像素填充因子和光电转换效率，所以其栅源寄生电容 C_{GS} 也相应比较大。因此，在该 APS 电路中，T_{S} 的另一个作用是减小信号跳变时的馈通效应对 V_{IN} 的影响。如果没有 T_{S}，T_{PH} 就直接连接到电容 C_{P}，则 T_{PH} 的栅极驱动信号跳变时，C_{P} 上会有一个电压变化 ΔV_0，这有可能会影响放大管的偏置状态，导致增益降低。

5.5　行驱动电路与外围读出电路

5.5.1　TFT 集成的行驱动电路

如 5.2 节的图 5.3 所示，X 射线成像探测器面板除了像素电路阵列外，还包括行与列的驱动电路[25-27]。其中，行(栅)驱动电路为像素阵列输出行扫描寻址和其他控制脉冲信号。考虑到行扫描和驱动电路与像素电路应协调设计，且现代显示技术已经证明 TFT 能够实现具有实用性能的行驱动电路，故 X 射线成像传感器也倾向于采用 TFT 集成的行驱动电路技术。相比于外置的硅基 CMOS 集成电路的行驱动方案，TFT 集成的行驱动电路方案可使 X 射线探测背板的设计更灵活，探测器模组的装配更简约、探测系统的可靠性更高。

相比于现代显示器，X 射线成像探测器对行扫描和控制电路有更高的要求，其行扫描和驱动电路不仅要输出逐行扫描的脉冲信号，还需输出全局复位信号等。传统的 TFT 集成行驱动电路通常不能很好兼容逐行扫描功能和全局复位功能。本节分析和讨论带有全局复位功能的氧化物 TFT 集成行驱动电路，该电路可在输出探测阵列的全局复位信号时关断逐行扫描功能，从而可解决上述问题。

图 5.32 所示的便为一种具有全局复位功能的氧化物 TFT 行驱动电路实现方案[16]，

其中(a)为单级电路结构，(b)为其工作时序。以下以奇数级行驱动电路为例，分析该行驱动电路的工作原理。

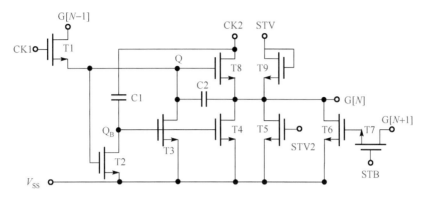

(a) 单级电路结构

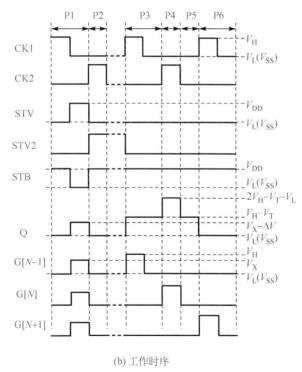

(b) 工作时序

图 5.32　具有全局复位功能的氧化物 TFT 集成行驱动电路方案[16]

如图 5.32(a)所示，单级行驱动电路(GOA)构成于 9 个 TFT(T1~T9)和 2 个电容(C1、C2)。其控制信号有 3 个全局同步控制信号(STV、STV2、STB)、2 个全局时钟信号(CK1、CK2)、两个输入信号(G[N-1]、G[N+1])和输出信号(G[N])。其中，CK1 和 CK2 的周期均为 T，高电平 VH 占比均为 25%，以及相位差为 T/2。T1 构成预充电模块，T8、T9 和 C2 构成输出模块，T2、T3、T4 和 C1 构成电平维持模块，而 T5、T6 和 T7 则构成复位模块。该 GOA 电路的特点在于，在全局信号 STB 的控制下，T6 的栅极耦合到 G[N+1]，以及在全局复位输出时，复位模块不工作。这样就解决了前述的逻辑竞争，实现了具有复位功能的行驱动电路。

如图 5.32(b)所示，该 GOA 电路分 6 个工作阶段：复位上拉(P1)、复位下拉(P2)、预充电(P3)、上拉(P4)、下拉及放电(P5)和低电平维持(P6)。其中 P1 和 P2 阶段进行对探测阵列的全局复位；P3、P4、P5 和 P6 阶段进行探测阵列的逐行选通。该电路的工作过程如下：

(1)复位上拉阶段(P1)：在每一帧的初始阶段需要进行复位上拉，即 GOA 电路的各级 G[N]都输出行选通脉冲信号。在复位上拉阶段，时钟信号 CK1 和 CK2 均为低电平 V_{SS}，而全局控制信号 STV 为高电平 V_{DD}，这使得二极管连接的 T9 导通，并对输出节点充电，使 G[N]电位被上拉。而此时 T1、T2 和 T8 均处于关断状态，因此 Q 点无电荷补充。G[N]节点电位逐级上升，同时耦合 Q 点电位也上升，使得 T8 逐渐被打开，并等效为二极管连接且处于饱和区。假定 T9 与 T8 的尺寸比例为 m，V_T 为阈值电压。忽略此过程中 Q 点的电荷变化，那么可按如下关系求出输出电压 V_X。

$$(V_X - V_T - V_{SS})^2 = m(V_{DD} - V_X - V_T)^2 \tag{5-37}$$

$$V_X = \frac{\sqrt{m}V_{DD} + V_{SS} - (\sqrt{m}-1)V_T}{\sqrt{m}+1} \tag{5-38}$$

若 T9 的尺寸远大于 T8，则 m 趋近于无穷，此时 V_X 电压趋近于 $V_{DD}-V_T$。但由于 m 为有限值，且 Q 点可能存在漏电使得电荷不守恒，故实际的 V_X 应比理论值略低。此外，在此阶段，全局控制信号 STV2 和 STB 均为低电平，T5 和 T7 关断。对于下一级的行驱动电路来说，此时的 G[N+1]电位也同样为 V_X，而由于 T7 关断，并且初始时 T6 的栅电极被连接到 G[N+1]，其默认为低电平 V_L，故在复位上拉阶段，各级 GOA 电路因其复位模块都被关断，都可以同步地输出较高电位。

(2)复位下拉阶段(P2)：该阶段，复位上拉信号 STV 信号变为低电平，故复位上拉管 T9 被关断。而复位下拉信号 STV2 和 STB 变为高电平，T5 和 T7 导通。T5 和 T6 都导通，加速将 G[N]节点下拉至低电平 V_{SS}。该阶段，各级 GOA 电路都输出低电平 V_{SS}，时间长度由 STV2 信号的宽度决定，处于全局复位和逐行扫描的中间阶段。对于 X 射线成像来说，该阶段对应于探测器的光照积分阶段。

(3) 预充电阶段 (P3)：STV2 变为低电平，且时钟信号 CK1 与输入端 G[N−1] 均为高电平 V_H。此时，T1 导通，Q 点电位被 CK1 充电至 V_H−V_T，使 T2 导通，内部节点 QB 电位因放电降至 V_{SS}。同时，T3 和 T4 也处于关态。此时 T8 虽然导通，但由于 CK2 仍为低电平，故 G[N] 仍然保持为低电平。

(4) 上拉阶段 (P4)：在对 Q 点预充电，使其电位变为 V_H−V_T 后，当 CK2 为高电平时，进入上拉阶段。T8 仍然导通，随着 CK2 变为高电平，G[N] 节点的电位被逐渐抬高。而此时 CK1 为低电平，T1、T2 和 T3 均处于关断状态。由于电压自举效应，若无电荷泄漏现象，Q 点电位可以达到 $2V_H$−V_T−V_{SS}。

(5) 下拉以及放电阶段 (P5)：CK2 变为低电平，Q 点因处于悬浮状态，也随之再次变为低电平。根据电荷守恒原理，Q 点电位再次被耦合到 V_H−V_T，即预充电阶段的电位。因此，T8 仍保持为导通状态，G[N] 处的负载电容的电荷通过 T8 被泄放，其电位被下拉到低电平 V_{SS}。

(6) 低电平维持阶段 (P6)：CK1 变为高电平，T1 导通，G[N−1] 为低电平，Q 点电位因放电降至 V_{SS}。下一级行驱动电路此时处于上拉阶段，G[N+1] 变为高电平，T6 导通，G[N] 仍保持为低电平。之后，CK2 每次从低电平变为高电平时，由于电容 C1 的耦合作用，都使得 QB 的电位上升，使得 T3 和 T4 周期性导通，对 Q 点和 G[N] 放电，以防止 Q 点和 G[N] 因时钟 CK1 的作用而造成 GOA 电路进入错误工作状态。

5.5.2　外围读出电路

X 射线医学影像传感器的外围 (片外) 读出电路将探测阵列输出到数据 (列) 线上的模拟信号进行读出、放大、处理，然后转换为数字信号输出。控制与逻辑单元可以分为两个模块：控制模块和逻辑模块。控制模块用于输出信号，控制探测阵列、行驱动电路和列读出电路。逻辑模块用于将列读出电路输出的数字信号进行转换、存储、再转换，然后发送给上位机。通过这些模块的协同作用，X 射线医学影像传感器能够准确地获取、处理和传输医学图像信息。

如图 5.33 所示，基于 TFT 技术的 X 射线成像系统主要由五部分构成：TFT 探测阵列、TFT 集成的行驱动电路、列读出电路、控制与逻辑单元以及上位机 (PC) 等。其中，列读出电路与控制与逻辑单元共同组成整个成像系统的外围读出电路[16, 21]。探测阵列和行驱动电路制作在玻璃基板上，并通过柔性排线 (FPC) 与列驱动电路相连。控制与逻辑单元通过 USB 线与 PC 连接。此外，整个影像传感器成像系统还需要提供多种外部电源给 AFE、ADC 和 MUX 电路等，例如 3.3V、15V 和−10V 电压。通过以上组件的协同作用，成像系统能够准确地获取、处理和传输医学图像信息。

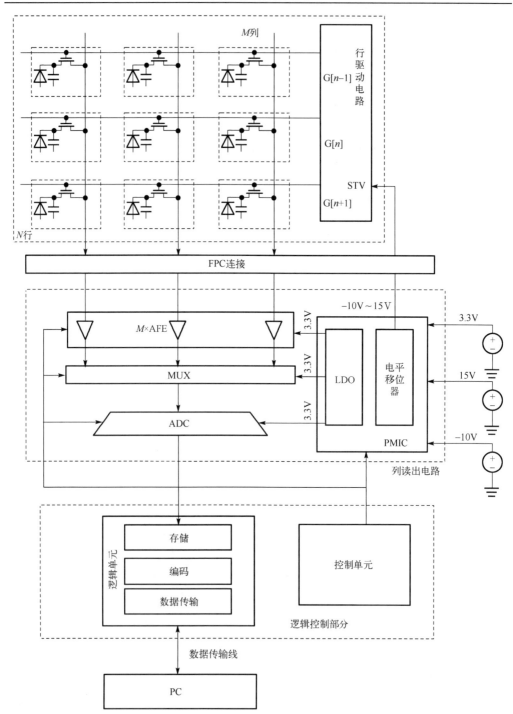

图 5.33　采用 TFT 集成的图像传感器的 X 射线成像系统框架图[16, 21]

列读出电路由 M 个模拟前端(Analog Front End，AFE)、一个多路选通器(Multiplexer，MUX)、一个模数转换器(Analog to Digital Converter，ADC)和一个电源管理芯片(Power Management Integrated Chip，PMIC)组成，其中 M 为探测阵列的列数。AFE 作为接收探测阵列输出的第一级，主要将输出电荷转化为电压，进行放大和降噪处理，最终将电压维持在固定电位。一般实现方式为将放大器与电容并联成负反馈形式，可等效为积分放大器。电容的取值与输出电压范围成反比。降噪处理一般有两种方式：一种是使用电容和电阻组成的一阶或多阶滤波器，另一种是通过对时域的多次采样值进行平均或求差值来实现降噪。MUX 的作用是将同时产生的 M 个 AFE 的电压输出，通过选择逐个将电压信号发送给 ADC，将并行的电压信号输入变为串行的电压信号输出。ADC 在接收到 MUX 的电压信号后，在特定的时钟频率和控制信号的驱动下开始输出数字信号给逻辑单元。PMIC 由稳压器(Regulator)和电平转换器两部分构成。稳压器将外部电源输入的电压进行滤波稳定后再供电给各个模块。电平转换器将控制单元输入的 0~3.3V 电压信号转换为 −10~15V 的电压信号，用于驱动像素阵列和行驱动电路。

列读出电路设计需要考虑的问题：①列读出电路的数量需与探测阵列的列数相匹配；②采样工作频率也需要相匹配；③探测阵列的输出电压范围与列读出电路的输入电压范围匹配；④能够采集探测阵列全部输出的模拟信号量，具有较高的信噪比，最低输入灰阶(例如读出数据位数 14bit 时，1LSB 灰阶)的读出量清晰可辨认和可数字化；⑤应避免探测阵列的输出饱和失真。

控制与逻辑单元为整个影像传感器成像系统的控制中心，作用尤其重要。控制单元有两个功能：一方面是为探测阵列和行驱动电路提供驱动信号或者起始信号，另一方面是为列驱动电路提供控制信号。探测阵列所需的驱动信号包括全局复位信号或者积分信号等，行驱动电路所需的起始信号为多个时钟信号、全局上拉信号 STV、全局下拉信号 STB、第一级的输入信号 G[0]以及最后一级的输入信号 G[n]。列驱动电路所需的控制信号包括：AFE 的时钟信号、积分起始信号、积分截止信号、积分复位信号、滤波控制信号、MUX 选通信号、ADC 的时钟信号、转换信号、使能信号以及读写信号等。逻辑单元一方面负责将 ADC 转换的数据进行存储，并将存储的数据根据其对应的探测阵列的位置进行编码，另一方面满足固定的协议，与 PC 进行通信，将编码后的数据发送 PC。PC 在获取数据后，将编码后的数据按照其编码的方式还原其所处的探测阵列的位置的像素值，从而最终呈现一幅图像。因此，逻辑单元可以等效为一个满足传输协议的和经过编码的先入先出存储器(First Input First Output，FIFO)。通过以上组件的协同作用，控制与逻辑单元能够准确地控制、存储、编码和传输医学影像。

5.6　本章小结

　　本章聚焦于 X 射线成像图像传感器用的 TFT 电路，介绍了直接型和间接型 X 射线探测成像原理，无源和有源探测像素(PPS/APS)的电路结构和工作原理，以及周边驱动和读出电路设计。分别详细分析和讨论了非晶硅、多晶硅和氧化物 TFT 集成的 PPS 和 APS 的电路结构和驱动方案，以及分别基于光电二极管(PD)和光电晶体管(PT)的 PPS 和 APS 的电路方案。最后，简要介绍了用于有源像素矩阵寻址的 TFT 集成行驱动电路，以及 X 射线成像的读出系统完整架构。随着 TFT 技术的不断进步，TFT 集成的图像传感器将有望推动高端 X 射线成像技术的不断发展。

参 考 文 献

[1] Wei Z, Blevis I M, Germann S, et al. Flat panel detector for digital radiology using active matrix readout of amorphous selenium[J]. Proceedings of SPIE - The International Society for Optical Engineering, 3032: 97-108, 1996.

[2] Yoo G, Fung T, Radtke D, et al. Hemispherical thin-film transistor passive pixel sensors[J]. Sensors and Actuators A: Physical, 2010, 158(2): 280-283.

[3] Karim K S, Nathan A, Rowlands J A. Amorphous silicon active pixel sensor readout circuit for digital imaging[J]. IEEE Transactions on Electron Devices, 2003, 50(1): 200-208.

[4] Karim K S, Nathan A. Readout circuit in active pixel sensors in amorphous silicon technology[J]. IEEE Electron Device Letters, 2001, 22(10): 469-471.

[5] Tedde S, Zaus E S, Furst J, et al. Active pixel concept combined with organic photodiode for imaging devices[J]. IEEE Electron Device Letters, 2007, 28(10): 893-895.

[6] 彭志超. 基于光电薄膜晶体管的图像传感像素电路研究[D]. 北京: 北京大学，2021.

[7] 冀洪伟，氧化物 TFT 有源 X 射线影像感测电路研究[D]. 北京: 北京大学，2024.

[8] 卢慧玲. 金属氧化物薄膜晶体管光电特性研究[D]. 北京: 北京大学, 2018.

[9] 杨育坤. 面向 X 射线探测的 a-IZO TFT 光电特性研究[D]. 北京: 北京大学, 2019.

[10] 陈杰. 非晶铟锌氧薄膜晶体管光电特性研究 [D]. 北京: 北京大学, 2022.

[11] 范昌辉. 双栅非晶铟锌氧薄膜晶体管光电特性的研究[D]. 北京: 北京大学, 2021.

[12] 辛彧. 双有源层金属氧化物光电薄膜晶体管特性研究[D]. 北京: 北京大学, 2021.

[13] 刘豪. a-IZO TFT 光电特性及其有源像素传感器研究[D]. 北京: 北京大学, 2023.

[14] Liu H, Zhou X, Fan C, et al. Thorough elimination of persistent photoconduction in amorphous InZnO thin-film transistor via dual-gate pulses[J]. IEEE Electron Device Letters, 2022, 43(8): 1247-1250.

[15] Huang T, Liu H, Tang F, et al. Physical insight into multiple gate-voltage dependencies of off-state

photocurrent in amorphous InZnO thin-film transistors[J]. IEEE Trans. Electron Devices, 2024: 1-4.

[16] 安军军. 基于氧化物 TFT 的 X 射线医学影像传感器电路研究[D]. 北京: 北京大学, 2022.

[17] 梁键, 基于氧化物 TFT 的有源像素传感器(APS)电路研究[D]. 北京: 北京大学, 2021.

[18] Cheng M H, Zhao C, Kanicki J. Study of current-mode active pixel sensor circuits using amorphous InSnZnO thin-film transistor for 50-μm pixel-pitch indirect X-ray imagers[J]. Solid-State Electronics, 2017, 131: 53-64.

[19] Roose F D, Myny K, Steudel S, et al. 16.5A flexible thin-film pixel array with a charge-to-current gain of 59μA/pC and 0.33% nonlinearity and a cost effective readout circuit for large-area X-ray imaging[C]. 2016 IEEE International Solid-State Circuits Conference (ISSCC), Francisco, 2016: 296-297.

[20] Zhao C, Kanicki J. Amorphous In-Ga-Zn-O thin-film transistor active pixel sensor x-ray imager for digital breast tomosynthesis[J]. Med Phys, 2014, 41(9): 091902.

[21] 王堃. 基于氧化物 TFT 的 X 射线有源像素传感(APS)技术研究[D]. 北京: 北京大学, 2023.

[22] 邱赫梓. 面向 AMOLED 显示和 TFT-APS 的电压反馈补偿技术研究[D]. 北京: 北京大学, 2023.

[23] Tai Y H, Lin C H, Yeh S, et al. LTPS active pixel circuit with threshold voltage compensation for X-ray imaging applications[J]. IEEE Transactions on Electron Devices, 2019, 66(10): 4216-4220.

[24] 张盛东, 安军军, 廖聪维, 等. 一种光电式的传感像素电路[P]. CN113014837A, 2021-06-22.

[25] Kim K, Yoon S. X-Ray Detector[P]. US, US 2019/0187300A1. 2019-06-20.

[26] Karim K S, Taghibakhsh F, Izadi M H, et al. Current mode active pixel sensor architectures for large area digital imaging[C]. 2008 International Conference on Microelectronics, 2008: 433-436.

[27] Karim S K, Arokia N, John A R. Alternate pixel architectures for large-area medical imaging[J]. Proc.SPIE, 2001, 4320: 35-46.